普通高等院校土建类专业“十四五”创新规划教材

混凝土科学

主　编　刘　晓　王子明　崔素萍

中国建材工业出版社
北　京

图书在版编目（CIP）数据

混凝土科学/刘晓，王子明，崔素萍主编．--北京：
中国建材工业出版社，2024.1
普通高等院校土建类专业“十四五”创新规划教材
ISBN 978-7-5160-3642-6

Ⅰ.①混…　Ⅱ.①刘…　②王…　③崔…　Ⅲ.①混凝土
—高等学校—教材　Ⅳ.①TU528

中国国家版本馆 CIP 数据核字（2023）第 004236 号

混凝土科学
HUNNINGTU KEXUE
主　编　刘　晓　王子明　崔素萍

出版发行：中国建材工业出版社
地　　址：北京市西城区白纸坊东街 2 号院 6 号楼
邮　　编：100054
经　　销：全国各地新华书店
印　　刷：北京印刷集团有限责任公司
开　　本：787mm×1092mm　1/16
印　　张：18
字　　数：430 千字
版　　次：2024 年 1 月第 1 版
印　　次：2024 年 1 月第 1 次
定　　价：69.80 元

本社网址：www.jccbs.com，微信公众号：zgjskjcbs

前　言

随着国家经济与科技的不断发展，水泥和混凝土及其相关材料的理论研究、技术开发及工程实践也在不断进步。同时，碳纳米管、石墨烯、3D 打印等新材料、新技术的涌现，也为新时代混凝土材料提供了发展机遇，全球重大重点工程相继兴建，使得新性能和新功能混凝土有了更广泛的用武之地。在这样的发展背景下，我们需要深入应用基础理论研究，丰富混凝土科学的新知识、新理论和新技术，探索解决建筑工程中出现的新问题，从而提高我国混凝土学科的理论和工程应用水平，推动混凝土材料乃至建筑行业的技术进步。

本书从混凝土科学的基本原理出发，力求较全面地说明混凝土材料的共性规律、性能特点和多组分体系的基本特征。编者结合多年来的教学经验，基于专业培养目标、课程体系的改革方向和教学要求，搜集和整理大量国内外文献资料、研究工作进展情况等，撰写了本书。本书主要汇集、补充了近几年各种新型混凝土材料的最新资料，注重混凝土科学原理和性质试验方法的应用。

本书共分 12 章，主要从混凝土的组成材料入手，详细阐述混凝土体系各类型组分的微观宏观和界面结构特点，使学生对材料组成与物质结构的内在联系有较系统、深刻的理解。本书混凝土科学原理与工程应用相结合，用大量篇幅阐述了混凝土的配合比设计及其生产应用、新拌混凝土和硬化混凝土的性能特点及变化规律，使学生在掌握科学原理的基础上，建立混凝土材料制备—工艺—结构—性能关系的整体概念。本书从混凝土质量控制出发，讲述混凝土性能检测方法和质量评价手段，使学生熟悉混凝土材料性能特征要求，为混凝土设计与应用奠定基础。本书在编写过程中，引入了混凝土材料科学中的新原理和新技术，例如在最后增加了第 12 章“混凝土新技术与发展趋势”，以便学生进一步了解混凝土材料科学与工程发展前沿。

衷心感谢中国建材工业出版社各位领导、编辑对本书在出版过程中的悉心指导和热情关切，感谢北京工业大学各位同事和研究生的大力协助，感谢相关行业协会专家、高等院校教师、优秀企业单位同仁的支持和指导，给予本书很多宝贵的资料和建议。

本书在编写过程中，参考引用了国内外诸多专家、学者及有关企业公开发表的研究成果和技术数据，在此表示诚挚的感谢。本书由刘晓、王子明、崔素萍担任主编。其中，绪论、第 5、6、7、10、12 章由刘晓编写，第 3、4、8、11 章由王子明编写，第 1、2、9 章由崔素萍编写，全书由刘晓和赖光洪博士负责统稿、校阅。北京工业大学赫连一哲、姚羽涵、唐芮枫、马骥堃、辛鹏浩、卢磊等博士参与了本书的资料收集、整理，以及文字、图片修订工作，付出了艰辛的努力。在此一并表示衷心感谢。

限于编者的知识范围及认识水平，书中难免有疏漏或不妥之处，恳请读者批评指正。

刘　晓

2023 年 12 月

目 录

绪　论

混凝土，中文谓之“砼”，寓意“人工石”，是以水泥为主要胶凝材料，砂、石作骨料，与水（还可包括化学外加剂和矿物掺和料）按适当比例配合，经过均匀搅拌、密实成型及养护硬化而成的人造石材。建筑用混凝土的发展史可以追溯到古希腊、古罗马时代，甚至可能在更早的古代文明中已经使用了混凝土及其胶结材料，但是直到1824年波特兰水泥的发明才为混凝土的大量使用开创了新纪元。

0.1　混凝土发展历史

混凝土的发展是一个不断探索和发明的过程。1813年，法国的Vicant L J用石灰石和黏土加水湿磨成均匀的混合物，经过煅烧制成的人工水硬性石灰，被认为是近代波特兰水泥的雏形。1824年，英国泥水匠阿斯普丁（Joseph Aspdin）将石灰石与黏土一起煅烧，发明了波特兰水泥，并取得了专利。这就是我们今天广泛使用的硅酸盐水泥，由于其颜色和强度类似英国波特兰（Portland）岛所产石材而得名波特兰水泥。波特兰水泥的发明开创了现代混凝土的历史，阿斯普丁也因此被认为是现代水泥的鼻祖。一直到20世纪初，波特兰水泥工业在英国历时76年之后，才基本上形成了近代水泥工业的雏形。在英国肯特郡的最古老的土立窑，可视为阿斯普丁窑的代表。1885年，兰萨姆把克兰普同的理论付诸实践，分别在英国和美国取得专利并将第一台回转窑投入生产。波特兰水泥发明后迅速在世界范围内传播，并得到广泛应用。最早的一次大规模应用是建造了穿越泰晤士河河底的隧道。

直至19世纪中叶，法国园丁约瑟夫·莫尼尔（Joseph Monier）发明了钢筋混凝土，并于1867年巴黎世界博览会展出，取得了包括钢筋混凝土花盆以及紧随其后应用于公路护栏的钢筋混凝土梁柱的专利，钢筋混凝土开始登上历史舞台，混凝土第一次重大技术革命到来。1872年，世界第一座钢筋混凝土结构的建筑在美国纽约落成，人类建筑史上一个崭新的纪元从此开始，这是混凝土第一次技术革命。1879年，钢筋混凝土楼板开始被制造，之后发展为整套建筑使用的由钢筋箍和纵向杆加固的混凝土结构梁。仅几年后，在巴黎建造公寓大楼时采用了经过改善迄今仍普遍使用的钢筋混凝土主柱、横梁和楼板。1884年，德国建筑公司购买了莫尼尔的专利，进行了第一批钢筋混凝土的科学实验，研究了钢筋混凝土的强度、耐火性能以及钢筋与混凝土的黏结力。1887年，德国工程师科伦首先发表了钢筋混凝土的结构计算方法。1918年，艾布拉姆发表了著名的计算混凝土强度的水灰比理论，初步奠定了混凝土强度的理论基础，钢筋混凝土开始成为改变这个世界景观的重要材料。

随着混凝土的应用范围逐步扩大，在实际操作过程中遇到的问题也不断涌现，这促进了相应技术的完善与提高。为减少混凝土收缩与徐变（蠕变）所造成的预应力损失，改善混凝土开裂等问题，1928 年，法国工程师弗莱西奈在对混凝土和钢材性能进行大量研究和总结的基础上，发明了预应力混凝土，采用了高强度钢材和高强度混凝土，这对增强钢筋混凝土的刚度、强度、抗渗性能和抗疲劳性能，减小结构断面，增大荷载能力，提高抗裂和耐久性起到了卓越的作用，同时可以使结构设计得更为经济、轻巧与美观，使用钢筋混凝土作为主体材料设计长跨、高耸、重载等结构成为可能。这是混凝土技术的又一次飞跃，即混凝土第二次技术革命。第二次世界大战后，由于钢材的紧缺，预应力混凝土结构大量代替钢结构以修复战争破坏的结构，于是预应力混凝土技术得到了蓬勃发展。

到 20 世纪 30 年代，美国首先用亚硫酸盐纸浆液作为外加剂以改善混凝土和易性，并获得了提高混凝土强度和耐久性的专利。随后，世界各国纷纷加入了混凝土外加剂研究的行列，开启了流动性混凝土的时代。由于高效减水剂对混凝土改性方面的重要贡献，它的应用成为继钢筋混凝土和预应力混凝土之后混凝土发展史上的第三次重大突破。以高效减水剂的研制和应用为标志，混凝土技术进入由塑性、干硬性到流态化的第三代。

20 世纪末，随着可持续发展理论的提出，混凝土的绿色化要求由此诞生，在实现混凝土材料自身性能提升的同时，还可提高混凝土的绿色化程度，实现混凝土生产、使用、维护和再利用过程中资源和能源的节约，环境（水体、大气和土壤）和生态的保护，更多地节约熟料水泥，发挥高性能优势，减少环境污染，实现低碳、低排放的要求。混凝土能否长期作为最主要的建筑结构材料，除其本身必须具有高强度、高工作性、高耐久性等性能外，还在于其能否成为绿色材料。绿色混凝土，是指既能减少对地球环境的负荷，最大限度地综合利用自然资源和能源，竭力保护自然环境，维护生态平衡，消除或尽量减少环境污染，即能与自然生态系统协调共生，为人类构造舒适环境的混凝土材料。从可持续发展的观点来看，绿色高性能混凝土是现代混凝土技术发展的必然结果，是混凝土的发展方向。

时至今日，这种逐渐发展完善的高效能人造建材已成为城市文明的基座，广泛应用于工业和民用建筑、桥梁、隧道、矿井以及水利、海港等土木工程领域，见证了人类社会的繁荣发展。

0.2 混凝土的特点

混凝土在土木工程中得到广泛应用，是因为它与其他材料相比具有一系列特点：

（1）材料来源广泛，成本低廉。混凝土由水泥作胶凝材料，砂、石作骨料，与水（可含外加剂和掺和料）按一定比例配合，经搅拌制得。其中，水泥由地表含量丰富的黏土和石灰石烧制而成，而占混凝土总体积 80%以上的砂、石、水等原料均就地取材，资源储量丰富。近年来随着泵送混凝土的普及，混凝土中都掺入大量的工业废渣，如粉煤灰、矿渣微粉、硅灰等，减少了工业废渣的环境污染，实现了资源有效回收利用，降低了制造成本，符合绿色环保、可持续发展的理念。

(2) 微观结构相当复杂。单纯从物相上区分，混凝土含有许多分布不均匀的固相组分，还有一些封闭的、半封闭的亦或是连通的孔隙，在这些孔隙或夹层里，还会存在一些碱性水溶液；从组分上看，混凝土由硅酸三钙、硅酸二钙、铝酸三钙以及铁铝酸四钙组成。混凝土的微观结构随时间不断发展变化，水泥水化反应贯穿于混凝土服役的终身。根据暴露的环境不同，有时混凝土会受到膨胀或熔融作用，使得内部结构劣化，从而降低混凝土强度和耐久性，反之当孔隙和微裂缝里的产物再结晶时，也可能重新提高混凝土材料的强度和耐久性。

(3) 性能可调整范围大。根据使用功能要求，改变混凝土的材料配合比例及施工工艺，可在相当大的范围内对混凝土的强度、保温耐热性、耐久性及工艺性能进行调整。拌和混凝土优良的可塑成型性，使混凝土可适应各种形状复杂的结构构件的施工要求。施工工艺简易多变，混凝土既可简单进行人工浇筑，也可根据不同的工程环境特点灵活采用泵送、喷射、水下等施工方法。混凝土在凝结前，可以按照模板的形状做成任何结构，无论是微小的装饰花纹还是几十万立方米的构筑物，都能单个预制，或连续不断地整体浇筑，制作简单，施工方便。

(4) 具有较高的强度和耐久性。近代高强混凝土的抗压强度可达 100MPa 以上，同时具备较高的抗渗、抗冻、抗腐蚀、抗碳化性，其耐久年限可达数百年。混凝土对自然条件影响具有较好的适应性，对冷热、冻融、干湿等的变动，对风雨侵蚀、外力撞击、水流冲刷、使用磨损等都有一定的抵抗力，在正常使用情况下是一种寿命较长的工程材料。它能适应各种用途，既可以按照需要配制成各种强度的混凝土，又可以按照其使用性能在配料、工艺上采取措施制成特定用途的混凝土，具有耐火、耐酸、耐油、防辐射等特点，用途广泛。

0.3 混凝土的分类

混凝土的发展是一个逐步趋向完善的过程，发展至今种类繁多，常见的混凝土分类及品种见表 0-1。

表 0-1 混凝土的分类方法及品种

分类方法	混凝土品种
按表观密度	重混凝土（表观密度>2500kg/m^3），包括重晶石混凝土、钢屑混凝土等，采用极其密实的骨料制成，具有不透 X 射线和 γ 射线的性能
	普通混凝土（表观密度为 1950～2500kg/m^3），普通砂石为骨料，可做各种结构
	轻质混凝土（表观密度为<1950kg/m^3），分为轻骨料混凝土（表观密度为 800～1950kg/m^3，轻骨料包括浮石、火山渣、陶粒、膨胀珍珠岩、膨胀矿渣、矿渣等）、多孔混凝土（表观密度为 300～1200kg/m^3，如泡沫混凝土、加气混凝土）和大孔混凝土（表观密度为 800～1850kg/m^3，适于作墙板或非承重墙体）

续表

分类方法	混凝土品种
按胶凝材料	无机胶凝材料混凝土，如水泥混凝土、石膏混凝土、硅酸盐混凝土、水玻璃混凝土等
	有机胶凝材料混凝土，如沥青混凝土、聚合物混凝土等
按使用功能	结构混凝土、保温混凝土、装饰混凝土、防水混凝土、耐火混凝土、水工混凝土、海工混凝土、道路混凝土、防辐射混凝土等
按施工工艺	离心成型混凝土、真空混凝土、灌浆混凝土、喷射混凝土、碾压混凝土、泵送混凝土等
按配筋方式	素混凝土、钢筋混凝土、钢丝网水泥混凝土、纤维混凝土、预应力混凝土等
按强度	普通混凝土、高强混凝土（强度＞C60）、超高强混凝土（强度＞C100）
按坍落度	低塑性混凝土、塑性混凝土、流动性混凝土、高流动性混凝土

0.4 混凝土的应用

混凝土是当前应用范围最广、使用量最大的工程材料。日常学习、生活、工作的房屋建筑，出行所必需的混凝土道路、桥梁，货物运输需要的高速公路、飞机跑道、轮渡港口等基建项目都离不开混凝土的应用。

（1）市政道桥施工的应用。相比于其他材料，混凝土自身具有很好的强度，且性能更加稳定，即使在长时间的负荷下，也能够保证自身结构的稳定，不会发生过多的变化，同时成本较低，成为市政道桥施工中的首选材料。

（2）地铁建设的应用。在地铁建设中选用泡沫混凝土路基，其荷载可减到惯例路基的 1/3 左右，对岩溶区和采空区承载力的要求也大幅降低，可避免岩溶区的陷落。其相应的处理办法可大大简化，且技能质量更有保障，与惯例路基填筑比较，优势非常明显。

（3）海洋工程的应用。海洋工程因其环境复杂多变，常常需要承受台风、波浪、潮汐、海流、冰凌等的强烈作用，在浅海水域还要受复杂地形，以及岸滩演变、泥沙运移的影响，施工技术难度高，对混凝土的要求也较高。处于不同区域的混凝土，所受环境作用不同，对性能的要求也不同。如港珠澳大桥，采用了当前世界上最好的高性能环氧钢筋、不锈钢筋、高性能海工混凝土、合理的结构、工厂化制造等，可以保证港珠澳大桥达到 120 年的使用标准。

（4）核电工程建设的应用。核电水泥作为核电工程建设的关键基础原材料，主要用于核电站核岛和安全壳等关键工程部位。在核电水泥的研制过程中，通过采取矿物优化匹配和微量掺杂技术，实现了核电水泥强度和水化热的协同匹配。通过熟料煅烧烧成系统关键工艺参数的调控，首次实现 5000t/d 新型干法水泥窑稳定制备核电水泥。

从目前我国实际情况来看，混凝土是主体应用的材料，对整体工程有很大影响。虽然混凝土施工工艺相对成熟，但为了确保工程质量，还需要关注很多现实问题，不断改进和完善其施工工艺，切实提高工程安全方面的性能，有效延长工程使用寿命，这也是践行国家“双碳”战略的必要手段。

0.5 混凝土技术标准简介

0.5.1 技术标准的内容及作用

混凝土结构施工现场质量管理应有相应的施工技术标准、健全的质量管理体系、施工质量控制和质量检验制度等。混凝土技术标准（规范）包含内容很多，从使用的原材料如水泥、砂石、掺和料、外加剂到混凝土的质量、规格、结构、等级、性能等都有相应的要求。

技术标准是在从事产品生产、工程建设、科学研究以及商品流通等领域所需要共同遵循的技术依据，具有重要的作用。宏观层面，标准事关社会主义市场经济发展全局，是全面贯彻落实科学发展观的重要保障。实现可持续发展，核心的问题是实现经济社会和人口、资源、环境的协调发展。只有执行严格的资源利用和环境保护标准，才能从源头促使企业节约资源、能源，减少和预防环境污染，实现经济持续健康发展。微观层面，标准事关企业的生存与发展，是企业组织生产和经营的依据，高标准才有高质量。在知识经济时代，市场竞争标准先行的特征尤为突出，标准竞争已成为继产品竞争、品牌竞争之后，又一种层次更深、水平更高、影响更大的竞争形式。

0.5.2 技术标准的等级

根据发布单位与标准的适用范围，我国的标准分为国家标准、行业标准、地方标准、团体标准和企业标准五个级别。

1. 国家标准

国家标准是指对全国范围的经济、技术及生产发展有重大意义的标准。由国务院标准化行政主管部门（国家市场监督管理总局）制定（编制计划、组织起草、统一审批、编号、发布）。国家标准在全国范围内适用，其他各级标准不得与国家标准相抵触。

2. 行业标准

由中央部委标准机构指定有关研究院所、大专院校、工厂等单位提出或联合提出，报请中央部委主管部门审批后发布，并报国家市场监督管理总局备案。行业标准是指全国性的某行业范围的技术标准。

3. 地方标准

凡国家、行业未能颁布的产品与工程的技术标准，可由省、自治区、直辖市标准化行政主管部门制定，在地方辖区范围内适用。

4. 团体标准

国家鼓励学会、协会、商会、联合会、产业技术联盟等社会团体协调相关市场主体，为满足市场和创新需要，共同制定高于推荐性标准相关技术要求的团体标准，由本团体成员约定采用或者按照本团体的规定供社会自愿采用。

5. 企业标准

没有国家标准、行业标准和地方标准的产品，企业应当制定相应的企业标准，企业标准应报当地政府标准化行政主管部门备案。企业标准在该企业内部适用。

各级技术标准，在必要时可分为试行标准与正式标准两大类。按其权威程度又可分为强制性标准和推荐性标准。强制性标准具有法律属性，颁布实施后，必须贯彻执行。建材技术标准按其特性可分为基础标准、方法标准、原材料标准、能源标准、包装标准、产品标准等。

0.5.3 标准的代号、编号与名称

每个技术标准都有自己的代号、编号与名称。标准代号包含该标准的等级、批准年代号、名称等信息。代号用汉语拼音字母表示，如国标 GB、建工 JG、建材 JC、水电 SD 等；编号表示标准的顺序号和颁布年代号，用阿拉伯数字表示。如《通用硅酸盐水泥》(GB 175—2023)，“GB”为代号，“175”为顺序号，“2023”为批准年代号，“GB 175—2023”为编号，“通用硅酸盐水泥”属于名称。而标准是根据一个时期的技术水平制定的，相对来说受到该时期的技术水平限制，因此具有暂时的相对稳定性，所以要根据技术发展的速度与要求不断地进行修订。我国《标准化法实施条例》第 20 条规定：标准实施后，制定标准的部门应当根据科学技术的发展和经济建设的需要适时地进行复审。标准复审周期一般不超过 5 年。

1

混凝土的组成材料

1.1　水泥

水泥（cement）是一种粉状水硬性无机胶凝材料，加入适量水后成为塑性浆体，能在空气中硬化或者在水中硬化，并能把砂、石等颗粒或纤维材料牢固地胶结在一起，且其自身也具有一定强度的材料。水泥作为混凝土最重要的组成材料之一，其强度、耐久性等特性在相当大的程度上影响着混凝土的性能。因此，在配制混凝土时，需要根据设计混凝土的性能和在环境中使用的要求选择水泥强度等级，考虑各种环境条件下水泥的稳定性、早期和后期强度发展的规律以及各种水泥的其他特殊性能。

1.1.1　水泥的分类

水泥发展至今，种类繁多，已有上百种水泥问世，而且各种新型水泥仍在以较快的速度开发研究与应用。目前常用的分类方法主要有以下几种：

（1）按用途及性能分为通用水泥、专用水泥和特性水泥三大类。

通用水泥是指一般土木建筑工程通常采用的水泥。主要是指 GB 175—2023 规定的六大系列水泥，即硅酸盐水泥、普通硅酸盐水泥、矿渣硅酸盐水泥、火山灰质硅酸盐水泥、粉煤灰硅酸盐水泥和复合硅酸盐水泥，分类依据主要是混合材料的品种和掺量。通用水泥以水泥的主要水硬性矿物名称冠以混合材料名称或其他适当名称命名。

专用水泥是指具有专门用途的水泥，满足某些专门的建筑工程要求，如油井水泥、砌筑水泥和道路水泥等。专用水泥以其专门用途命名，并可冠以不同型号。

特性水泥是指具有特殊性能或用途的水泥，主要用于特殊建筑工程，如 G 级油井水泥、快硬硅酸盐水泥、道路硅酸盐水泥、铝酸盐水泥、硫铝酸盐水泥等。特性水泥以水泥的主要水硬性矿物名称冠以水泥的主要特性命名，并可冠以不同型号或混合材料名称。

（2）按水泥的主要水硬性物质名称分为硅酸盐水泥［国外通称的波特兰水泥（Portland cement）］、铝酸盐水泥、硫铝酸盐水泥、铁铝酸盐水泥、氟铝酸盐水泥、磷酸盐水泥和以火山灰或潜在水硬性材料及其他活性材料为主要组分的水泥。

1.1.2　通用水泥

硅酸盐水泥的代号为 P·Ⅰ、P·Ⅱ，强度等级分为 42.5、42.5R、52.5、52.5R、62.5、62.5R 六个等级。

普通硅酸盐水泥的代号为 P·O，强度等级分为 42.5、42.5R、52.5、52.5R、62.5、62.5R 六个等级。

矿渣硅酸盐水泥（代号 P·S·A、P·S·B)、火山灰质硅酸盐水泥（P·P)、粉煤灰硅酸盐水泥（P·F）的强度等级分为 32.5、32.5R、42.5、42.5R、52.5、52.5R 六个等级。复合硅酸盐水泥（P·C）的强度等级分为 42.5、42.5R、52.5、52.5R 四个等级。

1.1.2.1 硅酸盐水泥

凡以硅酸钙为主的硅酸盐水泥熟料、5%以下的石灰石或粒化高炉矿渣、适量石膏磨细制成的水硬性胶凝材料，统称为硅酸盐水泥。硅酸盐水泥分为两种类型，不掺加混合材料的称为Ⅰ型硅酸盐水泥，代号 P·Ⅰ；掺加不超过水泥质量 5%的石灰石或粒化高炉矿渣混合材料的称为Ⅱ型硅酸盐水泥，代号 P·Ⅱ。硅酸盐水泥的组分应符合表 1-1 的规定。

表 1-1 硅酸盐水泥的组分要求

品种	代号	组分（质量分数）/%		
		熟料＋石膏	混合材料	
			粒化高炉矿渣/矿渣粉	石灰石
硅酸盐水泥	P·Ⅰ	100	—	—
	P·Ⅱ	95～100	0～5	—
			—	0～5

1. 硅酸盐水泥的组分

（1）硅酸盐水泥熟料。硅酸盐水泥熟料主要由 CaO、SiO_2、Fe_2O_3、Al_2O_3 四种氧化物组成，在熟料中占 95%，另 5%为其他氧化物，如 MgO、SO_3 等。水泥熟料经高温煅烧后，氧化物反应生成多种矿物集合体，主要矿物组成为硅酸三钙（3CaO·SiO_2，简写 C_3S，占 50%～60%)、硅酸二钙（2CaO·SiO_2，简写 C_2S，占 20%～25%)、铝酸三钙（3CaO·Al_2O_3，简写 C_3A，占 5%～10%）和铁铝酸四钙（4CaO·Al_2O_3·Fe_2O_3，简写 C_4AF，占 10%～15%)。其中，硅酸三钙和硅酸二钙合称为硅酸盐矿物，约占整个矿物组成的 75%；铝酸三钙和铁铝酸四钙合称为溶剂矿物，约占整个矿物组成的 22%。此外，还含有少量的方镁石、玻璃体和游离氧化钙等。硅酸盐水泥熟料加适量石膏共同磨细后，即成硅酸盐水泥。

（2）石膏。石膏是生产石膏胶凝材料和石膏建筑制品的主要原料，也是硅酸盐水泥的缓凝剂，分为天然石膏和工业副产石膏。石膏经 600～800℃煅烧后，加入少量石灰等催化剂共同磨细，可以得到硬石膏胶结料（又称金氏胶结料)；经 900～1000℃煅烧并磨细，可以得到高温煅烧石膏。

（3）活性混合材料。符合《用于水泥中的粒化高炉矿渣》(GB/T 203—2008)、用于水泥、砂浆和混凝土中的粒化高炉矿渣粉（GB/T 18046—2017)、《用于水泥和混凝土中的粉煤灰》(GB/T 1596—2017)、《用于水泥中的火山灰质混合材料》(GB/T 2847—2022）标准要求的粒化高炉矿渣、粒化高炉矿渣粉、粉煤灰、火山灰质混合材料。

（4）非活性混合材料。活性指标分别低于 GB/T 203—2008、GB/T 18046—2017、GB/T 1596—2017、GB/T 2847—2022 标准要求的粒化高炉矿渣、粒化高炉矿渣粉、粉煤灰、火山灰质混合材料、石灰石和砂岩，其中石灰石中的三氧化二铝含量不应大于 2.5%。

(5) 水泥外加剂。水泥外加剂中的典型代表是助磨剂。它是一种提高研磨效率的添加剂，能够改善水泥加工中物料易磨性能，一般可以为玻璃珠、石英砂等，具有降低比表面积和“楔入”粒子裂缝的作用。水泥粉磨时允许加入助磨剂，其加入量不应大于水泥质量的 0.5%，助磨剂应符合 GB/T 26748—2011 的规定。

水泥外加剂是在施工作业时向水泥中加入的少量化学药剂，这是改善和调节某些水泥性能的有效途径。其特点是用量小、使用简便、成本低、技术经济效益高。水泥中一般都需加入外加剂，这是钻孔护壁堵漏的特点对水泥提出的要求，某种水泥一般难以全面满足要求。例如，普通硅酸盐水泥凝固时间长，强度增长速度慢，需要速凝及早强，必须加入速凝剂及早强剂。

2. 硅酸盐水泥的化学要求

硅酸盐水泥的化学要求应符合表 1-2。

表 1-2 硅酸盐水泥的化学要求

品种	代号	不溶物（质量分数）/%	烧失量（质量分数）/%	三氧化硫（质量分数）/%	氧化镁（质量分数）/%	氯离子（质量分数）/%
硅酸盐水泥	P·Ⅰ	≤0.75	≤3.0	≤3.5	≤5.0[a]	≤0.06[b]
	P·Ⅱ	≤1.50	≤3.5			

a 如果水泥压蒸安定性合格，则水泥中氧化镁含量（质量分数）允许放宽至 6.0%。

b 当买方有更低要求时，买卖双方协商确定

3. 硅酸盐水泥的强度要求

为了控制水泥生产质量、方便用户选用，GB 175—2023 对水泥强度的规定见表 1-3。

表 1-3 硅酸盐水泥的不同龄期强度要求

强度等级	抗压强度/MPa		抗折强度/MPa	
	3d	28d	3d	28d
42.5	≥17.0	≥42.5	≥4.0	≥6.5
42.5R	≥22.0	≥42.5	≥4.5	≥6.5
52.5	≥22.0	≥52.5	≥4.5	≥7.0
52.5R	≥27.0	≥52.5	≥5.0	≥7.0
62.5	≥27.0	≥62.5	≥5.0	≥8.0
62.5R	≥32.0	≥62.5	≥5.5	≥8.0

注：表中的“R”表示早强型水泥。

1.1.2.2 掺混合材料的硅酸盐水泥

1. 普通硅酸盐水泥

凡由硅酸盐水泥熟料、质量分数大于 5%且不大于 20%的活性混合材料和适量石膏磨细制成的水硬性胶凝材料称为普通硅酸盐水泥，简称普通水泥（ordinary portland cement），代号 P·O。其中，允许用不超过水泥质量 5%且符合规定的非活性混合材料。

GB 175—2023 规定，普通硅酸盐水泥分为 42.5、42.5R、52.5、52.5R、62.5、62.5R 六个强度等级，普通硅酸盐水泥的组分应符合表 1-4 的规定。

表 1-4 普通硅酸盐水泥、矿渣硅酸盐水泥、粉煤灰硅酸盐水泥和火山灰质硅酸盐水泥的组分要求

品种	代号	组分（质量分数）/%				
		熟料＋石膏	混合材料			
			主要混合材料			替代混合材料
			粒化高炉矿渣/矿渣粉	粉煤灰	火山灰质混合材料	
普通硅酸盐水泥	P·O	80～94	6～20[a]			0～5[b]
矿渣硅酸盐水泥	P·S·A	50～79	21～50	—	—	0～8[c]
	P·S·B	30～49	51～70	—	—	
粉煤灰硅酸盐水泥	P·F	60～79	—	21～40	—	0～5[d]
火山灰质硅酸盐水泥	P·P	60～79	—	—	21～40	

a 主要混合材料由符合本文件规定的粒化高炉矿渣/矿渣粉、粉煤灰、火山灰质混合材料组成。

b 替代混合材料为符合本文件规定的石灰石。

c 替代混合材料为符合本文件规定的粉煤灰或火山灰质混合材料、石灰石中的一种。替代后 P·S·A 矿渣硅酸盐水泥中粒化高炉矿渣/矿渣粉含量（质量分数）不小于水泥质量的 21%，P·S·B 矿渣硅酸盐水泥中粒化高炉矿渣/矿渣粉含量（质量分数）不小于水泥质量的 51%。

d 替代混合材料为符合本文规定的石灰石。替代后粉煤灰硅酸盐水泥中粉煤灰含量（质量分数）不小于水泥质量的 21%，火山灰质硅酸盐水泥中火山灰质混合材料含量（质量分数）不小于水泥质量的 21%

与硅酸盐水泥相比，普通硅酸盐水泥的主要性能特点包括：①早期强度略低，后期强度较高；②水化热略低；③抗渗性好，抗冻性好，抗碳化能力强；④抗侵蚀、抗腐蚀能力稍弱；⑤耐磨性、耐热性较好。

普通硅酸盐水泥的应用范围和硅酸盐水泥基本相同。

普通硅酸盐水泥的化学要求应符合表 1-5 的规定。

表 1-5 通用硅酸盐水泥的化学要求

品种	代号	不溶物（质量分数）/%	烧失量（质量分数）/%	三氧化硫（质量分数）/%	氧化镁（质量分数）/%	氯离子（质量分数）/%
普通硅酸盐水泥	P·O	—	≤5.0	≤3.5	≤5.0[a]	≤0.06[c]
矿渣硅酸盐水泥	P·S·A	—	—	≤4.0	≤6.0[b]	
	P·S·B	—	—		—	
火山灰质硅酸盐水泥	P·P	—	—	≤3.5	≤6.0	
粉煤灰硅酸盐水泥	P·F	—	—			
复合硅酸盐水泥	P·C	—	—			

a 如果水泥压蒸安定性合格，则水泥中氧化镁含量（质量分数）允许放宽至 6.0%。

b 如果水泥中氧化镁含量（质量分数）大于 6.0%，需进行水泥压蒸安定性试验并合格。

c 当买方有更低要求时，买卖双方协商确定普通硅酸盐水泥的强度要求应符合表1-6的规定。

表1-6 通用硅酸盐水泥不同龄期强度要求

强度等级	抗压强度/MPa		抗折强度/MPa	
	3d	28d	3d	28d
32.5	≥12.0	≥32.5	≥3.0	≥5.5
32.5R	≥17.0		≥4.0	
42.5	≥17.0	≥42.5	≥4.0	≥6.5
42.5R	≥22.0		≥4.5	
52.5	≥22.0	≥52.5	≥4.5	≥7.0
52.5R	≥27.0		≥5.0	
62.5	≥27.0	≥62.5	≥5.0	≥8.0
62.5R	≥32.0		≥5.5	

2. *矿渣硅酸盐水泥、火山灰质硅酸盐水泥、粉煤灰硅酸盐水泥、复合硅酸盐水泥*

(1) 定义及组成。凡由硅酸盐水泥熟料、质量分数大于21%且不大于70%的粒化高炉矿渣和适量石膏磨细制成的水硬性胶凝材料，称为矿渣硅酸盐水泥（简称矿渣水泥），代号P·S。它分为A型和B型。矿渣掺量大于21%且不大于51%的称为A型，代号P·S·A；矿渣掺量大于51%且不大于70%的称为B型，代号P·S·B。

凡由硅酸盐水泥熟料、质量分数大于21%且不大于40%的火山灰质混合材料和适量石膏磨细制成的水硬性胶凝材料，称为火山灰质硅酸盐水泥（简称火山灰水泥），代号P·P。

凡由硅酸盐水泥熟料、质量分数大于21%且不大于40%的粉煤灰和适量石膏磨细制成的水硬性胶凝材料，称为粉煤灰硅酸盐水泥（简称粉煤灰水泥），代号P·F。

凡由硅酸盐水泥熟料、两种或两种以上规定的混合材料（总掺量大于21%且不大于水泥质量的50%）和适量石膏磨细制成的水硬性胶凝材料，称为复合硅酸盐水泥（简称复合水泥），代号P·C。

矿渣硅酸盐水泥、粉煤灰硅酸盐水泥和火山灰质硅酸盐水泥的组分应符合表1-4的规定，复合硅酸盐水泥的组分应符合表1-7的规定。

表1-7 复合硅酸盐水泥的组分要求

品种	代号	组分（质量分数）/%					
		熟料+石膏	混合材料				
			粒化高炉矿渣/矿渣粉	粉煤灰	火山灰质混合材料	石灰石	砂岩
复合硅酸盐水泥	P·C	50～79	21～50[a]				

a 混合材料由符合本文件规定的粒化高炉矿渣/矿渣粉、粉煤灰、火山灰质混合材料、石灰石和砂岩中的三种（含）以上材料组成。其中，石灰石含量（质量分数）不大于水泥质量的15%

(2) 技术要求。其细度、凝结时间和体积安定性要求与普通硅酸盐水泥相同。水泥中氧化镁的质量分数一般不应超过6.0%，如超过6.0%，需进行水泥压蒸安定性试验并合格。矿渣硅酸盐水泥中三氧化硫的质量分数不得超过4.0%；火山灰质硅酸盐水泥、粉煤灰硅酸盐水泥和复合硅酸盐水泥中三氧化硫的质量分数不得超过3.5%。矿渣硅酸盐水泥、火山灰质硅酸盐水泥、粉煤灰硅酸盐水泥、复合硅酸盐水泥的化学要求应符合表1-5的规定。水泥强度等级按规定龄期的抗压强度和抗折强度来划分，分为32.5、32.5R、42.5、42.5R、52.5、52.5R、62.5、62.5R八个等级。矿渣硅酸盐水泥、火山灰质硅酸盐水泥、粉煤灰硅酸盐水泥、复合硅酸盐水泥的强度要求应符合表1-6的规定。

（3）特性与使用。矿渣硅酸盐水泥、火山灰质硅酸盐水泥、粉煤灰硅酸盐水泥和复合硅酸盐水泥都是在硅酸盐水泥熟料的基础上掺入较多的活性混合材料，再加上适量石膏共同磨细制成的。由于活性混合材料的掺量较多，且活性混合材料的化学成分基本相同（主要是活性氧化硅和氧化铝），因此，它们具有一些相似的性质。这些性质与硅酸盐水泥或普通水泥相比，有明显的不同。又由于混合材料结构上的不同，它们相互之间又具有一些不同的特性，这些性质决定了它们的特点和应用。

矿渣硅酸盐水泥、火山灰质硅酸盐水泥、粉煤灰硅酸盐水泥和复合硅酸盐水泥的共性是：

① 密度较小。由于活性混合材料的密度较小，这些水泥的密度一般为2.70～$3.10g/cm^3$。

② 早期强度比较低，后期强度增长率大。由于这些水泥中水泥熟料含量相对较少，加水拌和以后，熟料水化后析出的氢氧化钙作为碱性激发剂激发活性混合材料水化，生成水化硅酸钙、水化硫铝酸钙等水化产物。因此，早期强度比较低，后期由于二次水化的不断进行，水化产物不断增多，使得后期强度发展较快。

③ 对养护温度、湿度敏感，适合蒸汽养护。这些水泥在温度较低时，水化速度小于硅酸盐水泥和普通硅酸盐水泥，强度增长慢。提高养护温度，可以促进活性混合材料的水化，提高早期强度，且对后期强度的发展影响不大。

④ 水化热低。由于这几种水泥掺入了大量混合材料，水泥熟料含量较少，放热量大的C_3A、C_3S相对减少，因此，水化热低且放热缓慢，适合于大体积混凝土施工。

⑤ 耐腐蚀性较好。由于熟料含量少，水化生成的$Ca(OH)_2$少，而且二次水化还要进一步消耗$Ca(OH)_2$，使水泥石结构中$Ca(OH)_2$的质量分数更低，因此，抵抗海水、软水及硫酸盐腐蚀性介质的作用较强。但如果火山灰质混合材料中氧化铝含量较高，水化后生成的水化铝酸钙数量较多，则抵抗硫酸盐腐蚀的能力变差。

⑥ 其抗冻性、耐磨性不及硅酸盐水泥或普通硅酸盐水泥。

矿渣硅酸盐水泥、火山灰质硅酸盐水泥、粉煤灰硅酸盐水泥和复合硅酸盐水泥的个性是：

① 矿渣硅酸盐水泥：矿渣为玻璃态的物质，难磨细，对水的吸附能力差，因此，矿渣硅酸盐水泥保水性差、泌水性大。在混凝土施工中由于泌水而形成的毛细管通道及水囊、水分的蒸发又容易引起混凝土干缩，影响混凝土的抗渗性、抗冻性及耐磨性等。由于矿渣是在高温下形成的材料，矿渣硅酸盐水泥硬化后$Ca(OH)_2$含量较少，因此，矿渣硅酸盐水泥的耐热性较好。

② 火山灰质硅酸盐水泥：火山灰质混合材料的结构特点是疏松多孔，内比表面积大。火山灰水泥的特点是易吸水、易反应。在潮湿的条件下养护，可以形成较多的水化产物，水泥石结构比较致密，从而具有较高的抗渗性和耐水性。如处于干燥环境中，所吸收的水分会蒸发，体积收缩，产生裂缝。因此，火山灰质硅酸盐水泥不宜用于长期处

于干燥环境和水位变化区的混凝土工程。

火山灰质硅酸盐水泥抗硫酸盐性能随成分而异，如活性混合材料中氧化铝含量较多，熟料中又含有较多的 C_3A 时，其抗硫酸盐能力较差。

③ 粉煤灰硅酸盐水泥：粉煤灰与其他天然火山灰相比，结构较致密，内比表面积小，有很多球形颗粒，吸水能力较弱，所以粉煤灰硅酸盐水泥需水量比较低，抗裂性较好。尤其适合于大体积水工混凝土以及地下和海港工程等。

④ 复合硅酸盐水泥：复合硅酸盐水泥中掺用两种以上混合材料，其作用会相互补充、取长补短。如在矿渣硅酸盐水泥中掺入石灰石，既能改善矿渣硅酸盐水泥的泌水性，提高早期强度，又能保证后期强度的增长。在需水性大的火山灰质硅酸盐水泥中掺入矿渣等，能有效减少水泥需水量。复合硅酸盐水泥在以矿渣为主要混合材料时，其性能与矿渣硅酸盐水泥接近。而当以火山灰质为主要混合材料时，则接近火山灰质硅酸盐水泥的性能。所以，复合硅酸盐水泥的使用，应搞清楚所掺的主要混合材料。复合硅酸盐水泥包装袋上均标明了主要混合材料的名称。

为了便于识别，硅酸盐水泥和普通硅酸盐水泥包装袋上要求采用红字印刷，矿渣硅酸盐水泥包装袋上要求采用绿字印刷，火山灰质硅酸盐水泥、粉煤灰硅酸盐水泥和复合硅酸盐水泥则要求采用黑字或蓝字印刷。

1.1.3 特性水泥

为了满足各种工程的施工要求，往往还需要一些具有特殊性能的水泥，如快硬硅酸盐水泥、中热水泥、低热矿渣水泥、抗硫酸盐硅酸盐水泥等。

1.1.3.1 快硬硅酸盐水泥

凡以硅酸盐水泥熟料和适量石膏磨细制成的、以 3 天（3d）抗压强度表示强度等级的水硬性胶凝材料，称为快硬硅酸盐水泥（简称快硬水泥）。

快硬硅酸盐水泥应符合《通用硅酸盐水泥》（GB 175—2023）规定，快硬水泥的初凝时间不小于 45min，终凝时间不大于 390min。各龄期的强度均不得低于表 1-8 的规定。

表 1-8 通用硅酸盐水泥的强度要求

强度等级	抗压强度/MPa		抗折强度/MPa	
	3d	28d	3d	28d
32.5	≥12.0	≥32.5	≥3.0	≥5.5
32.5R	≥17.0		≥4.0	
42.5	≥17.0	≥42.5	≥4.0	≥6.5
42.5R	≥22.0		≥4.5	
52.5	≥22.0	≥52.5	≥4.5	≥7.0
52.5R	≥27.0		≥5.0	
62.5	≥27.0	≥62.5	≥5.0	≥8.0
62.5R	≥32.0		≥5.5	

快硬硅酸盐水泥可用于紧急抢修工程、低温施工工程，可配制早强、高强混凝土。快硬硅酸盐水泥易受潮变质，故储运时应注意防潮，施工时不能与其他水泥混用；其水化热大且比较集中，不适于大体积混凝土工程。

除快硬硅酸盐水泥外，根据水泥熟料中的主要成分，尚有快硬高强铝酸钙水泥、快硬铁铝酸盐水泥、快硬硫铝酸盐水泥等。

1.1.3.2　中热水泥和低热矿渣水泥

低水化热硅酸盐水泥（俗称大坝水泥），是专门用于要求水化热较低的大坝和大体积工程的水泥品种。其主要品种有三种，《中热硅酸盐水泥、低热硅酸盐水泥》（GB/T 200—2017）和《低热矿渣硅酸盐水泥》（GB/T 42531—2023）对这三种水泥作出了规定。

中热硅酸盐水泥（简称中热水泥）是以适当成分的硅酸盐水泥熟料，加入适量石膏，磨细制成的具有中等水化热的水硬性胶凝材料，代号 P·MH。

低热硅酸盐水泥（简称低热水泥）是以适当成分的硅酸盐水泥熟料，加入适量石膏，磨细制成的具有低水化热的水硬性胶凝材料，代号 P·LH。

低热矿渣硅酸盐水泥（简称低热矿渣水泥）是以适当成分的硅酸盐水泥熟料，加入粒化高炉矿渣或粒化高炉矿渣粉、适量石膏，磨细制成的具有低水化热的水硬性胶凝材料，代号 P·SLH。

生产低水化热硅酸盐水泥，主要是降低水泥熟料中的高水化热组分 C_3S、C_3A 和 f-CaO 的含量。中热水泥熟料中 C_3S 不超过 55%，C_3A 不超过 6%，f-CaO 不超过 1%；低热水泥熟料中 C_3S 不少于 40%，C_3A 不超过 6%，f-CaO 不超过 1%；低热矿渣水泥熟料中 C_3A 不超过 8%，f-CaO 不超过 1.2%。

1.1.3.3　抗硫酸盐硅酸盐水泥

抗硫酸盐硅酸盐水泥（简称抗硫酸盐水泥）按其抗硫酸盐侵蚀程度分为中抗硫酸盐硅酸盐水泥和高抗硫酸盐硅酸盐水泥两类。

以适当成分的硅酸盐水泥熟料，加入石膏，共同磨细制成的具有抵抗中等浓度硫酸根离子侵蚀的水硬性胶凝材料，称为中抗硫酸盐硅酸盐水泥，简称中抗硫酸盐水泥，代号 P·MSR。中抗硫酸盐水泥中 C_3A 的质量分数不得超过 5%，C_3S 的质量分数不得超过 55%。

以适当成分的硅酸盐水泥熟料，加入石膏，共同磨细制成的具有抵抗高浓度硫酸根离子侵蚀的水硬性胶凝材料，称为高抗硫酸盐硅酸盐水泥，简称高抗硫酸盐水泥，代号 P·HSR。高抗硫酸盐水泥中 C_3A 的质量分数不得超过 3%，C_3S 的质量分数不得超过 50%。

《抗硫酸盐硅酸盐水泥》（GB/T 748—2023）规定，抗硫酸盐水泥为 42.5 强度等级，各龄期的强度值应符合表 1-9 的规定。

表 1-9　抗硫酸盐硅酸盐水泥各龄期的强度

水泥强度等级	抗压强度/MPa		抗折强度/MPa	
	3d	28d	3d	28d
42.5	≥15.0	≥42.5	≥3.0	≥6.5

在抗硫酸盐水泥中，由于限制了水泥熟料中 C_3A、C_4AF 和 C_3S 的含量，使水泥的水化热较低，水化铝酸钙的含量较少，抗硫酸盐侵蚀的能力较强，适用于一般受硫酸盐侵蚀的海港、水利、地下、引水、隧道、道路和桥梁基础等大体积混凝土工程。

1.1.4　专用水泥

具有专门用途的水泥称为专用水泥，如道路水泥专门用于修筑道路，砌筑水泥专门用于配制砌筑砂浆等。

1.1.4.1　道路水泥

《道路硅酸盐水泥》(GB/T 13693—2017) 规定，以道路硅酸盐水泥熟料、适量石膏和混合材料磨细制成的水硬性胶凝材料，称为道路硅酸盐水泥，简称道路水泥。

道路硅酸盐水泥熟料是以硅酸钙为主要成分并且含有较多的铁铝酸钙的水泥熟料。在道路硅酸盐水泥中，熟料的化学组成和硅酸盐水泥是完全相同的，只是水泥中的铝酸三钙的质量分数不得大于5.0%，铁铝酸四钙的质量分数要大于15.0%。

道路水泥的技术指标主要如下。

(1) 细度：比表面积为300～450m^2/kg。

(2) 凝结时间：初凝时间不得早于90min，终凝时间不得迟于720min。

(3) 体积安定性：沸煮法检验必须合格。熟料中MgO的质量分数不得超过5.0%，SO_3的质量分数不得超过3.5%。

(4) 干缩性：根据国家标准规定的水泥干缩性试验方法，28d的干缩率不得大于0.1%。

(5) 耐磨性：根据国家标准规定的试验方法，28d的磨耗量不得大于3.00kg/m^2。

(6) 强度等级：道路硅酸盐水泥分为7.5和8.5两个强度等级，各龄期的强度应符合表1-10中的要求。

表1-10　道路硅酸盐水泥各龄期的强度

强度等级	抗压强度/MPa		抗折强度/MPa	
	3d	28d	3d	28d
7.5	≥21.0	≥42.5	≥4.0	≥7.5
8.5	≥26.0	≥52.5	≥5.0	≥8.5

道路水泥抗折强度高，耐磨性好，干缩小，抗冻性、抗冲击性、抗硫酸盐性能优异，可减少混凝土路面的温度裂缝和磨耗，减少路面维修费用，延长路面使用年限。它适用于公路路面、机场跑道、城市人流较多的广场等工程的面层混凝土。

1.1.4.2　砌筑水泥

《砌筑水泥》(GB/T 3183—2017) 规定，由硅酸盐水泥熟料加入规定的混合材料和适量石膏，经磨细制成的保水性较好的水硬性胶凝材料，称为砌筑水泥，代号M。

砌筑水泥用混合材料可采用矿渣、粉煤灰、火山灰质混合材料等，允许掺入适量窑灰。凝结时间要求初凝时间不早于60min，终凝时间不迟于720min；按砂浆吸水后保留的水分计，保水率不应低于80%。安定性用沸煮法检验必须合格。水泥中SO_3的质量分数不得超过3.5%。砌筑水泥的强度等级及各龄期强度值应符合表1-11的要求。

表1-11　砌筑水泥各龄期的强度

强度等级	抗压强度/MPa			抗折强度/MPa		
	3d	7d	28d	3d	7d	28d
12.5	—	≥7.0	≥12.5	—	≥1.5	≥3.0
22.5	—	≥10.0	≥22.5	—	≥2.0	≥4.0
32.5	≥10.0	—	≥32.5	≥2.5	—	≥5.5

砌筑水泥适用于砌筑砂浆、内墙抹面砂浆及基础垫层；允许用于生产砌块及瓦等制品。砌筑水泥一般不得用于配制混凝土，通过试验，允许用于低强度等级混凝土，但不得用于钢筋混凝土等承重结构。

1.2 骨料

骨料，亦称“集料”，即混凝土及砂浆中起骨架和填充作用的粒状材料。在拌料时，水泥经水搅拌成稀糊状，不加骨料，它将无法成型，导致无法使用。骨料可提供混凝土稳定性和比水泥石更好的耐久性，能够起到减少收缩、抑制裂缝扩展、传力、降低水化热、提供耐磨性等作用。在不影响混凝土性能的条件下，尽可能多地加入骨料，可以降低混凝土的成本。骨料按照其粒径大小不同分为细骨料和粗骨料。粒径大于4.75mm的骨料称为粗骨料，俗称石；粒径在4.75mm以下的骨料称为细骨料，俗称砂。粗、细骨料的总体积占混凝土体积的70%～80%。尽管只是作为填充材料，其在混凝土中的功能却是不容忽视的。骨料按照密度大小不同又可分为重骨料（用以配制特殊用途的防护混凝土，如重晶石等）、普通骨料（用以配制普通混凝土，如砂、碎石、卵石等）及轻骨料（用以配制轻骨料混凝土，如浮石、陶粒等）。

1.2.1 骨料的主要技术性质

1.2.1.1 骨料的强度和弹性模量

骨料的强度应高于混凝土的设计抗压强度，这是因为在承载时骨料中的应力大大超过混凝土的抗压强度。混凝土破坏时，如发现许多骨料被压碎，说明这种骨料的强度低于混凝土的名义抗压强度。从耐久性意义上说，强度中等或适当低的骨料更适合配制混凝土。因为过强、过硬的骨料价格稍高，还可能在混凝土因温度或湿度原因发生体积变化时，使水泥石受到较大的应力而开裂。

岩石的抗压强度和弹性模量取决于它的组成和结构，并随其风化的程度而有很大的差别。坚实致密的岩石，其抗压强度平均可达200MPa以上，但大多数骨料岩石的抗压强度都在80MPa左右。

混凝土受压时，大量的骨料处于受折、受剪状态，所以为了更接近地反映骨料实际受力情况，常用压碎试验测试骨料的力学性能，即将一定粒级（如10～20mm）的干燥骨料装在一个圆筒形模内，按规定的方法捣实，然后装上压头，在压力机上进行压碎试验。在现行标准中，有两种不同的表示压碎值的指标：一种是以一定的加荷速度加至规定的荷载后，倒出经压碎的骨料，筛除小于1/4试样下限尺寸（如2.5mm）的部分，然后用筛余重量与原试样重量之百分比作为压碎值指标。另一种是以达到10%压碎值时的荷载表示，这种表示指标是考虑到某些压碎值超过25%～30%的脆弱骨料用规定荷载法试验时，在达到规定荷载之前，相当部分骨料已被压碎，使骨料紧密，从而影响随后继续加荷的压碎量。压碎试验方法还可用于鉴定轻骨料如陶粒、炉渣等的强度性能。骨料的压碎指标与骨料岩石的抗压强度之间虽无直接的数学关系，但在定性上，这两种试验结果是一致的。

骨料岩石的弹性模量和强度之间并不存在通常的关系。例如，花岗岩的弹性模量为 4.6×10^4MPa，辉长岩和辉绿岩的弹性模量为 8.5×10^4MPa，它们的强度在 145～160MPa。一般来说，骨料的弹性模量越高，配制的混凝土弹性模量也越高。同时骨料的弹性性质还会影响混凝土的徐变和收缩。

1.2.1.2 骨料的表观密度、堆积密度和空隙率

骨料的表观密度是指包括非贯穿毛细孔在内的单位体积的质量。堆积密度是指散粒状材料在堆积状态下单位体积的质量。显然，物料在松散状态下与在振动捣实状态下的堆积密度是不同的，前者称为松散堆积密度，后者称为紧密堆积密度。

骨料的堆积密度能够反映骨料在堆积状态下的空隙率。对于一定表观密度的骨料而言，堆积密度越大，所需水泥浆填充的空隙越少。

细骨料的表观密度反映其密实程度，其大小与砂的矿物成分有关。石英砂的表观密度为 2.60～2.70g/cm^3，其堆积密度与砂粒堆放的紧密程度及含水状态有关。一般干砂自然状态下的疏松堆积密度为 1400～1600kg/m^3，振实状态下的紧密堆积密度为 1600～1700kg/m^3。

粗骨料的表观密度与母岩种类有关，通常石灰岩为 1.80～2.60g/cm^3，花岗岩为 2.50～2.90g/cm^3。而其堆积密度和空隙率与骨料的颗粒形状、针片状颗粒含量以及颗粒级配等有关。近似球形或立方体的颗粒堆积密度较大，空隙率较小；颗粒级配较好，空隙率也较小。

根据骨料的表观密度和堆积密度，可以按式（1-1）计算出骨料的空隙率：

$$p=\left(1-\frac{\rho_0}{\rho_a}\right)\times100\% \tag{1-1}$$

式中 p——骨料的空隙率，%；

ρ_0——骨料的堆积密度，kg/m^3；

ρ_a——骨料的表观密度，kg/m^3。

1.2.1.3 骨料的孔隙率、吸水率和含水率

骨料中存在孔径变化范围很大的毛细孔，最大的孔甚至肉眼都能看到，最小的孔一般也比水泥石的凝胶孔大。这些孔有的封闭在骨料的内部，有的扩展到颗粒的表面。骨料中孔的状态影响骨料和水泥石的黏结、混凝土的抗冻性以及骨料的化学稳定性和抗磨性。

根据骨料的表观密度和密度，可以按式（1-2）计算出骨料的孔隙率：

$$p'=\left(1-\frac{\rho_a}{\rho}\right)\times100\% \tag{1-2}$$

式中 p'——骨料的孔隙率，%；

ρ_a——骨料的表观密度，kg/m^3；

ρ——骨料的密度，kg/m^3。

骨料的吸附水量用吸水率表示，它在一定程度上反映了骨料中孔的特性（孔隙率、孔大小及贯通性）。骨料的吸水率表示饱和面干骨料的含水率。骨料的含水率则表示骨

料实际的含水率，以试样在 105～110℃条件下烘干至恒重确定。由于骨料的水分含量随气候而变化，同一料堆各个部位也可能不一样，因此必须经常测定，以便调整混凝土配合比中水和骨料的称量。

$$W_{吸}=\frac{m-m_0}{m_0}\times 100\% \tag{1-3}$$

式中 $W_{吸}$——材料的吸水率，%；

m_0——材料在干燥状态下的重量，g；

m——材料在吸水饱和状态下的重量，g。

1.2.2 细骨料及其技术要求

细骨料是一种直径相对较小的骨料，是指在混凝土中起骨架或填充作用的、粒径在 4.75mm 以下的粒状松散材料。砂的表观密度一般大于 2500kg/m³，松散密度大于 1350kg/m³，空隙率小于 47%。根据《建设用砂》（GB/T 14684—2022）的规定，建筑用砂主要包括天然砂、机制砂两类。

天然砂是由自然风化、水流搬运和分选、堆积形成的，粒径小于 4.75mm 的岩石颗粒，但不包括软质岩、风化岩石的颗粒。天然砂包括河砂、湖砂、山砂和淡化海砂。河砂和海砂由于长期受水流的冲刷作用，颗粒表面比较圆滑、洁净，质地坚硬，且产源较广，但海砂中常含有贝壳碎片及可溶性盐等有害杂质。山砂颗粒多棱角，表面粗糙，砂中含泥量及有机质等有害杂质较多，坚固性差。因此，建筑工程多采用河砂。

机制砂是由机械破碎、筛分制成的，粒径小于 4.75mm 的岩石、矿山尾矿或工业废渣颗粒，但不包括软质、风化的颗粒，俗称人工砂。其颗粒尖锐、有棱角，片状颗粒及细粉含量较多，成本较高。

1.2.2.1 砂的颗粒级配及粗细程度

砂的颗粒级配是指不同粒径砂颗粒的分布情况。在混凝土中，砂子的表面需要由水泥浆包裹，砂粒之间的空隙需要由水泥浆填充。为达到节约水泥和提高强度的目的，应尽量减少砂的总表面积和砂粒间的空隙，合理搭配大小不同的颗粒。砂的颗粒级配和粗细程度常用筛分析的方法进行测定。用细度模数表示砂的粗细程度。细度模数越大，表示砂越粗。在选择混凝土用砂时，砂的颗粒级配和粗细程度应同时考虑。砂的颗粒级配应符合表 1-12 的规定。

表 1-12 累计筛选

砂的分类	天然砂			机制砂、混合砂		
级配区	1 区	2 区	3 区	1 区	2 区	3 区
方筛孔尺寸/mm	累计筛余/%					
4.75	10～0	10～0	10～0	5～0	5～0	5～0
2.36	35～5	25～0	15～0	35～5	25～0	15～0

续表

砂的分类	天然砂			机制砂、混合砂		
级配区	1区	2区	3区	1区	2区	3区
方筛孔尺寸/mm	累计筛余/%					
1.18	65～35	50～10	25～0	65～35	50～10	25～0
0.60	85～71	70～41	40～16	85～71	70～41	40～16
0.30	95～80	92～70	85～55	95～80	92～70	85～55
0.15	100～90	100～90	100～90	97～85	94～80	94～75

分计筛选

方筛孔尺寸/mm	4.75[a]	2.36	1.18	0.60	0.30	0.15[b]	筛底[c]
分计筛余/%	0～10	10～15	10～25	20～31	20～30	5～15	0～20

[a] 对于机制砂，4.75mm筛的分计筛余不应大于5%。

[b] 对于MB>1.4的机制砂，0.15mm筛和筛底的分计筛余之和不应大于25%。

[c] 对于天然砂，筛底的分计筛余不应大于10%。

砂的细度模数μ_f的计算公式如下：

$$\mu_f=\frac{(A_2+A_3+A_4+A_5+A_6)-5A_1}{100-A_1} \tag{1-4}$$

砂的粗细程度是指不同粒径的砂粒，混合在一起后的总体砂的粗细程度。通常分为粗砂（3.7～3.1）、中砂（3.0～2.3）、细砂（2.2～1.6）、特细砂（1.5～0.7）等几种。在相同砂用量条件下，粗砂的总表面积比细砂小，则所需要包裹砂粒表面的水泥浆少。因此，一般用粗砂拌制混凝土比用细砂拌制混凝土节省水泥浆。

1.2.2.2 砂的含泥量、泥块含量和石粉含量

含泥量是指骨料中粒径小于0.075mm的细尘屑、淤泥、黏土的含量。砂、石中的泥块含量（GB/T 14684—2022）是指天然砂中粒径小于80μm的颗粒含量，通常包裹在砂的颗粒表面，妨碍水泥浆与砂的黏结，使混凝土的强度、耐久性降低。天然砂中含泥量和泥块含量应符合表1-13规定。

表1-13 含泥量和泥块含量

项目	指标		
	Ⅰ类	Ⅱ类	Ⅲ类
含泥量（质量分数）/%	≤1.0	≤3.0	≤5.0
泥块含量（质量分数）/%	≤0.2	≤1.0	≤2.0

石粉含量是指人工砂中公称粒径小于80μm，且矿物组成和化学组成与被加工母岩相同的颗粒含量。过多的石粉含量妨碍水泥与骨料的黏结，对混凝土无益。石粉含量应符合表1-14的规定。

表 1-14 机制砂的石粉含量

类别	亚甲蓝值（MB）	石粉含量（质量分数）/%
Ⅰ类	MB≤0.5	≤15.0
	0.5<MB≤1.0	≤10.0
	1.0<MB≤1.4 或快速试验合格	≤5.0
	MB>1.4 或快速试验不合格	≤1.0[a]
Ⅱ类	MB≤1.0	≤15.0
	1.0<MB≤1.4 或快速试验合格	≤10.0
	MB>1.4 或快速法不合格	≤3.0[a]
Ⅲ类	MB≤1.4 或快速试验合格	≤15.0
	MB>1.4 或快速法不合格	≤5.0[a]

注：砂浆用砂的石粉含量不做限制

[a] 根据使用环境和用途，经试验验证，由供需双方协商确定，Ⅰ类砂石粉含量可放宽至大于 3.0%，Ⅱ类砂石粉含量可放宽至不大于 5.0%，Ⅲ类砂石粉含量可放宽至不大于 7.0%

泥块含量是指砂中公称粒径大于 1.18mm，经水洗、手捏后变成小于 600μm 的颗粒含量。天然砂中泥块含量应符合表 1-13 的规定，而机制砂的石粉含量应符合表 1-14 的规定。

1.2.2.3 砂的坚固性

砂的坚固性是指砂在气候、环境变化或其他物理因素的作用下抵抗破坏的能力。按照相关标准的规定，砂的坚固性应采用硫酸钠溶液检验，试样经 5 次循环后，其质量损失应符合表 1-15 的规定。

表 1-15 砂的坚固性指标

混凝土所处的环境条件及其性能要求	5 次循环后的质量损失/%
在严寒及寒冷地区室外使用并经常处于潮湿或干湿状态下使用的混凝土，对于有抗疲劳、耐磨、抗冲击使用要求的混凝土，有腐蚀介质作用或经常处于水位变化区的地下结构的混凝土（Ⅰ类、Ⅱ类）	≤8
其他条件下使用的混凝土（Ⅲ类）	≤10

1.2.2.4 有害物质含量

国家标准《建设用砂》（GB/T 14684—2022）中强调砂不应混有草根、树叶、树枝、煤块和矿渣等杂物。砂中如含有云母、轻物质、有机物、硫化物及硫酸盐、氯盐、贝壳等，其含量应符合表 1-16 的规定。

表 1-16 有害物质含量

类别	Ⅰ类	Ⅱ类	Ⅲ类
云母（质量分数）/%	≤1.0	≤2.0	
轻物质（质量分数）[a]/%	≤1.0		
有机物	合格		
硫化物及硫酸盐（按 SO_3 质量计）/%	≤0.5		
氯化物（以氯离子质量计）/%	≤0.01	≤0.02	≤0.06[b]
贝壳（质量分数）[c]/%	≤3.0	≤5.0	≤8.0

[a] 天然砂中如含有浮石、火山渣等天然轻骨料时，经试验验证后，该指标可不作要求。

[b] 对于钢筋混凝土用净化处理的海砂，其氯化物含量应小于或等于 0.02%。

[c] 该指标仅适用于净化处理的海砂，其他砂种不作要求

1.2.3 粗骨料及其技术要求

粗骨料是指在混凝土中起骨架作用、粒径大于 4.75mm 的骨料。普通混凝土常用的粗骨料有碎石及卵石两种。碎石是天然岩石、卵石或矿山废石经机械破碎、筛分制成的，粒径大于 4.75mm 的岩石颗粒。卵石是由自然风化、水流搬运和分选、堆积而成的，粒径大于 4.75mm 的岩石颗粒。卵石和碎石颗粒的长度大于该颗粒所属相应粒级的平均粒径 2.4 倍者为针状颗粒；厚度小于平均粒径 0.4 倍者为片状颗粒（平均粒径指该粒级上限、下限粒径的平均值）。

卵石与碎石相比，表面比较光滑、少棱角，表面积和孔隙率小，与水泥的黏结强度较低。因此，在水灰比相同的条件下，用卵石拌制的混凝土流动性大，强度较低。而碎石正相反，流动性虽较小，强度却更高。粗骨料在混凝土中不仅起到骨架作用，其本身的材质、强度、吸水率，以及不同的形成条件（表面特征）和不同的生产工艺（空隙率、颗粒形状等）都对混凝土性能有较大的影响。根据 GB/T 14684—2022、GB/T 14685—2022、JGJ 52—2006 的规定，配制混凝土的粗骨料的质量及技术要求有如下几方面：

1.2.3.1 颗粒级配及最大粒径

根据 GB/T 14685—2022 的规定，卵石和碎石的颗粒级配应符合表 1-17 规定。

粗骨料中公称粒级的上限称为最大粒径。当骨料粒径增大时，其比表面积减小，混凝土的水泥浆用量也减少，故在满足技术要求的前提下，粗骨料的最大粒径应尽量选大一些，但通常不宜大于 40mm。在钢筋混凝土工程中，粗骨料的粒径不得大于混凝土结构截面最小尺寸的 1/4，并不得大于钢筋最小净距的 3/4。对于混凝土实心板，其最大粒径不宜大于板厚的 1/3，并不得超过 40mm。对于泵送混凝土，碎石最大粒径与输送管道内径之比宜小于或等于 1/3，卵石宜小于或等于 1/2.5。

1.2.3.2 颗粒形状和表面特征

骨料的颗粒形状一般有多面体形、球形、棱角形、针状和片状等几种类型。比较理想的骨料是接近正多面体或球形的颗粒。当粗骨料中针、片状颗粒过多时，会使骨料空隙率增加，导致混凝土的和易性变差，强度和耐久性降低，故粗骨料的针、片状颗粒含量应控制在一定的范围内。碎石或卵石中针、片状颗粒含量应符合表 1-18 的规定。

表 1-17　碎石、卵石的颗粒级配

公称粒径/mm		累计筛余/%											
		方孔筛孔径/mm											
		2.36	4.75	9.50	16.0	19.0	26.5	31.5	37.5	53.0	63.0	75.0	90
连续粒级	5～16	95～100	85～100	30～60	0～10	0	—	—	—	—	—	—	—
	5～20	95～100	90～100	40～80	—	0～10	0	—	—	—	—	—	—
	5～25	95～100	90～100	—	30～70	—	0～5	0	—	—	—	—	—
	5～31.5	95～100	90～100	70～90	—	15～45	—	0～5	0	—	—	—	—
	5～40	—	95～100	70～90	—	30～65	—	—	0～5	0	—	—	—
单粒粒级	5～10	95～100	80～100	0～15	0	—	—	—	—	—	—	—	—
	10～16	—	95～100	80～100	0～15	0	—	—	—	—	—	—	—
	10～20	—	95～100	85～100	—	0～15	0	—	—	—	—	—	—
	16～25	—	—	95～100	55～70	25～40	0～10	0	—	—	—	—	—
	16～31.5	—	95～100	—	85～100	—	—	0～10	0	—	—	—	—
	20～40	—	—	95～100	—	80～100	—	—	0～10	0	—	—	—
	25～31.5	—	—	—	95～100	—	80～100	0～10	0	—	—	—	—
	40～80	—	—	—	—	95～100	—	—	70～100	—	30～60	0～10	0

表 1-18 碎石或卵石中针、片状颗粒含量

混凝土强度等级	Ⅰ类	Ⅱ类	Ⅲ类
针、片状颗粒含量（质量分数）/%	≤8	≤15	≤25

1.2.3.3 含泥量和泥块含量

根据 GB/T 14685—2022，卵石含泥量、碎石泥粉含量和泥块含量应符合表 1-19 的规定。

表 1-19 卵石含泥量、碎石泥粉含量和泥块含量

类别	Ⅰ类	Ⅱ类	Ⅲ类
卵石含泥量（质量分数）/%	≤0.5	≤1.0	≤1.5
碎石泥粉含量（质量分数）/%	≤0.5	≤1.5	≤2.0
泥块含量（质量分数）/%	≤0.1	≤0.2	≤0.7

1.2.3.4 强度

骨料在混凝土中起骨架和支撑作用，因此必须具有足够高的强度，碎石和卵石的强度采用岩石（立方体）抗压强度和压碎值指标两种方法检验。根据混凝土的不同强度等级，岩石抗压强度是混凝土强度的 1.5 倍或 2 倍。当混凝土强度等级大于或等于 C60 时，应进行岩石抗压强度检验。岩石抗压强度首先应由生产单位提供，工程中可采用压碎值指标进行质量控制。

压碎值指标越小，表示石子抵抗受压破坏的能力越强。碎石和卵石的压碎值指标应符合表 1-20 和表 1-21 的规定。

表 1-20 岩石抗压强度

类别	岩浆岩	变质岩	沉积岩
岩石抗压强度/MPa	≥80	≥60	≥45

表 1-21 压碎指标

类别	Ⅰ类	Ⅱ类	Ⅲ类
碎石压碎指标/%	≤10	≤20	≤30
卵石压碎指标/%	≤12	≤14	≤16

1.2.3.5 坚固性

坚固性是指骨料在气候、环境变化或其他物理因素作用下抵抗破坏的能力。骨料由于干湿循环或冻融交替等作用引起体积变化导致混凝土破坏。骨料越密实、强度越高、吸水性越小，其坚固性越高，而结构越酥松、矿物成分越复杂、结构越不均匀，其坚固性越差。

碎石或卵石的坚固性应用硫酸钠溶液法进行检验，试样经 5 次循环后，其坚固性指标应符合表 1-22 的规定。

表 1-22 坚固性指标

类别	Ⅰ类	Ⅱ类	Ⅲ类
质量损失率/%	≤5	≤8	≤12

1.2.3.6 有害物质含量

碎石或卵石中的硫化物和硫酸盐含量以及卵石中有机物等有害物质含量，应符合表 1-23 的规定。

表 1-23 有害物质含量

类别	Ⅰ类	Ⅱ类	Ⅲ类
有机物含量	合格	合格	合格
硫化物及硫酸盐含量（以 SO_3 质量计）/%	≤0.5	≤1.0	≤1.0

1.2.4 骨料性质对混凝土的作用及影响

骨料是混凝土的主要组成材料，它占混凝土总体积的 3/4 以上。尽管骨料只能算是一种填充材料，但其在混凝土中的功能却是不容忽视的。骨料在混凝土中具有技术和经济双重作用。在技术上，骨料的存在使混凝土比纯水泥浆具有更高的体积稳定性和更优异的耐久性；在经济上，它通常比水泥便宜，作为相对廉价填充材料，使建筑材料成本降低。骨料的具体作用如下。

（1）骨架增强作用。一般来说，骨料的强度比硬化水泥石的强度高。在硬化水泥石与骨料较好的黏结情况下，当混凝土受到外力作用时，相当一部分应力由骨料承担。在混凝土中，骨料起骨架增强作用。

（2）稳定体积作用。水泥等一些胶凝材料在水化反应过程中通常会伴随一些体积变化。在干燥环境下，硬化水泥石中各种水的失去也将伴随一些体积变化。骨料一般不发生化学反应，而且普通骨料的吸水率很小，因此它的体积稳定性远远优于硬化水泥石。由于骨料的弹性模量较高、热膨胀系数较低，在力学作用下，当温度变化时所产生的变形也比硬化水泥石小。大量骨料的存在对保持混凝土体积稳定性起了相当大的作用。

（3）调整混凝土密度作用。在混凝土中，骨料体积占比较大，因此混凝土的密度在很大程度上取决于骨料的密度。普通骨料的密度为 2600～2700kg/m^3。而有些骨料非常轻，如膨胀珍珠岩，颗粒密度仅有 400～800kg/m^3。相反，有些骨料则非常重，如重晶石密度为 4300～4700kg/m^3，磁铁矿密度为 4900～5200kg/m^3，赤铁矿密度为 5000～5300kg/m^3。骨料密度如此大的差别为制备不同质量的混凝土提供了可能性。对于一些墙体，可用一些较轻的骨料来制备轻质混凝土，以减少建筑物的质量、减轻基础和结构的负担。对于一些防护结构，可用一些较重的骨料来制备重质混凝土，以提高建筑物对各种射线的防护能力。

（4）控制混凝土温度变化作用。在混凝土的凝结硬化过程中，水泥及矿物掺和料与水的反应是一种放热反应。当热量不能散发时，放出的热量将使混凝土的温度升高。随着热量的散发，混凝土的温度将降低。这种温度变化常常是引起混凝土开裂的一个重要因素。而骨料在混凝土水化硬化过程中不发生化学反应，不释放热量。显然，骨料用量越多，混凝土的放热量越少，混凝土的温度变化也就越小。

(5) 降低成本作用。在混凝土的组成材料中，除了水以外，骨料是相对廉价的组分。在混凝土中骨料所占的比例越大，混凝土的成本就越低。

混凝土强度主要与骨料强度、胶凝材料浆体强度以及骨料浆体界面过渡区强度有关，从理论上看，除骨料强度对混凝土强度有直接影响外，骨料颗粒粒径、形状、表面吸水特性、矿物成分及其与浆体的黏结特性会影响界面过渡区的特性，从而影响混凝土的强度。表 1-24 反映了骨料性质对硬化混凝土性能的影响。

表 1-24 骨料性质对硬化混凝土性能的影响

混凝土性质	相应的骨料性质
强度	强度，表面织构，清洁度，颗粒形状，最大粒径
抗冰融	稳定性，孔隙率，孔结构，渗透性，饱和度，抗拉强度，织构和结构
抗干湿	孔结构，弹性模量
抗冷热	热胀系数
耐磨性	硬度
碱-骨料反应	存在异常的硅质成分
弹性模量	弹性模量，泊松比
收缩和徐变	弹性模量，颗粒形状，级配，清洁度，最大粒径，黏土矿物
热胀系数	热胀系数，弹性模量
热导率	热导率
比热容	比热容
密度	密度，颗粒形状，级配，最大粒径
易滑性	趋向于磨光
经济性	颗粒形状，级配，最大粒径，需要的加工量，可获量

从表 1-24 可以看出，骨料所具备的性质与硬化混凝土的性能有十分密切的关系。不仅如此，骨料的若干特性，如密度、孔隙率、级配、颗粒形状、含水状态以及表面织构等对新拌混凝土的性能也有着重要的影响。因此，在根据工程要求进行混凝土配合比设计时，必须首先掌握骨料的若干特性。

1.3 混凝土用水

水是混凝土的重要组成材料，是混凝土强度的重要影响因素。水在混凝土中的作用及对混凝土性能的影响主要体现在混凝土中的化学结合水和物理吸附水两种形态的水上。前者参与水泥的水化反应，成为水化产物的一部分；后者主要处在混凝土内的毛细孔隙中，混凝土在整个使用期间都会和水或水蒸气直接或间接地接触。水质不纯可能会影响到混凝土的凝结时间和强度，水中有害物质可能会导致钢筋锈蚀，也会使混凝土表面出现污斑或影响混凝土的耐久性。混凝土拌和用水应符合标准规定的要求。

《混凝土用水标准》(JGJ 63—2006) 规定，混凝土用水是混凝土拌和用水和混凝土养护用水的总称，包括饮用水、地表水、地下水、再生水、混凝土企业设备洗刷水和海水等。

1.3.1 混凝土拌和用水

混凝土拌和用水水质要求应符合表1-25的规定。对于设计使用年限为100年的结构混凝土，氯离子含量不得超过500mg/L；对于使用钢丝或经热处理钢筋的预应力混凝土，氯离子含量不得超过350mg/L。

表1-25 混凝土拌和用水水质要求

项目	预应力混凝土	钢筋混凝土	素混凝土
pH	≥5.0	≥4.5	≥4.5
不溶物 (mg/L)	≤2000	≤2000	≤5000
可溶物 (mg/L)	≤2000	≤5000	≤10000
Cl^- (mg/L)	≤500	≤1000	≤3500
SO_4^{2-} (mg/L)	≤600	≤2000	≤2700
碱含量 (rag/L)	≤1500	≤1500	≤1500

注：碱含量按 $Na_2O+0.658K_2O$ 计算值来表示。采用非碱活性骨料时，可不检验碱含量。

另外，混凝土拌和用水还应符合以下要求。

(1) 地表水、地下水、再生水的放射性应符合现行国家标准《生活饮用水卫生标准》(GB 5749—2022) 的规定。

(2) 被检验水样与饮用水应进行水泥凝结时间对比试验。对比试验的水泥初凝时间差及终凝时间差均不应大于30min。同时，初凝和终凝时间应符合现行国家标准《通用硅酸盐水泥》(GB 175—2023) 的规定。

(3) 被检验水样应与饮用水样进行水泥胶砂强度对比试验。被检验水样配制的水泥胶砂3d和28d强度不应低于饮用水配制的水泥胶砂3d和28d强度的90%。

(4) 混凝土拌和用水不应有漂浮明显的油脂和泡沫，不应有明显的颜色和异味。

(5) 混凝土企业设备洗刷水不宜用于预应力混凝土、装饰混凝土、加气混凝土和暴露于腐蚀环境的混凝土，不得用于使用碱活性或潜在碱活性骨料的混凝土。

(6) 未经处理的海水严禁用于钢筋混凝土和预应力混凝土。在无法获得水源的情况下，海水可用于素混凝土（无筋或不配置受力钢筋的混凝土），但不宜用于装饰混凝土。

1.3.2 混凝土养护用水

混凝土养护用水可不检验不溶物、可溶物、凝结时间和水泥胶砂强度，其他检验项目应符合和《生活饮用水卫生标准》(GB 5749—2006) 的规定。同时混凝土养护用水应清滤、无杂质，不得混入泥土、砂石、有机物等杂质，以免影响混凝土的强度、密实性、耐久性等性能。混凝土养护用水PH值应接近中性，PH值应为6.5～8.5之间，过高或过低都会对混凝土的强度产生不良影响。当采用人工洒水、喷淋养护、混凝土表面可用土工布、麻袋、棉毡等吸水材料覆盖严实、不露边角，洒水喷淋的间隔时间短。覆盖物内外自始至终要保持水分，防止干湿循环。一般来说，养护水温不宜低于15℃，且养护水温与混凝土的表面温度相差不宜高于15℃，以防混凝土表面裂纹。

1.4 化学外加剂

混凝土中掺用外加剂是为了改善混凝土的工作性能，提高工程质量，降低工程造价，满足新工艺的要求。外加剂可有效弥补混凝土自身缺陷。混凝土的性能是由水泥、砂、石子和水的比例决定的，为了改善混凝土的某一种性能，可以调整原材料的比例，但这样往往会造成另一方面的损失。例如为了提高混凝土早期强度，可以增加水泥用量，但这样除了加大成本外，还可能增加混凝土的收缩和徐变。而采用外加剂，就可以避免上述缺陷。

1.4.1 外加剂的定义

根据《混凝土外加剂定义、分类、命名与术语》（GB/T 8075—2017）的规定，混凝土外加剂是指混凝土中除胶凝材料、骨料、水和纤维组分以外，在混凝土拌制之前或拌制过程中加入的，用以改善新拌混凝土和（或）硬化混凝土性能，对人、生物及环境安全无有害影响的材料。

混凝土外加剂按其主要使用功能分为：

（1）改善混凝土拌和物流变性能的外加剂，如各种减水剂和泵送剂等。

（2）调节混凝土凝结时间、硬化过程的外加剂，如缓凝剂、早强剂和速凝剂等。

（3）改善混凝土耐久性的外加剂，如引气剂、防水剂和阻锈剂等。

（4）改善混凝土其他性能的外加剂，如膨胀剂、防冻剂和着色剂等。

外加剂按化学成分分为：有机外加剂、无机外加剂和有机无机复合外加剂。其中，减水剂是用途最广的外加剂，按其化学成分可分为木质素磺酸盐系、磺化煤焦油系、密胺磺酸盐甲醛缩合物系、糖蜜系、腐殖酸系、聚羧酸系复合减水剂及其他。

外加剂按使用效果分为：减水剂、调凝剂、引气剂、加气剂、防水剂、阻锈剂、膨胀剂、防冻剂、着色剂、泵送剂以及复合外加剂（如早强减水剂、缓凝减水剂、缓凝高效减水剂等）。

1.4.2 常见外加剂

1.4.2.1 减水剂

减水剂是目前品种最多、应用最广的外加剂之一，主要作用是在维持混凝土坍落度基本不变的条件下，减少拌和用水量。减水剂大多属于阴离子表面活性剂，加入混凝土拌和物后对水泥颗粒有分散作用，能改善其工作性，减少单位用水量，改善混凝土拌和物的流动性，或减少单位水泥用量，节约水泥。

1. 减水剂的分类

根据减水剂减水及增强能力分为普通减水剂（减水率不小于8%）、高效减水剂（减水率不小于14%）和高性能减水剂（减水率不小于25%）。按主要化学成分组成通常分为：木质素磺酸盐类及其衍生物、烃基羧酸及其盐、萘磺酸盐甲醛缩合物、多环芳烃磺酸盐系、三聚氰胺磺酸盐甲醛缩聚物、聚丙烯酸盐及其共聚物等。

（1）普通减水剂。普通减水剂的主要成分为木质素磺酸盐，通常由亚硫酸盐法生产纸浆的副产品制得，常用的有木钙、木钠和木镁，具有一定的缓凝、减水和引气作用。以其为原料加入不同类型的调凝剂，可制得不同类型的减水剂，如早强型、标准型和缓凝型的减水剂。

（2）高效减水剂。高效减水剂不同于普通减水剂，具有较高减水率、较低的引气量，是我国使用量大、面广的外加剂品种。目前，我国使用的高效减水剂品种较多，主要有下列几种：①萘系减水剂；②氨基磺酸盐系减水剂；③脂肪族（醛酮缩合物）减水剂；④密胺系及改性密胺系减水剂；⑤蒽系减水剂；⑥洗油系减水剂。

（3）高性能减水剂。高性能减水剂目前主要为聚羧酸盐类产品。它具有"梳状"的结构特点，由带有游离羧酸阴离子团的主链和聚氧乙烯基侧链组成，改变单体的种类、比例和反应条件可生产出各种不同性能和特性的高性能减水剂。早强型、标准型和缓凝型高性能减水剂可由分子设计引入不同官能团而成，也可掺入不同组分复配而成。其主要特点为：

① 掺量低（按照固体含量计算，一般为胶凝材料质量的 0.10%～0.25%），减水率高。

② 混凝土拌和物工作性保持较好。

③ 外加剂中氯离子和碱含量较低。

④ 配制的混凝土收缩率较小，可改善混凝土的体积稳定性和耐久性。

⑤ 对水泥的适应性较好。

⑥ 生产和使用过程中不污染环境，是环保型的外加剂。具体技术指标参见《聚羧酸系高性能减水剂》（JG/T 223—2017）的规定。

2. 减水剂的机理

各种减水剂虽然成分不同，但均为表面活性剂，发挥作用的机理相似。表面活性剂是指加入少量能使其溶液体系的界面状态发生明显变化的物质。具有固定的亲水亲油基团，在溶液的表面能定向排列。表面活性剂的分子结构具有两端：一端为亲水基团，另一端为疏水基团。亲水基团常为极性基团，如羧酸、磺酸、硫酸、氨基或胺基及其盐，羟基、酰胺基、醚键等也可作为极性亲水基团；疏水基团常为非极性烃链，如 8 个碳原子以上烃链。加入水溶液后，其分子中的亲水基团指向溶液，疏水基团指向空气、固体或非极性液体并作定向排列，形成定向吸附膜而降低水的表面张力和二相间的界面张力，在液体中显示出表面活性的作用。机理如图 1-1 所示。

3. 减水剂的作用

减水剂用在混凝土拌和物中，可以起到多种不同作用：

（1）分散作用：水泥加水拌和后，由于水泥颗粒的水化作用，水泥颗粒表面形成双电层结构，使之形成溶剂化水膜，且水泥颗粒表面带有异性电荷使水泥颗粒间产生缔合作用，使水泥浆形成絮凝结构，使 10%～30%的拌和水被包裹在水泥颗粒之中，不能参与自由流动和润滑作用，从而影响了混凝土拌和物的流动性。当加入减水剂后，由于减水剂分子能定向吸附于水泥颗粒表面，使水泥颗粒表面带有同一种电荷（通常为负电荷），形成静电排斥作用，促使水泥颗粒相互分散，絮凝结构解体，释放出被包裹部分

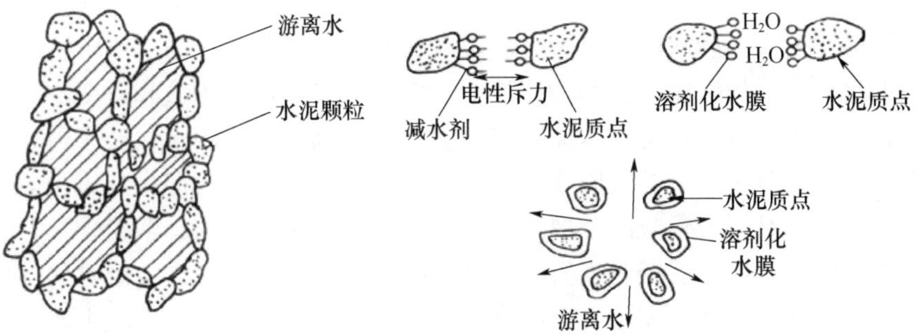

图 1-1 减水剂作用简图

的水，参与流动，从而有效地增加混凝土拌和物的流动性。

（2）润滑作用：减水剂中的亲水基团极性很强，因此水泥颗粒表面的减水剂吸附膜能与水分子形成一层稳定的溶剂化水膜，这层水膜具有很好的润滑作用，能有效降低水泥颗粒间的滑动阻力，从而使混凝土流动性进一步提高。

（3）空间位阻作用：减水剂结构中具有亲水性的支链，伸展于水溶液中，从而在所吸附的水泥颗粒表面形成有一定厚度的亲水性立体吸附层。当水泥颗粒靠近时，吸附层开始重叠，即在水泥颗粒间产生空间位阻作用。重叠越多，空间位阻斥力越大，对水泥颗粒间凝聚作用的阻碍也越大，使得混凝土的坍落度保持良好。

（4）接枝共聚支链的缓释作用：新型的减水剂如聚羧酸减水剂在制备的过程中，在减水剂的分子上接枝上一些支链，该支链不仅可提供空间位阻效应，而且在水泥水化的高碱度环境中，该支链还可慢慢被切断，从而释放出具有分散作用的多羧酸，这样就可提高水泥粒子的分散效果，并控制坍落度损失。

4. 减水剂对混凝土性能的影响

减水剂对水泥的作用影响混凝土的工作性能、力学性能及耐久性能。具体包括凝结时间、强度、坍落度损失、耐久性等指标。

（1）凝结时间。高效减水剂对混凝土凝结时间的影响取决于高效减水剂的化学结构，萘系和三聚氰胺系对混凝土没有缓凝作用，甚至使凝结时间稍稍提前，但氨基磺酸盐和聚羧酸盐类则是缓凝性高效减水剂。减水剂影响凝结的开始，水化开始之后不再受减水剂的影响。聚羧酸系减水剂中羟基与水泥中的 Ca^{2+} 形成不稳定络合物，从而抑制水化初期液相中 Ca^{2+} 的浓度，产生了缓凝作用。随着水化过程的进行，这种不稳定络合物逐渐分解，因此水化继续正常进行，对终凝影响减弱。

（2）强度。在混凝土中加入高效减水剂会使混凝土强度显著提高。在水化的早期，由于减水剂的高度分散作用增加了水泥与水的接触面积，提高了水化程度，单位体积内的水化产物增加，使早期的水化加快，从宏观上看早期强度有所提高。另外，在水化过程中减水剂又对水化速度略有延缓，这种作用在早期由于分散作用的影响尚不明显，但在中后期却起了良好作用，它抑制了凝胶体向结晶体的转变，因而有利于结晶生长，使长纤维状结晶增加，这种长纤维的水化硅酸钙结晶，其表面能大，接触点多，互相交织在一起并形成致密的空间网络结构，水泥石内部的孔隙被分割填充而变得细小，这就大大提高了水泥石的强度。与萘系减水剂相比，聚羧酸减水剂能有效抑制早期水泥 C_3A、

C_3S 的水化，但能充分发挥水泥的后期水化，有利于混凝土后期强度的发展。

（3）坍落度损失。掺入减水剂使水泥颗粒表面的润湿作用加强，AFt、C-S-H 等含结晶水的水化产物增加，整个体系的固液相比例增大，自由水含量相对变小，凝聚趋势加快。随着水化的进行，吸附在水泥颗粒表面的减水剂被生成的水化产物覆盖，虽然浆体中的部分减水剂分子也会被吸附在水泥水化产物胶体层表面，但是浆体中剩余的减水剂数量大大减少，对水泥颗粒的分散作用减弱，水泥颗粒开始出现絮凝现象，浆体黏度增大，混凝土发生了坍落度经时损失。另外，引气型减水剂会引入一定量的气泡，混凝土运输及静置过程中会有气体溢出，起到滚珠作用的微气泡减少，混凝土发生坍落度经时损失。氨基磺酸盐高效减水剂和聚羧酸系高性能减水剂支链较多，有低的电位和高的空间斥力，因而吸附后对水泥分散性能很好，并能保持分散系统的稳定性。

（4）耐久性。高效减水剂的分散作用使混凝土拌和用水和水胶比大幅度减少。拌和用水的减少使硬化混凝土的孔隙率降低，孔径分布向小孔方向移动，增加了混凝土的密实性。掺加脂肪族高效减水剂的混凝土孔径由 100nm 减小至 10nm 以下。拌和用水量的降低减少了水泥浆中多余水分蒸发和泌水后留下的毛细孔道，从而降低 Cl^- 在混凝土内的传输速度，有利于提高混凝土抗氯离子渗透性能。

1.4.2.2 早强剂

能加快水泥水化速度，提高混凝土早期强度，并且对后期强度无显著影响的外加剂称为早强剂。早强剂的主要用途有两种：一种是提高混凝土早期强度，提前拆除模板，增加混凝土构件产量或加快混凝土工程进度；另一种是用于冷天混凝土施工，提高低温下混凝土的早期强度，避免混凝土遭受冻害，减少防护费用，保证施工正常进行。

1. 早强剂的分类及作用机理

目前常用的早强剂有氯盐、硫酸盐、有机醇胺三大类以及以它们为基础的复合早强剂。

（1）氯盐类早强剂。氯盐加入水泥混凝上中促进其硬化和早强的机理可以从两方面加以分析。一是增加水泥颗粒的分散度。加入氯盐后，能使水泥在水中充分分解，增加水泥颗粒对水的吸附能力，加快水泥的水化和硬化速度。二是与水泥熟料矿物发生化学反应。水泥中的 C_3A 与氯化物反应生成的水化氯铝酸盐不溶于水，能够促进 C_3A 水化。水泥水化产生的氢氧化钙与氯化物反应生成的氯氧酸钙难溶于水，能降低氢氧化钙的浓度，加速体系中 C_3S 的水化反应，而生成的复盐产物会提高浆体中固相的比例，有利于形成坚固的水泥石结构。同时，氯化物通常易溶于水，带来的盐效应会加大水泥中矿物的溶解度，加快各水泥矿物的水化反应速度，从而缩短水泥混凝土的硬化时间。但是氯离子的添加会使其与钢筋之间形成电极电位，容易造成钢筋锈蚀，这就在很大程度上局限了氯盐系早强剂的应用范围。《混凝土外加剂》（GB 8076—2008）和我国混凝土外加剂应用技术规范中对于不同类型的混凝土中氯离子含量作出了严格规定。氯盐类早强剂只能掺加在不配筋的素混凝土中，在钢筋混凝土、预应力钢筋混凝土或者有金属预埋件的混凝土施工中，要严格限制 Cl^- 的引入量，慎重或禁止使用该类早强剂。

（2）硫酸盐类早强剂。硫酸盐类早强剂主要包括硫酸钠、硫酸钙、硫酸铝和硫酸铝钾等。其作用机理为：硫酸盐类通常是强电解质，能提高水泥浆体中的离子强度。在水泥的水化过程中，硫酸盐溶于水，与水泥水化产生的氢氧化钙反应生成硫酸钙和氢氧化钠。其中硫酸钙粒度极细，与 C_3A 反应生成水化硫铝酸钙晶体的速度快。而氢氧化钠作为活性剂使体系的碱性增强，可以提高 C_3A 和石膏的溶解度，从而增加水泥中硫铝酸钙的数量。另外，硫铝酸钙晶体在成长过程中相互交叉搭接形成水泥初期骨架，又受到 C-S-H 凝胶和其他水化产物不断填充固化，因此使水泥的早期强度得到明显提高。但是，因为 K^+ 和 Na^+ 不参与水泥水化过程，所以在混凝土体系中会残留其易溶性盐类。而钠盐或钾盐很容易在混凝土失水干燥后从表面析出，甚至在混凝土表层结晶，造成混凝土表层膨胀开裂。因此，混凝土中硫酸盐类早强剂的掺量应通过实验确定，从而避免碱骨料反应或硫酸盐过量对工程产生侵蚀危害。

（3）有机醇胺类早强剂。有机醇胺类早强剂主要有三乙醇胺（简称 TEA）、三异丙醇胺（简称 TP）、尿素等，其中早强效果以三乙醇胺为最佳。三乙醇胺是无色或淡黄色油状液体，能溶于水，呈碱性。在水泥水化过程中，三乙醇胺由于 N 原子的一对未共用电子，可以与 Ca^{2+} 和 Fe^{3+} 等生成易溶于水的络合离子，提高了水泥颗粒表面的可溶性，阻碍了 C_3A 表面形成水化初期不渗透层，促进了 C_3A 和 C_4AF 的溶解，加速其与石膏反应生成硫铝酸钙。同时，这个反应也降低了液相中钙离子和铝离子的浓度，进一步促进了 C_3S 的水化，从而促使混凝土早期强度增长。当三乙醇胺掺量为水泥质量的 0.02%～0.05%，能使混凝土早期强度提高 50%左右，28d 强度不变或略有提高。

当三乙醇胺掺量过大时，水泥矿物中 C_3A 与石膏在它的催化下迅速生成钙矾石而缩短了凝结时间，三乙醇胺对 C_3S、C_2S 水化过程则有一定的抑制作用，表现出一定的缓凝效应，这又使得后期的水化产物得以充分地生长、致密，保证了混凝土后期强度的提高。

（4）复合早强剂。常用的单一类型早强剂通常不能满足混凝土性能要求，而将多种类型的早强剂相互复合或早强剂与减水剂组合使用可以更好地提高混凝土综合性能，使其既能提高混凝土早期强度，又有利于促进后期强度增强，还具有一定的减水效果，同时可以避免混凝土内部钢筋锈蚀的问题等。众多复合早强剂中以三乙醇胺与无机盐型复合早强剂效果较好、应用最广。在水泥中加入微量的三乙醇胺，不会改变水泥的水化生成物，但对水泥的水化速度和强度有提升作用。当它与无机盐类复合时，不仅对水泥水化起催化作用，而且还能在无机盐与水泥的反应中起催化作用，故其作用效果较单掺显著，并有互补作用。

为确保混凝土早强剂的正确使用，防止早强剂的负面作用，《混凝土外加剂应用技术规范》（GB 50119—2013）对常用早强剂掺量提出了最高限值。

2. 早强剂对混凝土性能的影响

（1）和易性。通常认为，掺入 $CaCl_2$ 可以稍微提高混凝土的和易性，当坍落度不变时，可以减少混凝土的需水量。也有研究者认为，$CaCl_2$ 能改善混凝土拌和物的和易性，是因为它能增加混凝土拌和物的含气量和减小泌水作用。若将 $CaCl_2$ 与引气剂复合使用，有时可改善混凝土的和易性，含气量和气泡的平均直径会增大。硫酸钠对混凝土拌和物没有塑化作用。三乙醇胺对混凝土拌和物有微小的塑化作用，同时也能改善混凝土拌和物的黏聚性。

（2）凝结时间。$CaCl_2$ 能显著地缩短混凝土的初凝、终凝时间，这对低温和正常温度下的混凝土施工作业是非常有利的。随着 $CaCl_2$ 掺量的增加，水泥净浆的初凝、终凝时间缩短，当 $CaCl_2$ 掺量超过 4%水泥质量时可引起快凝，因此应该避免。凝结时间还受水泥品种及其组成的影响。需要注意的是，$CaCl_2$ 掺量小于 1%水泥质量时，会起缓凝作用。硫酸盐系早强剂对水泥凝结时间的影响因条件变化而异，当水泥中铝酸三钙（C_3A）含量较低和铝酸三钙与石膏的比较值较小时，硫酸钠（Na_2SO_4）、硫酸钾（K_2SO_4）均能延缓水泥的凝结速度。在正常情况下，硫酸盐能加速混凝土的硬化，也就加快了水泥的放热过程。0.5%～1.0%水泥质量的 Na_2SO_4 对火山灰水泥、矿渣水泥的作用会更大一些。单掺三乙醇胺掺量为 0.03%～0.05%水泥质量时，水泥的凝结时间会延迟 1～3h。

（3）泌水率。$CaCl_2$ 一般会降低混凝土的泌水率及泌水能力，这可能与提高浆体的密度和黏度有关。

1.4.2.3　缓凝剂

缓凝剂是一种能推迟水泥水化反应，延长混凝土的凝结时间，使新拌混凝土较长时间保持塑性，方便浇筑，提高施工效率，同时对混凝土后期各项性能不会造成不良影响的外加剂。对于商品泵送混凝土，或者在夏季高温环境下施工的混凝土，采用缓凝剂还可以减少坍落度损失，保证混凝土正常运输和泵送施工，提高工效，避免材料浪费。对于大体积混凝土，通过添加缓凝剂，还可以降低混凝土绝对温升，延迟温峰出现时间，有效避免混凝土温度应力裂缝的产生。

缓凝剂主要功能在于延缓水泥凝结硬化速度，使混凝土拌和物在较长时间内保持塑形。缓凝剂种类较多，按其化学成分可分为无机混凝土缓凝剂和有机混凝土缓凝剂；按其缓凝时间可分为普通缓凝剂和超缓凝剂。

无机混凝土缓凝剂主要包括：磷酸盐、锌盐、硫酸铁、硫酸铜、氟硅酸盐和硼酸盐等。

有机混凝土缓凝剂包括：羟基羧酸及其盐、多元醇及其衍生物、糖类及碳水化合物等。

缓凝减水剂是兼具缓凝和减水功能的外加剂，主要品种有木质素磺酸盐类、糖蜜类及各种复合型缓凝减水剂等。

1. 无机混凝土缓凝剂作用机理

水泥浆体凝聚过程的发展取决于水泥矿物的组成和胶体粒子间的相互作用，同时也取决于水泥浆体中电解质的存在状态。如果胶体粒子之间存在相当强的斥力，水泥凝胶体系将是稳定的，否则将产生凝聚。电解质能在水泥矿物颗粒表面构成双电层，并阻止粒子的相互结合。当电解质过量时，双电层被压缩，粒子间的引力强，水泥凝胶体开始凝聚。绝大多数无机混凝土缓凝剂都是电解质盐类，可以在水溶液中电离出带电离子。阳离子的置换能力随其电负性的大小、离子半径以及离子浓度不同而变化。而同价数的离子的凝聚作用取决于它的离子半径和水化程度。一般来讲，原子序数越大，凝聚作用越强。难溶电解质的溶度积也会对水泥浆体系稳定状态产生影响。水泥的水化过程本质上就是一种低溶解度的固体与水生成更低溶解度的固体产物的反应过程。也就是说，这是一个随着水泥浆体系中液相量不断消耗，而与之相接触的固相量不断增加的过程。因此，无机电解质的加入会影响 $Ca(OH)_2$、C-S-H 析出成核及 C-A-S-H 的形成过程，进而延迟了水泥的凝结硬化。

2. 有机混凝土缓凝剂作用机理

有机混凝土缓凝剂分类不同，缓凝机理不同，主要依靠形成络合物、水化薄膜、吸附层等来延缓水泥的水化。

（1）羟基羧酸、氨基羧酸及其盐。此类混凝土缓凝剂对硅酸盐水泥的缓凝作用主要在于它们的分子结构中含—OH 等络合物形成基。羟基在水泥水化产物的碱性介质中与游离的 Ca^{2+} 生成不稳定的络合物，在水化初期控制了液相中的 Ca^{2+} 的浓度，产生缓凝作用。随着水化过程的进行，这种不稳定的络合物将自行分解，水化将继续正常进行，并不影响水泥后期水化。羟基、氨基、羧基均易与水分子通过氢键缔合，再加上水分子之间的氢键缔合，使水泥颗粒表面形成了一层稳定的溶剂化水膜，阻止了水泥颗粒键的直接接触，阻碍水化的进行。

（2）糖类、多元醇类及其衍生物。此类混凝土缓凝剂对水泥的水化反应具有不同程度的缓凝作用，其缓凝作用在于羟基吸附在水泥颗粒表面与水化产物表面上的 O^{2-} 形成氢键，同时，其他羟基又与水分子通过氢键缔合，同样使水泥颗粒表面形成了一层稳定的溶剂化水膜，从而抑制水泥的水化进程。在醇类的同系物中，随其羟基数目的增加，缓凝作用逐渐增强。单糖、低聚糖，如葡萄糖、蔗糖等，均具有较强的缓凝作用，它们的缓凝机理同醇类。

（3）糖蜜类减水剂。糖蜜中的主要成分是己糖酸钙，具有较强的固-液表面活性，因此能吸附在水泥矿物颗粒表面形成溶剂化吸附层，阻碍颗粒的接触和凝聚，从而破坏了水泥的絮凝结构，使水泥的初期水化糖钙含有多个羟基，对水泥的初期水化有较强的抑制作用，可以使游离水增多，提高了水泥浆的流动性。糖蜜属于非引气型缓凝剂，原因在于它的气-液界面活性较低，不利于降低水的表面张力，因而引气量不大。

3. 缓凝剂对混凝土性能的影响

（1）对新拌混凝土性能的影响。

① 缓凝剂对混凝土凝结时间的影响主要表现在终凝之前，终凝之后影响甚小。这与缓凝剂的品种、掺量、掺加方法以及水泥品种、混凝土配合比、使用季节和施工方法等条件有关，它们对缓凝时间的影响是不一样的。最重要的是缓凝剂应使混凝土初凝时间延缓较长，而初凝与终凝间的间隔要短，选用时应注意。

② 改善混凝土的和易性、减少坍落度损失、减少用水量。由于缓凝剂及缓凝减水剂可以抑制水泥早期水化，从而降低放热速率和放热峰值，混凝土可以保持较长时间的塑性，对提高混凝土施工质量、减少混凝土早期收缩裂缝以及保证泵送施工都是有利的。因为部分缓凝剂具有一定的减水效果，在保持混凝土坍落度不变和适宜掺量的情况下，掺量越大，混凝土拌和用水量越少，水灰比越小，有助于混凝土提高强度。但是，如果缓凝剂的掺量过大，会使缓凝时间过长，引气量过大，从而导致混凝土早期强度偏低，甚至会出现混凝土长时间不凝固，验收强度达不到设计要求等工程事故，施工应用时应引起注意。

③ 吸附理论。由于水泥颗粒表面具有较强的吸附能，水泥颗粒表面能吸附缓凝剂，形成一层水泥的缓凝剂膜层，阻碍了水泥的水化进程。

④ 成核生成抑制理论。从诱导期到加速期，缓凝剂阻碍从液相中析出的 $Ca(OH)_2$

结晶成核。缓凝剂的种类不同，其缓凝作用存在很大差异。从缓凝剂对水化放热速率的影响来看，水泥矿物成分中 C_3A 含量较高时，缓凝剂所起的抑制水泥水化作用的时间就较短，水化热的降低率较小。相反，当 C_3A 含量较低时，缓凝剂所起的抑制水化作用的时间就较长，水化热的相对降低率也较大。

（2）对硬化混凝土性能的影响。

① 强度。掺缓凝剂或缓凝减水剂后，混凝土早期（≤3d）强度比未掺者要低一些。特别是掺缓凝剂较为明显，但 7d 以后强度较未掺者有所提高，28d 后强度提高幅度更大。随着缓凝剂、缓凝减水剂掺量的加大，早期强度降低得更大。若掺量过大、缓凝时间过长，则因为水分的蒸发和散失会对混凝土强度造成永久性不可恢复的影响。

② 收缩。掺缓凝剂或缓凝减水剂混凝土的收缩较未掺者大一些，且随着掺量的增加而增大。但掺缓凝减水剂用以减水和降低水泥掺量时，其收缩值会有所降低。

③ 耐久性。掺缓凝剂混凝土的耐久性（抗渗性、抗冻性）与未掺者相比基本上无多大差别，但掺缓凝减水剂的混凝土由于水灰比的降低，后期水化生成物的均匀分布，强度的提高，将有利于抗渗性和抗冻融性的提高。

1.4.2.4 膨胀剂

膨胀剂是与水泥、水拌和后经水化反应生成钙矾石、氢氧化钙或钙矾石和氢氧化钙，使混凝土产生体积膨胀的外加剂，主要用于补偿材料硬化过程中的收缩，防止混凝土开裂。

1. 膨胀剂的分类

常用膨胀剂有：

（1）硫铝酸钙类。这类膨胀剂有：明矾石膨胀剂（主要成分是明矾石与无水石膏或二水石膏）；CSA 膨胀剂（主要成分是无水硫铝酸钙）；U 型膨胀剂（主要成分是无水硫铝酸钙、明矾石、石膏）等。

（2）氧化钙膨胀剂。这类膨胀剂的制备方法有多种，如用一定温度下煅烧的石灰加入适量石膏与水淬矿渣制成，生石灰与硬脂酸混磨而成，以石灰石、黏土、石膏在一定温度下烧成熟料粉磨后再与经一定温度煅烧的磨细石膏混拌而成等。

（3）金属类膨胀剂。常用的铁屑膨胀剂是由铁粉掺加适量的氧化剂（如过铬酸盐、高锰酸盐等）配制而成。

2. 膨胀剂的作用机理

各种膨胀剂的成分不同，引起膨胀的原因亦不尽相同。硫铝酸钙类膨胀剂和铝酸钙类膨胀剂的膨胀机理是：膨胀剂中的硫酸铝钾（或钠）或铝硅酸盐、硫酸钙、无水硫铝酸钙与水泥熟料水化产物——氢氧化钙等反应生成水化硫铝酸钙，从而产生体积膨胀。

氧化钙类膨胀剂和氧化镁类膨胀剂是通过氧化钙水化生成氢氧化钙或氧化镁水化生成氢氧化镁而产生膨胀的。但由于氧化镁类膨胀剂膨胀作用的影响因素复杂、膨胀作用不稳定等，该膨胀剂在我国应用甚少。因此，本节重点介绍硫铝酸钙类膨胀剂和铝酸钙类膨胀剂的膨胀源（钙矾石）的作用机理。

（1）膨胀源的产生及动力。膨胀剂能使混凝土产生体积膨胀是由于膨胀能所致。膨胀能的产生及动力又源于硫铝酸钙水化物，即钙矾石的生成。其反应通式为：

$$6CaO + Al_2O_3 + 3SO_3 + 32H_2O \longrightarrow 3CaO \cdot Al_2O_3 \cdot 3CaSO_4 \cdot 32H_2O$$

钙矾石相的形成和发育使整个体系中的固相体积增大，这是产生膨胀的主要原因。但是，混凝土的膨胀是一个非常复杂的过程，影响膨胀的因素很多，固相体积增大并不是引起膨胀的唯一因素。它还与膨胀动力学的诸多因素有关：①水化产物晶体的离子交换特性；②渗透压力；③晶体生长压力；④生长着的晶体尖端和另一个固体表面之间的表面张力；⑤无水硫酸钙离子周围形成的离子扩散层的特性等。总的来说，固相体积增大是产生膨胀的直观表现，膨胀动力与钙矾石相晶体的多变性密切相关。因此，要想认识膨胀剂的膨胀特性就必须先了解钙矾石晶体的特征及形成机理。

（2）钙矾石相形成机理。三硫型水化硫铝酸钙简称钙矾石。由于其中的铝可被置换使其成为含铝铁的三硫型水化硫铝酸盐，因此钙矾石相常以符号 AFt 代替。这是由 H. F. W. 泰勒首先提出的，其中 A 代表铝相，F 代表铁相，t 代表 3 个硫酸盐。

目前，普遍认为液相形成理论是钙矾石相形成机理的基础，而膨胀率随液相中 CaO 饱和与否表现出一定的差异：在饱和 CaO 条件下，Al_2O_3 表面和孔隙中 $Ca(OH)_2$ 的浓度高，析晶速度比 Al_2O_3 粒子扩散离开粒子表面的速度快，因此 AFt 在铝酸盐粒子的近处成团地生成，由于空间小，使 AFt 的粒度被限制在（0.1～0.2）μm×（0.5～1.0）μm，导致膨胀率较大；在不饱和 CaO 条件下，AFt 析晶速度慢，使得 Al_2O_3 粒子有可能扩散得远一些，自由空间大一些，形成的 AFt 粒度较大，一般为（0.5～1）μm×（4～6）μm，因此当 AFt 结晶多到相互交错并继续生长时，也能成为膨胀动力而引起膨胀，但膨胀率较前者为小。

（3）钙矾石的膨胀过程。膨胀剂掺入混凝土中，与水泥、水的化学反应将呈现一个膨胀的过程，如图 1-2 所示。下面通过膨胀历程来简要说明膨胀假说理论。

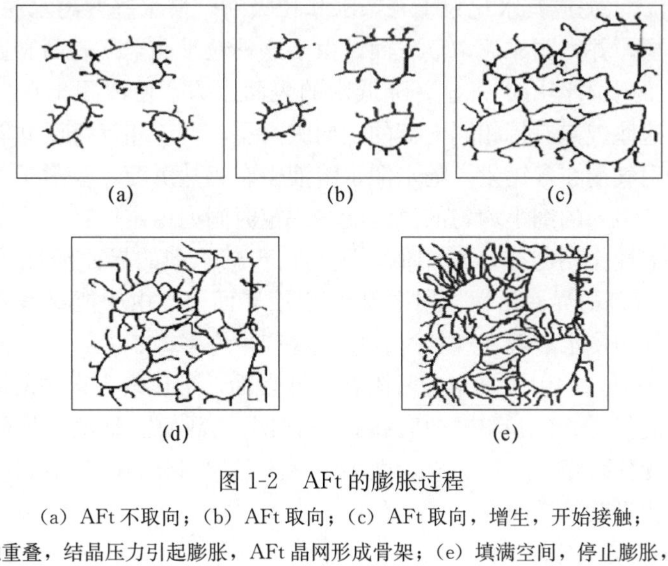

图 1-2　AFt 的膨胀过程

（a）AFt 不取向；（b）AFt 取向；（c）AFt 取向，增生，开始接触；
（d）接触重叠，结晶压力引起膨胀，AFt 晶网形成骨架；（e）填满空间，停止膨胀，留有微隙

① 无水硫铝酸钙水化早期，在粒子周围生成很小的、排列不规则的 AFt，如图 1-2（a）所示。

② AFt 转变成针状晶体，围绕在未水化部分周围，排列成向外放射的、取向较好的 AFt，如图 1-2（b）所示。

③ AFt从各个未水化粒子周围扩大到相邻粒子周围，并开始互相接触，此时体积还未开始膨胀，如图1-2（c）所示。

④ AFt继续生长，接触部分增加，结晶压力引起体积膨胀，如图1-2（d）所示。

⑤ AFt继续生长，接触部分增加，产生结晶压力，由此引起体积膨胀。直到填满各粒子间的空隙，膨胀停止，此时体系中仍存在孔隙，如图1-2（e）所示。

由于AFt的生成使固相体积增大，由此产生的结晶压力会引起表观体积膨胀。但膨胀可能使内部已生成的接点被破坏，产生新的裂缝，就会降低强度。若能继续吸水，使新的裂缝被增生的AFt填充，增加新的接点，此时尽管表现为体积不膨胀，但却增大了接点的强度，如此反复进行，直到AFt停止生成。

因此，膨胀过程实质上是一个膨胀-开裂-膨胀的循环过程。在这个过程中，表现最突出的一对矛盾就是膨胀与强度之间的矛盾。膨胀剂作用发挥得优劣通常取决于如何协调强度与膨胀之间的共同发展，这必然涉及膨胀产物在实际工程中受到的约束及限制条件。

1.4.2.5 引气剂

引气剂是指在混凝土搅拌过程中，能引入大量分布均匀的微小气泡，以减少混凝土拌和物的泌水、离析，改善和易性，并能显著提高混凝土抗冻性、抗渗性的外加剂。外观为粉状，水溶性好，目前应用较多的引气剂为松香热聚物、松香皂、烷基苯磺酸盐等。

1. 引气剂的作用机理

引气剂大部分是阴离子表面活性剂。在水-气界面上，憎水基向空气一面定向吸附；在水泥-水外面上，水泥或其水化粒子与亲水基相吸附。憎水基背离水泥及其水化粒子，形成憎水化吸附层，并力图靠近空气表面。由于这种粒子向空气表面靠近和引气剂分子在空气-水界面上的吸附作用，将显著降低水的表面张力，使混凝土在拌和过程中产生大量微细气泡，这些气泡有带相同电荷的定向吸附层，所以相互排斥并能均匀分布。同时，许多阴离子引气剂在含钙量高的水泥水溶液中有钙盐沉淀，吸附于气泡膜上，能有效防止气泡破灭，引入的细小均匀的气泡能在一定时间内稳定存在。从上述机理可以看出引气剂的界面活性作用与减水剂相似，区别在于减水剂的界面活性作用主要发生在液-固界面，而引气剂的界面活性作用主要在气-液界面上。由于能显著降低水的表面张力和界面能，引气剂使水溶液在搅拌过程中极易产生许多微小的封闭气泡，气泡直径多在50～250μm。同时，因引气剂定向吸附在气泡表面，形成较为牢固的液膜，使气泡稳定而不破裂。按混凝土含气量3%～5%计（不加引气剂的混凝土含气量为1%），1m^3混凝土拌和物中含数百亿个气泡。大量微小、封闭并均匀分布的气泡的存在，使混凝土的某些性能得到明显改善或改变。

2. 引气剂对混凝土的影响

（1）改善混凝土拌和物的和易性。由于大量微小的封闭球状气泡在混凝土拌和物内形成，如同滚珠一样，减少了颗粒间的摩擦阻力，使混凝土拌和物的流动性增加。同时，由于水分均匀分布在大量气泡的表面，使能自由移动的水量减少，混凝土拌和物的保水性、黏聚性也随之提高。

（2）显著提高混凝土的抗渗性、抗冻性。大量均匀分布的封闭气泡有较大的弹性变形能力，对由水结冰所产生的膨胀应力有一定的缓冲作用，因而混凝土的抗冻性得到提高。大量微小气泡占据混凝土的孔隙，切断毛细管通道，使抗渗性得到改善。

（3）降低混凝土强度。由于大量气泡的存在，减少了混凝土的有效受力面积，使混凝土强度有所降低。

3. 应用及注意事项

引气剂可用于抗渗混凝土、抗冻混凝土、抗硫酸盐侵蚀混凝土、泌水严重的混凝土、贫混凝土、轻混凝土，以及对饰面有要求的混凝土等，但引气剂不宜用于蒸养混凝土及预应力混凝土。

1.4.2.6 泵送剂

泵送剂是一种改善混凝土泵送性能的外加剂，具有卓越的减水增强效果和缓凝保塑性能。泵送性能，就是混凝土拌和物具有能顺利通过输送管道、不阻塞、不离析、黏塑性良好的性能。它适用于工业与民用建筑及其他构筑物的泵送施工的混凝土，特别适用于大体积混凝土、高层建筑和超高层建筑，适用于滑模施工等，也适用于水下灌注桩混凝土。泵送剂具有高流化、黏聚、润滑、缓凝的功效，适合制作高强型或者流态型的混凝土。泵送剂匀质性、受检混凝土的性能指标应符合《混凝土泵送剂》（JC 473—2001）的规定。

1. 混凝土泵送剂的特点

（1）减水率高。泵送混凝土流动性好、坍落度大，因此，必须采用减水率高的减水剂或复合减水剂。

（2）坍落度损失小。坍落度的经时损失必须满足商品混凝土与泵送混凝土的要求。为了尽可能减小水灰比，最好坍落度损失控制在1～2h之内损失10%左右。

（3）不泌水、不离析、保水性好，尤其是压力及泌水率要尽可能低，以保证泵送的顺利进行，不堵泵。

（4）有一定的缓凝作用。一方面可保持坍落度损失小，另一方面可降低水化热，推迟热峰出现，以免产生温度裂缝。

（5）混凝土内摩擦小，既不能泌水又要易于流动，因此泵送剂必须有一定的引气性，以减小阻力，防止堵泵。

2. 混凝土泵送剂的适用范围

随着我国混凝土工业的发展与商品混凝土的推广和应用，目前预拌商品混凝土大部分都是泵送混凝土。泵送混凝土是在泵的推动下沿管道进行运输和浇筑的，因而，混凝土不仅要满足施工设计规定的强度、耐久性等性能要求，还要满足管道输送过程中对混凝土拌和物的要求，即要求混凝土拌和物具有较好的可泵性，所以泵送剂的应用越来越广泛。泵送剂可用于高层建筑、市政工程、工业与民用建筑及其他构筑物混凝土的泵送施工。由于泵送混凝土具有缓凝性能，也可用于大体积混凝土、滑模施工混凝土。泵送剂可用于现场搅拌混凝土，也可用于非泵送的混凝土。

水下灌注桩混凝土要求坍落度在180～220mm，亦可用泵送剂配制。目前我国的泵送剂中氯离子质量分数大都不大于0.5%或1.0%，由泵送剂带入混凝土中的氯化物含量是极微的，因此泵送剂适用于钢筋混凝土和预应力混凝土。C10、C15低强度等级的混凝土，由于水泥用量较少，为保持足够的坍落度，必须增加用水量，不但会增加混凝土的泌水和收缩，而且在泵送过程中，在泵压作用下水和砂浆易从粗骨料中渗出，导致粗骨料集中而堵塞泵管。把这些不宜泵送或勉强可泵的混凝土变成易于泵送的混凝土所用的泵送剂是以增稠及保水为主要特点的泵送剂。使用这种泵送剂可以用 200kg/m^3 水泥或 250kg/m^3 水泥配制 C10、C15 级混凝土。

3. 泵送剂的作用机理

泵送剂具有减水剂的作用。其作用机理是：当水泥和水混合后，立即发生水化反应，这时候的分散体系是不稳定的，粒径小的粒子容易形成絮凝状态，一部分未参与化学反应的游离水则被包裹在絮凝的粒子团中间。加入泵送剂后，表面活性剂的憎水基团定向吸附在水泥颗粒表面，亲水基团则指向水溶液，构成单分子或多分子吸附膜。在表面活性剂的定向吸附作用下，水泥颗粒表面上带有相同电荷。因静电斥力，水泥-水体系处于相对稳定的悬浮状态，水泥水化初期形成的絮凝结构解体，其中的游离水被释放出来，起到增大流动性的作用。同时，泵送剂可使水泥粒子有效地分散，增大润湿面积，从而加快水化速度。此外，亲水基团吸附于水泥颗粒表面，与水分子以氢键结合，在水泥颗粒表面形成溶剂化水膜，既起到润滑作用，也起到增大流动性和减水的作用。

通常，泵送剂还能引入一定的小气泡，这些小气泡被分子膜包围，与水泥颗粒吸附膜的电性相同。在静电斥力作用下，气泡与气泡、气泡与水泥颗粒间互相分散，增大了颗粒间的滑动能力。因此，泵送剂不但能减少用水量，还能满足大减水率的要求。

4. 泵送剂对新拌混凝土性能的影响

泵送剂对新拌混凝土性能的影响主要表现在以下几个方面。

（1）和易性。泵送剂的主要成分是减水剂。减水剂的吸附作用、分散作用、电性作用、表面自由能降低作用，以及引气剂的引气与表面活性作用都能够显著改善混凝土的和易性，尤其是对低水泥用量的贫混凝土，在不提高水泥用量的情况下大大提高拌和物的流动性，使其能够满足泵送要求。

（2）泌水率。泌水率是检验泵送剂的一个重要指标，用掺泵送剂与不掺泵送剂的混凝土在相同条件下泌水率的比值来表示，分为常压泌水率和压力泌水率。泵送剂中的高效减水剂、引气剂及保水剂组分能够大幅度地降低混凝土的单位用水量，能够降低混凝土的泌水。性能良好的泵送剂常压及压力泌水率均不应大于 100%。

（3）凝结时间。泵送剂有一定的缓凝作用，对初凝时间和终凝时间都有一定的延缓。这主要是由于泵送混凝土对坍落度的保留值有一定的要求，在运送到工地的过程中，坍落度损失不能过大，到工地后要能够顺利泵送。在做大体积混凝土工程时，泵送剂的加入还可以降低混凝土的早期水化热值，减少混凝土在强度很低时由于内外温差而产生的裂缝。

（4）黏聚性。混凝土的黏聚性在试验中尚无衡量指标，一般凭眼睛观察。黏聚性好的混凝土砂浆对石子的包裹性能也好，不会在混凝土泵送时出现混凝土泵把砂浆泵出去，而在泵车的进料斗中留下大部分的石子，从而产生堵泵的现象。加入好的泵送剂可使混凝土的黏聚性提高。砂率是影响泵送混凝土黏聚性的主要因素，砂率较小容易离散，中低强度泵送混凝土的砂率都在 40%以上，高强混凝土的砂率在 34%～38%，大流动度的混凝土砂率可达 45%以上。

（5）含气量。混凝土中具有一定量的均匀分布的无害小气泡，对混凝土的流动性起到很大的提高作用，因为微小的气泡能够减小混凝土内部摩擦，降低泵送阻力。而且一定的引气量还可以降低混凝土的离析和泌水，对提高混凝土的耐久性有利。但是过高的含气量会使硬化的混凝土强度下降，所以泵送剂一般要求含气量在2.5%～4%范围内，不大于5.5%，且要求分布均匀。

（6）坍落度保留值。所谓坍落度保留值，就是混凝土在拌和好后，放置一段时间的坍落度值，坍落度损失越少则混凝土的可泵性越好。因为当前的混凝土绝大多数都是商品混凝土，从拌和好到工地，具有一定的距离，运输过程中坍落度要有一定的损失。运输距离远及气温较高的季节，对泵送剂的保坍性能要求就特别高，在不过分延长凝结时间的同时，要能够保持坍落度损失很小。目前大部分厂家生产的泵送剂1h坍落度损失率都小于30%。《混凝土泵送剂》（JC 473—2001）规定了加泵送剂后的混凝土30min和1h后的坍落度最低值：合格品，30min不得低于120mm，1h不得低于100mm；一等品，30min不得低于150mm，1h不得低于120mm。

5. 泵送剂对硬化混凝土性能的影响

泵送剂对硬化混凝土性能的影响主要表现在以下方面：

（1）强度。混凝土的强度与混凝土的水灰比和水泥的水化程度有密切的关系。泵送剂是一种表面活性剂，能够有效地降低水的表面张力，使水能够很好地润湿水泥颗粒，从而排除吸附在水泥颗粒表面的空气，使水泥颗粒水化更加完全，加速水泥结晶的形成，产生离子键结合。泵送剂中的主要成分减水剂能大幅度降低混凝土的水灰比，因此硬化后的混凝土的空隙率较小，高效和高性能减水剂对水泥的分散性能好，可以改善水泥的水化程度，使混凝土各个龄期的强度有显著提高。1～3d抗压强度提高40%～100%，28d强度提高20%～50%，但一年龄期或更长龄期的抗压强度提高幅度减小。由于泵送混凝土中都掺有粉煤灰、矿渣混合料，其后期强度都有一定增长，有利于混凝土综合性能的提高。

（2）收缩。混凝土的收缩，一般是由于水泥的水化引起的体积减小，收缩值的大小主要取决于水灰比和水泥用量。目前商品混凝土中泵送剂的减水率一般都在15%以上。所以水泥的干燥收缩值是比较小的，低强度的混凝土虽然水泥用量比较少，但是一般水灰比较大，故收缩值也是比较大的，而高强混凝土虽然水灰比较小，但是由于水泥的用量较多，其收缩值也不容忽视。质量好的泵送剂具有降低混凝土收缩功能的作用，主要通过掺入减缩剂或膨胀剂来降低混凝土的收缩。

（3）碳化。碳化是由于混凝土表面与空气中的CO_2反应，环境中的CO_2浓度越大，混凝土的碳化深度也就越大。泵送剂能够降低混凝土的水灰比，改善混凝土的孔结构，使混凝土中的孔趋于完全封闭的结构，外界的CO_2气体和水不能进入混凝土内部，从而降低碳化。泵送剂可以改善混凝土的表面状况，使表面平整，这也是降低碳化的一个方面。

（4）抗渗、抗冻融性。抗渗、抗冻融性主要取决于水灰比的大小，泵送过程中是否离析、泌水及混凝土配合比等。若泵送剂掺量大或减水率高、引气量适宜，泵送过程中无离析、泌水发生，将会改善混凝土的内部结构，提高其抗渗与抗冻融性能。

1.4.2.7 速凝剂

能使混凝土快速凝结硬化的外加剂称为速凝剂。掺速凝剂的混凝土拌和物可在几分钟内初凝和终凝，1d 达到几个甚至十几个兆帕。速凝剂主要用于喷射混凝土及补漏抢修工程。速凝剂的作用是使混凝土喷射到工作面上后很快就能凝结。因此，速凝剂必须具备以下几种性能：

（1）使混凝土喷出后 3～5min 内初凝，12min 之内终凝。

（2）有较高的早期强度，后期强度降低不能太大（小于 30%）。

（3）使混凝土具有一定的黏度，防止回弹过高。

（4）尽量减小水灰比，防止收缩过大，提高抗渗性能。

（5）对钢筋无锈蚀作用。

1. 速凝剂的分类

速凝剂的品种很多，其主要成分不外乎四类：碳酸钠、铝酸钠、硅酸钠（水玻璃）、硫酸铝。

（1）铝氧熟料、碳酸盐系。其主要速凝成分为铝氧熟料、碳酸钠以及生石灰。铝氧熟料是由铝矾土矿（主要成分为 $NaAlO_2$，其中 $NaAlO_2$ 含量可达到 60%～80%）经过煅烧而成。这种速凝剂含碱量较高，后期强度降低较大，但加入无水石膏后可以降低一些碱度和提高一些后期强度。

（2）铝氧熟料、明矾石系。它是由铝矾土、芒硝（$Na_2SO_4 \cdot 10H_2O$）经煅烧成为硫铝酸盐熟料后，再与一定比例的生石灰、氧化锌研磨而成。产品的主要成分为铝酸钠、硅酸三钙、硅酸二钙、氧化钙和氧化锌。此类产品含碱量低一些，并且由于加入了氧化锌而提高了后期强度，但早期强度的发展却略慢。

（3）水玻璃系。它以水玻璃（硅酸钠）为主要成分，为降低黏度需加入重铬酸钾，或者加入亚硝酸钠、三乙醇胺等而成。这种速凝剂凝结、硬化很快，早期强度高，抗渗性好，而且可以低温下施工，缺点是收缩较大。

（4）其他类型。由于以上速凝剂含碱量均较高，目前低碱/无碱速凝剂发展很快。如由可溶性树脂的聚丙烯酸、聚甲基丙烯酸、羟基胺等制成的低碱速凝剂，由硫酸铝为主要成分制成的无碱速凝剂。

2. 速凝剂的作用机理

我国目前所生产的速凝剂大多含有铝酸钠、碳酸钠及生石灰等碱性物质。其产生速凝效果的原理是：速凝剂中的碱性物质在加水拌和时，立即与水泥中起缓凝作用的石膏发生反应生成硫酸钠而使石膏失去缓凝作用，水泥中的 C_3A 迅速水化，并在溶液中析出水化铝酸钙而导致水泥很快凝结硬化。针对不同种类的速凝剂主要有以下几种不同的观点。

（1）铝氧熟料类速凝剂的速凝机理。一般认为该类速凝剂消除了水泥中石膏的缓凝作用。速凝剂的各组分之间以及这些组分与水泥中的石膏之间将发生如下化学反应，生成溶解度更低的盐类。

$$Na_2CO_3 + CaO + H_2O \longrightarrow CaCO_3 + 2NaOH$$

$$Na_2CO_3 + CaSO_4 \longrightarrow CaCO_3 + Na_2SO_4$$

铝酸盐水解，并发生中和反应：

$$NaAlO_2 + 2H_2O \longrightarrow Al(OH)_3 + NaOH$$

$$2NaAlO_2 + 3CaO + 7H_2O \longrightarrow 3CaO \cdot Al_2O_3 \cdot 6H_2O + 2NaOH$$

在反应过程中产生的 NaOH 与水泥中的石膏之间建立了以下平衡关系：

$$2NaOH + CaSO_4 \longrightarrow Na_2SO_4 + Ca(OH)_2$$

速凝剂产生的 NaOH 与石膏作用生成 Na_2SO_4，使浆体中 $CaSO_4$ 浓度大大降低，$CaSO_4$ 所起的缓凝作用消失。在这种条件下，水泥中的 C_3A 可以迅速地进入溶液，析出六角板状的水化产物 C_3AH_6（进而生成 C_4AH_{13}），水化热大量释放，从而导致水泥浆迅速凝结。

XRD、测定结合水量、水化液相测试、DTA 等研究表明，速凝剂对水泥水化的影响中，铝氧熟料促进水泥凝结的主要原因如下：

① 铝氧熟料反应后得到的 NaOH 促进 C_3S 水化，硅离子溶出加快。

② 速凝剂的加入减弱并消除了 C_3S 初始生成的水化膜和双电层的阻碍作用，导致了诱导期的缩短或消失。

③ 熟料矿物初期水化得到的 Ca^{2+} 与速凝剂中的 AlO_2^- 反应迅速生成水化铝酸钙晶体，搭接成网络。

④ 铝氧熟料溶于水时放出大量热，促进了水化铝酸钙的析晶放热和 C_3S 的水化放热，这些放热反应的共同作用造成水泥浆体温度骤然升高，甚至可达 40℃，进一步促进了水泥水化反应的进行。

⑤ 水化产物的形成，尤其是水化铝酸钙的形成结合了大量的游离水，导致浆体迅速失去流动性。

⑥ 水化产物的结晶和生长交叉形成网络结构，水化硅酸钙填充其间，促进水泥迅速凝结硬化。

（2）硫铝酸盐类速凝剂的速凝机理。根据岩相鉴定、化学分析、差热分析和 X 射线分析对掺有硫铝酸盐类速凝剂水泥的水化产物和反应过程进行的试验表明，掺有硫铝酸盐类速凝剂的水泥发生了如下化学反应：

$$Al_2(SO_4)_3 + 3CaO + 5H_2O \longrightarrow 3CaSO_4 \cdot 2H_2O + 2Al(OH)_3$$

$$2NaAlO_2 + 3CaO + 7H_2O \longrightarrow 3CaO \cdot Al_2O_3 \cdot 6H_2O + 2NaOH$$

$$3CaO \cdot Al_2O_3 \cdot 6H_2O + 3CaSO_4 + 25H_2O \longrightarrow 3CaO \cdot Al_2O_3 \cdot 3CaSO_4 \cdot 31H_2O$$

因此，在水泥-速凝剂-水体系中，由于 $Al_2(SO_4)_3$ 等电解质的解离以及水泥粉磨过程中所加石膏的溶解，水化初期溶液中的硫酸根离子浓度骤增并与溶液中的 Al_2O_3、$Ca(OH)_2$ 等组分急速反应，迅速生成微细针柱状的钙矾石及中间次生物石膏，这些新生晶体经生长、发展后，在水泥颗粒间交叉连接生成网络状结构而速凝。同时速凝剂中的铝氧熟料及石灰进行了有利的放热反应，为整个水化体系提供了 40%左右的反应热，促进了水化产物的形成和发展。

（3）锂盐速凝剂的速凝机理。锂盐速凝剂能加速高铝水泥的水化反应。高铝水泥水化时生成 CAH_{10} 和 C_2AH_8，两者都能转化成 C_3AH_6，其水化产物的组成与时间和温度有关。在水化早期，钙矾石、氢氧化钙、CAH_{10}、C_2AH_8 等水化产物从过饱和溶液中沉淀必须克服一个成核能垒，从而导致出现诱导期。当锂盐速凝剂掺入后，锂离子能与这些水化铝酸盐结合生成细小的晶体。随后，高铝水泥的早期水化产物以这些晶体为晶核，迅速结晶，从而消除了成核能垒，使诱导期缩短或消失。

3. 速凝剂对混凝土性能的影响

（1）对塑性混凝土性能的影响。

① 拌和物稠度。拌和物稠度主要取决于速凝剂的掺量，掺速凝剂的拌和物可以显示出较好的凝聚性或者成为干的多砂的拌和物。高水泥用量和适宜的速凝剂掺量，一般能产生凝聚性的拌和物，并能增加喷层厚度。

② 初凝、终凝时间。在适宜掺量时，初凝时间可缩短到 5min 以内，而终凝时间可在 10min 之内。较高的掺量将更进一步缩短初凝时间。

（2）对硬化砂浆和混凝土性能的影响。喷射混凝土施工方法，能产生比普通混凝土硬化过程大的变化和不均匀性。因此，喷射混凝土的物理力学性能（强度、收缩、渗透性和耐久性）的发展与普通混凝土有更多的差别，这种作用在早期和后期都非常明显。

① 抗压强度。不论采用干混还是湿混方法，在最佳掺量时喷射混凝土的抗压强度一般都低于相应未掺速凝剂的混凝土。《喷射混凝土用速凝剂》（GB/T 35159—2017）中规定，喷射混凝土的后期强度损失不应大于 30%。但在处理漏水的情况，强度下降是允许的。目前市场上应用的主要速凝剂对砂浆的抗压强度均有不同程度的降低。降低程度与砂浆配合比、速凝剂掺量等因素密切相关。

② 抗拉、抗弯和抗折强度。实测抗拉强度比通过抗压强度计算出的值低，这可能反映出喷射混凝土分层和其他缺陷对抗拉强度的影响。抗弯强度值与普通混凝土的测量值有相似的关系。

③ 黏结强度。使用速凝剂在干、湿两种混合工艺中，喷射混凝土和岩石表面之间能得到相当好的黏结。在一定范围内，喷射混凝土的黏结强度随速凝剂掺量的增加而增大，超过一定范围后随着掺量的进一步增加而下降。

④ 收缩值。掺速凝剂的混凝土收缩值比未掺速凝剂的混凝土大。一般来说，收缩值都随拌和物的用水量及速凝剂掺量的增加而增大。

⑤ 抗渗性能。掺入速凝剂后混凝土孔结构中的粗孔增多，混凝土的抗渗性较差。但对于喷射混凝土来说，由于喷射工艺带来的高密实性，喷射混凝土中孔隙较小且互不连通，因此具有较好的抗渗性。

1.4.2.8 减缩剂

混凝土减缩剂具有大幅度降低混凝土的自由干燥收缩和受限情况下混凝土结构裂缝开裂宽度的能力。

减缩剂的主要成分是水溶性的单羟基或多羟基聚醚。由于它们能降低表面张力，因此具有引气作用。研究减缩剂的分子结构是为了使其引入的气体对混凝土不产生负面影响，其技术关键是通过调整作为分子结构主链的二羟基聚氧乙烯醚（EO）和聚氧丙烯醚（PO）中的 EO/PO 比例和增加分子量来调节引气量。

1.4.3 其他外加剂

1.4.3.1 防水剂

能降低砂浆、混凝土在静水压力下的透水性的外加剂称为防水剂。防水剂是在搅拌混凝土的过程中添加的粉剂或水剂，在混凝土结构中均匀分布，充填和堵塞混凝土中的裂隙及气孔，使混凝土更加密实，进而达到阻止水分透过的目的。

防水剂的品种较多，可分为无机防水剂和有机防水剂两大类。无机防水剂主要有氯化钙、硅酸钠、三氯化铁、无机铝盐及锆化合物。有机防水剂可分为憎水性的表面活性剂，以及天然和合成的聚合物乳液、水溶性树脂，但防水机理有所区别。掺憎水性表面活性剂，对混凝土拌和物有分散、减水、引气作用，改善了拌和物的均匀性和和易性，同时使硬化混凝土内的毛细孔和其表面憎水化，阻止在压力下水分的渗入。而掺水溶性或水乳性的树脂，主要是填充砂浆或混凝土中的孔隙，增加组成料之间的黏结性，因此提高了砂浆或混凝土的抗拉强度、变形性和抗裂性，从而具有良好的抗水渗性和抗气渗性。

防水剂提高水密性的机理大致分为五类：

（1）促进水泥的水化反应，生成水泥凝胶，填充早期的孔隙；

（2）掺入微细物质填充混凝土中的孔隙；

（3）掺入疏水性的物质，或与水泥中的成分反应生成疏水性的成分；

（4）在孔隙中形成密封性好的膜；

（5）涂布或渗透可溶性成分，与水泥水化反应过程中产生的可溶性成分结合生成不溶性晶体。

1.4.3.2 防冻剂

防冻剂是指能使混凝土在负温下硬化，并在规定养护条件下达到预期性能的外加剂。我国规定当室外日平均气温低于5℃即进入冬期施工，为了保证混凝土施工的质量和进度，防止混凝土受冻破坏，一般会使用防冻剂，以此保证混凝土在受冻后，强度仍可继续增长，并达到设计强度等级95%以上所需的初始强度。

1. 防冻剂的分类

防冻剂可以分为早强型防冻剂和防冻型防冻剂。当然这两种类型防冻剂不能截然分开，早强型防冻剂以更快提高早期强度达到临界强度，防止或减少冻害为主。而防冻型防冻剂则着重在负温下保持足够的液相，使水化继续进行，强度继续增长，另外也防止更多液相结冰造成的冻害损失。由于单一组分的防冻剂难以保证好的防冻效果，并且单纯地降低冰点会增加外加剂用量，而且对混凝土耐久性产生影响，因此，多用复合型防冻剂。复合型防冻剂的组合可以考虑以下几方面：

（1）早强组分。防冻剂中一般加入早强组分，可以尽快提高早期强度，使混凝土尽快达到或超过混凝土的受冻临界强度。

（2）减水组分。减水组分的作用有两个方面，即减水和增强。减水组分可以使拌和用水降低，即水灰比小了，则混凝土游离水分减少，减少了这些水分结冰产生的冻胀应力。水灰比的降低还使混凝土强度得以提高，从而提高了混凝土的耐冻能力。

（3）引气组分。防冻剂中还需有引气组分，导致在混凝土内部产生一定量的均匀分布、密闭而独立的空气泡，这些气泡的存在等于为冻结水分事先准备好了膨胀空间。

（4）防冻组分。防冻组分主要使负温下施工的混凝土保持一定的过冷液体，以保证水化的继续进行。通常一些能够降低水冰点的无机盐类首先被考虑用于防冻组分，如氯化钠、氯化钙、亚硝酸钠、硝酸钙、碳酸钾、尿素、醋酸钠、氨水等。

上述防冻组分适应温度范围为：

① 氯化钠单独使用时为−5℃；

② 硝酸盐（硝酸钠、硝酸钙）、尿素等为－10℃；

③ 亚硝酸盐（如亚硝酸钠）为－15℃；

④ 碳酸盐为－25～－15℃。

各类防冻剂具有不同的特性，有些还具有毒副作用，选择时应十分注意。氯盐类防冻剂对钢筋有锈蚀作用；硝酸盐、亚硝酸盐及碳酸盐也不得用于预应力钢筋混凝土及与镀锌钢材或铝铁相接触的钢筋混凝土；含有亚硝酸盐的防冻剂有一定的毒性，严禁用于饮水工程及与食品接触的部位。

2. 防冻剂的作用机理

防冻剂在混凝土中的主要作用机理包括：

（1）提高混凝土早期强度。掺入防冻剂，在一定的施工环境温度下，最大限度地提高早期强度。利用防冻剂中的早强、减水组分使混凝土早期强度尽快提高，当混凝土的强度达到或超过临界强度后，则不易发生受冻破坏。

（2）降低冰点，防止混凝土受冻破坏。防冻剂中有降低冰点的组分，其有两个作用：一个作用是防止混凝土中的水分在尽可能低的温度下结冰，防止因水分冻结而产生的冻胀应力破坏混凝土结构；另一个作用是干扰冰晶的生长，使冰晶的生长发生变异，从而减小冻胀应力。

1.4.3.3 阻锈剂

能抑制或减轻混凝土中钢筋或其他预埋金属锈蚀的外加剂称为阻锈剂。对钢筋混凝土腐蚀进行防护，不外乎两类：一类是尽量阻止环境中有害侵蚀离子进入混凝土，这包括提高混凝土自身的防护能力和采用表面涂层等方法；另一类方法就是在无法完全阻止有害物质侵入时，从混凝土内部增加对有害物质侵蚀作用的抵制和缩小能力。阻锈剂的作用即属后者。

1. 阻锈剂应满足的要求

（1）其分子应有强的接受电子或给出电子的性质，或两者兼有；

（2）易溶于水而又不易从材料中滤出；

（3）在相对低的电流值下引起相应电极的极化；

（4）在使用环境的 pH 和温度下有效；

（5）对混凝土不产生副作用。

2. 阻锈剂的作用机理及组成

根据阻锈剂的作用机理，可把阻锈剂分为阳极型、阴极型、综合型三类。

（1）阳极型阻锈剂。在腐蚀作用形成的原电池中可分为阳极区和阴极区。阳极型阻锈剂主要作用于阳极区，它以提高钝化膜抵抗氯离子的渗透性来抑制钢筋锈蚀的阳极过程。阳极型阻锈剂是因其接受电子的能力而起阻锈作用的物质，它通过遏制阳极的反应而起作用。这类外加剂只有在足够高的浓度下有效，所需要的浓度取决于环境氯化物的水平。当用量不足时，锈蚀仍发生，局部加剧，可造成严重锈痕。这类物质一般都具有氧化性能，如亚硝酸盐、铬酸盐、硼酸盐、氯化亚锡、苯甲酸钠等。

（2）阴极型阻锈剂。阴极型阻锈剂主要作用于阴极区。其主要作用机理是这类物质大都是表面活性物质，它们选择性地吸附在阴极区，形成吸附膜，从而阻止或减缓电化学反应的阴极过程。也有一些无机盐类阻锈剂可作用于阴极区，可在阴极区生成难溶于水的物质覆盖住阴极区而抑制腐蚀的发生。表面活性剂类物质包括高级脂肪酸胺盐、磷脂酸等。无机盐类包括碳酸钠、磷酸氢钠、硅酸盐等。

（3）综合型阻锈剂。综合型阻锈剂对阳极、阴极反应均有抑制作用。它是通过提高阴、阳极间的电阻使电化学反应受到抑制。

1.4.3.4 消泡剂

消泡有两方面的含义：一是“抑泡”，即防止气泡或泡沫的产生；二是“破泡”，即将已产生的气泡（或泡沫）消除掉。消泡剂除了满足发泡体系的特殊要求外，还具备：消泡力强，用量少，加到起泡体系中不影响体系的基本性质；化学性稳定，耐氧化性强；在起泡性溶液中的溶解性好；无生理活性，安全性高等特性。另外，使用效果与消泡剂的品种、掺量有很大关系，往往选择不当或掺加量不合适，都不会达到预期效果。

一般外加剂中都含有减水剂，目前使用的减水剂大多数为阴离子型表面活性剂，当外加剂加入混凝土中后，使混凝土中拌和用水的表面张力不同程度地下降，埋下了起泡的伏笔，在混凝土搅拌或制作过程中会产生不必要的气泡。

1.4.3.5 降黏剂

降黏剂能有效降低表面张力，从而有助于水泥浆料的润湿。针对高强度混凝土，管桩、预制件混凝土，结合聚羧酸减水剂作用，能有效降低混凝土黏度，对混凝土凝结时间和强度无负面影响。目前混凝土工程中特别是高标号混凝土，降黏剂的应用正在快速发展。

1.4.3.6 絮凝剂

掺入新拌混凝土中，以在混凝土水下浇筑施工时抑制水泥流失和骨料离析的外加剂称为絮凝剂。其主要作用是提高混凝土的黏聚性和充填性，以水溶性高分子化合物和充填用细颗粒掺和料作为主要成分。絮凝剂可用于配制水下不分散混凝土，符合《水下不分散混凝土絮凝剂技术要求》(GB/T 37990—2019)。水溶性高分子化合物是高效增稠剂，可以用于其他混凝土中作为增稠剂。

水溶性高分子作为絮凝剂最常用的有三类：阴离子型的是聚丙烯酸钠、水解聚丙烯酰胺、藻蛋白酸钠等；非离子型的是聚氧化乙烯、苛性淀粉、聚丙烯酰胺等；以及阳离子型絮凝剂。

絮凝作用机理既有化学因素，也有物理因素。化学因素是使悬浮粒子丧失电荷，成为不稳定粒子然后聚集。物理因素则是通过架桥、吸附作用而成絮团。絮凝剂的分子量对絮凝效应有极大影响，分子量大于100万的阴离子和非离子型聚合物可以作絮凝剂，而分子量小的，如2000～5000的是很好的分散剂，聚丙烯酸钠是典型的这类物质。溶液的酸碱度对絮凝作用也很有影响。

1.5 矿物掺和料

矿物掺和料是指在配制混凝土时加入的能改善新拌混凝土和硬化混凝土性能的无机矿物细粉，是一种辅助胶凝材料，特别在近代高强、高性能混凝土中是一种有效的、不可或缺的主要组分材料。通常矿物掺和料掺量大于水泥用量的5%，细度与水泥相同或比水泥更细。矿物掺和料参与了水泥的水化过程，对水化产物有所贡献。在配制混凝土时加入较大量的矿物掺和料，不仅节约工程成本，又可降低温升，改善工作性能，增进后期强度，并可改善混凝土的内部结构，提高混凝土耐久性和抗腐蚀能力。尤其是矿物掺和料对碱-骨料反应的抑制作用引起了人们的重视，因此国外将这种材料称为辅助胶凝材料，其已成为高性能混凝土不可缺少的第六组分。常用的混凝土矿物掺和料有粉煤灰、硅粉、偏高岭土、磨细矿渣及各种天然的火山灰质材料粉末（如凝灰岩粉、沸石粉等）。

1.5.1 矿物掺和料的分类及作用

矿物掺和料根据来源可分为天然类、人工类及工业废料类三大类，见表 1-26。

表 1-26 矿物掺和料的分类

类别	品种
天然类	火山灰、凝灰岩、沸石粉、硅质页岩等
人工类	水淬高炉矿渣、煅烧页岩、偏高岭土等
工业废料类	粉煤灰、硅灰等

近年来，工业废料类矿物掺和料在混凝土中的直接应用技术得到很大发展，尤其是粉煤灰、磨细矿渣粉、硅灰等具有良好的活性，对节约水泥、节省能源、改善混凝土性能、丰富混凝土品种、减少环境污染等方面有显著的技术经济效果和社会效益。矿物掺和料在混凝土中的作用主要体现在以下几个方面：

1. 改善硬化混凝土的力学性能

掺矿物掺和料的混凝土具有致密的结构和优良的界面黏结性能，表现出良好的物理和力学性能。在改善混凝土性能的前提下，矿物掺和料可等量替代 30%～50%水泥配制混凝土，大幅度降低了水泥用量。

2. 改善拌和混凝土和易性

矿物掺和料是经超细粉磨工艺制成的，在新拌水泥浆中，可增大水泥浆的流动性，还可有效控制混凝土的坍落度损失。矿物掺和料的比表面积为 350～1500m^3/kg，由于大比表面积颗粒对水的吸附起到了保水的作用，减弱了泌水性，从而使黏聚性明显改善。

3. 改善混凝土的耐久性

由于掺矿物掺和料的混凝土可形成比较致密的结构，并且显著改善了新拌混凝土的泌水性，避免形成连通的毛细孔，因此可改善混凝土的抗渗性。同理，由于水泥石结构致密，二氧化碳难以侵入混凝土内部，所以矿物掺和料混凝土也具有良好的抗碳化性能。

1.5.2 常用矿物掺和料

1.5.2.1 粉煤灰

根据《用于水泥和混凝土中的粉煤灰》（GB/T 1596—2017）的规定，粉煤灰是电厂煤粉炉烟道气体中收集的粉末。粉煤灰不包括以下情形：①和煤一起煅烧城市垃圾或其他废弃物时；②在焚烧炉中煅烧工业或城市垃圾时；③循环流化床锅炉燃烧收集的粉末。

粉煤灰颗粒多呈球形，表面光滑，色灰或淡灰，平均粒径为 8～20μm，比表面积为

300～600m^2/kg。粉煤灰的主要化学成分为SiO_2（质量分数为45%～60%）、Al_2O_3（质量分数为20%～30%）、Fe_2O_3（质量分数为5%～10%），此外尚有一部分CaO、MgO和未燃炭。在碱性条件下，粉煤灰中的SiO_2和Al_2O_3会与水泥水化生成的$Ca(OH)_2$发生反应，生成不溶性的水化硅酸钙和水化铝酸钙。粉煤灰的主要矿物组成为大部分直径以微米计的实心微珠和空心微珠以及少量的多孔玻璃体、玻璃体碎块、结晶体和未燃尽炭粒等。

1. 粉煤灰的分类

粉煤灰按其排放方式的不同，分为干排灰与湿排灰两种。湿排灰含水量大、活性降低较多，质量不如干排灰。根据现行规范，粉煤灰按煤种分为F类粉煤灰和C类粉煤灰两种。前者是由无烟煤或烟煤煅烧收集的粉煤灰，颜色为灰色或深灰色；后者是由褐煤或次烟煤煅烧收集的粉煤灰，其氧化钙的质量分数一般大于10%，为高钙粉煤灰，颜色为褐黄色。

2. 粉煤灰的技术要求

《用于水泥和混凝土中的粉煤灰》（GB/T 1596—2017）将粉煤灰成品按细度、烧失量和需水量比分为三个等级。粉煤灰的技术要求见表1-27。

表1-27 粉煤灰等级与质量

项目		技术要求		
		Ⅰ	Ⅱ	Ⅲ
细度（0.045mm方孔筛筛余）/% 不大于	F类粉煤灰	12	25	45
	C类粉煤灰			
需水量比/% 不大于	F类粉煤灰	95	105	115
	C类粉煤灰			
烧失量/% 不大于	F类粉煤灰	5	8	15
	C类粉煤灰			
含水量（质量分数）/% 不大于	F类粉煤灰	1.0		
	C类粉煤灰			
三氧化硫（质量分数）/% 不大于	F类粉煤灰	3.0		
	C类粉煤灰			
游离氧化钙（质量分数）/% 不大于	F类粉煤灰	1.0		
	C类粉煤灰	4.0		
安定性（雷氏夹沸煮后增加距离）/mm 不大于	C类粉煤灰	5.0		

根据经验通常认为，Ⅰ级粉煤灰适用于普通钢筋混凝土工程和跨度小于6m的预应力混凝土构件；Ⅱ级粉煤灰主要用于普通钢筋混凝土及素混凝土；Ⅲ级粉煤灰主要用于中低强度等级的素混凝土或以代砂方式掺用的混凝土工程。

3. 粉煤灰的作用及机理

粉煤灰在混凝土中的作用分为物理作用和化学作用两方面。正是由于粉煤灰具有玻璃微珠的颗粒特征，对减少新拌混凝土的用水量，改善混凝土的流动性、保水性和可泵性，提高混凝土的密实程度，具有优良的物理作用效果。同时还可以减少混凝土的徐变，降低水化热、热能膨胀性，提高混凝土抗渗能力，增加混凝土的修饰性。而其硅、铝玻璃体在常温常压条件下，可与水泥水化生成的 $Ca(OH)_2$ 发生化学反应，生成具有胶凝作用的 C-S-H 水化产物。粉煤灰具有潜在的化学活性，这种潜在的活性效应只有在较长龄期才会明显地表现出来，对混凝土后期强度的增长较为有利，同时还可降低水化热，抑制碱一骨料反应、提高抗渗与抗化学腐蚀等耐久性能。但通常混凝土的凝结时间会有所延长，早期强度有所降低。

粉煤灰的活性是指粉煤灰在和石灰、水混合后所显示出来的凝结硬化性能。粉煤灰的活性是潜在的，需要激发剂的激发才能发挥出来。具体作用方式包括两个方面：提供有效的氢氧根离子，以形成较强的碱性环境，促进活性 SiO_2、Al_2O_3 溶蚀，提高火山灰反应的速度；提供碱性较强的碱直接参与反应，加快基本火山灰胶结产物的生成。常用的激发剂有石灰、石膏、水泥熟料等。如石灰对粉煤灰的激发机理为：

$$m\mathrm{CaO}+n\mathrm{H_2O}+\mathrm{SiO_2}\longrightarrow m\mathrm{CaO}\cdot\mathrm{SiO_2}\cdot n\mathrm{H_2O}$$

$$m\mathrm{CaO}+n\mathrm{H_2O}+\mathrm{Al_2O_3}\longrightarrow m\mathrm{CaO}\cdot\mathrm{Al_2O_3}\cdot n\mathrm{H_2O}$$

粉煤灰中含有较多的活性氧化物 SiO_2、Al_2O_3，它们能与氢氧化钙在常温下发生化学反应，生成较稳定的水化硅酸钙和水化铝酸钙。因此粉煤灰和其他火山灰质材料一样，当与石灰、水泥熟料等碱性物质混合加水拌和成胶泥状态后能凝结、硬化，并具有一定强度。

粉煤灰的活性不仅取决于它的化学组成，而且与它的物相组成和结构特征有着密切的关系。高温熔融并经过骤冷的粉煤灰，含大量的表面光滑的玻璃微珠，这些玻璃微珠含有较高的化学内能，是粉煤灰具有活性的主要矿物相。玻璃体中包含的活性 SiO_2 和活性 Al_2O_3 含量越多，活性越高。除玻璃体外，粉煤灰中的某些晶体矿物，如莫来石、石英等，只有在蒸汽养护条件下才能与碱性物质发生水化反应，常温下一般不具有明显的活性。

在配制混凝土时，粉煤灰一般可取代混凝土中 20%～40%的水泥用量。其掺量大小与混凝土的原材料、配合比、工程部位及气候环境等密切相关。通常混凝土中掺入粉煤灰时应与减水剂、引气剂等同时掺用。

1.5.2.2 硅灰

硅灰又称硅粉，是铁合金在冶炼硅铁和工业硅（金属硅）时，矿热电炉内产生出大量挥发性很强的 SiO_2 和 Si 气体，气体排放后与空气迅速氧化冷凝沉淀而成，其主要成分为无定型 SiO_2，其颗粒极细，呈球形状，活性很高，是一种理想的改善混凝土性能的掺和料。硅灰呈灰白色，无定型二氧化硅的质量分数一般为 85%～96%，其他氧化物的含量很少；粒径为 0.1～1.0μm，是水泥粒径的 1/100～1/50；比表面积为 20000～25000m^2/kg，密度为 2.1～2.2g/cm^3，松散堆积密度为 250～300kg/m^3；其技术性能应符合《高强高性能混凝土用矿物外加剂》（GB/T 18736—2017）的要求。

硅灰可显著提高混凝土强度，主要用于配制高强、超高强混凝土。其硅灰掺量一般为 5%～10%，有时为了配制超高强混凝土，也可掺入 20%～30%。硅灰还可改善混凝土的孔隙结构和耐久性。混凝土中掺入硅灰后，虽然水泥石的总孔隙与不掺时基本相同，但其大孔隙减少，微细孔隙增加，水泥石的孔隙结构显著改善。

硅灰对混凝土的抗冻性、抗渗性及抗化学侵蚀性的影响如下：

（1）抗冻性：当硅灰掺量少时，硅粉混凝土的抗冻性与普通混凝土基本相同。当硅粉掺量超过15%时，它的抗冻性较差。

（2）抗渗性：由于硅粉颗粒小，比水泥颗粒小20～100倍，可以充填到水泥颗粒间的空隙中，使混凝土密实，同时硅粉的二次水化作用，新的生成物堵塞混凝土中渗透通道，故硅粉混凝土的抗渗能力很强，混凝土的渗透性随水胶比的增加而增大。

（3）抗化学侵蚀性：在混凝土中掺入硅粉，能减少 $Ca(OH)_2$ 含量，增加混凝土密实性，有效提高混凝土的弱酸腐蚀能力，但在强酸或高浓度的弱酸中不行，因为混凝土中的C-S-H在酸中会分解。另外，它还能抗盐类腐蚀，尤其是对氯盐及硫酸盐类。

目前，硅灰在国外被广泛应用于高强混凝土中。在我国，则因其产量很低，目前价格很高，出于经济考虑，一般混凝土强度要求低于80MPa时，不考虑掺用硅灰。今后随着硅灰回收工作的开展，产量将逐渐提高，硅灰的应用将更加普遍。

1.5.2.3 矿渣粉

1. 矿渣粉的定义

根据《用于水泥、砂浆和混凝土中的粒化高炉矿渣粉》（GB/T 18046—2017）的规定，以粒化高炉矿渣为主要原料，可掺加少量天然石膏，磨制成一定细度的粉体，称作粒化高炉矿渣粉，简称矿渣粉。其中，所用粒化高炉矿渣应符合《用于水泥中的粒化高炉矿渣》（GB/T 203—2008）规定的粒化高炉矿渣，所用石膏应符合《天然石膏》（GB/T 5483—2008）规定的G类或M类二级（含）以上的石膏或混合石膏，所用助磨剂应符合《水泥助磨剂》（GB/T 26748—2011）的规定，其加入量不超过矿渣粉质量的0.5%。

矿渣粉经磨细后具有很高的活性和极大的表面能，可以弥补硅粉资源的不足，满足配制不同性能混凝土的需求。矿渣粉可等量替代15%～50%的水泥，其掺入混凝土中的影响为：①可配制出高强和超高强的混凝土；②改善新拌混凝土的和易性，可配制出大流动性且不离析的泵送混凝土；③所配制出的混凝土干缩率大大减小，抗冻、抗渗性能提高，从而提高混凝土的耐久性。

2. 矿渣粉的技术要求

矿渣粉应符合表1-28的技术指标规定。

表1-28 矿渣粉技术指标

项目		级别		
		S105	S95	S75
密度/(g/cm^3) ≥		2.8		
比表面积/(m^2/kg) ≥		500	400	300
活性指数/% ≥	7d	95	75	55
	28d	105	95	75
流动度比（质量分数）/% ≥		95		
含水量（质量分数）/% ≤		1.0		

续表

项目	级别		
	S105	S95	S75
三氧化硫（质量分数）/% ≤	4.0		
氯离子（质量分数）/% ≤	0.06		
烧失量（质量分数）/% ≤	3.0		
玻璃体含量（质量分数）/% ≥	85		
放射性	合格		

3. *矿渣粉的化学组成与矿物组成*

矿渣粉的化学成分与硅酸盐水泥相类似，主要含有 CaO、SiO_2、Al_2O_3、Fe_2O_3、MgO、FeO、MnO 等氧化物，其中 CaO、SiO_2、Al_2O_3 三者总和占矿渣粉质量的 90% 以上，此外还含有少量硫化物（CaS、MnS、FeS）。矿物组成包括水淬时形成的大量玻璃体、钙镁铝黄长石、假硅灰石、硅钙石和少量硅酸一钙或硅酸二钙等矿物。

矿渣粉的活性取决于它的化学成分、矿物组成及冷却条件。当矿渣粉中 CaO、Al_2O_3 含量高，SiO_2 含量低时，矿渣粉活性高。此外，矿渣粉的活性还与其粉磨细度有关，通常矿渣粉的比表面积越大，其活性越高。

4. *矿渣粉的作用机理与活性激发*

矿渣粉在混凝土中的作用机理主要有火山灰效应、胶凝效应和微骨料效应。

（1）火山灰效应。矿渣粉中的玻璃体形态的 SiO_2、$A1_2O_3$，在混凝土内部的碱性环境中，能与水泥水化产物 $Ca(OH)_2$ 发生二次反应，在表面生成具有胶凝性能的水化硅酸钙、水化硅酸铝等胶凝物质。矿渣粉的二次反应减少了 $Ca(OH)_2$ 晶体在界面过渡区的富集，打乱了 $Ca(OH)_2$ 晶体在界面过渡区的取向性，同时又可以减小 $Ca(OH)_2$ 晶体的尺寸，增强水泥石与骨料的黏结力。

（2）胶凝效应。矿渣粉中含有一定数量的低钙型水泥熟料矿物 C_2S、CS，这些矿物可以直接与水发生水化反应，生成水硬性水化产物，凝结硬化产生强度。这一反应过程是一次反应，不需要其他物质存在，这也是矿渣粉活性高于火山灰材料的原因。

（3）微骨料效应。与粉煤灰相比，矿渣粉在颗粒组成和颗粒形态上没有明显优势，因此，通常不能表现出非常优异的填充行为。经过机械粉磨的矿粉的颗粒粒径在 10μm 左右。在水泥水化过程中，未参与反应的微细矿渣粉颗粒均匀分散在孔隙和胶凝体中，起着填充毛细孔即孔裂缝的作用，改善孔结构，提高水泥石的密实度。此外，矿渣粉颗粒也起着微骨料的骨架作用，使胶凝材料具有良好的颗粒级配，形成密实的填充结构和细观层次的自紧密堆积体系，进一步优化胶凝结构，改善粗、细骨料之间的界面黏结性能和混凝土微观结构，从而改善混凝土的综合性能。

由于矿渣粉的活性与化学组成有一定的关系，因此，根据化学组成可以对矿渣粉的活性作一个粗略的评定。用化学组成评定矿渣粉的活性通常采用活性系数和碱性系数两个指标。活性系数是指矿渣粉中 Al_2O_3 含量（%）与 SiO_2 含量（%）之比，即

$$活性系数=\frac{Al_2O_3}{SiO_2}$$

碱性系数是指磨细矿物中碱性氧化物含量（%）与酸性氧化物含量（%）之比，即

$$碱性系数\ K=\frac{CaO+MgO}{SiO_2+Al_2O_3}$$

根据碱性系数，将矿渣粉分为碱性矿渣粉（$K>1$）、中性矿渣粉（$K=1$）、酸性矿渣粉（$K<1$）三类。

在硅酸盐玻璃结构中，SiO_2 和 Al_2O_3 是网络形成体，这些氧化物在硅酸盐玻璃中以四面体或八面体的形式存在，这些四面体或八面体互相连接，形成硅酸盐玻璃的网状结构。而 CaO 等一些碱性氧化物则是网络变性体，这些氧化物的进入打破了硅酸盐玻璃中一些 Si-O 键和 Al-O 键，使网状结构解体。正是碱性氧化物的这种破键作用，使得矿渣粉表现出较高的活性。另外，这些碱性氧化物进入玻璃网状结构，并可以通过与水反应形成水化硅酸钙、水化铝酸钙等水化产物，使矿渣粉表现出胶凝性。因此，碱性系数不能简单地看成是矿渣粉酸碱度的表征，而是矿渣粉胶凝性的表征。

活性指数则反映出矿渣粉中铝酸盐矿物与硅酸盐矿物的相对数量关系。一般而言，铝酸盐矿物的活性比硅酸盐矿物的活性高，特别是在碱性氧化物较少的情况下，矿渣粉中 Al_2O_3 几乎都与碱性氧化物结合形成铝酸盐矿物，而 SiO_2 仅仅是部分地与碱性氧化物结合形成硅酸盐矿物，其余部分则以无定型 SiO_2 存在，其活性相对来说较低，也不具有胶凝性。因此活性系数从另一个侧面反映了矿渣粉活性的高低。

1.5.2.4 天然沸石粉

1. 天然沸石粉的定义

根据《混凝土和砂浆用天然沸石粉》（JG/T 566—2018）的规定，天然沸石粉是以天然沸石岩为原料，经粉磨至规定细度的粉状材料。根据其技术要求将其分为Ⅰ、Ⅱ、Ⅲ三个质量等级。沸石岩是一种经天然煅烧后的火山灰质铝硅酸盐矿物。沸石粉含有一定量的活性二氧化硅和三氧化二铝，能与水泥水化析出的氢氧化钙作用，生成胶凝物质。

2. 天然沸石粉的技术要求

混凝土和砂浆用天然沸石粉应符合表 1-29 的技术指标规定。

表 1-29 沸石粉的技术指标

技术指标		质量等级		
		Ⅰ	Ⅱ	Ⅲ
吸铵值/(mmol/100g)		≥130	≥100	≥90
细度（45μm 筛余）（质量分数）/%		≤12	≤30	≤45
活性指数/%	7d	≥90	≥85	≥80
	28d	≥90	≥85	≥80
需水量比/%		≤115		
含水量（质量分数）/%		≤5.0		
氯离子含量（质量分数）/%		≤0.06		
硫化物及硫酸盐含量（按 SO_3 质量计）（质量分数）/%		≤1.0		

3. 天然沸石粉的化学组成和矿物组成

天然沸石粉的化学组成因产地不同而有所差异。一般来说，主要化学成分是 SiO_2（61%～69%）、Al_2O_3（12%～14%）、Fe_2O_3（0.8%～1.5%）、CaO（2.5%～3.8%）、MgO（0.4%～0.8%）、K_2O（0.8%～2.9%）、Na_2O（0.5%～2.5%）、烧失量（10%～15%）。

天然沸石粉的矿物组成主要为铝硅酸盐骨架结构的沸石族矿物，具有稳定的正四面体硅（铝）酸盐骨架，骨架内含有可交换的阳离子和大量的孔穴和通道，其直径为 0.3～1.3nm，因此，具有很大的内比表面积。沸石粉结构中通常含有一定数量的水，这种水在孔穴和通道内可以自由进出，空气也可以自由进出孔穴和通道。

天然沸石粉颗粒一般为多孔的多棱角颗粒。正是天然沸石粉这种颗粒特征，导致其通常具有较大的需水量。

4. 天然沸石粉在水泥基材料中的作用

尽管天然沸石粉与粉煤灰都是一种火山灰质材料，但由于组成和结构的差异，在水泥基材料中表现出不同的行为，也将发挥不同的作用。

（1）天然沸石粉的需水行为。影响矿物掺和料需水行为的 3 个基本要素是颗粒大小、颗粒形态（状）和比表面积。颗粒大小决定其填充行为，影响填充水的数量；颗粒形态（状）决定其润滑作用；比表面积决定其表面水的数量。对于天然沸石粉，颗粒大小是由粉磨细度决定的，细度越高，越有利于填充在水泥颗粒堆积的空隙中，从而减少填充水的数量。天然沸石粉是通过粉磨而成的，具有不规则的颗粒形状，这种颗粒运动阻力较大，因此不具有润滑作用。天然沸石粉具有很大的内比表面积，能吸附大量的水。综合这 3 个基本要素的作用，天然沸石粉不具有减水作用。粒度越细，可以越好地填充，减少颗粒堆积的空隙，减少填充水量。但是，在提高细度的同时，却增大了比表面积，相应地增加了表面需水量。因此，即使增大粉磨细度，也不能使天然沸石粉表现出减水作用。

（2）天然沸石粉的活性行为和胶凝作用。天然沸石粉一般比粉煤灰等其他一些火山灰材料的活性行为和胶凝作用高。天然沸石粉之所以具有较高的火山灰活性，是因为在它的骨架内含有可交换的阳离子以及较大的内比表面积。结构中存在着活性阳离子是胶凝材料具有活性的一个本质因素。活性阳离子的存在，使它具有较高的火山灰反应能力。硅酸盐矿物的水化反应是一种固相反应，天然沸石粉结构中的孔穴为水和一些阳离子的进入提供了通道，而较大的内比表面积为水和阳离子提供较多与固体骨架接触和反应的面，使反应能够较快地进行。由于这两方面的因素，天然沸石粉常常表现出较高的活性。

（3）天然沸石粉的填充行为和致密作用。天然沸石粉的填充行为取决于它的细度。一般来说，天然沸石粉表现出较好的填充行为，能使硬化水泥石结构致密。这也是它常常用于高强混凝土的一个重要原因。

（4）天然沸石粉的稳定行为和益化作用。矿物掺和料的稳定行为包括在新拌混凝土中的稳定行为和在硬化混凝土中的稳定行为两个方面。在新拌混凝土中，由于天然沸石粉对水的吸附作用，使水不容易泌出，因而表现出较好的稳定行为。天然沸石粉具有较好的保水作用，这是它的一个重要特征，是其他矿物掺和料所不及的。此外，由于掺入天然沸石粉后，水泥浆较黏稠，增大了骨料运动的阻力，因而有效地防止了离析。天然沸石粉的这种稳定作用对混凝土的施工有着较大的帮助，特别是在较大压力下泵送时，更能体现出这一作用的重要性。

1.5.2.5 偏高岭土

1. 偏高岭土的基本性质

偏高岭土（metakaolin，MK）是一种高活性矿物掺和料，是超细高岭土经过低温煅烧而形成的无定型硅酸铝，具有很高的火山灰活性，主要用作混凝土外加剂。偏高岭土是以高岭土（$Al_2O_3 \cdot 2SiO_2 \cdot 2H_2O$，$AS_2H_2$）为原料，在适当温度下（600～900℃）经脱水形成的无水硅酸铝（$Al_2O_3 \cdot 2SiO_2$，AS_2）。高岭土属于层状硅酸盐结构，层与层之间由范德华键结合，OH^-在其中结合得较牢固。高岭土在空气中受热时，会发生几次结构变化，加热到大约600℃时，高岭土的层状结构因脱水而破坏，形成结晶度很差的过渡相——偏高岭土。由于偏高岭土的分子排列是不规则的，呈现热力学介稳状态，在适当激发下具有胶凝性。温度升高至925℃以上，偏高岭土开始结晶，转化为莫来石和方石英，失去水化活性。

2. 偏高岭土的水化产物

偏高岭土是一种高活性的人工火山灰材料，可与$Ca(OH)_2$(CH)和水发生火山灰反应，生成与水泥类似的水化产物。利用这一特点，在用作水泥的掺和料时，与水泥水化过程中产生的CH反应可改善水泥的某些性能。偏高岭土用作混凝土矿物掺和料时，主要是AS_2、CH与水的反应，随AS_2/CH的比率及反应温度的不同，会生成不同的水化产物，包括托勃莫来石（C-S-H-Ⅰ）、水化钙铝黄长石（C_2ASH_8）、水化铝酸四钙（C_4AH_{13}）和水化铝酸三钙（C_3AH_6）。不同AS_2/ CH比率下的反应式如下：

$$AS_2/CH=0.5，AS_2+6CH+9H \longrightarrow C_4AH_{13}+2C\text{-}S\text{-}H \quad (1)$$

$$AS_2/CH=0.6，AS_2+5CH+3H \longrightarrow C_3AH_6+2C\text{-}S\text{-}H \quad (2)$$

$$AS_2/CH=1.0，AS_2+3CH+6H \longrightarrow C_2ASH_8+C\text{-}S\text{-}H \quad (3)$$

处于介稳状态的偏高岭土无定型硅铝化合物，经碱性或硫酸盐等激活剂及促硬剂的作用，硅铝化合物由解聚到再聚合后，会形成类似于地壳中一些天然矿物的铝硅酸盐网络状结构。其在成型反应过程中由水作为传质介质及反应媒介，最终产物不像传统的水泥那样以范德华键和氢键为主，而是以离子键和共价键为主、范德华键为辅，因而具有更优越的性能。

3. 偏高岭土的作用机理

偏高岭土之所以能提高混凝土的强度及其他性能，主要在于它的加速水泥水化效应、填充效应和火山灰效应。加速水泥水化效应是它能大幅度提高混凝土强度的重要原因，填充效应居其次，火山灰效应则发生在7～14d。

(1) 加速水泥水化效应。偏高岭土是介稳态的无定型硅铝化合物。在碱激发下，硅铝化合物由解聚到再聚合，形成一种硅铝酸盐网络结构。偏高岭土掺入混凝土中，其Al_2O_3和SiO_2迅速与水泥水化生成的$Ca(OH)_2$发生反应，促进水泥的水化反应进行。

(2) 填充效应。混凝土可视为连续级配的颗粒堆积体系，粗骨料的间隙由细骨料填充，细骨料的间隙由水泥颗粒填充，水泥颗粒的间隙则由更细的颗粒填充。细磨的偏高岭土在混凝土中起到这种细颗粒的作用。另外，水化反应生成具有填充效应的水化硅酸钙及水化硫铝酸钙，优化了混凝土内部孔结构，降低了孔隙率并减小了孔径，使混凝土形成密实的充填结构和细观层次自紧密堆积体系，从而有效地改善了混凝土的力学性能和耐久性。

（3）火山灰效应。偏高岭土的加入能改善混凝土中浆体与骨料间的界面结构。混凝土中浆体与骨料间的界面区由于富集 $Ca(OH)_2$ 晶体而成为薄弱环节，偏高岭土有大量断裂的化学键，表面能很大，迅速吸收部分 $Ca(OH)_2$ 产生二次水化反应，促进 AFt 和 C-S-H 凝胶生成，从而改善了界面区 $Ca(OH)_2$ 的取向度，降低了它的含量，减小了它的晶粒尺寸。这不仅有利于混凝土力学性能的提高，也改善了其耐久性。

1.6 混凝土增强材料

1.6.1 钢筋

钢筋是指钢筋混凝土用和预应力钢筋混凝土用钢材。其横截面为圆形，有时为带有圆角的方形，包括光圆钢筋、带肋钢筋、扭转钢筋。

钢筋混凝土用钢筋是指钢筋混凝土配筋用的直条或盘条状钢材，其外形分为光圆钢筋和变形钢筋两种，交货状态为直条和盘圆两种。光圆钢筋实际上就是普通低碳钢的小圆钢和盘圆。变形钢筋是表面带肋的钢筋，通常带有 2 道纵肋和沿长度方向均匀分布的横肋。横肋的外形为螺旋形、人字形、月牙形 3 种。变形钢筋由于肋的作用，和混凝土有较大的黏结能力，因而能更好地承受外力的作用。钢筋广泛用于各种建筑结构，特别是大型、重型、轻型薄壁和高层建筑结构。

1.6.1.1 钢筋的分类

钢筋种类很多，通常按化学成分、生产工艺、轧制外形、供应形式、直径大小，以及在结构中的用途进行分类。

（1）按直径大小分为：钢丝（直径 3～5mm）、细钢筋（直径 6～10mm）、粗钢筋（直径大于 22mm）。

（2）按力学性能分为：Ⅰ级钢筋（300/420 级）；Ⅱ级钢筋（335/455 级）；Ⅲ级钢筋（400/540 级）和Ⅳ级钢筋（500/630 级）。

（3）按生产工艺分为：热轧、冷轧、冷拉的钢筋，还有以Ⅳ级钢筋经热处理而成的热处理钢筋，强度比前者更高。

（4）配置在钢筋混凝土结构中的钢筋，按其作用可分为下列几种：

① 受力筋——承受拉、压应力的钢筋。

② 箍筋——承受一部分斜拉应力，并固定受力筋的位置，多用于梁和柱内。

③ 架立筋——用以固定梁内钢箍的位置，构成梁内的钢筋骨架。

④ 布筋——用于屋面板、楼板内，与板的受力筋垂直布置，将承受的重量均匀地传给受力筋，并固定受力筋的位置，以及抵抗热胀冷缩所引起的温度变形。

⑤ 其他——因构件构造要求或施工安装需要而配置的构造筋，如腰筋、预埋锚固筋、预应力筋及环等。

1.6.1.2 钢筋的作用

钢筋在结构中起承受拉应力的作用，改善建筑中结构构件节点的延性，增强建筑物的抗震性能，也起方便施工、避雷导线的作用。

从受力上讲：承担结构或构件在外部作用（一般称为直接作用，包括地震作用）下产生的应力（拉应力或压应力），保证构件的承载能力，以满足安全性的要求。

从构造上讲：

（1）固定受力钢筋位置，确保受力钢筋能够充分发挥预期的作用。

（2）承担各种间接作用（混凝土的收缩、温度变化、地基不均匀沉降等）产生的内部拉应力，保证构件的承载能力，以满足安全性的要求和较好的使用性能（避免产生过大的裂缝及变形）。如要计算间接作用的影响，计算较为复杂且准确性较差，所以通过采用构造钢筋的形式来加以解决。

（3）对受力钢筋（主要是指承受压力的受力钢筋）起到侧向支撑作用，减小受力钢筋的计算长度，确保受力钢筋在受压屈服之前不会丧失稳定性而降低构件的承载能力。

1.6.1.3 对钢筋性能的要求

在混凝土结构中，应选用强度高、塑性性能好、可焊性好以及与混凝土有良好黏结性能的钢筋。一般应满足下列要求：

（1）钢筋的强度。钢筋的强度指的是钢筋的屈服强度（或条件屈服强度）和抗拉强度。屈服强度是设计计算时的主要依据，屈服强度越高，则材料用量越省，所以要选用高强度钢筋。屈服强度与抗拉强度的比值称为屈强比，它可以代表结构的强度储备，比值越小，则结构的强度储备越大，但比值太小则钢筋强度的有效利用率太低，所以要选择适当的屈强比。

（2）钢筋的塑性。要求钢筋有一定的塑性是为了使钢筋在断裂时有足够的变形，在混凝土结构中，能使构件在破坏之前显示出预警信号，保证安全。此外，在施工时，钢筋要经受各种加工，因此钢筋要保证冷弯试验的要求。屈服强度、抗拉强度、伸长率和冷弯性能是钢筋的强度和变形的4项主要指标。

（3）钢筋的可焊性。要求钢筋具备良好的焊接性能，保证焊接强度，焊接后钢筋不产生裂纹及过大的变形。

（4）钢筋的抗低温性能。在寒冷地区要求钢筋具备抗低温性能，以防钢筋低温冷脆而致破坏。

（5）钢筋与混凝土的黏结力。黏结力是钢筋与混凝土得以共同工作的基础。在钢筋表面上加以刻痕或制成各种纹形，都有助于提高钢筋与混凝土的黏结力。钢筋表面沾染油脂、糊着泥污、长满浮锈都会损害这两种材料的黏结。对钢筋的各项要求应满足《混凝土结构工程施工质量验收规范》（GB 50204—2015）中的规定。

1.6.2 纤维

随着现代建筑技术的不断提高，对水泥混凝土提出了更高的要求，正朝着高强度、高韧性、高耐久性、高体积稳定性和良好的工作性的方向发展。在水泥基中加入不连续的纤维是提高混凝土的韧性、耐冲击性、抗渗性的有效途径。在混凝土中加入少量的纤维，混凝土的抗压强度变化不大，而混凝土的抗塑性收缩性能、抗渗性、抗冻性、抗冲击性、抗弯强度、抗腐蚀性有明显提高。纤维种类很多，按材质可分为金属纤维（主要有钢纤维）、无机纤维（如玻璃纤维、碳纤维、玄武岩纤维）以及有机纤维（如聚乙烯纤维、聚丙烯纤维等），按弹性模量又可分为高弹性模量纤维（如钢纤维、玻璃纤维、碳纤维、玄武岩纤维）和低弹性模量纤维（如有机纤维）。

1.6.2.1 钢纤维

钢纤维是由细钢丝切断、薄钢片切削、钢锭铣削或由熔钢抽取等方法制成的纤维，用于配制钢纤维混凝土。其按钢质品种可分为低碳钢纤维、不锈钢纤维，后者仅当工程处于潮湿环境中才采用；按纤维形状分为圆形、扁平形、规则变形、波形、变截面形、两端带钩等；按表面涂覆与否可分为表面不涂覆纤维与表面涂覆纤维。钢纤维镀锌、铜、锡、铬等，以提高纤维与基体的黏结力和纤维的防腐能力。

钢纤维的技术指标应符合《混凝土用钢纤维》（YB/T 151—2017）的要求，主要技术指标见表 1-30。

表 1-30 钢纤维的主要技术指标

材料名称	密度 /(g·cm^{-3})	直径 /mm	长度 /mm	软化点/熔点	弹性模量 /MPa	抗拉强度 /MPa	极限变形 /(%×10^{-2})	泊松比
低碳钢纤维	7.85	0.25～1.20	15～60	500/1400	200000	400～1200	4～10	0.3～0.33
不锈钢纤维	7.95	0.25～1.20	15～60	550/1400	200000	500～1600	4～10	—

钢纤维的增强效果与钢纤维长度、直径（等效直径）及长径比有关。钢纤维增强作用随长径比增大而提高。钢纤维长度太短，则不起增强作用，太长则施工较困难，影响拌和物的质量。直径过细，在拌和过程中被弯折，过粗则在同样体积率时，其增强效果较差。

试验研究和工程实践表明，钢纤维的长度为 15～60mm，直径或等效直径为 0.3～1.2mm，长径比在 30～100 的范围内选用，其增强效果和施工性能满足要求。钢纤维混凝土中钢纤维的体积率小到一定程度时将不起增强作用，对于不同品种、不同长径比的钢纤维，其最小体积率略有不同，国内外一般以 0.5%为最小体积率。钢纤维体积率超过 2%时，拌和物的和易性变差，施工较困难，质量难以保证。但在特殊需要时，经试验和采取必要的施工措施，在保证质量和增强效果的情况下，可将钢纤维体积率增大。

1.6.2.2 聚丙烯纤维

聚丙烯纤维是以丙烯聚合得到的等规聚丙烯为原料纺制而成的合成纤维，也称混凝土纤维或抗裂纤维。聚丙烯纤维可作为混凝土、灰泥等的填充材料，提高混凝土的抗冲击性、防水隔热性。聚丙烯纤维与混凝土之间有足够的附着力，能抑制裂缝的扩展，在抗冲击性能方面也有很大的改进。对混凝土的影响主要有以下几方面：

1. 抗压、抗折强度

混凝土中掺加聚丙烯纤维可明显提高混凝土的抗压、抗折等性能，其掺量在达到 0.1%前强度增加较明显，在达到 0.1%后随掺量的增加强度提高较慢。掺入少量低弹性模量的聚丙烯纤维，可促进混凝土抗压、抗折强度的增长，这是纤维的补强效应，而非增强效应，主要在于聚丙烯纤维的阻裂效应，减小了裂缝产生和发展的概率，混凝土得以保持较好的完整性和连续性，从而间接地促进了强度增长。

2. 抗冲击性及抗疲劳性

掺加聚丙烯纤维有助于提高混凝土的抗疲劳性及抗冲击性，这是由纤维的阻裂作用所致。在混凝土受冲击荷载作用时，纤维可以阻止混凝土中裂缝的扩散与发展，间接地提高了混凝土的抗疲劳性及抗冲击性。国家建筑材料测试中心试验结果表明，掺有0.05%与0.1%纤维的砂浆抗冲击强度比素砂浆分别提高17.7%与25.8%。

3. 韧性

聚丙烯纤维加入水泥基体，对基材的韧性有明显增进作用，即使掺加体积率仅为0.05%的聚丙烯纤维，也可以使混凝土受弯的韧性指数明显提高，其韧性提高的主要机制是由于纤维使混凝土在达到抗折极限强度后仍然保留着高于素混凝土的裂后强度。

4. 弹性模量

低掺率的聚丙烯纤维对混凝土的静态弹性模量并无明显影响，但对混凝土受压或受拉的弹性模量有比较大的影响。科研人员根据聚丙烯纤维增强混凝土弹性模量与混凝土强度等级建立关系，并取整数后得到设计应用的聚丙烯纤维增强混凝土的弹性模量值，与新颁布的国家标准规定混凝土受压或受拉的弹性模量值对应比较，其变动范围均低于设计规范规定的许用误差5%。相关数据表明，混凝土强度等级越高，聚丙烯纤维混凝土弹性模量值与设计规范规定值之间的差异越小，说明聚丙烯纤维尤其适用于在高强度等级的混凝土工程中发挥作用。

1.6.2.3 耐碱玻璃纤维

耐碱玻璃纤维主要用于玻璃纤维增强混凝土的肋筋材料，是100%无机纤维，在非承重的水泥构件中是钢材和石棉的理想替代品，属于增强混凝土的肋筋材料。它的优点在于耐碱，能有效抵抗水泥中高碱物质的侵蚀，弹性模量、抗冲击、抗拉、抗弯强度极高，抗冻、耐温度与湿度变化能力强，抗裂、抗渗性能卓越，具有可设计性强、易成型等特点，可以替代石棉和钢材，是广泛应用在高性能增强（水泥）混凝土中的一种新型的绿色环保型增强材料。混凝土是一种脆性的材料，加入耐碱玻璃纤维后可以有效提高其抗折强度，提高混凝土结构道路的抗渗性、耐磨能力，从而防止道路出现严重的开裂病害。

耐碱玻璃纤维单丝直径为12～14μm，常以200根或50根单丝集成一束纱线。纱线断面为扁圆形，长轴为0.6mm，短轴为0.15mm。它的种类分为硬型和超硬型，短切纤维长度为10～40mm，它的弹性模量为（6.26～7）$\times 10^4$MPa，是水泥石的2～3倍，相对密度为2.78，比钢的相对密度小得多。在水泥基复合材料中同样掺入1%时，玻璃纤维的体积含量比钢纤维多两倍多。耐碱玻璃纤维依靠它的优点成为一种广泛应用于增强道路混凝土的新型材料。

2

混凝土微观结构

混凝土微观结构决定其宏观性能，通过混凝土微观结构可以有效地认识宏观性能的由来机理，并可以通过适当的方法改变微观结构，实现对宏观性能的调控。构成混凝土微观结构的固相包括尺寸形状各异的骨料、不连续不均匀的絮状胶凝体以及薄弱的界面过渡区。因此从宏观来讲，忽略界面性能和孔结构等因素对混凝土性能的影响，混凝土是骨料颗粒分散在水泥浆基体中所组成的两相材料，这是对混凝土最传统的认识。

2.1 水泥石的结构及形成过程

水泥石是指硬化后的水泥浆体，是由胶凝体、未水化的水泥颗粒内核、毛细孔等组成的非均质体。在不考虑掺加化学外加剂的情况下，根据水泥水化速率可将水泥石结构形成过程分为以下五个阶段。

第一阶段，初始溶解期：水泥与水接触后立即发生急剧反应，时间很短，十几分钟内结束，又称诱导前期。主要是 C_3A 与石膏反应生成钙矾石晶体。

第二阶段，诱导期：在诱导前期水泥与水快速发生反应，在水泥颗粒表面形成了一薄层致密的水化产物，阻止了水泥的继续水化，从而导致水泥水化进入诱导期，又称静止期，一般持续 2～4h。这一阶段水泥水化反应速率极其缓慢，这也是硅酸盐水泥浆体能在几个小时内保持塑性的原因。初凝时间基本上相当于诱导期的结束。

第三阶段，加速期：反应重新加快，反应速率随时间而增长，出现第二个放热峰，在到达顶峰时本阶段即告结束（4～8h），此时终凝已过，水泥浆体开始硬化。在此阶段主要是 C_3A、C_3S 水化阶段。

第四阶段，衰退期：反应速率随时间下降阶段，又称减速期，持续 12～24h。此阶段的水泥水化速率受扩散控制。

第五阶段，稳定期：反应速率很慢、基本稳定的阶段。

从水化产物形成及其发展的角度，可将整个硬化过程分为如图 2-1 所示的三个阶段。

第一阶段：大约从水泥拌水起到初凝时为止，C_3S、C_3A 与水迅速反应。在这一阶段，由于水产物尺寸细小，数量又少，不足以在各颗粒间形成架桥，网状结构未能形成，水泥浆呈塑性状态。

第二阶段：大约从初凝到 24h 为止，水泥水化开始加速，生成较多的 CH 晶体、钙矾石，同时水泥颗粒表面长出纤维状 C-S-H，由于钙矾石晶体的长大及 C-S-H 的大量形成，产生强、弱不等的接触点，将各颗粒初步连接成网，使水泥浆凝结。随着接触点数目的增加，网状结构不断加强，水泥石强度相应增长。原先剩留在颗粒间空间中的拌和水，就逐渐被分割成各种尺寸的水滴，填充在相应大小的孔隙之中。

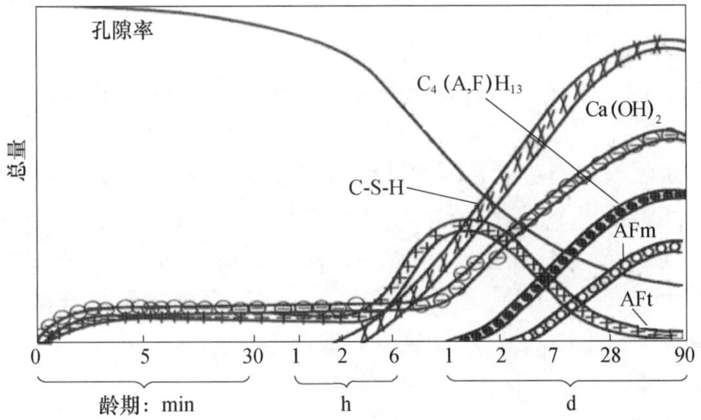

图 2-1 水泥水化过程中各水化产物形成过程

第三阶段：24h 以后，直到水化结束。在此阶段，石膏已耗尽，钙矾石开始转化成 AFm，还形成了 $C_4(A,F)H_{13}$。随着水化的进行，C-S-H、CH、AFm、$C_4(A,F)H_{13}$ 等水化产物的数量不断增多，水泥石结构更趋致密，强度稳步提高。

2.2 骨料相的微观结构

骨料相主要影响混凝土的单位质量、弹性模量和尺寸稳定性，混凝土的这些性质在很大程度上取决于骨料的表观密度和强度，而骨料的物理特性要比化学特性对其更具有决定性。

除孔隙率外，粗骨料的形状和构造也会影响混凝土的性能。一般来说，天然卵石呈圆形且具有表面光滑的构造；碎石则构造粗糙，这取决于岩石的类型和选用的破碎设备。碎石可能会含有比例可观的针、片状颗粒，它们对混凝土的很多性能都会产生不利影响。由浮石加工的轻骨料颗粒呈蜂巢状、多棱角且构造粗糙。但是用膨胀黏土或页岩制成的轻骨料则通常为圆形而且表面光滑。

由于比混凝土其他两相的强度高，骨料相通常不直接影响普通混凝土的强度，除非是多孔和软弱颗粒，例如浮石。然而，粗骨料的粒径和形状间接地影响混凝土的强度。混凝土中骨料的粒径越大，针、片状颗粒所占的比例越大，骨料表面集聚水膜的趋势就越强，因此形成了界面过渡区，这主要归因于泌水。

2.3 界面过渡区结构

自混凝土浇筑时起，过渡区的发展顺序如下：首先，新压实的混凝土中，大颗粒骨料周围形成水膜，这说明靠近大骨料的部位的水灰比要高于远离的部位（也就是砂浆本体）。其次，水泥浆本体中，钙、硫酸根、氢氧根以及铝酸根离子结合生成钙矾石和氢氧化钙，形成比水泥浆或砂浆本体更多孔隙的构架；板状的氢氧化钙晶体趋向形成定向层。最后，随着水化的进行，结晶不良的 C-S-H 和次生的钙矾石、氢氧化钙晶体开始填充在大钙矾石和氢氧化钙晶体构架之间的空隙里，这有助于提高过渡区的密实度，从而提高其强度。

从细观尺度上看，水泥石和骨料的界面并不是一个“面”，面是一个有一定厚度的“层”（或称“区”“带”）。这个“层”的结构和性质与水泥石本体有较大区别，在厚度方向从骨料表面向水泥石逐渐过渡，因此被称为“过渡层”，其厚度为 0～100μm。许多科学家根据自己的实验提出了混凝土界面过渡层的模型。尽管由于实验条件存在差异，所建立的模型有不同之处，但对混凝土中界面过渡层结构的描述都具有以下特点：①水灰比高；②孔隙率大；③$Ca(OH)_2$ 和钙矾石多，硅酸钙水化物的钙硅比大；④$Ca(OH)_2$ 和钙矾石结晶颗粒大；⑤$Ca(OH)_2$ 和钙矾石取向生长。

图 2-2 所示为混凝土过渡区的一个典型模型。

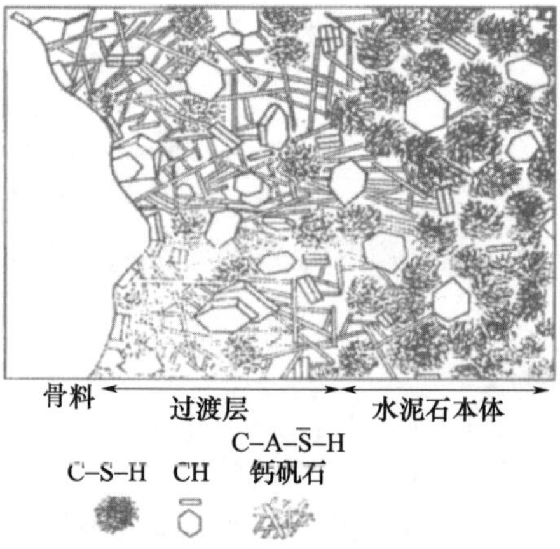

图 2-2 混凝土过渡区典型模型

在实际的混凝土中，界面过渡区并非是一个易于分辨的结构均匀区域，而是在各个骨料粒子之间以及同一粒子的不同部分其结构都在变化的区域。界面过渡区的形成并不仅仅是胶凝材料粒子沿骨料表面堆积以及水化的结果，还要受到搅拌、养护以及振动成型等许多因素的影响。

2.3.1 影响界面过渡区微观结构的因素

影响界面微观结构的因素分为原材料以及制备工艺方面的影响和材料所处的使用环境方面的影响两种情况。

2.3.1.1 原材料以及制备工艺方面的影响因素

可以从如下几点来考虑：①粒子在界面处的堆积；②浆体的稳定性；③混凝土的体积稳定性；④原材料的组成、细度和级配；⑤骨料表面的化学反应。这 5 点又可具体到原材料的各个组分（如骨料、水泥、其他矿物混合材、外加剂）、配合比以及材料的成型和养护工艺这几个方面。

1. 骨料的影响

骨料的影响包括：骨料的矿物组成、组织结构；骨料表面的微观结构；骨料的形状、粒径分布以及骨料的开口孔隙率及饱水程度。骨料的矿物组成和表面结构会影响到水化产物（特别是CH和AFt）的成核生长，从而影响到界面过渡区的微观结构及力学性能。钙质骨料会影响水泥的水化，方解石和钙硅石使诱导期变短，而石灰石会与水泥水化释放出的CH发生反应，表面经过活化处理的惰性骨料会与水泥的水化产物进行反应，使界面过渡区的密实度增加，界面黏结强度提高。在特定的碱度环境以及温度条件下，某些在通常情况下属于非活性的骨料也会发生反应。另外，骨料表面风化的程度也会影响界面的微观结构。

胶凝材料在凹表面的堆积密度比在凸表面的堆积密度高。尺度较小的胶凝材料粒子在混合过程中易于在较粗糙的骨料表面堆积，使得临近骨料表面的5μm区域内的密实度提高。对于同种骨料而言，由于机械咬合作用，表面光滑的骨料与浆体之间的黏结强度低于表面粗糙的骨料与浆体之间的界面黏结强度。但是，在其他参数不变的条件下，为了保持流动度相同，采用表面粗糙的不规则骨料，可能会加大水胶比，这就有可能使界面过渡区的厚度增加。

对于多孔骨料而言，由于骨料在浆料拌和过程中吸水而在水泥水化过程中释放水分，同时细小颗粒的胶凝材料粒子在搅拌过程中可以进入骨料表面较粗大的空隙中，从而在一定程度上改善骨料与浆体之间界面过渡区的结构。实际上，多孔骨料自身的孔隙率、饱水程度以及毛细管现象等都会影响到界面过渡区的形成过程。

2. 水泥的影响

水泥的影响包括水泥的类型和矿物组成、水泥的细度和水泥的粒径分布。水泥中石膏的含量影响AFt晶体在界面过渡区的形成与生长。当水泥中C_3S（$3CaO\cdot SiO_2$）和C_3A（$3CaO\cdot Al_2O_3$）的含量相对较高时，生成的CH和AFt也较多，这会影响界面过渡区的结构和孔隙率。当掺入活性混合材时，由于其参与二次反应，吸收CH，从而可使界面过渡区的微观结构得到改善。水泥的细度会影响到界面过渡区的堆积密度，从而影响界面过渡区的微观结构。界面过渡区的厚度随胶凝材料细度的增加而减小，同时胶凝材料中的细颗粒易于在骨料表面附近堆积。水泥的粒径分布会影响浆体的稳定性，进而影响到水泥的水化过程以及界面过渡区的微观结构。

3. 矿物混合材的影响

矿物混合材的影响包括3个方面：①混合材的活性；②混合材与水泥的细度比；③混合材的粒径分布。具有活性以及潜在活性的混合材如硅灰、粉煤灰、磨细矿渣、偏高岭土、稻壳灰等可以与CH发生反应，提高界面的密实度，并影响AFt和CH在界面区的取向性。细度比水泥高的惰性以及活性混合材可以填充水泥粒子之间的空隙，提高骨料与浆体之间界面过渡区的堆积密度，并减少泌水，从而在一定程度上可以提高界面区以及整个材料的性能。

混合材的粒径分布同样也会影响到浆体的稳定性问题，级配不良的混合材的掺入可能会增加浆体的泌水。此外，无论是水泥本身还是其他矿物掺和料都存在一个粒形影响的问题。最简单的一个例子就是优质粉煤灰的减水效果，这是由于球形粉煤灰粒子起到了滚珠作用。粒形问题是一个非常复杂的问题，在粉体工程中考虑得较多，在水泥基复合材料领域的研究相对较少。

4. 外加剂的影响

外加剂的影响主要考虑的是外加剂的品种（减水剂及其他界面剂）及用量。某些特殊类型的外加剂（主要是聚合物，如硅烷偶联剂以及聚乙烯醇）通过偶联作用可以改善浆体与其他材料之间的界面黏结强度。减水剂打破絮凝的胶凝材料团，并将包裹于其中的水分释放出来，从而可以使界面过渡区的堆积密度提高，但如果外加剂过量或水胶比过大，将会出现泌水，界面过渡区的微观结构变差。

5. 配合比以及成型和养护工艺等因素的影响

水胶比的增大将导致界面厚度的增加以及界面过渡区性能的降低。混凝土中骨料粒子之间平均间距为75～100μm，如果骨料的体积率提高或骨料的粒径减小，那么很有可能产生骨料之间的交互影响。在混合料加水拌和之前骨料表面包裹一层胶凝材料以及分次加水搅拌对骨料与浆体之间的界面过渡区有益，但如果混合搅拌均匀程度不足，对界面过渡区无益。

在材料成型过程中过度振捣将使骨料下部的局部泌水增加，同时整个试件的表面泌水也会增加，这对界面过渡区以及整个材料的性能是无益的。在自密实混凝土中，骨料与浆体之间界面过渡区的厚度要比普通混凝土的小，其结构也相对比较均匀，这从侧面体现了振动密实对界面的负作用。养护制度将影响胶凝材料的水化。收缩会在骨料与浆体之间引起裂纹，加大界面过渡区的厚度。温度将影响胶凝材料的水化速度以及成核生长过程，同时由于骨料与浆体之间膨胀系数的差别，温度应力也会引起界面过渡区结构的变化。

2.3.1.2 材料所处的使用环境方面的影响因素

从上述关于界面过渡区微观结构的形成与劣化机理以及影响界面微观结构的因素可以看出，有许多因素控制着界面过渡区的微观结构形貌、矿物组成分布以及界面过渡区的厚度，这也是导致一些有关界面结构的特征结论不一致的原因之一，而材料所处的使用环境对材料微观结构产生影响的因素大致包括以下几个方面：

1. 荷载的作用

混凝土材料作为结构的组成部分，在使用过程中不可避免地要承受荷载（包括静载和动载）的作用，当荷载幅度超过临界值时，界面过渡区会出现新的微裂纹，已有的裂纹也会随着荷载的提高而进一步扩展。在材料使用过程中，胶凝材料进一步水化以及环境介质侵蚀等各种因素的作用很可能使界面过渡区微观结构发生变化（包括裂纹的自愈合以及进一步的劣化两个方面）。

2. 环境介质的侵蚀作用

环境介质的侵蚀作用包括水、水蒸气以及其他侵蚀性介质通过孔隙和/或裂纹通道进入材料内部。

水的作用包括：使未水化组分进一步水化；水的溶蚀作用；侵蚀性介质（如硫酸盐和氯盐）以水为载体进入材料内部与水化产物反应形成易于溶出的组分，或形成膨胀产物 AFt 产生适量或过量膨胀，或由于干湿循环在材料内部结晶产生膨胀破坏等。

3. 冻融破坏

由于界面过渡区的多孔性，当水分侵入到界面过渡区后，冻融循环作用在对基体部分造成损伤的同时，也会对界面过渡区的微观结构造成损伤。然而，目前界面过渡区对混凝土抗冻性能影响仍需深入研究。

4. 胶凝材料的进一步水化

这里包括胶凝材料在内部环境下的缓慢水化以及外界水分通过各种途径进入到体系内部所产生的水化作用。相对未水化水泥颗粒而言，水化的作用使固相体积产生膨胀。这样，处于界面过渡区内的未水化水泥粒子的进一步水化将使界面过渡区的孔隙率降低。

5. 碱-骨料反应

一般而言，碱-骨料反应相对比较缓慢地出现在结构使用过程中。这里主要指碱硅酸盐反应和碱碳酸盐反应所产生的膨胀破坏作用，这种在界面过渡区产生的过度膨胀将导致微裂纹的出现。

实际上，整个界面过渡区的微观结构是从材料制备到使用过程中上述各种因素共同作用的结果，只是在某些特定条件下，一些因素占主导地位，而其他因素占次要地位。

2.3.2 界面过渡区对混凝土力学性能的影响

界面过渡区对混凝土力学性能的影响具体表现在以下 3 个方面：

1. 界面过渡区对混凝土强度的影响

由于界面过渡区的存在，混凝土的抗压强度比其两个主要组分低得多。原因在于界面过渡区存在原始裂纹，外界并不需要施加太大的压力就能使裂纹进一步开展，在压应力为极限强度的 40%～70%范围增加时，应变增加比应力增加明显要快，且这种趋势表现得越来越明显。当压应力超过极限强度的 70%后，随着应力的增加，水泥石中大孔隙周围产生应力集中，致使水泥石中开始有裂缝出现，随后裂缝逐渐扩展直至与界面过渡区的裂缝贯通，这一连续贯通的裂缝最终导致混凝土的开裂破坏。相对受压破坏而言，混凝土受拉破坏时，裂缝扩展更快，抗拉强度更低，这也正是混凝土抗拉强度比抗压强度低一个数量级的主要原因。

2. 界面过渡区对混凝土弹性模量（刚度）的影响

混凝土作为一种典型的复合材料，界面过渡区相当于一个桥梁的角色，即使混凝土各组分的刚度再高，还得依靠这一桥梁来传递，桥梁结构越差，则其传递效果也越差。界面过渡区中孔隙和裂缝的大量存在对刚度的传递极为不利，故混凝土弹性模量就比其组分要低。

3. 界面过渡区对混凝土耐久性的影响

界面过渡区的结构特点对混凝土的耐久性也有明显的影响。钢筋混凝土和预应力钢筋混凝土构件往往由于钢筋锈蚀而破坏，钢筋锈蚀的前提条件是水分和空气能渗入混凝土中，因此钢筋锈蚀很大程度上受混凝土抗渗透性能的影响，抗渗性越差，水分和空气渗入就越自由，钢筋锈蚀的可能性就越大。钢筋和粗骨料接触面处过渡区中微裂纹的存在致使其抗渗性比相应的水泥石或砂浆差，故钢筋也更容易锈蚀。

2.4 微观结构测试与表征方法

2.4.1 扫描电子显微镜分析

扫描电子显微镜分析（scanning electron microscope，SEM），通过利用高能电子束轰击样品表面探测发射出来的电子信号，从而得到待测样品微观结构信息。SEM 具有分辨率高、制样要求低等优点，可直接观察样品表面、水泥水化产物的聚集状态和微观形貌以及试样破碎后的断面形貌等方面，同时还能够辅以电子探针微区分析和能量散射 X 光能谱分析来研究水泥水化物的相组成，方便研究硬化水泥浆体微观结构及水泥水化硬化机理。

2.4.2 X 射线小角衍射

X 射线小角衍射（small angle X-ray scattering，SAXS），是一种研究尺度在几十至千埃数量级范围电子密度不均匀情况下的十分有效的技术。SAXS 具有不需要考虑介质和表面的相互作用问题，不需要对样品进行抽空、干燥等预处理和试验过程不破坏原始的结构状态等优点。它可以用来获取 C-S-H 凝胶相的结构信息，同时也可用于定量分析，测试波特兰水泥的水化产物，在研究水化过程方面起着重要作用。

2.4.3 CT 成像

CT（computerized tomography）成像即计算机层析成像技术，它是与一般辐射成像完全不同的成像方法。CT 可把被测物体所检测断层孤立出来成像，避免了其余部分的干扰和影响，具有图像质量高，能清晰、准确地展示所测部位内部的结构关系、物质组成与缺陷状况等优点。CT 技术是用来检测水泥混凝土等固体材料内部的微孔洞或微裂缝发展趋势的一种无损检测方法，在无损检测混凝土材料内部微裂纹的变化过程等方面具有很大的优势。近几年来，CT 技术已应用到混凝土等材料中，在常规加载卸载试验中损伤的 CT 无损检测以及特殊环境下混凝土的细观损伤检测等方面得到了广泛的应用。

2.4.4 热分析

热分析（thermal analysis，TA），是指对样品的热力学参数或物理参数随温度变化的关系进行分析的方法。在实际科研生产中，热分析所用的主要仪器是综合热分析仪。它是在程序控制下逐步升温，同时记录样品的质量变化曲线（TG 曲线）和吸放热峰值（DSC 或 DTA 曲线）来研究物质的特性。水泥材料经过煅烧工艺，其间发生各种物理化学反应，利用热分析技术可了解水泥煅烧工艺的主要反应过程，从而制定更加合理的烧成制度。也有学者测试了同一水泥浆料样品在不同的升温速率时样品 DSC 曲线的变化，考察不同的升温速率对样品反应活化能计算的影响，从而制定出更加合理的烧成制度。

2.4.5 红外光谱分析

红外光谱分析（infrared spectra analysis，IR），是一种根据分子内部原子间的相对振动和分子转动等信息来确定物质分子结构和鉴别化合物的测试方法。红外光谱分析具有扫描速度快、分辨率和灵敏度高等一系列优点，并且该测试手段测试的样品范围广，几乎所有的有机物都可以利用红外光谱分析来确定官能团，某些无机物的结构也可通过红外测试。在水泥基材料研究中，红外光谱分析主要用于研究硅酸盐水泥的水化过程，通过测试水化产物的 Si-O 键红外光谱图区别来确定水化时间等信息。

2.4.6 核磁共振

核磁共振（nuclear magnetic resonance，NMR），是一种研究水泥基材料的重要手段，分为固体核磁共振技术与液体核磁共振技术。前者适用于水泥混凝土测孔，后者适用于水泥混凝土拌和物水化的观测。利用核磁共振弛豫时间法和核磁共振冷冻法可测试材料的孔结构参数。相比液体核磁共振技术，固体核磁共振技术研究水泥石具有基本不需要对水泥石试样进行预处理，只有较早龄期试件需要预干燥以及其基于的是物理原理，所得试验结果较稳定，具有可重复性好等优点。近年来，低场核磁共振已逐渐被用于水泥基材料中的水分传输和孔结构分析中。

2.4.7 其他

除上述微观表征技术外，还有很多其他表征方法，如电子探针、差热分析、荧光显微分析等技术手段，在这里不再一一详述。虽然研究混凝土微观结构的表征技术手段很多，但它们各有利弊，具体研究时不可拘泥于一种研究手段，应综合多种方法，取长补短，全面地对研究对象进行分析论证，科学严谨地进行课题研究。

2.5 混凝土的内外分层结构

内分层是指混凝土内部粗骨料的下方，骨料孔隙中的砂浆产生的分层现象；外分层是指混凝土在成型过程中和凝结以前，不同粒径的骨料在水泥砂浆中沉降速度不同，粗大颗粒沉积于下部，水分被挤出，使混凝土结构沿浇灌方向产生宏观堆聚结构的不均匀现象。内分层和外分层现象是混凝土宏观堆聚结构的基本特征，内分层对混凝土结构一般都是有害的，而合理的外分层却是可以利用的，但严重的外分层却会影响混凝土的使用性能。

2.5.1 混凝土结构分层现象的形成原因

2.5.1.1 内分层结构的形成原因

混凝土在密实成型过程中，均会产生不同程度的内分层现象，主要有以下三种情况：

（1）采用插入式内部振动式振动设备振动密实时，在振动成型和提浆过程中，混凝土内部结构不断变化，在振动棒周围砂浆富集，浆体流动，空气不断排出，混凝土结构不断密实，继续振动和提浆时，在水分挤出和气泡排出的过程中，由于受粗骨料骨架的限制，部分浆体积聚在粗骨料下方的孔隙中，形成内分层结构。

（2）混凝土采用振捣机振动密实成型时，在振动棒附近，振动作用较强，振动棒通过后，流动性较好的砂浆迅速填充振动棒占有的空间，形成内分层结构。如果滑模摊铺施工时不能连续摊铺，振动棒振动作用时间过长，混凝土混合料还会产生内部离析现象，这种内部离析也是一类严重的内分层现象。

（3）碾压混凝土施工中存在中间密实度大、表面和底部密实度较中间小的内分层现象。这种密度不均匀性是压实作用机理本身造成的，是客观存在的结构本质特性，从外观看没有分层现象，但内部密实度是不均匀的，这种现象也是内分层的一种，对混凝土的使用性能有不利影响。

2.5.1.2 外分层结构的形成原因

为了获得表面纹理构造，普通混凝土摊铺施工过程中均要求提浆，使饰面和纹理施工得以顺利进行。水泥混凝土外分层结构主要就是由振动提浆作用形成的。在振动成型过程中，混凝土混合料流动，由于骨料与砂浆的密度不同，在振动作用下，粗骨料下沉较快，细骨料下沉较慢，水分挤出上升，形成外分层结构。

2.5.2 分层结构对水泥混凝土使用性能的影响

2.5.2.1 内分层对混凝土结构的影响

内分层对混凝土结构的影响一般都是有害的。首先内分层会降低混凝土的密度和均匀性，从而降低混凝土的强度。当采用的粗骨料最大粒径较大时，内分层还会降低水泥浆与骨料的表面黏结性能，从而严重影响混凝土的抗弯拉性能和抗疲劳性能。

普通混凝土一般都采用内部振动式振捣密实成型，如目前采用较多的滑模摊铺施工和三辊轴机组施工，如果振捣时间过长，振动过度，会导致振动棒部位的混凝土颜色明显深于周围的颜色，这是砂浆富集的表现。在砂浆富集区，砂浆收缩较混凝土收缩大，严重时可产生纵向开裂。

碾压混凝土的内分层结构也是十分不利的。由于碾压混凝土的强度与密度有很大的关系，密度的微小变化都将影响碾压混凝土的强度。

2.5.2.2 外分层对混凝土结构的影响

从外分层的形成过程来看，水泥混凝土结构先天就存在外分层现象，而且从水泥混凝土的施工工艺上来说也是必要的。这种外分层结构如果利用得当，可改善混凝土表面功能，然而过度提浆对水泥混凝土的使用是不利的。提浆厚度过大时，砂浆的收缩远大于混凝土的收缩，表面砂浆收缩受到下部混凝土的约束，容易产生收缩裂缝。三辊轴机组施工中的离心提浆作用，使表面浆体的水灰比增加，如果提浆过度，表面是纯水泥浆，甚至是一层水泥浆稀溶液，平整度和耐磨性都不容易保证。

按复合材料理论和等刚度原则分析，表面砂浆层厚度对混凝土抗弯拉强度和劈裂抗拉强度具有很大影响。如果砂浆层过厚，会导致混凝土从内部到表层其强度越来越弱，便容易使混凝土产生裂缝。

2.5.3 防止有害分层的措施

2.5.3.1 防止有害内分层的措施

（1）减小粗骨料的最大粒径，大小碎石的级配要合理，从而提高混凝土的均匀性；一般卵石最大粒径不超过 20mm，碎石最大粒径不超过 30mm。

（2）采用适当高的砂率，使砂浆能全部包裹粗骨料，并有适当的富余量，使振动密实成型过程中水和气泡能顺利排出。

(3) 普通混凝土铺筑时，内部振动式振捣机的振动棒间距要密，振动棒直径要小，振动时间掌握要好，防止过振或欠振；一般振动棒振动频率控制在 9000～11000r/min 较合适。

(4) 如果振动棒的有效作用范围足够，可将振动棒提升到路表面附近，不要插入内部过深，一般振动棒高度控制在混凝土表面以下 8～10cm 即可，将内分层尽可能移到混凝土表面附近，而后通过挤压和表面修整消除或减轻其不利影响。

(5) 碾压混凝土施工时，表面应尽量采用胶轮压路机补压，提高表面的密实度，如果摊铺层厚度过大，宜分层摊铺。

2.5.3.2 防止严重外分层的措施

(1) 采用低坍落度混凝土施工，减少混凝土分层离析；新拌混凝土应均匀一致，无未搅拌的干料和离析现象，严格控制混凝土水灰比和坍落度，一般要求水灰比不得大于 0.44，坍落度控制在 3～6cm，滑模摊铺机最适宜摊铺混凝土混合物坍落度为 4.5～5.5cm，掺粉煤灰时为 3.5～4.5cm，新拌混凝土坍落度差别应小于±0.5cm。

(2) 保证基本砂率和最小水泥用量的要求，提高混凝土混合料的黏聚性。

(3) 提浆方式：条件允许时，首先考虑采用滑模摊铺机挤压提浆，其次考虑采用梁式振捣机振动提浆。当采用三辊轴摊铺整平机振动提浆时，应减少振动作用次数，降低离心提浆的有害作用，一般控制提浆厚度为 1～2mm。

(4) 施工时掌握人工 3m 或 5m 直尺刮平的时间间隔，因为 3m 或 5m 直尺过早使用会造成表面水泥砂浆过厚，过迟造成表面砂浆不够，并且不利于平整度的控制，这两者均不利于混凝土表面的抗耐磨性；精平一般须过 3m 直尺后再过 5m 直尺，5m 直尺后再用钢坯精平。

(5) 严禁人工在混凝土路表面用稀水泥浆找补整平。采用三辊轴机组施工时，振捣机振动过后，混凝土表面应高出模板顶面，防止用三辊轴机提起的稀浆填平低处。

(6) 采用三辊轴机组施工工艺时，减短作业单元长度，避免三辊轴机长距离赶浆整平。

2.6 混凝土的宏观堆聚结构

混凝土的宏观堆聚结构是由分散相和基相所组成的两相复合材料，分散相为粗骨料，基相为水泥砂浆。按分散相与基相的比例，混凝土的宏观堆聚结构可分为“漂浮”集结型、“接触”集结型和“骨架”集结型三类，如图 2-3 所示。

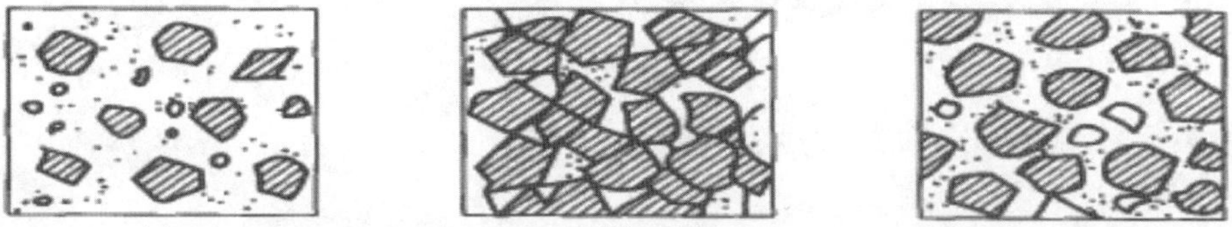

(a) (b) (c)

图 2-3 混凝土的宏观堆聚结构

(a)“漂浮”集结型；(b)“接触”集结型；(c)“骨架”集结型

“漂浮”集结型混凝土宏观堆聚结构中，水泥砂浆的数量远远超过粗骨料颗粒之间的空隙体积，粗骨料如同漂浮在水泥砂浆基体中一样。这种结构的混凝土性能主要取决于水泥砂浆的性质，粗骨料的性质对混凝土性能影响不大。

“接触”集结型与“漂浮”集结型的情况刚好相反，混凝土中水泥砂浆的数量较少，以致不足以填充粗骨料颗粒之间的空隙体积，粗骨料颗粒之间彼此可以直接接触。在这种情况下，混凝土中有许多连通的大孔，形成大孔结构。

“骨架”集结型介于上述两者之间，混凝土中水泥砂浆含量适中，恰使粗骨料颗粒彼此靠拢而尚未直接接触，其间被一薄层水泥砂浆隔开，粗骨料构成结实的骨架。在这种情况下，粗骨料对混凝土结构的形成有着重要影响，是决定混凝土性能的一个重要组分。

骨料相对混凝土性能所起的作用是物理的，而不是化学的。骨料的表观密度、强度、形状、粒径和本身结构等对混凝土的表观密度、弹性模量、体积稳定性等许多性能均有影响。此外，由于混凝土各组成相的密度不同，且即使是同一组成相，其颗粒也有大有小，在混凝土拌和物浇筑成型过程中会产生不同程度的离析和沉降现象，形成内外分层。分层现象的存在，使混凝土表现出明显的宏观特性各向异性，并且存在许多连通的毛细管孔缝及导致混凝土受力破坏的裂缝引发源，表现为沿浇筑方向的抗拉强度较垂直该方向的低。

3

混凝土的配合比设计

配合比设计是基于混凝土组成材料的物理、化学、流变性等，结合实际工程中对混凝土成本、工作性（或和易性）、力学强度、收缩性、耐久性等指标和参数的要求，通过调整所用水泥、骨料、水和外加剂的种类和比例，获得符合工程规范混凝土的过程。配合比设计是保证混凝土建筑能够拔地而起的第一道保险，其目的主要是控制成本以及制得符合性能要求的混凝土，主要包括新拌混凝土的工作性和硬化混凝土在不同龄期内所体现的力学强度和耐久性。配合比的设计不仅为混凝土供销链的建立提供了合理的指导，同时平衡了混凝土成本、工作性、力学强度和耐久性之间的关系，在面临越发复杂的环境与施工要求，以及丰富多变的配合比设计空间，配合比设计的魅力也变得越发突出，其已经成为每一个混凝土技术专家所必须掌握的技能之一。

3.1 基本原理

3.1.1 经济成本

从生产商的角度，混凝土配合比设计基本原理的第一要点是在合规条件下选择较为经济的胶凝材料和骨料，这取决于可行的供应链选择及对应的成本控制。在实际的工程项目中，尤其是大型工程中，成本控制是进行设计时需要考虑的第一步。原材料供应商往往可以提供多种类型的骨料。鉴于粗骨料是构成混凝土的最大部分，其价格将是一个必须考虑的因素，尤其是当可选材料的价格存在较大差价且在使用性能不存在明显差异时，一般选择合规材料中价格最经济的。

在骨料的选择过程中，要考虑骨料与其他组分的反应活性。例如，某骨料虽然价格划算，但是具有诱发碱骨料反应或钢筋锈蚀等不利反应发生的趋势，此时就会对混凝土其他组分的种类和选择产生限制，从而导致了其他组分价格和运输成本的增加，最终不能起到降低单位体积混凝土成本的作用。

成本方面更重要的一点是要考虑混凝土中各组分在成本中的所占比重不同，其中水泥的成本远远高于骨料（根据市场价格也会有波动），所以单位体积混凝土的价格主要由砂浆的用量决定，因此应在保证混凝土的工作性、强度和耐久性的前提下尽量减少单位体积混凝土中砂浆的用量。

第二个需要注意的地方是寻找适合的胶凝材料作为水泥的替代胶凝材料，这一系列材料统称为混凝土矿物掺和料，具有潜在胶凝性、低成本、存量大、地域性强等特点。矿物掺和料主要为工业生产中作为附加产品产出的廉价固废，常见的种类包括煤矸石、矿渣、粉煤灰、锅炉渣、钢渣等，掺入后制得的混凝土往往可以获得接近无矿物掺和料混凝土所体现出的力学强度和耐久性，甚至可以获得更优的使用性能，也符合当前国家“双碳”战略，由此延伸发展出了碱激发混凝土和地聚物混凝土等多种特殊混凝土。由于矿物掺和料的使用往往取决于施工当地工业所能提供的副产品种类以及当地原石的化学组成和矿物组成，所以常体现出活性的多变性，往往需要其他手段来对其胶凝活性进行调整使其满足使用标准，而当运输成本大于使用矿物掺和料所节约的成本时，这种手段则是不可取的。

3.1.2 工作性

混凝土配合比设计基本原理的另一个要点则是结合施工要求来设计和控制新拌混凝土的工作性。混凝土的搅拌、运输、浇筑和捣实的难易程度是混凝土施工可操作性的重要影响因素，而工作性则是混凝土所体现出的性能对施工过程中一系列操作所需求的条件的满足程度，因此工作性并非是一种特定的性能，而是对混凝土多种特性的综合评价。工作性差的混凝土会发生离析、泌水的问题，导致施工成本增加，以及后期强度和耐久性降低。所以，工作性的合理设计会同时影响混凝土的成本、强度和耐久性，是混凝土配合比设计中的关键环节。

混凝土工作性的设计涉及不同的评价标准和方式，且随着性能的要求而不断变化，并非是固定的程序。自高性能混凝土（HPC）问世以来，组分中含有的不同外加剂改变了传统的硅酸盐水泥混凝土的性能，从而丰富了工作性的设计手段和评价方式。但是其设计思路仍可以描述为对混凝土的稠度、黏聚性、保水性和流动性的调整，遵循的最基本手段是调整组分配比中的用水量、砂石比、颗粒级配以及外加剂的使用。

在大多数情况下，工作性的改变也会影响混凝土的强度和耐久性。例如通过增加用水量可以有效提高拌和物的流动性，但是也会显著增加硬化浆体的孔隙率，从而导致耐久性下降，所以在配合比设计过程中，不可以一味追求工作性的提高，而应该秉承适可而止的原则，在满足工作性的最低要求下，同时兼顾硬化浆体的性能。随着外加剂种类的丰富，在不改变组分比例的条件下，通过选择适当的外加剂来调整混凝土的工作性是当今工程应用中的主流手段。

3.1.3 强度和耐久性

配合比设计应考虑混凝土全使用寿命周期内的性能，在考虑了成本和新拌混凝土的性能后，应该考虑的第三点就是硬化浆体的强度和耐久性。混凝土的强度和耐久性由水化产物的生成量、生成种类、混凝土结构的孔隙率等共同决定。一般使用环境下，施工单位会仅对混凝土的强度提出要求，当强度要求较高时，主要采用的方式是调整骨料级配以及使用外加剂来降低混凝土用水量。只有在特殊的服役环境，例如海洋环境、受污染环境、极端温度等环境下，才必须要着重考虑耐久性对混凝土使用寿命的影响。

3.1.4 骨料级配

配合比设计中要注意的最后一点是理想的骨料级配。这一原则的重要性在一段时间内被认为和前几个原则具有相同的重要性，但在近年来已经被逐渐弱化。如果存在两种或多种可供选择的粗骨料，则可以将它们按比例分配，得到紧密堆积的状态。这样可使混凝土更容易发展为低孔隙率状态，从而表现出较高的强度和耐久性。最佳骨料级配可以通过计算预测，所以如果任何一种材料的尺寸发生变化，都可以通过相对比例的调整得到最理想的骨料级配。骨料级配的理想程度可以使用堆积密度来描述，其被定义为单位总体积内的固体材料占总体积的百分比。

不同种类骨料的理想级配模型和理想级配曲线可以用来确定不同骨料之间的比例关系，从而得到最小的间隙率。理想级配的调整往往采用查漏补缺原则，应对骨料级配做认真的调整，根据原材料绘制骨料的级配图，按照级配曲线的缺陷，改变或增加所用骨料的品种，以满足骨料的级配要求。但是经过大量工程实践的验证，理想级配与最理想的工作性之间并不存在严格的匹配关系，例如对于超高强度混凝土，单独使用尺寸较小的骨料可能更为可取。

根据行业标准《普通混凝土配合比设计规程》（JGJ 55—2011）的规定，一般混凝土中粗、细骨料的用量可以采用质量法和体积法两种公式进行计算。特别对于抗渗混凝土、抗冻混凝土、高强混凝土和大体积混凝土等，适宜的骨料种类及尺寸是根据实际工程需求进行配置的，所涉及的级配原则也并非局限于理想级配，而是包含了连续级配、间断级配和连续开级配等。

3.2 具体要求

配合比设计的根本目的是通过调整各组分的种类及比例，使混凝土的性能符合工程需要，主要包括拌和物性能（新拌混凝土的工作性）、力学性能、长期性能和耐久性等，最终实现成本及性能的最优化。

3.2.1 工作性

工作性主要针对新拌混凝土的物理和流变特性，最重要的表征指标包括流动性、黏聚性和保水性。其中，流动性反映了混凝土的成型性能和可泵性能，采用的测试方法为坍落度法（图 3-1）。一般拌和物的流动性越大，其坍落度也越大。

图 3-1 混凝土拌和物的坍落度试验

由于坍落度试验具有简单可行的特点，大多数的配合比设计规程都将坍落度作为衡量工作性的最直观指标。试验方法参考《普通混凝土拌和物性能试验方法标准》(GB/T 50080—2016)，包括坍落度法和维勃稠度法。其中，坍落度法适用于骨料最大粒径不超过 40mm、坍落度不小于 10mm 的混凝土拌和物稠度测定，维勃稠度法适用于骨料最大粒径不超过 40mm、维勃稠度在 5～30s 的混凝土拌和物稠度测定。

黏聚性反映了混凝土的捣实性能和抹面性能。黏聚性较差时混凝土会出现离析现象(图 3-2)。常用的评价方法是将坍落度试验中混凝土拌和物的锥体侧面轻轻敲打以观察其下沉情况，若锥体逐渐下沉则表明黏聚性良好，如果锥体倒塌则证明黏聚性不好。除此之外，还可采用抹光性能法和目测抗离析性能法。

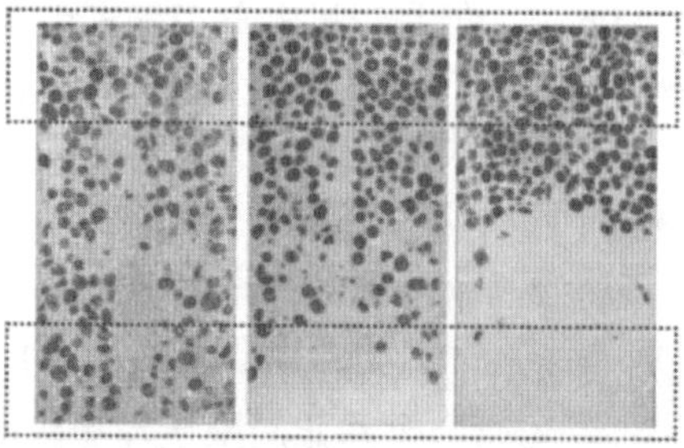

图 3-2　混凝土发生离析：粗骨料从拌和物中分离出来

保水性是以混凝土拌和物中的稀水泥浆析出的程度来评定的。坍落度筒提起后，如有较多稀水泥浆从底部析出，锥体部分混凝土拌和物也因失浆而骨料外露，则表明混凝土拌和物的保水性能不好，如坍落度筒提起后无稀水泥浆或仅有少量稀水泥浆自底部析出，则表示此混凝土拌和物的保水性良好，保水性差会导致混凝土发生泌水现象，如图 3-3 所示。

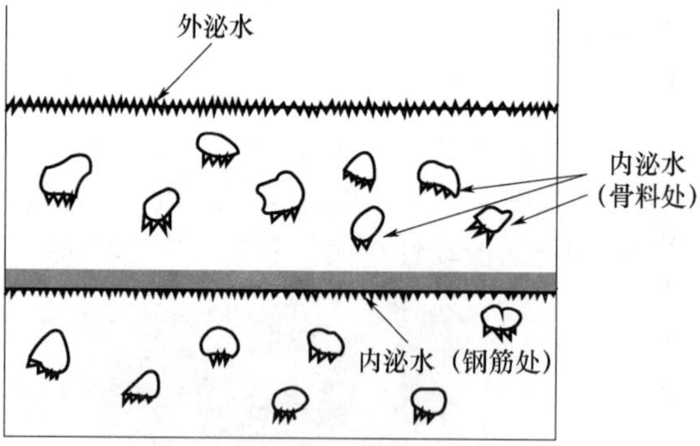

图 3-3　混凝土发生泌水：内泌水与外泌水

3.2.2　强度

在配合比设计过程中，强度应保证满足工程所需的最低要求强度。由于混凝土材料种类的不同，以及拌和、运输、浇筑方式、养护和测试条件的差异，强度设计一般要略高于所需强度。根据《混凝土物理力学性能试验方法标准》(GB/T 50081—2019)，混凝土力学性能试验方法包括抗压强度试验、轴心抗压强度试验、静力受压弹性模量试验、劈裂抗拉强度试验和抗折强度试验。

配合比设计中的所有参数在一定程度上都会影响到强度，但一般认为水胶比和含气量是最主要的影响因素。对于已定的配料方案和作业条件，强度和水胶比之间的关系可以通过试配法求得，其中确定拌和物中的用水量是确定两者之间关系的重要步骤。需要注意的是，在确定用水量时一定要考虑骨料的含水状态，然后根据具体状态调整用水量和粗细骨料的用量，从而得到准确的水胶比。

3.2.3 耐久性

在一般的工作环境中，硬化混凝土的耐久性和强度是不需要在配合比设计过程中单独进行考虑的。但是在特殊环境下，例如该环境下混凝土的使用寿命会受到明显影响时，耐久性则必须进行有针对性的设计。常见的特殊环境包括极端环境、冻融循环环境、化学侵蚀环境和特殊作业环境等。一般混凝土中有害孔的占比与拌和时的用水量成正比，而孔隙恰恰是侵蚀性离子进入混凝土内部的通道，所以在侵蚀环境下降低硬化浆体的孔隙率是提高混凝土耐久性的最直观有效的方法。

混凝土耐久性的测试应遵循《普通混凝土长期性能和耐久性能试验方法标准》(GB/T 50082—2009) 中的描述进行混凝土的取样、尺寸测量和制作养护。耐久性试验包括抗冻试验、抗水渗透试验、抗氯离子渗透试验、碳化试验、混凝土中钢筋锈蚀试验和碱骨料反应试验等，以此来确定混凝土的抗冻等级、抗硫酸盐等级等指标。

以上内容描述了配合比设计的最基本原则。但是在实际的工程中，为了得到具有合格工作性的混凝土配合比往往需要多组试验试配，并且试配过程由于设备、原材料上的差异而具有较大的经验依赖性。同时，我们要知道工作性的优劣不存在固定的准则，在不同的施工条件下，工作性的要求会因地制宜和因“的”制宜，并且与施工的方式及所用设备息息相关。

3.3 配合比设计步骤

我国现行的混凝土配合比设计步骤遵循行业标准《普通混凝土配合比设计规程》(JGJ 55—2011)。该规程适用于工业与民用建筑及一般构筑物所采用的普通混凝土配合比设计。

3.3.1 确定所用材料符合基本规定

在进行拌和物各原材料的配合比计算前应确保原材料的含水量、水溶性氯离子含量、掺和料用量，以及混凝土的最大水胶比与最小含气量符合基本规定。其中：

(1) 配合比设计所采用的细骨料含水率应小于 0.5%，粗骨料含水率应小于 0.2%。

(2) 混凝土的最大水胶比应符合现行国家标准《混凝土结构设计规范》(GB 50010—2010) 的规定。除配制 C15 及其以下强度等级的混凝土外，混凝土的最小胶凝材料用量应符合表 3-1 的规定。

表 3-1 混凝土的最小胶凝材料用量

最大水胶比	最小胶凝材料用量/(kg/m^3)		
	素混凝土	钢筋混凝土	预应力混凝土
0.6	250	280	300
0.55	280	300	300
0.50	320		
≤0.45	330		

(3) 矿物掺和料的掺量应通过试验确定。采用硅酸盐水泥或普通硅酸盐水泥时，钢筋混凝土中矿物掺和料最大掺量推荐符合表 3-2 的规定，预应力混凝土中矿物掺和料最大掺量推荐符合表 3-3 的规定。对基础大体积混凝土，粉煤灰、粒化高炉矿渣和复合掺和料的最大掺量可增加 5%。采用掺量大于 30%的 C 类粉煤灰的混凝土应以实际使用的水泥和粉煤灰掺量进行安定性检验。

表 3-2 钢筋混凝土中矿物掺和料最大掺量

矿物掺和料种类	水胶比	最大掺量	
		采用硅酸盐水泥时	采用普通硅酸盐水泥时
粉煤灰	≤0.40	45	35
	>0.40	40	30
粒化高炉矿渣	≤0.40	65	55
	>0.40	55	45
钢渣粉	—	30	20
磷渣粉		30	20
硅灰	—	10	10
复合掺和料	≤0.40	65	55
	>0.40	55	45

注：1. 采用其他通用硅酸盐水泥时宜将水泥混合材掺量 20%以上的混合材量计入矿物掺和料。
2. 复合掺和料各组分的掺量不宜超过单掺时的最大掺量。
3. 在混合使用两种或两种以上矿物掺和料时，矿物掺和料总掺量应符合表中复合掺和料的规定。

表 3-3 预应力钢筋混凝土中矿物掺和料最大掺量

矿物掺和料种类	水胶比	最大掺量	
		采用硅酸盐水泥时	采用普通硅酸盐水泥时
粉煤灰	≤0.40	35	25
	>0.40	25	20
粒化高炉矿渣	≤0.40	55	45
	>0.40	45	35
钢渣粉	—	20	10

续表

矿物掺和料种类	水胶比	最大掺量	
		采用硅酸盐水泥时	采用普通硅酸盐水泥时
磷渣粉	—	20	10
硅灰	—	10	10
复合掺和料	≤0.40	55	45
	>0.40	45	35

注：1. 采用其他通用硅酸盐水泥时，宜将水泥混合材掺量20%以上的混合材量计入矿物掺和料。
2. 复合掺和料各组分的掺量不宜超过单掺时的最大掺量。
3. 在混合使用两种或两种以上矿物掺和料时，矿物掺和料总掺量应符合表中复合掺和料的规定。

（4）混凝土拌和物中水溶性氯离子最大含量应符合表3-4的要求。混凝土拌和物中水溶性氯离子含量应按照现行行业标准《水运工程混凝土试验检测技术规范》（JTS/T 236—2019）中混凝土拌和物中氯离子含量的快速测定方法进行测定。

表3-4 混凝土拌和物中水溶性氯离子最大含量

环境条件	水溶性氯离子最大含量/%（水泥用量的质量百分比）		
	钢筋混凝土	预应力混凝土	素混凝土
干燥环境	0.30	0.06	1.00
潮湿但不含氯离子的环境	0.20		
潮湿而含有氯离子的环境、盐渍土环境	0.10		
除冰盐等侵蚀性物质的腐蚀环境	0.06		

（5）长期处于潮湿或水位变动的寒冷和严寒环境。以及盐冻环境的混凝土应掺用引气剂。引气剂掺量应根据混凝土含气量要求经试验确定。掺用引气剂的混凝土最小含气量应符合表3-5的规定，最大不宜超过7.0%。

表3-5 掺用引气剂的混凝土最小含气量

粗骨料最大公称粒径/mm	混凝土最小含气量/%	
	潮湿或水位变动的寒冷和严寒环境	盐冻环境
40.0	4.5	5.0
25.0	5.0	5.5
20.0	5.5	6.0

（6）对于有预防混凝土碱骨料反应设计要求的工程，混凝土中最大碱含量不应大于3.0kg/m^3，并宜掺用适量粉煤灰等矿物掺和料；对于矿物掺和料碱含量，粉煤灰碱含量可取实测值的1/6，粒化高炉矿渣粉碱含量可取实测值的1/2。

3.3.2 确定混凝土的配制强度和强度标准差

根据行业标准，混凝土配制强度应按下列规定确定。

（1）当混凝土的设计强度等级小于 C60 时，配制强度应按下式计算：

$$f_{cu,0} \geqslant f_{cu,k} + 1.645\sigma \tag{3-1}$$

式中 $f_{cu,0}$——混凝土配制强度（MPa）；

$f_{cu,k}$——混凝土立方体抗压强度标准值，这里取设计混凝土强度等级值（MPa）；

σ——混凝土强度标准差（MPa）。

（2）当设计强度等级大于或等于 C60 时，配制强度应按下式计算：

$$f_{cu,0} \geqslant 1.15 f_{cu,k} \tag{3-2}$$

（3）当具有最近 1～3 个月的同一品种、同一强度等级混凝土的强度资料时，其混凝土强度标准差 σ 应按下式计算：

$$\sigma = \sqrt{\frac{\sum_{i=1}^{n} f_{cu,i}^{2} - n m_{fcu}^{2}}{n-1}} \tag{3-3}$$

式中 σ——混凝土强度标准差（MPa）；

$f_{cu,i}$——第 i 组试件强度；

m_{fcu}——n 组试件的强度平均值（MPa）；

n——试件组数。

（4）对于强度等级不大于 C30 的混凝土，当 σ 计算值不小于 3.0MPa 时，应按式（3-3）计算结果取值。当 σ 计算值小于 3.0MPa 时，σ 应取 3.0MPa。对于强度等级大于 C30 且小于 C60 的混凝土，当 σ 计算值不小于 4.0MPa 时，应按式（3-3）计算结果取值。当 σ 计算值小于 4.0MPa 时，σ 应取 4.0MPa。

（5）当没有近期的同一品种、同一强度等级混凝土强度资料时，其强度标准差 σ 可按表 3-6 取值。

表 3-6 标准差 σ 值/MPa

混凝土强度标准值	≤C20	C25～C45	C50～ C55
σ	4.0	5.0	6.0

3.3.3 计算水胶比

（1）混凝土强度等级不大于 C60 时，混凝土水胶比宜按下式计算：

$$W/B = \frac{\alpha_a \cdot f_b}{f_{cu,0} + \alpha_a \cdot \alpha_b \cdot f_b} \tag{3-4}$$

式中 W/B——混凝土水胶比；

α_a，α_b——回归系数；

f_b——胶凝材料（水泥与矿物掺和料按使用比例混合）28d 胶砂强度（MPa）。

其中，回归系数应根据工程所使用的原材料，通过试验建立的水胶比与混凝土强度关系式来确定。当不具备上述试验统计资料时，可按表 3-7 选择。

表 3-7 回归系数 α_a，α_b 选用表

粗骨料品种	系数	
	碎石	卵石
α_a	0.53	0.49
α_b	0.20	0.13

(2) 当胶凝材料 28d 胶砂抗压强度值（f_b）无实测值时，可按下式计算：

$$f_b=\gamma_f \cdot \gamma_s \cdot f_{ce} \tag{3-5}$$

式中 γ_f，γ_s——分别为粉煤灰影响系数和粒化高炉矿渣粉影响系数，可按表 3-8 选取；

f_{ce}——水泥 28d 胶砂抗压强度（MPa），可实测，也可按式（3-5）选用。

表 3-8 粉煤灰影响系数 γ_f 和粒化高炉矿渣粉影响系数 γ_s

掺量/%	种类	
	粉煤灰影响系数 γ_f	粒化高炉矿渣粉影响系数 γ_s
0	1.00	1.00
10	0.85～0.95	1.00
20	0.75～0.85	0.95～1.00
30	0.65～0.75	0.90～1.00
40	0.55～0.65	0.80～0.90
50	—	0.70～0.85

注：1. 宜采用Ⅰ级、Ⅱ级粉煤灰，宜取上限值。

2. 采用 S75 级粒化高炉矿渣粉宜取下限值，采用 S95 级粒化高炉矿渣粉宜取上限值，采用 S105 级粒化高炉矿渣粉可取上限值加 0.05。

3. 当超出表中的掺量时，粉煤灰和粒化高炉矿渣粉影响系数应经试验确定。

(3) 当胶凝材料 28d 胶砂抗压强度值（f_b）无实测值时，可按式（3-6）计算：

$$f_{ce}=\gamma_c \cdot f_{ce,g} \tag{3-6}$$

式中 γ_c——水泥强度等级值的富余系数，可按实际统计资料确定，当缺乏实际统计资料时也可按表 3-9 选用；

$f_{ce,g}$——水泥强度等级值（MPa）。

表 3-9 水泥强度等级值的富余系数 γ_c

水泥强度等级值	32.5	42.5	52.5
富余系数	1.12	1.16	1.10

3.3.4 确定用水量和外加剂用量

(1) 每立方米干硬性或塑性混凝土的用水量 m_{w0}，当混凝土水胶比在 0.40～0.80 范围时，可按表 3-10 和表 3-11 选取；当混凝土水胶比小于 0.40 时，可通过试验确定。

表 3-10 干硬性混凝土的用水量/(kg/m^3)

拌和物稠度		卵石最大公称粒径/mm			碎石最大粒径/mm		
项目	指标	10.0	20.0	40.0	16.0	20.0	40.0
维勃稠度/s	16～20	175	160	145	180	170	155
	11～15	180	165	150	185	175	160
	5～10	185	170	155	190	180	165

表 3-11 塑性混凝土的用水量/(kg/m^3)

拌和物稠度		卵石最大公称粒径/mm				碎石最大粒径/mm			
项目	指标	10.0	20.0	31.5	40.0	16.0	20.0	31.5	40.0
坍落度/mm	10～30	190	170	160	150	200	185	175	165
	35～50	200	180	170	160	210	195	185	175
	55～70	210	190	180	170	220	105	195	185
	75～90	215	195	185	175	230	215	205	195

注：1. 本表用水量系采用中砂时的取值。采用细砂时，每立方米混凝土用水量可增加 5～10kg。采用粗砂时，可减少 5～10kg。

2. 掺用矿物掺和料和外加剂时，用水量应相应调整。

(2) 掺外加剂时，每立方米流动性或大流动性混凝土的用水量（m_{w0}）可按下式计算：

$$m_{w0}=m'_{w0}\ (1-\beta) \tag{3-7}$$

式中 m_{w0}——满足实际坍落度要求的每立方米混凝土用水量（kg/m^3）；

m'_{w0}——未掺外加剂时推定的满足实际坍落度要求的每立方米混凝土用水量（kg/m^3），以表 3-11 中 90mm 坍落度的用水量为基础，按每增大 20mm 坍落度相应增加 5kg/m^3 用水量来计算，当坍落度增大到 180mm 以上时，随坍落度相应增加的用水量可减少；

β——外加剂的减水率（%），应经混凝土试验确定。

(3) 每立方米混凝土中外加剂用量（m_{a0}）应按下式计算：

$$m_{a0}=m_{b0}\beta_a \tag{3-8}$$

式中 m_{a0}——每立方米混凝土中外加剂用量（kg/m^3）；

m_{b0}——每立方米混凝土中胶凝材料用量（kg/m^3）；

β_a——外加剂的减水率（%）应经混凝土试验确定。

3.3.5 确定胶凝材料、矿物掺和料与水泥用量

(1) 每立方米混凝土中的胶凝材料用量（m_{b0}）应按下式计算：

$$m_{b0}=\frac{m_{w0}}{W/B} \tag{3-9}$$

式中 m_{b0}——每立方米混凝土中胶凝材料用量（kg/m^3）；

m_{w0}——满足实际坍落度要求的每立方米混凝土用水量（kg/m^3）；

W/B——混凝土水胶比。

（2）每立方米混凝土中的矿物掺和料用量（m_{f0}）应按下式计算：

$$m_{f0}=m_{b0}\beta_f \tag{3-10}$$

式中　m_{f0}——每立方米混凝土中矿物掺和料用量（kg/m^3）；

β_f——矿物掺和料掺量（%）。

（3）每立方米混凝土中的水泥用量（m_{c0}）应按下式计算：

$$m_{c0}=m_{b0}-m_{f0} \tag{3-11}$$

式中　m_{c0}——每立方米混凝土中水泥用量（kg/m^3）。

3.3.6　确定砂率

砂率（β_s）应根据骨料的技术指标、混凝土拌和物性能和施工要求，参考既有历史资料确定。当缺乏砂率的历史资料时，混凝土砂率的确定应符合下列规定：

（1）坍落度小于10mm的混凝土，其砂率应经试验确定。

（2）坍落度为10～60mm的混凝土砂率，可根据粗骨料品种、最大公称粒径及水胶比按表3-12选取。

（3）坍落度大于60mm的混凝土砂率，可经试验确定，也可在表3-12的基础上按坍落度每增大20mm，砂率增大1%的幅度进行调整。

表3-12　混凝土的砂率/%

水胶比（W/B）	卵石最大公称粒径/mm			碎石最大粒径/mm		
	10.0	20.0	40.0	16.0	20.0	40.0
0.40	26～32	25～31	24～30	30～35	29～34	27～32
0.50	30～35	29～34	28～33	33～38	32～37	30～35
0.60	33～38	32～37	31～36	36～41	35～40	33～38

注：1. 本表数值系中砂的选用砂率，对细砂或粗砂，可相应地减少或增大砂率。

2. 采用人工砂配制混凝土时，砂率可适当增大。

3. 只用一个单粒级粗骨料配制混凝土时，砂率应适当增大。

3.3.7　确定粗、细骨料用量

当采用质量法计算粗、细骨料用量时，应按式（3-12）计算。当采用体积法计算混凝土配合比时，砂率应按式（3-13）计算，粗、细骨料用量应按式（3-14）计算。质量法的准确性差于体积法，但优势是相对简易，不需要测量原材料的比重和表观密度等数据。

$$m_{f0}+m_{c0}+m_{g0}+m_{s0}+m_{w0}=m_{cp} \tag{3-12}$$

$$\beta_s=\frac{m_{s0}}{m_{g0}+m_{s0}}\times100\% \tag{3-13}$$

式中　m_{g0}——每立方米混凝土中的粗骨料用量（kg/m^3）；

m_{s0}——每立方米混凝土中的细骨料用量（kg/m^3）；

m_{w0}——每立方米混凝土中的用水量（kg/m^3）；

m_{cp}——每立方米混凝土中拌和物的假定质量（kg/m^3），可取2350～2450kg/m^3；

β_s——砂率（%）；

m_{c0}——每立方米混凝土中水泥用量（kg/m³）；

m_{f0}——每立方米混凝土中矿物掺和料用量（kg/m³）。

$$\frac{m_{c0}}{\rho_c}+\frac{m_{f0}}{\rho_f}+\frac{m_{g0}}{\rho_g}+\frac{m_{s0}}{\rho_s}+\frac{m_{w0}}{\rho_w}+0.01\alpha=1 \tag{3-14}$$

式中 ρ_c——水泥密度（kg/m³），应按现行标准《水泥密度测定方法》（GB/T 208—2014）测定，也可取 2900～3100kg/m³；

ρ_f——矿物掺和料密度（kg/m³），可按现行标准《水泥密度测定方法》（GB/T 208—2014）测定；

ρ_g——粗骨料的表观密度（kg/m³），应按现行行业标准《普通混凝土用砂、石质量及检验方法标准》（JGJ 52—2006）测定；

ρ_s——细骨料的表观密度（kg/m³），应按现行行业标准《普通混凝土用砂、石质量及检验方法标准》（JGJ 52—2006）测定；

ρ_w——水的密度（kg/m³），可取 1000 kg/m³；

α——混凝土的含气量百分数，在不使用引气型外加剂时，α 可取为 1。

3.3.8 初步试配

（1）混凝土试配应采用强制式搅拌机，搅拌机应符合现行标准《混凝土试验用搅拌机》（JG 244—2009）的规定，搅拌方法宜与施工采用的方法相同。试验室成型条件应符合现行标准《普通混凝土拌和物性能试验方法标准》（GB/T 50080—2016）的规定。每盘混凝土试配的最小搅拌量应符合表 3-13 的规定，并不应小于搅拌机公称容量的 1/4 且不应大于搅拌机公称容量。

表 3-13 混凝土试配的最小搅拌量

粗骨料最大公称粒径/mm	最小搅拌的拌和物量/L
≤31.5	20
40.0	25

（2）在计算配合比的基础上进行试拌。计算时水胶比宜保持不变，并应通过调整配合比其他参数使混凝土拌和性能符合设计和施工要求，然后修正计算配合比，提出试拌配合比，在此基础上进行混凝土强度试验，并应符合下列规定：

① 应至少采用三个不同的配合比。当采用三个不同的配合比时，其中一个应为确定的试拌配合比，另外两个配合比的水胶比宜较试拌配合比分别增加和减少 0.05，用水量应与试拌配合比相同，砂率可分别增加和减少 1。

② 进行混凝土强度试验时，应继续保持拌和物性能符合设计和施工要求。

③ 进行混凝土强度试验时，每个配合比至少应制作一组试件，标准养护到 28d 或设计规定龄期时试压。

3.3.9 配合比调整

（1）根据混凝土强度试验结果绘制强度和水胶比的线性关系图，或采用插值法确定略大于配制强度对应的水胶比；在试拌配合比的基础上，用水量（m_w）和外加剂用量（m_a）应根据确定的水胶比做调整；胶凝材料用量（m_b）应以用水量乘以确定的水胶比计算得出；粗骨料和细骨料用量（m_g 和 m_s）应根据用水量和胶凝材料用量进行调整。

（2）配合比调整后的混凝土拌和物的表观密度应按式（3-15）计算，混凝土配合比校正系数 δ 按式（3-16）计算。当混凝土拌和物表观密度实测值与计算值之差的绝对值不超过计算值的 2%时，上述①中调整的配合比可维持不变。当二者之差超过 2%时，应将配合比中每项材料用量均乘以校正系数 δ。

$$\rho_{c,c}=m_c+m_f+m_g+m_s+m_w \tag{3-15}$$

$$\delta=\frac{\rho_{c,t}}{\rho_{c,c}} \tag{3-16}$$

式中 $\rho_{c,c}$——混凝土拌和物的表观密度计算值；

$\rho_{c,t}$——混凝土拌和物的表观密度实测值；

m_c——每立方米混凝土的水泥用量（kg/m^3）；

m_f——每立方米混凝土的矿物掺和料用量（kg/m^3）；

m_g——每立方米混凝土的粗骨料用量（kg/m^3）；

m_s——每立方米混凝土的细骨料用量（kg/m^3）；

m_w——每立方米混凝土的用水量（kg/m^3）。

（3）配合比调整后，应测定拌和物水溶性氯离子含量，试验结果应符合表 3-4 的规定。对耐久性有设计要求的混凝土应进行相关耐久性试验验证。生产单位可根据常用材料设计出常用的混凝土配合比备用，并应在使用过程中予以验证或调整。当对混凝土性能有特殊要求或水泥、外加剂和矿物掺和料等原材料品种、质量有显著变化时，应重新进行配合比设计。

3.3.10 确定施工配合比

上述步骤为试验室配合比设计过程，得到的结果称为设计配合比或理论配合比。在设计过程中假定各级骨料均为饱和面干状态且均在公称粒径范围内。但施工时，各级骨料中常含有一定量超逊径颗粒，而且其含水量常超过饱和面干状态，所以理论配合比在实际施工时是不能直接应用的，其和易性不一定能与实际施工条件完全适合，调整混凝土施工配合比的正确与否，直接关系到混凝土的强度、工作性，是保证工程质量的重要环节。施工配合比的调整依据主要有：骨料含水率的变化，粗骨料颗粒级配的变化，细骨料砂率的变化。

施工配合比应以设计配合比为基础，根据实测骨料超逊径颗粒含量、骨料表面含水率，将实验室配合比换算为施工配合比，用水量、砂率、水胶比与设计配合比可能都会改变，而混凝土的质量是与设计配合比一致的，调整原则见表 3-14。尤其需要注意的是进行施工配合比调整时，水胶比不能发生变化，要首先保证混凝土质量。

表 3-14 混凝土施工配合比调整原则

施工因素	调整原则
骨料含水率	根据砂石含水率，相应增加砂石用量，并减少用水量
骨料颗粒级配	根据标准，粗骨料颗粒级配不符合检验标准则属于不合格品，但按照 TB 10424 第 6.1.10 条的要求，可以进行适当调整

续表

施工因素	调整原则
细骨料含 9.5mm 以上粒径时	根据 9.5mm 以上的颗粒含量，砂用量相应调大，碎石用量相应调低，调整幅度保证在±0.2%内
减水剂减水率发生变化	根据含水率相应调整外加剂用量，调整幅度保证在胶凝材料总质量的±0.2%内

3.4 其他设计方法

配合比设计具有极强的地域性和主观性，其设计思路很大程度上决定于制定者在解决问题时所采用的逻辑思路，而各个地域间混凝土原材料有着不可忽略的差别，学者们往往要服务于当地建筑行业，所以也就由此诞生了诸多配合比设计方法，其中比较有代表性的包括美国 ACI 211 方法、英国 BRE 方法、法国 Dreux 方法、英国 Domone 最大密堆理论方法、法国 Baron & Lesage 方法、意大利 Collepardi 方法等。

不同配合比设计所用模型不同，所以并不具备相互参考性，往往需要根据当地数据进行修正，而且每种方法都难以避免地具有优点和缺点。本章节将对几种有代表性的配合比设计方法进行简单的内容和特点介绍。

3.4.1 美国 ACI 211 方法

美国 ACI 211 委员会制定的配合比设计方法在美国和世界上许多国家和地区较为流行。

3.4.1.1 主要设计步骤

1. 选择坍落度

如果坍落度未作规定，则可以根据各类结构推荐的坍落度值进行选择。其原则是在保证拌和物易于浇筑、捣实，且不发生泌水和离析的前提下，尽可能选择符合最低要求的坍落度值。

2. 选择骨料最大粒径（MSA）

对于处于理想级配的骨料来说，其中粗骨料的最大粒径越大，则骨料的孔隙率越小，从而减少混凝土中砂浆的用量。

3. 估计用水量和含气量

根据 ACI 的要求，在确定坍落度的条件下，单位体积混凝土中的用水量主要根据骨料最大粒径以及拌和物的引气情况进行选择，而含气量主要由骨料最大粒径决定。

4. 选择水胶比

在确定了水胶比的条件下，骨料和水泥的品种会影响混凝土强度，因此推荐在试验室获得所用材料强度和水胶比的关系，当这类数据缺乏时，也可根据 ACI 推荐的水胶比和抗压强度关系表确定。当对耐久性有特殊要求时，水胶比需要相对减小。

5. 计算水泥用量

水泥用量通过步骤 3 和 4 计算得到的用水量和水胶比确定。

6. 估算粗骨料用量

ACI 推荐使单位体积混凝土中粗骨料所占体积最大。对于级配合理的骨料，其中的细骨料细度越大，粗骨料的粒径就越大。单位体积混凝土中粗骨料的体积可以通过MSA值和细骨料细度模数进行估计。

7. 估算细骨料用量

该用量可由前面步骤中所得数值通过减差法估算，可细分为质量法和绝对体积法。其中质量法是假定已知混凝土密度，然后减去水、水泥和粗骨料的总重，而绝对体积法则将混凝土单位体积减去水、空气、水泥和粗骨料的体积和，然后所得数值乘以细骨料表观密度便可得到细骨料质量。

8. 调整骨料含水量

实际施工场地的骨料绝非处于饱和面干状态，所以其含水量会影响拌和物的实际水胶比和骨料质量。因此在试拌过程中，应根据骨料中自由水含量减少用水量并增加骨料用量。

9. 试拌调整

由于理论设计中很多条件都被假定处于理想状态，所以必须通过实验室试配加以检验调整，进行多次试拌，并测定每次实际拌和物的坍落度、工作性、密度和含气量，以及标准养护下规定龄期的强度，直至得到符合工作性的配合比。

3.4.1.2 特点介绍

(1) ACI 211方法主要针对混凝土拌和物（仅包含水泥、骨料和水），虽然也考虑了引气的状况，但是在大部分情况下，当存在有机外加剂或矿物掺和料时，该方法不建议直接使用。

(2) 方法中的用水量由骨料最大粒径、坍落度和混凝土级配区间共同确定，这一规则的确定涉及Capuot定律和Lyse定律，但是这两个定律只适用于设计组合相近的拌和物，所以具有一定的限制。

(3) 进行用水量设计时没有考虑骨料形状的问题。

(4) 混凝土抗压强度只考虑了水胶比的影响，未考虑骨料性质，这往往会带来1～2MPa的波动变化，但是这一误判往往在水化前期不能得以体现，只有在达到28d龄期时才可以被检测出。

(5) 方法中所提供的粗细骨料比值较为合理，但是并未考虑细骨料粒级。但是目前处理两种以上颗粒级配的骨料尚无可行方法，也无法检测在某个级配区间内颗粒的缺失，这一缺陷会难以避免地造成水胶比设计误差。

3.4.2 英国BRE方法

欧洲没有统一的混凝土配合比设计方法，各国生产的混凝土需满足欧盟产品标准的要求，其中英国的设计方法是最广泛使用的方法之一。

3.4.2.1 配合比设计的主要步骤

1. 确定水胶比

方法推荐在考虑耐久性要求限制后，根据3d到91d的抗压强度确定所需的水胶比，所使用的水泥类型（普通、快硬）和骨料类型（碎石、卵石）通过查表法获得。

2. 确定用水量

用水量的确定方法与ACI 211方法类似，但是考虑了颗粒形状的影响。

3. 确定水泥用量

水泥用量根据用水量和水胶比共同确定，然后根据耐久性要求进行相对调整。

4. 确定骨料总质量

方法中将混凝土拌和物的初始密度视为用水量和骨料表观密度的函数，然后从密度值里扣除水泥和水的质量后得到骨料的总质量。

5. 确定砂率

根据坍落度、骨料最大粒径、水胶比以及细骨料总量确定砂率。

3.4.2.2 特点介绍

(1) 水胶比的确定较其他方法考虑了更长龄期抗压强度和组分的相互影响，所推断出的水胶比准确性较 ACI 211 方法更高。

(2) 在骨料级配方面具有更大的优势，可以处理两种以上粒级的骨料，但是缺乏各类骨料粒级堆积的测试方法是该设计方法的弱势。

(3) 在考虑水胶比和用水量时虽然考虑了碎石和卵石的差别，但是没有考虑骨料的比例。

3.4.3 法国 Dreux 方法

该方法属于经验性方法，在进行了广泛调研和资料收集的基础上获得了大量混凝土配合比设计方案，在实际工程数据的基础上绘制了对比级配曲线作为主要设计依据。

3.4.3.1 具体的操作规程

(1) 结构件设计。确定结构件的尺寸、钢筋间距和混凝土保护层厚度等参数。

(2) 确定目标抗压强度。根据设计强度和预计偏差系数获得。

(3) 确定稠度。根据坍落度或 CES 试验方法确定新拌混凝土的稠度。

(4) 确定骨料最大粒径。在该设计方法中，骨料最大粒径被视为构建尺寸参数的函数，可直接查表获得。

(5) 确定水泥用量。首先根据 Bolomey 定律，根据目标强度和骨料调节系数计算出水胶比，然后根据耐久性的要求得到最小水泥用量。在该设计方法中，水泥用量是水胶比和坍落度的函数，可直接由附带列线图获得。

(6) 计算总用水量。根据已经求得的水泥用量和水胶比计算得到。在确定后，考虑到 MSA 的影响，需要根据 MSA 的变化进行用水量的相应调整。同时在实际操作中，还要考虑到原材料的含水率并进行相应修正。

(7) 检验细骨料品质。细骨料质量的舍弃标准为其清洁度的合格程度，对于合格细骨料则需画出其级配曲线并计算细度模数。当细度模数过大时，则需要掺加修正细砂。

(8) 画出对比级配曲线。对比级配曲线的主要参数 γ 由 MSA、水泥用量、颗粒形状、细骨料细度模数和振捣程度共同决定。

(9) 确定新拌混凝土固体体积。在该设计方法中，新拌混凝土固体体积被视为 MSA 和稠度的函数，可直接查表获得。

(10) 确定骨料各粒级含量。根据得到的对比级配曲线可以确定各个粒级的相对比例，然后将该比例乘以固体体积得到单位体积混凝土中每个粒级所占体积，最后将各体积乘以对应的表观密度就可以得到骨料各粒级含量。截止到这一步，混凝土各组分的理论组成均已确定。

(11) 试拌和调整。

3.4.3.2 特点介绍

(1) Dreux 方法在抗压强度的考虑范围是截止到 28d 龄期，虽然给出了 7d 和 28d 抗压强度的关系式，但也是基于经验法得到的。

(2) 水泥用量是基于稠度得到的，而非由水胶比和用水量确定，这有别于大多数方法。

(3) 开创性地将骨料各粒级质量纳入了配合比设计步骤中，希望借此得到最佳级配。但是根据学者们的研究可知，在考虑了颗粒形状、剩余堆积密实度、堆积密实度和离析指数的条件下，Dreux 方法也很难得到最佳级配。

(4) 虽然对比级配曲线实现了同时处理两种以上粒级骨料，但是却存在着整体级配中某一级配区间出现缺失的隐患，具有发生离析的潜在风险。

3.5 特殊混凝土的配合比设计

3.5.1 高强混凝土

高强混凝土的强度等级一般高于 C50，其采用的原材料为优质骨料、高强度等级胶凝材料，它是在低水灰比和强烈振动密实工艺下得到的。设计得到的高强混凝土单位体积质量较大，但是由于其优良的性能，可以减少单位建筑结构中混凝土的用量，从而在保证质量的前提下节约各种原材料。其设计步骤如下所示：

(1) 确定原材料符合技术要求。

① 配制高强混凝土应使用矿物组成合理、细度合格的高强度等级水泥，一般采用不低于 C42.5 的硅酸盐水泥或普通硅酸盐水泥。但是随着外加剂的广泛应用，可用的水泥种类也相对放宽。经验表明，在选择多种水泥进行试配后，可以确定制备高强混凝土所用的水泥种类和数量，在满足抗压强度的条件下，应选择最为经济适用的水泥种类。

② 所用粗骨料应选用抗压强度高（建议高于混凝土强度）且岩石立方体抗压强度满足混凝土配制强度要求 1.5 倍的骨料，例如致密的花岗石、辉绿石、大理石和活性水泥熟料集料等。根据粗骨料的表面特征要求，建议采用干净、无粉尘的立方体碎石，避免使用天然砾石。所用粗骨料最大粒径应小于 31.5mm，0.5～1cm 或 0.5～1.5cm 范围内的粗骨料最为适宜。粗骨料针、片状颗粒含量建议小于 5.0%，含泥量小于 1.0%，泥块含量小于 0.5%。

③ 细骨料细度模数建议大于 3.6，且含泥量应小于 2.0%，泥块含量小于 1%。

④ 拌和用水中不得含有影响水泥正常凝结和硬化的有害杂质，pH 值应大于 4。建议使用磁化水进行高强混凝土配制，有效提高硬化混凝土强度。

⑤ 建议联合使用高效或高性能减水剂和高强水泥，例如 NF、FDN 和 UNF 型减水剂。

(2) 确定水灰比。高强混凝土的水灰比可采用计算法和查表法获得。采用计算法时，卵石高强混凝土的设计强度 R_{yc} 应按照式（3-17）计算，碎石高强混凝土的设计强

度 R_{yc} 应按照式（3-18）计算。采用查表法时可按照表 3-15 进行选取。

$$R_{yc}=0.296R_b \cdot \left(\frac{C}{W}+0.71\right) \tag{3-17}$$

$$R_{yc}=0.304R_b \cdot \left(\frac{C}{W}+0.62\right) \tag{3-18}$$

式中 R_b——水泥强度等级；

C/W——灰水比。

表 3-15 高强混凝土强度等级与水灰比的关系

水泥		水灰比（W/C）	混凝土强度等级/MPa
品种	强度等级		
高强度等级水泥	82.5	0.36	C70
	62.5	0.33	C60
		0.41	C50
普通水泥	52.5	0.40	C50

（3）选择用水量 W_0。用水量根据已知条件查表 3-16 获得且一般控制在 130～140kg/m³。

表 3-16 高强混凝土用水量/(kg/m³)

粗集料		混凝土拌和物维勃稠度/s					
种类	最大粒径/mm	30～50	60～80	90～120	150～200	250～300	400～600
卵石	40	160	150	140	130	122	120
	20	170	160	155	145	140	135
碎石	40	170	160	150	138	130	128
	20	180	170	160	150	145	140

（4）确定水泥用量 C_0。水泥用量根据水灰比和用水量确定。

（5）确定砂率。S_p 值根据经验法和统计法数据可知，一般应控制在 24%～28%。

（6）计算砂、石用量。砂石占用体积 V_{s+g}、砂用量 S_0 和卵石用量 G_0 分别根据式（3-19）、式（3-20）和式（3-21）确定：

$$V_{s+g}=1000-\left[\left(\frac{W_0}{\rho_w}+\frac{C_0}{\rho_c}\right)+10\alpha\right] \tag{3-19}$$

$$S_0=V_{s+g} \cdot S_p \cdot \rho_s \tag{3-20}$$

$$G_0=V_{s+g} \cdot (1-S_p) \cdot \rho_g \tag{3-21}$$

式中 ρ_w——水的密度（kg/m³）；

ρ_c——水泥的密度（kg/m³）；

ρ_s——砂的密度（kg/m³）；

ρ_g——卵石的密度（kg/m³）；

α——混凝土的含气量百分数（%）。

（7）初步确定配合比。

（8）试配调整。

3.5.2 抗冻混凝土

抗冻混凝土有别于低温施工的混凝土，其材料特性指的是能够提供一定的抗冻害能力。一般普通混凝土可以承受约50次的冻融循环，而设计要求冻融循环次数超过50次的混凝土就属于抗冻混凝土的范畴。

1. 确定原材料符合技术要求

（1）配制抗冻混凝土应使用硅酸盐水泥或普通硅酸盐水泥，避免使用火山灰质硅酸盐水泥；

（2）所用粗骨料应处于连续级配状态，含泥量小于1.0%，泥块含量小于0.5%；

（3）细骨料含泥量应小于3.0%，泥块含量小于1%；

（4）抗冻等级高于F100的混凝土所用骨料应经过坚固性试验检测，且符合行业标准《普通混凝土用砂、石质量及检验方法标准》（JGJ 52—2006）；

（5）建议联用减水剂，对抗冻等级高于F100的混凝土应联合使用引气剂。

2. 按照普通混凝土设计步骤进行设计

抗冻混凝土配合比设计的计算方法与步骤与3.4中普通混凝土配合比设计步骤相同。但是需要注意，试配用的最大水灰比和含气量应满足表3-17和表3-18中的要求。

表3-17 抗冻混凝土的最大水灰比

抗冻等级	无引气剂时	掺引气剂时
F50	0.55	0.60
F100	—	0.55
F150及以上	—	0.50

表3-18 引气剂和引气减水剂混凝土含气量的限制

粗骨料最大粒径/mm	混凝土含气量/%	粗骨料最大粒径/mm	混凝土含气量/%
10	7.0	40	4.5
15	6.0	50	4.0
20	5.5	80	3.5
25	5.0	150	3.0

3. 进行抗冻性试验

抗冻性的表征主要包括抗冻融循环次数和含气量。抗冻性试验方法主要分为慢冻法和快冻法。我国建筑工程多采用慢冻法，而水利工程、港口工程多采用快冻法。试验达标的标准为在经过若干次冻融循环后质量损失不超过5%且强度损失不超过25%。

3.5.3 抗渗混凝土

抗渗混凝土是在设计过程中通过调整配合比、外加剂掺量和种类、水泥种类等方法获得的高密实度、高憎水性、高抗渗性的不透水混凝土。其主要应用于工业、民用建筑的地下防水工程、储水构筑物、取水构筑物以及桥墩、海港、码头、水坝等处于干湿冻融交替作用下的建筑物。

1. 确定原材料符合技术要求

(1) 配制抗渗混凝土应使用抗水性好、泌水性小、水化热低并具有抗侵蚀能力的水泥，其强度等级应在C32.5以上，水泥的品种则可以根据要求在多种类型中选择。

(2) 所用砂、石应符合表3-19的要求，但对砂、石颗粒组成不作特殊要求。当以矿渣碎石作为粗骨料时，其坚固性要求应符合表3-20的要求。

表3-19 抗渗混凝土砂、石材质要求

项目名称	砂						石		
筛孔尺寸/mm	0.16	0.315	0.63	1.25	2.50	5.0	5.0	$1/2D_{max}$	$D_{max}\leqslant 40$
累计筛余/%	100	70～95	45～75	20～55	10～35	0～5	95～100	30～65	0～5
含泥量	≤3%，表面洁净无泥块						≤1%，表面洁净无泥块		

表3-20 矿渣碎石的坚固性要求

混凝土强度等级	经硫酸钠溶液5次浸泡烘干循环后的质量损失
C40	≤3%
C20～C30	≤5%
C15	≤10%

2. 确定水灰比

根据工程要求的抗渗等级、强度、结构条件和施工条件，依据表3-21确定水灰比，一般范围在0.5～0.6。

表3-21 普通防水混凝土的水灰比选择

抗渗等级	水灰比	
	C20～C30混凝土	C30以上混凝土
P6～P8	0.60	0.55
P8～P12	0.55	0.50
P12以上	0.50	0.45

3. 确定坍落度

坍落度选择范围在10～50mm，适宜的坍落度为30～50mm。

4. 确定用水量

用水量W_0依据坍落度和砂率（表3-22）选择。

表 3-22 混凝土用水量选用表

坍落度/mm	砂率/%		
	35	40	45
P6～P8	175～185	185～195	195～205
P8～P12	180～190	190～200	200～210

5. 确定砂率

若所用砂的平均粒径已知，则石子的空隙率 Δ_g 按照式（3-22）计算，砂率 S_p 可按式（3-23）计算，一般情况下推荐在35%～40%的范围内。

$$\Delta_g=\left(1-\frac{\gamma_g}{\rho_g}\right)\times 100\% \tag{3-22}$$

$$S_p=\alpha\cdot\frac{\gamma_s\cdot\Delta_g}{\gamma_s\cdot\Delta_g+\gamma_g}\times 100\% \tag{3-23}$$

式中 γ_g——卵石的平均粒径（mm）；

γ_s——砂的平均粒径（mm）；

α——混凝土的含气量百分数（%）。

6. 确定水泥用量

水泥用量 C_0 根据用水量和水灰比计算得到。

7. 确定砂、石用量

根据式（3-24）～式（3-27）确定砂石混合密度 ρ_{s+g}、砂石混合用量 S_0+G_0、砂用量 S_0 和卵石用量 G_0。

$$\rho_{s+g}=\rho_s\cdot S_p+\rho_g\cdot(1-S_p) \tag{3-24}$$

$$S_0+G_0=\left[1000L-\left(\frac{W_0}{\rho_w}+\frac{C_0}{\rho_c}\right)-10L\cdot\alpha\right]\rho_{s+g} \tag{3-25}$$

$$S_0=(S_0+G_0)\cdot S_p \tag{3-26}$$

$$G_0=(S_0+G_0)-S_0 \tag{3-27}$$

式中 ρ_w——水的密度（kg/m^3）；

ρ_c——水泥的密度（kg/m^3）；

ρ_s——砂的密度（kg/m^3）；

ρ_g——卵石的密度（kg/m^3）；

α——混凝土的含气量百分数（%）。

8. 确定初步配合比

$$C_0:S_0:G_0:W_0=1:\frac{S_0}{C_0}:\frac{G_0}{C_0}:\frac{W_0}{C_0} \tag{3-28}$$

9. 试配和调整

根据设计配合比调整水灰比，使6个测试样品中4个未出现渗水时的最大水压值 P_x 满足式（3-29）所示的抗渗要求。

$$P_x\geqslant\frac{S}{10}+0.2 \tag{3-29}$$

式中　S——设计要求的抗渗系数。

3.5.4　海工混凝土

由于长期与海水接触，受到盐类物质侵蚀、冲击、磨损以及冻融循环等物理化学作用的破坏，海工混凝土对抗渗性、抗腐蚀性、抗冲刷性、抗冻性等均有较高要求。其主要用于海港、码头、桥梁、防浪堤坝等与海水接触的海洋工程混凝土构件。其一般配合比设计步骤如下：

1. 确定原材料符合技术要求

（1）水泥一般选择铝酸三钙含量小于6%的中热或低热硅酸盐水泥或普通硅酸盐水泥，根据承受侵蚀位置的不同还可在水位变动区选用抗硫酸盐水泥或在水下部位选用矿渣掺量不小于50%的矿渣硅酸盐水泥、抗硫酸盐水泥、火山灰质硅酸盐水泥或粉煤灰水泥。所选水泥强度应高于32.5MPa。

（2）细骨料一般为施工周边的海砂，按规定海砂中氯化钠含量不高于0.1%，不合规的海砂则需进行淋洗或掺入亚硝酸钠作为缓蚀剂。

（3）粗骨料中有活性骨料（如蛋白石、无定型二氧化硅颗粒等）存在且含盐量大于0.6%时，在有水的条件下会存在发生碱骨料反应的隐患，所以该类粗骨料的含量应限制在1%以内。

（4）骨料应处于良好的级配状态。

（5）建议联合使用引气剂（当存在抗冻要求时）、减水剂和低温早强剂。

2. 计算配制强度

配制强度按照式（3-30）计算，其中离差系数值 C_v 可查表3-23获得。

$$f_{cu,0} \geqslant \frac{f_{cu,k}}{1-tC_v} \tag{3-30}$$

式中　$f_{cu,0}$——混凝土配制强度（MPa）；

$f_{cu,k}$——混凝土立方体抗压强度标准值，这里取设计混凝土强度等级值（MPa）；

t——强度保证系数，取1.25～1.645；

C_v——离差系数。

表3-23　离差系数值

f_{ce}	<C15	C20～C25	≥C30
C_v	0.20	0.18	0.15

3. 计算水灰比

根据式（3-31）计算得到初步水灰比，其中参数 A、B 可查表3-24获得。

$$W/C = \frac{1}{\frac{f_{cu,0}}{Af_{ce}}+B} \tag{3-31}$$

式中　W/C——混凝土水灰比；

A，B——回归系数；

f_{ce}——水泥实测强度（MPa）；

$f_{cu,0}$——混凝土配制强度（MPa）。

表 3-24　*A*、*B* 系数值

水泥品种	粗集料品种	*A*	*B*
普通硅酸盐水泥	碎石	0.642	0.599
	卵石	0.531	0.502
矿渣大坝水泥	碎石	0.623	0.552
抗硫酸盐水泥	卵石	0.527	0.498

当配制混凝土对抗渗性和抗冻性有要求时，满足抗渗等级 P4、P6、P8、≥P10 的混凝土的水灰比分别在 0.60～0.65、0.55～0.60、0.50～0.60、<0.50 的范围内，抗冻等级 D50、D100、D150、D200 的引气混凝土的水灰比的最大值分别不高于 0.6、0.55、0.50、0.45。

4. 选择用水量和砂率

海工混凝土的用水量和砂率应根据混凝土中的含气量和粗骨料最大粒径在表 3-25 内选择，并根据粗骨料种类、火山灰质材料的含量进行调整。

表 3-25　海工混凝土用水量和砂率选取表

石子最大粒径 /mm	未加外加剂混凝土			掺外加剂混凝土	
	空气含量/%	砂率/%	用水量/m^3	空气含量/%	用水量/m^3
20	2	38	172	5.5	单独使用引气剂或一般减水剂可减水 6%～8%，联合使用或使用高效减水剂可减水 15%～20%
40	1.2	32	150	4.5	
80	0.5	28	129	3.5	
120	0.4	25	117	3.0	
150	0.3	24	110	3.0	

5. 计算水泥用量

根据水灰比和用水量确定水泥用量 C_0。得到的数值应满足海工混凝土最小水泥用量限值。在无冰冻海域，配筋混凝土的水泥用量不得小于 250kg/m^3，无筋混凝土的水泥用量不得小于 225kg/m^3。在有冰冻海域，配筋混凝土的水泥用量不得小于 300kg/m^3，无筋混凝土的水泥用量不得小于 275kg/m^3。

6. 计算砂石用量

根据式（3-32）～式（3-34），使用绝对体积法计算得到单位体积混凝土的石子用量 G_0 和砂用量 S_0。

$$G_0=V_{SG}(1-S_P)\rho_g \tag{3-32}$$

$$S_0=V_{SG}S_p\rho_s \tag{3-33}$$

$$V_{SG}=1-\left[\left(\frac{W_0}{\rho_w}\right)+\left(\frac{C_0}{\rho_c}\right)+0.01\alpha\right] \tag{3-34}$$

式中　S_p——砂率；

ρ_g——石子的表观密度（kg/m^3）；

ρ_s——砂的表观密度（kg/m^3）；

V_{SG}——单位体积混凝土中砂石的绝对体积（kg/m^3）；

α——单位体积混凝土的含气量，若不掺引气剂，则值为 1。

7. 试拌和调整

根据计算所得配合比进行试拌，并根据原材料状态、拌和物坍落度等参数对配合比进行调整。

4

混凝土的生产与应用

混凝土生产是按照混凝土配合比设计要求，将混凝土的各种材料（水泥、骨料、水、外加剂和掺和料等）均匀拌制成可供浇筑的成品混凝土的过程。混凝土的种类很多，按密度可分为重型混凝土、普通型混凝土和轻型混凝土；按用途可分为普通混凝土、道路混凝土、防水混凝土和耐热混凝土等；按生产施工方法可分为商品混凝土、泵送混凝土、喷射混凝土和预应力混凝土等。

4.1 混凝土的生产设备

通常混凝土一般是由水泥作胶凝材料，砂、石作骨料，与水按一定比例配合，经搅拌而得。混凝土的施工工序一般包括以下步骤：材料准备→配料→搅拌→运输→密实成型→养护。因此，混凝土生产包括水泥的生产和骨料的生产两大过程。

水泥生产须经过破碎、粉磨、混合和煅烧等一系列工序，如图 4-1 所示。水泥生产一般分为四个车间。各车间的生产设备如下。

（1）烧成车间：煤预均化设备、煤磨机、转子秤、预热器、水泥回转窑、冷却机等。

（2）水泥车间：水泥调配设备、锻压机、水泥磨、包装机等。

（3）生料车间：石灰石破碎机（锤破、颚破等），石灰石预均化用的堆取料机、生料磨机。

（4）各种计量皮带、皮带机、风机、有水循环系统。

其中，水泥生产的主要设备为水泥回转窑、旋风预热器、篦式冷却器和水泥磨。

骨料主要分为以砂子、卵石及岩石为主的天然骨料和以膨胀黏土、页岩和工业副产品为主的人造骨料。目前，常用的骨料生产加工设备主要分为两类：一类是破碎设备，主要将大块矿石加工至 50mm 左右。依据矿石硬度、脆性、密度、湿度不同，可选择不同类型的碎石设备，常见的有颚式破碎机、圆锥式破碎机、锤式破碎机、反击式破碎机等。另一类是制砂设备。制砂设备可将粒度在 35～60mm 的碎石加工成粗骨料或者细骨料，常见的有立轴冲击式制砂机、VSI 制砂机、TK 制砂机等。现阶段，骨料生产线常用的组合形式有：

（1）PE 颚式破碎机＋PYB 圆锥式破碎机＋VSI 制砂机＋辅助设备（给料机、输送机、提升机等）。

（2）PE 颚式破碎机＋PF 反击式破碎机＋TK 制砂机＋辅助设备。

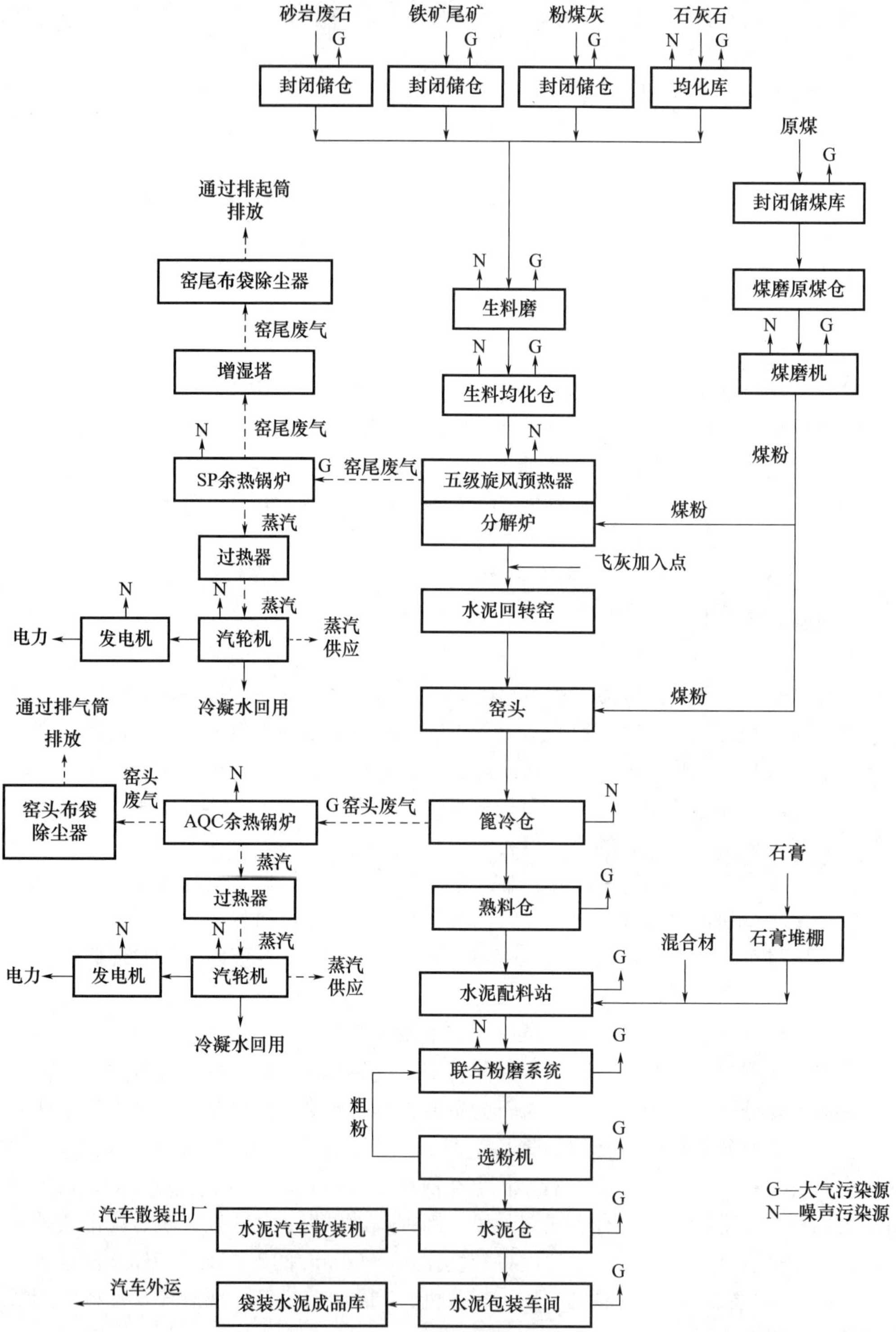

图 4-1　水泥生产系统

（3）PC 锤式破碎机＋细碎机＋冲击式制砂机＋辅助设备。

配料是混凝土制备的关键步骤，即称量每批次混凝土的各个组分的量并将其送入搅拌机的过程。随着科技的发展，如今大多数国家和地区是在预拌混凝土厂对混凝土进行配料和拌和，一般采用自动或半自动方式配料。在美国，混凝土的配料和搅拌按照《预拌混凝土标准规范》（ASTM 94）进行。基本所有工厂装备有自动搅拌配料系统，并用处理器和计算机进行控制。在中国，常用的混凝土配料机包括皮带式配料和气缸式配料两种方式，其中皮带式配料主要适用于中小型施工现场，气缸式配料适用于大、中型搅拌站。

搅拌是混凝土制备的最后工序。均匀拌和成新鲜混凝土的生产机械包括混凝土搅拌机和混凝土搅拌站（楼）。混凝土搅拌机一般用于建设工地、道路、桥梁、堤坝、矿井和中小型混凝土预制构件厂等场所拌制混凝土和生产混凝土预制构件。混凝土搅拌机也适用于作混凝土搅拌站（楼）的配套主机。混凝土搅拌楼适用于城市建设、水库大坝、港口码头、道路、桥梁和混凝土预制构件厂拌制各种塑性或干性混凝土。混凝土搅拌站一般适用于建筑施工、道路、桥梁、水库大坝、混凝土构件预件厂和商品混凝土工厂。主机为涡桨式、单卧轴式、行星式和高速强制式混凝土搅拌机，用于搅拌各种塑性和干硬性混凝土。

混凝土搅拌机的种类有：齿圈传动锥形反转出料混凝土搅拌机、摩擦传动锥形反转出料混凝土搅拌机、齿圈传动锥形倾翻出料混凝土搅拌机、涡浆式混凝土搅拌机、单卧轴式机械上料混凝土搅拌机、单卧轴式液压上料混凝土搅拌机、双卧轴式机械上料混凝土搅拌机、双卧轴式液压上料混凝土搅拌机、行星式液压上料混凝土搅拌机。

混凝土搅拌站的种类有：锥形反转出料混凝土搅拌站、涡桨式混凝土搅拌站、单卧式混凝土搅拌站、单双轴式混凝土搅拌站、行星式混凝土搅拌站和高速强制式混凝土搅拌站。

4.2　混凝土的搅拌与输送

4.2.1　混凝土的搅拌

混凝土的搅拌是将水泥、粗细骨料、水及外加剂等材料拌制成质地均匀、颜色一致、具备一定流动性的混凝土拌和物的过程。充分搅拌是生产均匀混凝土的必要条件，其搅拌分为人工搅拌和机械搅拌。随着科技的发展，人工搅拌基本已经退出历史舞台，仅适用于工程量比较小的项目，机械搅拌现在更为广泛。

混凝土机械搅拌机的分类及工作要求如下。

1. 混凝土搅拌机的分类

混凝土搅拌机的分类见表 4-1。

表 4-1　混凝土搅拌机的分类

自落式			强制式			
鼓筒式	双锥式		涡桨式	行星式		卧轴式（单轴、双轴）
	反转出料	倾翻出料		定盘式	盘转式	
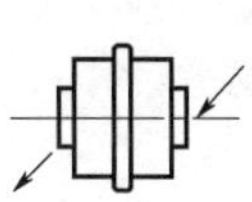	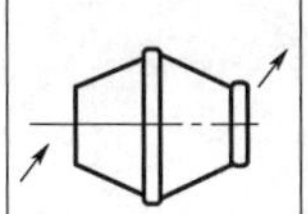	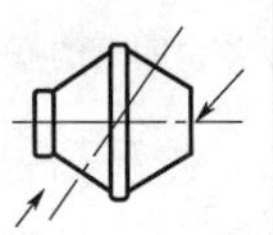		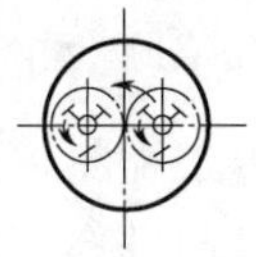	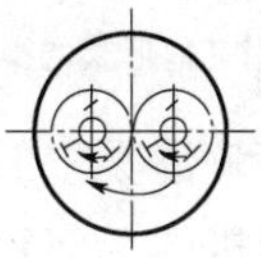	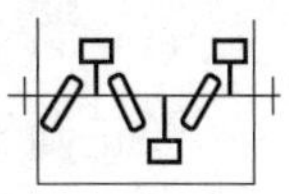

（1）按搅拌原理分为自落式和强制式。

（2）按作业方式分为周期式和连续式。周期式混凝土搅拌机的进料、拌料和出料是分批循环进行的，完成一个循环后，再进行下一个循环；连续式混凝土搅拌机的进料、拌料和出料的工艺过程是连续不断进行的。因此，在计量方面应该力求精确，但是由于各种材料的配合比和拌和时间难以控制，质量一般较差。

（3）按搅拌筒的结构分为鼓筒式、双锥形、梨形、盘形和槽形等。

（4）按出料方式分为倾翻型和不倾翻型。

（5）按搅拌容量分为大型（出料容量 1～3m^3）、中型（出料容量为 0.3～0.5m^3）、小型（出料容量为 0.05～0.25m^3）。

2. 混凝土的搅拌制度

首先混凝土搅拌需要符合混凝土搅拌时间的要求，从砂、石子、水泥和水全部材料投入搅拌筒时开始至卸料所经历的时间即为混凝土搅拌时间。混凝土搅拌时间是影响混凝土搅拌质量及搅拌机生产率的一个重要因素。搅拌时间过短，混凝土搅拌不均匀，影响混凝土的强度及和易性；搅拌时间过长，不能使混凝土搅拌机的生产率有显著增加，反而使混凝土的和易性降低或产生分层离析现象，同时影响混凝土搅拌机的生产率。不同类型的混凝土搅拌机的搅拌时间见表 4-2。

在混凝土搅拌的过程中，原材料质量的偏差也是有一定要求的。为了保证称量准确，工地的各种衡量器应定期校验，每次使用前应进行零点校核，保证计量准确。水泥、砂、石子、掺和料等干料的配合比，应采用质量法计量，严禁采用容积法。水是在搅拌机上配置的水箱或者定量水表上按体积计量。外加剂中的粉剂可按比例稀释为溶液。按用水量加入，也可将粉剂按比例与水泥搅拌，按水泥计量。施工现场要经常测定施工用的砂、石料的含水率，将实验室中的混凝土配合比换算成施工配合比，然后进行配料。

表 4-2 混凝土搅拌时间/s

混凝土坍落度/mm	搅拌机类型	搅拌机出料量/L		
		<250	250～500	>500
≤30	自落式	90	120	150
	强制式	60	90	120
>30	自落式	90	90	120
	强制式	60	60	90

注：1. 掺有外加剂时，搅拌时间应适当延长。

2. 全轻混凝土宜采用强制式搅拌机搅拌。砂轻混凝土可用自落式搅拌机搅拌，搅拌试剂均应延长 60～90s。

3. 轻骨料宜在搅拌前预湿。采用强制式搅拌机搅拌的加料顺序为：先加粗细骨料和水泥搅拌 60s，再加水继续搅拌。采用自落式搅拌机的加料顺序为：先加 1/2 的用水量，然后加粗细骨料和水泥，均匀搅拌 60s，再加剩余用水量继续搅拌。

4. 当采用其他形式的搅拌设备时，搅拌的最短时间应按设备说明书的规定经试验确定。

要正确了解混凝土的施工配料，必须先了解几个关系：

（1）搅拌机的几何容量与进料容量的关系。进料容量与搅拌机的几何容量有一定的比例关系，一般情况下为：进料容量/几何容量＝0.22～0.4。如果任一超载（进料容量超过10%），就会使混凝土材料在搅拌筒内无充分的空间进行搅拌，影响混凝土拌和物的均匀性。反之，如装料过少，则又不能充分发挥搅拌机的效能。

（2）进料容量与出料容量的关系。出料容量与进料容量的比值为0.55～0.75（又称进料系数），计算常取0.65。我国规定，混凝土搅拌机以其出料容量（m^3）×1000为标定规格。

（3）使用散装水泥与袋装水泥的关系。用散装水泥时，每罐所加水泥为计算值的多少；用袋装水泥时，每罐所加水泥应在计算值的基础上减去半包的整数倍。

配料完成后，接下来为投料。混凝土的搅拌需符合混凝土搅拌的投料顺序的规定。投料顺序常用的有一次投料法和二次投料法。

一次投料法是在上料斗中先装石子，再加水泥和砂，然后一次投入搅拌机。对于自落式搅拌机，要在搅拌筒内先加部分水，投料时砂压住水泥，水泥不致飞扬，且水泥和砂先进入搅拌筒形成水泥砂浆，可缩短包裹石子的时间。对于立轴强制式搅拌机，因出口料在下部，不能先加水，应在投入原料的同时，缓慢、均匀、分散地加水。

二次投料法经过我国的研究和实践形成了“裹砂石法混凝土搅拌工艺”。它分两次加水、两次搅拌。用这种工艺搅拌时，先将全部的石子、砂和70%的拌和水倒入搅拌机，拌和15s使骨料润湿，再倒入全部水泥进行搅拌30s左右，然后加入30%的拌和水再进行糊化搅拌60s左右即完成。

由于最初开始搅拌混凝土时，筒壁要黏附一部分水泥浆，所以在搅拌第一盘混凝土时，只加规定石子质量的一半，称为“减半石混凝土”。当采用掺和料时，掺和料应和水泥一起进入搅拌机，搅拌时间应相应增加50%～100%；当使用外加剂时，外加剂必须先加水稀释，与水同时加入搅拌机，搅拌时间应相应增加50%～100%。吸水性较强的轻质多孔骨料混凝土搅拌时，应先投入骨料及2/3的拌和用水，经短暂时间的搅拌，使骨料吸水饱和后，再加入剩余的材料。

3. 混凝土搅拌站

混凝土搅拌站是将水泥、骨料、水、外加剂、掺和料等物料按照混凝土配合比要求进行计量，然后经搅拌机搅拌成合格混凝土的联合设备，主要由物料存在系统、物料运送系统、计量系统、搅拌系统及控制系统等组成。混凝土搅拌站的机械化、自动化程度高，由于普遍采用电子计量装置，严格按照设定的配合比投料，所以既能保证混凝土质量，又省料高效，常用于混凝土工程量大、施工周期长、施工地点集中的大中型水利水电、桥梁、建筑施工工程等。

目前，混凝土搅拌站分为单阶式和双阶式两类。单阶式是将砂、石、水泥等材料一次就提升到搅拌站最高层的储料斗中，随后的配料称量直到搅拌成混凝土的过程均借物料自重下落而形成垂直生产工艺体系。此类形式具有生产率高、动力消耗少、机械化和自动化程度高、布置紧凑和占地面积小等优点；缺点是设备较复杂、基建投资大。因此，单阶式布置适用于大型永久搅拌站。

双阶式是将砂、石、水泥等材料分两次提升，第一次将材料提升至储料斗；经配料称量后，第二次再将材料提升并卸入搅拌机。这种形式的搅拌站具有设备简单、投资少、建成快等优点，缺点是机械化和自动化程度较低、占地面积大、动力消耗多。因此，该布置形式适用于中小型搅拌站。

4.2.2 混凝土的运输

混凝土自搅拌机中卸出后应及时运到施工现场的浇筑地点。混凝土的运输分为水平运输和垂直运输。水平运输一般是指混凝土自搅拌机中卸出来后，运至浇筑地点的地面运输；垂直运输是指采用塔式起重机、混凝土泵、快速提升斗和井架等设备竖直运输混凝土，使混凝土可以直接进行浇筑。混凝土浇筑量大、浇筑速度快的工程，可以采用混凝土泵进行输送。混凝土如采用预拌混凝土且运输距离较远时，混凝土地面运输多用混凝土搅拌运输车。如来自工地搅拌站，则多用载重 1t 的小型机动翻斗车，近距离也可用双轮手推车，有时还用皮带运输机和窄轨翻斗车。

4.2.2.1 混凝土运输的基本要求

(1) 混凝土在运输过程中保持良好的均匀性，不分层、不离析。如有离析现象，必须在浇筑前进行二次搅拌。

(2) 运到施工现场的混凝土，应满足设计配合比所规定的坍落度要求。

(3) 混凝土拌和物应以最少的转运次数和最短的时间运到浇筑现场，保证混凝土从搅拌机卸出后到浇筑完毕的延续时间不宜超过表 4-3 的规定。

(4) 混凝土运输应保证混凝土浇筑连续进行。

(5) 运输混凝土的容器应严密、不漏浆，容器内壁应平整、光洁、不吸水。黏附的混凝土残渣应及时清除。

表 4-3 混凝土从搅拌机卸出后到浇筑完毕的延续时间

混凝土强度等级	延续时间	
	气温<25℃	气温≥25℃
≤C30	120min	90min
>C30	90min	60min

注：1. 掺用外加剂或采用快硬水泥拌制混凝土时，应按试验确定。
2. 轻骨料混凝土的运输、浇筑延续时间应适当缩短。

4.2.2.2 混凝土运输设备

混凝土运输设备的选择应根据建筑物的结构特点、运输的距离、运输量的大小、地形及道路情况、现有设备情况等因素综合考虑确定。

混凝土运输分为混凝土地面运输、混凝土垂直运输和混凝土楼面运输三种情况。这里介绍前两种情况。

1. *混凝土地面运输*

混凝土地面运输设备主要包括：手推车、机动翻斗车和混凝土搅拌运输车。

手推车是施工工地普遍使用的水平运输工具。其小巧、轻便，不仅适用于一般的地面水平运输，还能在脚手架、施工栈道上使用，也可与塔式起重机、井架等配合使用。

机动翻斗车常用 400L 载重 1000kg。机动翻斗车具有轻便灵活、结构简单、转弯半径小、速度快、能自动卸料、操作维护简单等特点，适用于短距离水平运输混凝土以及砂、石等散装材料。机动翻斗车仅限用于运送坍落度小于 80mm 的混凝土拌和物，并应保证运送容器不漏浆，内壁光滑、平整，具有覆盖设施。

混凝土搅拌运输车为长距离运输混凝土的有效工具，一般由汽车底盘（或半拖挂式专用底盘）、传动系统、搅拌筒、供水装置、液压系统和操纵系统组成。底盘和工作装置可分别由各自的发动机独立驱动，也可以由底盘的发动机集中驱动。分别独立驱动可使搅拌筒在车辆行驶过程中保持转速不变。混凝土搅拌运输车是将混凝土搅拌站预拌后的混凝土输送到施工现场或混凝土预制构件厂内来灌注混凝土的，也可与混凝土泵车配合使用。该车在运输过程中，拌筒缓慢进行搅动，使混凝土在较长距离运输中不产生离析，从而保证混凝土的质量。

2. 混凝土垂直运输

混凝土垂直运输是指对运输到场的混凝土，采用输送泵、溜槽、吊车配备斗容器、升降设备配备小车等方式送至浇筑点的过程。为提高机械化施工水平，提高生产效率，保证施工质量，宜优先选用预拌混凝土泵送方式。输送混凝土的管道、容器、溜槽不应吸水、漏浆，并应保证输送通畅。输送混凝土时应根据工程所处环境条件采取保温、隔热、防雨等措施。

我国多用塔式起重机、混凝土泵、快速提升斗和井架。采用塔式起重机时，混凝土要配吊斗运输，这样可以直接进行浇筑。混凝土浇筑量大、浇筑速度快的工程，可以采用混凝土泵输送。

混凝土用泵运输称为泵送混凝土。泵送混凝土是指当混凝土从搅拌运输车中卸入混凝土泵的料斗中后，利用泵的压力将混凝土通过管道直接输送到浇筑地点的一种运输混凝土的方法。泵送混凝土可同时完成水平运输和垂直运输工作。这种方法具有输送能力大、速度快、效率高、节省人力、连续工作等特点。它已经成为施工现场运输混凝土的一种重要方法，在高层与超高层建筑、立交桥、水塔、烟囱、隧道和各种大型混凝土结构工程的施工中得到了越来越广泛的应用。

泵送设备主要由混凝土泵、混凝土输送管和布料装置组成。

(1) 混凝土泵。混凝土泵按作用原理分为液压活塞式、挤压式和气压式三种。液压活塞式混凝土泵是利用活塞的往复运动将混凝土吸入和压出。将搅拌好的混凝土装入泵的料斗内，此时压出端片阀关闭，吸入端片阀开启，在液压的作用下，活塞向液压缸体方向移动，混凝土在自重及真空吸力的作用下进入混凝土管内。然后，活塞向混凝土缸体方向移动，吸入端片阀关闭，压出端片阀开启后，混凝土被压入管道中，输送至浇筑地点。挤压式混凝土泵是利用泵室内的滚轮挤压装有混凝土的软管，软管受局部挤压使混凝土向前推移。气压式混凝土泵是以压缩空气为动力使混凝土沿管道输送至浇筑地点。

按泵体能否移动，混凝土泵还可分为固定式和移动式，其中拖式混凝土泵是一种常见的固定式混凝土泵。固定式混凝土泵使用时需用其他车辆将其拖至现场，它具有输送能力大、输送高度大等特点，适用于高层建筑的混凝土工程施工。移动式混凝土泵是将混凝土泵安装在汽车底盘上，根据需要可随时开至施工地点进行作业。

(2) 混凝土输送管。混凝土输送管是泵送混凝土作业中的重要配套部件，有直管、弯管、锥形管和浇筑软管。直管、弯管的管径以 100mm、125mm 和 150mm 三种为主。直管标准长度以 4.0m 为主，另有 3.0m、2.0m、1.0m 和 0.5m 四种管长作为调整布管长度使用。弯管的角度有15°、30°、45°、60°、90°五种，以适应管道改变方向的需要。锥形管长度一般为1.0m，用于两种不同管径输送管的连接。浇筑软管接在管道出口处，在不移动钢干管的情况下，可扩大布料范围。

（3）布料装置。混凝土泵的供料必须是连续的，且输送量很大，因此在浇筑地点应设置布料装置，以便将输送来的混凝土进行摊铺或直接浇筑入模，从而减轻繁重的体力劳动，充分发挥混凝土泵的使用效率。布料装置由可回转、可伸缩的臂架和输送管组成，俗称为布料杆。按照制成结构的不同，布料杆可分为独立式和汽车式两大类。将混凝土泵装在汽车上便成为混凝土泵车，在车上还装有可以伸缩或曲折的布料杆，其末端是软管，可将混凝土直接送至浇筑地点。

混凝土在输送管内输送时应尽量减少与管壁的摩擦力，使混凝土流通顺畅，不产生离析现象。为此，泵送混凝土的原料与配合比应满足泵送的要求。

（1）水泥用量。水泥用量过少，混凝土容易产生离析，要求泵送混凝土最小水泥用量为300kg/m^3。

（2）粗骨料。粗骨料宜优先选用卵石。但水胶比相同时，卵石混凝土比碎石混凝土流动性好，与管道摩擦阻力小。为减少混凝土与管道内的摩擦力，应限制粗骨料最大粒径d与输送管内径D的比值。

（3）细骨料。骨料颗粒级配对混凝土的流动性有很大影响。为提高混凝土的流动性和防止离析，泵送混凝土中通过0.135mm筛孔的砂不应小于15％，含砂率宜控制在40％～50％。

（4）混凝土的坍落度。泵送混凝土的坍落度为80～180mm。

（5）为提高混凝土的流动性，减小混凝土与输送管内壁的摩擦力，防止混凝土离析，宜掺入适量的外加剂。

（6）泵送混凝土施工要求。泵送混凝土施工时，在施工中应注意以下事项：

① 混凝土的供应必须保证混凝土泵能连续工作。

② 输送管线的布置应尽量直，转弯宜少且缓，管与管接头要严密。

③ 泵送前应先用适量的与混凝土内成分相同的水泥浆或水泥砂浆润滑输送管内壁。

④ 预计泵送间歇时间超过规定时间或混凝土出现离析现象时，应立即用压力水或其他方法清洗管内残留混凝土。

⑤ 泵送混凝土时，收料斗内应经常有足够的混凝土，防止吸入空气形成阻塞。

⑥ 输送混凝土时应先输送远距离混凝土，使管道随混凝土浇筑工作逐步完成而逐步拆除。

4.3 混凝土的浇筑与振捣

4.3.1 混凝土浇筑

混凝土浇筑指的是将混凝土浇筑入模直至塑化的过程，在土木建筑工程中把混凝土等材料注入模子里制成预定型体。混凝土浇筑时，混凝土的自由高度不宜超过2m，当超过3m时应采取相应措施。预拌混凝土运至工地后，应尽量靠近最终浇灌位置浇筑。

带式运输机、搅拌车固定溜槽和泵车是如今最常见的混凝土浇筑工具。为了尽可能减少离析，混凝土在浇筑入模时下落移动的距离不应过大。一般情况下，混凝土在水平方向以一致的厚度分层铺筑新的一层时，紧接着的下面一层仍处于塑性状态。这是为了避免新拌混凝土浇筑在已经硬化的混凝土上面，产生冷接头、水波纹以及薄弱界面的现象。

4.3.1.1 混凝土浇筑前的准备

(1) 混凝土浇筑前，应检查模板的标高、位置、尺寸、强度和刚度是否符合要求，接缝是否严密；检查钢筋和预埋件的位置、数量和保护层厚度等，并将检查结果填入隐蔽工程记录表中。

(2) 清除模板内的杂物和钢筋上的油污；对模板的缝隙和孔洞应予以堵严；对木模板应浇水润湿，但不得有积水。

(3) 在地基或基础上浇筑混凝土时，应清除淤泥和杂物，并应有排水和防水措施。对干燥的非黏性土，应用水润湿；对未风化的岩石，应用水清洗，但其表面不得留有积水。

(4) 准备并检查材料，做好施工组织安排和安全技术交底。

4.3.1.2 混凝土浇筑的一般规定

1. 混凝土浇筑工作的要求

(1) 浇筑前，混凝土不应出现离析或初凝现象，如已发生可重新搅拌，使混凝土恢复流动性和黏聚性后再浇筑。

(2) 为了使混凝土振捣密实，必须分层浇筑、分层捣实，并在下层混凝土初凝前将上层混凝土浇筑、捣实完毕，保证混凝土浇筑时均匀、密实地填满模板空间。

(3) 新旧混凝土在施工缝处结合良好。

(4) 拆模后，混凝土表面平整。

(5) 钢筋混凝土构件中钢筋及预埋件的位置正确。

2. 保证浇筑质量的措施

(1) 混凝土分层浇筑。

(2) 混凝土浇筑工作应连续进行。

(3) 混凝土自高处倾落的高度不宜超过 2m，应设串通、斜槽、溜管等。

(4) 预留施工缝。

3. 施工缝的留设与处理

由于施工技术和施工组织上的原因，不能连续将结构整体浇筑完成，并且间歇时间预计将超出规定时间，应预先选定适当的部位设置施工缝。施工缝应设置在结构受剪力较小且便于施工的部位。

混凝土浇筑中常见的施工缝留设位置及方法如下：

(1) 柱的施工缝留在基础的顶面、梁或吊车梁牛腿的下面；吊车梁的上面、无梁楼板柱帽的下面；在框架结构中，如梁的负筋弯入柱内，则施工缝可留在这些钢筋的下端。

(2) 梁板、肋形楼板施工缝留置应符合下列要求：与板连成整体的大截面梁，留在板底面以下 20～30mm 处；当板下有梁托时，留在梁托下部。单向板可留置在平行于板的短边的任何位置（但为方便施工缝的处理，一般留在跨中 1/3 跨度范围内）。在主、次梁的肋形楼板，宜顺着次梁方向浇筑，施工缝底留置在次梁跨度中间 1/3 范围内无负弯矩钢筋与之相交叉的部位。

（3）墙施工缝宜留置在门洞口过梁跨中 1/3 范围内也可留置在纵、横墙的交接处。

（4）楼梯、圈梁施工缝留置应符合下列要求：

楼梯施工缝留设在楼梯段跨中 1/3 跨度范围内、无负弯矩钢筋的部位。圈梁施工缝留置在非砖墙交接处、墙角、墙垛及门窗洞范围内。

（5）箱形基础施工缝的留置。箱形基础的底板、顶板与外墙的水平施工缝设在地板顶面以及顶板底面以下 300～500mm 为宜，接缝宜设钢板、橡胶止水带或凸形企口缝；底板与内墙的施工缝可设在底板与内墙的交接处；顶板与内墙的施工缝，其位置应视剪力墙插筋的长短而定，一般在 1000mm 以内即可；箱形基础外墙垂直施工缝可设在离转角 1000mm 处，采取相对称的两块墙体一次浇筑施工，间隔 5～7 天，待收缩基本稳定后，再浇另一相对称墙体。内隔墙可在内墙与外墙交界处留施工缝，一次浇筑完成，内墙本身一般不再留垂直施工缝。

（6）地坑、水池施工缝的留置。底板与立壁间的施工缝，可留在立壁上距坑（池）底板混凝土面上部 200～500mm 的范围内，转角宜做成圆角或折线形；顶板与立壁间的施工缝留在板下面 20～30mm 处；大型水池可从底板、池壁到顶板在中部留设后浇带，使之形成环状。

（7）大型设备基础施工缝应符合下列要求：对受动力作用的设备基础在互不相依的设备与机组之间、输送辊道与主基础之间可留垂直施工缝，但与地脚螺栓中心线间的距离不得小于 250mm 且不得小于螺栓直径的 5 倍。水平施工缝可留在地脚螺栓底端下方，其与地脚螺栓底端的距离大于 150mm；当地脚螺栓直径小于 30mm 时，水平施工缝可留置在不小于地脚螺栓埋入混凝土部分总长度 3/4 处；水平施工缝亦可留置在基础底板与上部块体或沟槽交界处。对于受动力作用的重型设备基础不允许留施工缝时，可在主基础与辅助设备基础、构道、辊道之间，受力较小部位留设后浇缝。

4.3.2 混凝土的振捣

混凝土浇筑入模后，由于骨料间的摩阻力和水泥浆的黏结作用，不能自动充满模板，存在很多孔隙，不能达到密实状态。而混凝土的密实性直接影响混凝土的强度和耐久性，所以混凝土浇筑完毕后，必须进行充分的振捣，使新浇混凝土达到要求的密实度。

混凝土的捣实方法有人工捣实和机械振捣两种。人工捣实是利用捣棍等用人力对混凝土进行夯插等来使混凝土成型密实的一种方法。它不仅劳动强度大，而且混凝土的密实性较差，只能用于缺少机械和工程量不大的情况下。机械振捣通过振动器的振动力传给混凝土，使其发生强迫振动而密实成型，效率高，质量好。混凝土振捣设备按其工作方式分为内部振动器、表面振动器、外部振动器和振动台四种，如图 4-2 所示。在施工工地主要使用内部振动器和表面振动器。

1. 内部振动器

内部振动器又称插入式振动器，其构造如图 4-3 所示，常用于振实梁、柱、墙等构件和大体积混凝土。当振动大体积混凝土时，还可将几个振动器组成振动束进行强力振捣。

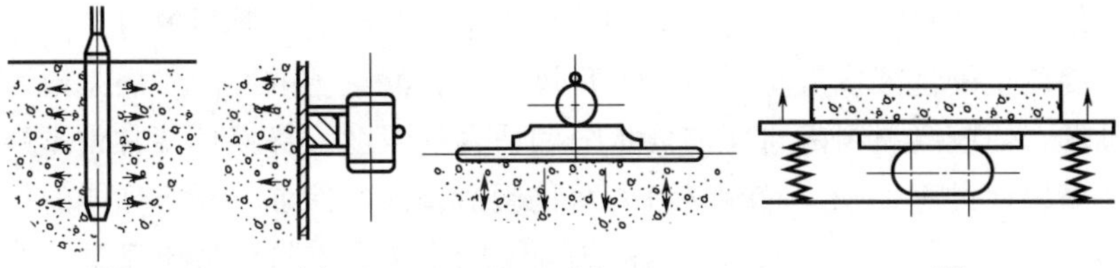

图 4-2 混凝土振动设备示意图

(a) 内部振动器；(b) 外部振动器；(c) 表面振动器；(d) 振动台

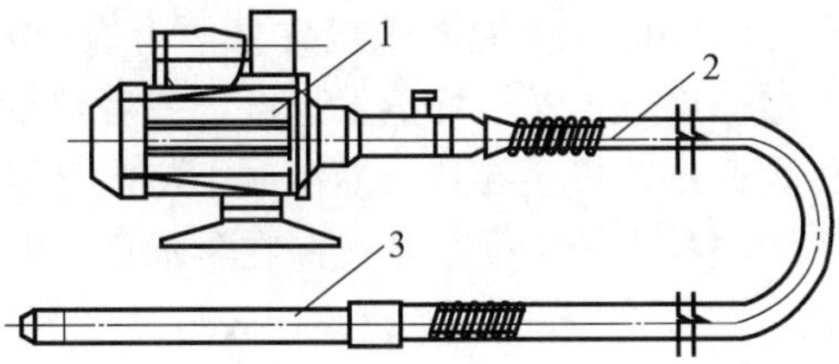

图 4-3 插入式振动器

1—电动机；2—软轴；3—振动棒

采用插入式振动器捣实混凝土时，振动棒宜垂直插入混凝土中，为使上、下层混凝土结合成整体，振动棒应插入下层混凝土 50mm。振动棒插点间距要均匀排列，以免漏振，一般间距不要超过振动棒有效作用半径的 1.5 倍。插点可按行列式或交错式布置。其中，交错式的重叠搭接较好，比较合理。

2. *表面振动器*

表面振动器又称平板振动器，是将附着式振动器固定在一块底板上，如图 4-4 所示。它适用于振实楼板、地面、板形构件和薄壳等构件。

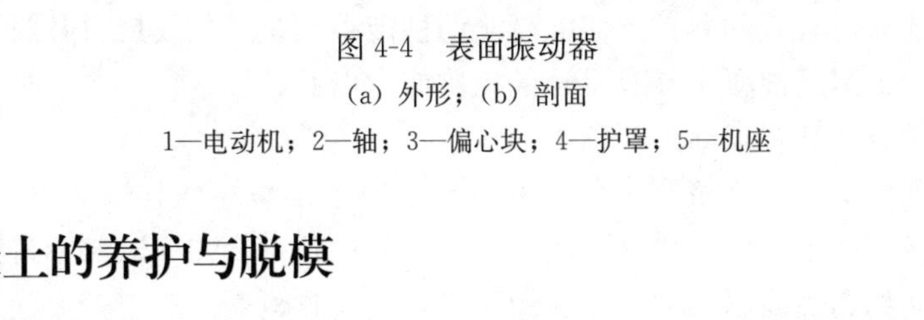

图 4-4 表面振动器

(a) 外形；(b) 剖面

1—电动机；2—轴；3—偏心块；4—护罩；5—机座

4.4 混凝土的养护与脱模

4.4.1 混凝土的养护

4.4.1.1 混凝土养护的必要性

在建筑施工中要特别注意混凝土的养护，因为养护不当通常会导致混凝土强度不够和耐久性降低。因此对混凝土进行较好的养护是十分重要的，其目的有三个方面：

（1）为混凝土的性能发展提供良好的环境条件。混凝土的性能发展是以胶凝材料的水化为基础的，而胶凝材料的水化需要水分和适合的温度。自然环境常常不能满足这些要求，因而需要通过养护来为胶凝材料的水化创造条件，保证混凝土性能的发展。

（2）缩小内外混凝土环境的差别，因为环境的变化会导致混凝土变形。当各部分混凝土所处的环境不同时，混凝土所产生的变形是不一致的。环境差别越大，这种变形的不一致性也越大。这种变形的不一致性常常是导致混凝土开裂的重要原因。因此，减小混凝土各部分环境的差别对防止混凝土开裂有着重要的意义。在混凝土构架中，内外混凝土所处的环境条件通常是不同的。当混凝土构件处于干燥或较低温度环境条件下时，如若水分在混凝土中的扩散速度远不及表面蒸发速度，或者热量在混凝土中的传导速度远不及在自然环境中的传导速度，将会导致表面混凝土与内部混凝土的变形不一致。这种不一致的变形通常使表面混凝土处于受拉状态。在早龄期，混凝土抵抗拉应力的能力极弱，很小的拉应力都有可能使混凝土产生裂纹。较好的养护可以避免这种不一致变形，从而有效防止裂纹的产生。

（3）为混凝土赢得增强抵抗能力的时间。硬化混凝土失去水分发生干燥收缩，产生收缩应力。这种收缩应力产生在不同的时候将会表现出不同的效果。它在早龄期产生，由于混凝土的抵抗能力较弱，很容易导致混凝土开裂；在较晚龄期产生，混凝土有了较强的抵抗能力，就不容易形成裂缝。加强混凝土的早期养护，使干缩变形在较晚龄期发生，这就为混凝土增强抵抗能力赢得了时间，使得混凝土不容易开裂。特别是对于掺有大量矿物外加剂的混凝土，胶凝材料的水化反应慢，使得水分更容易失去，而水分的蒸发又影响胶凝材料的水化反应，使得混凝土的性能难以得到发展。因此，有大量矿物外加剂的混凝土更需要加强养护。

4.4.1.2　混凝土养护的方法及要求

从混凝土养护的三个基本目的考虑，影响混凝土性能发展的主要因素是温度和湿度，影响混凝土体积变形的主要因素也是温度和湿度。因此，对混凝土进行养护的主要内容就是保证适当的温度和湿度。

1. 混凝土的保湿养护

混凝土的保湿养护就是使新浇筑的混凝土在足够的时间内保持较高的湿度，使得胶凝材料充分水化，以及不产生显著的干燥收缩。这里尤其要强调足够的时间，所谓足够的时间，就是要通过有效的养护，使混凝土的性能得到足够的发展，并将混凝土产生不一致变形的时间推迟到混凝土具有足够的抵抗能力以后。

具体的养护方法和要求如下：

（1）在正常情况下，浇筑完毕后 12h 内对混凝土加以覆盖，适时浇水。一般来说，初凝后可以覆盖，终凝后可以浇水。混凝土强度未达到 1.2MPa 以前不得上人踩踏或安装模板和支架。如遇到高温、大风、干燥天气，应及时覆盖。对于较大面积的浇筑，覆盖应随工作面的推进同步进行。

（2）覆盖物可用麻袋片、草帘、竹帘、锯末、砂及炉渣等。覆盖物应保持湿润，以防从混凝土表面吸水。浇筑养护时，浇水次数以始终保持混凝土表面湿润为准，养护用水应与拌和用水相同。浇水时不得直对混凝土表面冲刷，以免混凝土表面受损。

大面积水平结构，如楼板、屋面等，可以采用蓄水养护。当日平均气温低于5℃时不得浇水。

(3) 混凝土的浇水养护时间，对于采用硅酸盐水泥、普通硅酸盐水泥或矿渣硅酸盐水泥拌制的混凝土，且在混凝土中矿物外加剂掺量不大时，浇水养护时间不得少于7d；当混凝土有抗渗性要求，或者采用火山灰水泥、粉煤灰水泥拌制混凝土，或者在混凝土中矿物外加剂掺量较大时，混凝土浇水养护时间不得少于14d；对于采用矾土水泥拌制的混凝土，浇水养护时间不得少于3d。

(4) 有条件时可以采用塑料布覆盖养护，混凝土裸露的表面应全部覆盖严密，并保持塑料布内有凝结水。

(5) 在缺水地区或混凝土表面不便浇水或覆盖塑料布时，可涂刷薄膜养生液，以防止混凝土内部水分蒸发，以此来进行养护。薄膜养生液是一类可成膜的溶液，涂刷在混凝土表面上，溶剂挥发后在混凝土表面上凝结成一层不透水的膜，隔断混凝土内水分蒸发的路径，达到保湿养护的目的。薄膜养生液涂刷必须及时。一般来说，混凝土外露表面终凝后就可以进行涂刷，被模具遮挡部分拆模后应立即涂刷，切不可等混凝土干燥后再进行薄膜养生液的涂刷。薄膜养生液的涂刷应覆盖混凝土的全部表面，不可漏涂。

(6) 混凝土在养护过程中，如发现遮盖不全、浇水不足，以致表面泛白或出现细小干缩裂缝时，应立即仔细遮盖，充分浇水，加强养护，并延长浇水养护时间加以补救。

2. 混凝土的保温养护

混凝土的保温养护一般出于两个目的：一是加速胶凝材料的水化。与一般的化学反应一样，胶凝材料的水化反应速度随温度的升高而加快。因此，提高混凝土的环境温度可以加速胶凝材料的水化，促进混凝土性能的发展，从而可以提早拆模，加快模具在场地的周转，加快施工进度。二是防止在混凝土中形成较大的温差。混凝土中温度场的不均匀性必然导致混凝土温度变形的不一致性，而这种温度变形的不一致性可能导致混凝土产生温度裂缝。因此，应防止在混凝土中形成较大的温差，特别要防止在混凝土强度较低时形成较大的温差。对于第二个目的，通常采取表面防护措施，以减少或减慢混凝土中的热损失。而对于第一个目的，表面防护也是有效的。但为了进一步加速胶凝材料的水化，有时也通过提供外部热源来提高胶凝材料水化反应的环境温度。值得注意的是，水是水化反应的一个反应物，没有水的存在，再高的温度也不能使胶凝材料水化。因此，提高环境温度必须与保湿同步。

4.4.2 混凝土的脱模

脱模一般是混凝土在早龄期的最后一道工序。拆模工序对成本经济具有重要意义。一方面，较快拆模可以使建筑造价降低。但另一方面，如果混凝土未达到足够强度就拆模，会使混凝土结构破坏而失效。因此，只有当混凝土强度足以承担自重和外加强制结构载荷所产生的应力时才能拆模。另外，在混凝土拆模和进行其他施工操作时，混凝土还应该具有足够的硬度，以保证表面不会有任何形式的损伤。由于新拌混凝土的强度受环境和湿度的控制，因此拆模时间要根据实测的混凝土强度来确定，不能随意选择。在正常湿度和温度养护条件下，普通硅酸盐水泥配制的普通混凝土需要24h才能达到适合拆模的强度水平，例如 6～7MPa 的抗压强度；用早强硅酸盐水泥配制的混凝土需要 12～15h；至于那些含有大掺量矿渣和粉煤灰的混凝土则需要 48h。为了保证寒冷气候中结构的安全，设计人员通常会对混凝土受冻前的最低抗压强度作出规定。在炎热的天气，水分可能会从未保护的新拌混凝土中蒸发失去，从而中断水泥的正常水化和强度发展。

4.5 混凝土的特殊施工

混凝土的特殊施工主要是指为适应特殊环境的混凝土的施工工艺。在我国，混凝土的特殊施工主要包括水下混凝土施工、碾压混凝土施工、混凝土真空作业、喷射混凝土施工、泵送混凝土施工、滑膜混凝土施工。这里介绍前四者。

4.5.1 水下混凝土施工

在深基础、沉井、沉箱和钻孔桩的封底以及地下连续墙等的施工中，当地下水渗透量较大，大量抽水又会影响地基时，可以直接在水下浇筑混凝土。在水下或泥浆中浇筑混凝土，目前常用导管法、夯击法及袋砌法。此外，也可应用混凝土泵或压浆混凝土浇筑。

用导管法浇筑水下混凝土，可以较好地保证混凝土的质量，适用于水渠大于 1.5m 的情况。浇筑地点架立模板和搭建脚手架后，按导管的有效工作半径小于 3m 的要求布置导管。导管由直径 25～30cm 的金属管节组成，互相用法兰盘连接。各导管应按同样浇筑速度同时浇筑。开始浇筑时，把导管沉到水底，在导管顶部塞一个麻絮球，然后往漏斗中陆续装混凝土。混凝土在麻絮球的掩护下，可不与水接触而陆续经导管下沉，当沉到导管底时，稍稍提起导管，混凝土即将麻絮球顶出，之后混凝土继续流出堆积而逐渐高于管口。管中应经常充满混凝土，并使管口埋入混凝土面以下。随着混凝土浇筑面的升高，逐渐提升导管。每提到一个管节高度后，即拆除一节，直到混凝土露出水面。与水接触的表层混凝土因质量较差，最后应予以去除。

夯击法适用于浇筑岸边水深不超过 1.5m、岸坡不陡于 1∶1.5 的水下混凝土。用袋砌法浇筑水下混凝土，系把混凝土装入麻袋或者布袋中，在水下砌筑而成。混凝土袋约装满 2/3，砌缝应相互错开。从袋的孔隙中渗出的水泥浆，可以使混凝土袋之间的砌缝得到一定程度的胶结。用这种方法砌筑的混凝土的密实性和整体性均较差，故它仅适用于填补凹塘和填塞空洞。

4.5.2 碾压混凝土施工

碾压混凝土区别于常规混凝土的主要特征是：拌和物干硬，坍落度为零，施工方法更接近于土石坝的填筑方法，采用通仓薄层铺料，振动碾压表面。与常规混凝土重力坝相比，碾压混凝土不需要安装设缝模板、冷却水管和接缝灌浆管路，内部采用振捣器的作业量少，减少了手工作业，减轻了劳动强度，降低了对劳动技术的要求。减少了水泥用量，降低了材料成本。同时由于水泥用量少，不需采用温度控制措施，或简化温控手段，大大节省了温控费用。提高了作业效率，使各类机械使用率大大提高。它具有浇筑速度快、缩短工期、投资省、经济效益好的优点。但碾压层面结合不良，结构混凝土密实度和层面接缝抗渗性能较差等问题还需要进一步研究解决。

碾压混凝土是用振动碾碾压的方法压实的干硬性混凝土。碾压混凝土作为一种新型建筑材料，可大致分为三种类型：贫碾压混凝土；高粉煤灰掺量碾压混凝土；用天然级配的砂砾石加少量水泥拌制的碾压混凝土。

贫碾压混凝土含胶凝材料 140kg/m^3 以下，其中有的掺加 40%以下的粉煤灰。一般利用冬季低温季节施工，以期降低混凝土入仓温度，减小温度应力。骨料品质要求和骨料分级与常规大坝混凝土相同，以保证混凝土质量。碾压以灰浆覆盖整个骨料表面，碾压层略有泛浆为标准。对于水平施工缝，在碾压完毕后 1～2d 内，将表面刷毛（或冲毛），上层混凝土浇筑前冲洗干净，均匀地铺 1.5～2cm 厚砂浆再铺上层混凝土料。

高粉煤灰掺量碾压混凝土的胶凝材料含量高，拌和物湿度相对大，灰浆含量相对较多，胶凝材料用量一般在 140～150kg/m^3，比贫碾压混凝土胶凝材料多一些，粉煤灰掺量一般为 50%～70%，水泥用量大多在 60kg/m^3，属于低水泥用量高粉煤灰型，具有可碾性好、抗裂性强、水化温升小、层面胶结好等特征。某些工程可以采用“金包银”的断面结构，上下游坝面为常规混凝土，采用滑膜施工，内部为高粉煤灰碾压混凝土。采用不留纵缝和横缝、通仓薄层连续不间歇的浇筑方法。

天然级配砂砾石加少量水泥拌制的碾压混凝土，其特点是使用天然级配混合料，不分级，采用连续拌和，快速施工。

4.5.3 混凝土真空作业

液态混凝土中约有 70%的水分是为保证施工的和易性而多加的。在混凝土浇筑后的凝固过程中，这部分水分逐渐蒸发，使混凝土体内残留很多小的孔隙，降低了混凝土的密实性。如果在混凝土浇筑完毕时，能立即把这部分水抽出，不仅能提高混凝土表层的密实度，从而提高其抗压、抗渗、抗冲、抗冻等性能，而且还可提高早期强度，提前拆模。混凝土真空作业就是实现这些要求的一种施工方法。真空作业的设备系统如图 4-5 所示。

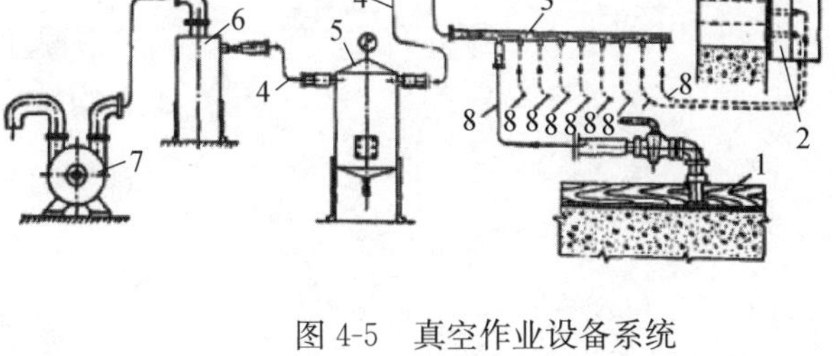

图 4-5 真空作业设备系统

1—真空盘；2—真空模板；3—连接器；4—吸入总管；5—集水槽；6—真空罐；7—真空泵；8—吸入

真空作业在混凝土表层的有效抽水深度与真空作业设备系统的真空度及抽水时间有关，施工中宜通过试验确定。例如，当真空度为 500mm 水银柱、抽水时间均为 10～26min 时，抽水深度可达 10～20cm。

4.5.4 喷射混凝土施工

喷射混凝土是借助机械，以压缩空气作为动力，将速凝混凝土喷射到受喷面上而形成一定密实度的混凝土。

喷射混凝土因在高速喷射流的撞击下被挤压密实，在原料相同的情况下，与振实混凝土相比，具有强度高，耐久性好，抗冻性和抗渗性好，黏结力、自撑能力好等优点，其抗压强度可达 $50N/mm^2$ 以上。喷射混凝土又将混凝土的运输和浇筑等几道工序合二为一，并不用模板，因而施工简便，速度快。由于这些特点，喷射混凝土在岩石地下建筑的支护、对有缺陷的工程结构物的修复补强、对抗渗性能要求高的构筑物（如水池、水塔、地下室）的表面处理等工程中得到广泛应用。

喷射混凝土施工用设备主要有混凝土喷射机、空气压缩机、搅拌机和喷枪等。喷射混凝土的施工方法分为干式喷射和湿式喷射两种。

干式喷射是将未加水的水泥、骨料等在搅拌机中搅拌成均匀的干混合物，然后装入喷射机内，再利用压缩空气将干混合物通过输料软管送往喷枪，在喷枪处加压力水，使干混合料在与水混合的同时，高速地喷射到受喷面上。此法施工较方便，输送软管不易被堵塞，输送距离长。但水灰比由操作人员凭经验控制，准确性差，且喷射时粉尘较大，材料回弹量也比较大。

湿式喷射是将水泥、骨料、水等搅拌后，再装入喷射机内，经输料软管送往喷枪，由压缩空气将混凝土喷射到受喷面上。该方法与干式喷射相比，水灰比易控制，能减少材料的回弹，喷射时粉尘也少，但设备较复杂，水泥用量也较大，输料软管易被堵塞。目前湿式喷射已逐渐代替干式喷射应用于工程中。

5 新拌混凝土

5.1 新拌混凝土的定义和意义

对于新拌混凝土，“新拌”的概念并非是由各组分在经过拌和工艺后所经历的时间长短来决定的，而是应该参考混凝土的水化、硬化程度。硬化程度与水泥类型、水泥活性、施工条件和使用的外加剂种类息息相关，并非只与时间相关。由硅酸盐水泥经历常规养护后得到的一般混凝土拌和物的凝结时间通常为 6～10h，并在 1～2d 后达到脱模强度，所以对于这一类混凝土，新拌混凝土可以定义为拌和完成后至强度达到脱模强度这一阶段内的混凝土所处的状态。但是在实际工程中，由于大家对混凝土使用要求的不同，对于新拌的定义也出现了不同的认知和规定。

新拌混凝土的重要性体现在早期阶段，是混凝土经历最多施工操作的阶段，例如配料、拌和、运输、塑性浆体浇筑、捣实、抹平、养护以及拆模等，这些操作不仅与材料性能有关，也会反作用影响材料的性能。

在早期观点中，新拌混凝土的性能仅仅在施工阶段受到重视，而从长远的角度看则主要关注硬化混凝土的性能。但是越来越多的观点表明，这两个阶段的性能不应该分开讨论。新拌混凝土在进行浇筑前或者浇筑时产生的工作性损失、泌水离析现象、凝结时间过慢现象，以及在输送、捣实及抹平等方面的操作，均会影响混凝土硬化后的产品质量，从而影响使用寿命。所以对于新拌混凝土的性能优化、操作手段和养护手段设计也需要受到重视。在特殊情况下，例如，泵送作为一种特殊施工方式，对新拌混凝土的性能有着更高、更明确的规定和要求。

5.2 工作性的基本概念

工作性是新拌混凝土物理性能的集中体现。经过拌和的混凝土中，骨料处于被基体包裹的分散状态，浆体中未水化的水泥颗粒和早期生成的固体水化产物也处于分散状态，多种类的颗粒都保持有一定的离散程度。随着水化进程的发展，拌和物中气、液、固三相的比例，固体颗粒间距均在发生变化，并最终发展成为硬化浆体。

混凝土拌和物的工作性是一项综合质量评估，包括流动性、黏聚性和保水性三个方面。流动性是混凝土拌和物在自重或机械振捣作用下，能产生流动，并填满模板的性能。黏聚性是混凝土拌和物在施工过程中，各组分不产生分层和离析的性能。保水性是保证混凝土在施工过程中具有一定的保水能力，不致产生严重的泌水现象。可见新拌混凝土质量的好坏，取决于混凝土的流动性、黏聚性、保水性。

工作性所反映出的拌和物的物理特性包括内摩擦、黏度、屈服应力、触变性、膨胀性、塑性变形能力，或描述为新拌混凝土的流变性能、施工中的泌水离析倾向和易抹性等。可见，工作性是一个非常繁复的概念，并不能用单一的标准来评价，甚至可能需要同时使用两种或多种基本性质的组合来描述，以满足不同条件下所需要的适宜工作性。所以，工作性的标准是随着施工要求不断变化的，不同施工者或者研究者对其都会产生不同的描述，直到现在也不存在一个普适的定义和标准对其进行准确的定量测量。现行常见的定义如下：

（1）根据 ASTM C125 的定义，工作性是指混凝土所具有的一种性质，它决定了在保证混凝土均一性丧失最小的前提下，操纵一定数量的新拌混凝土完成一系列的早期施工所需要付出的工作量。

（2）我国学者冯乃谦教授认为，工作性是反映新拌混凝土性质的概念，是指混凝土拌和物从搅拌开始到抹平，整个施工过程中易于运输、浇筑、振捣，不产生组分离析，容易抹平，并获得体积稳定、结构密实的混凝土的性质。

（3）我国学者黄大能教授给出了更为详细的描述：工作性的定义应该是混凝土拌和物在拌和、输送、浇灌、捣实、抹平一系列操作过程中，在消耗一定能量情况下达到稳定和密实的程度。也就是说，一种混凝土拌和物，如果在消耗最少能量下，在整个操作过程中能达到最稳定和密实的程度，就是最佳工作性。因此，工作性的内在含义涉及了新拌混凝土的流动性、可塑性、稳定性和易密性。

工作性在工程实践当中是十分重要的，获得合格的工作性是获得优质混凝土的第一个决定条件。例如，过于干硬的混凝土会使捣实难易度增加，降低混凝土的整体质量和表面质量，增加捣实费用；使用湿度过高的拌和料则会发生分层离析，使混凝土质量变差。同时，良好的工作性可以降低混凝土基体中额外的空气含量，也可以加大其在模具中的填充程度。

工作性的评价标准取决于施工所需要的条件，当拌和物的性能满足施工条件，即便其可塑性较差，也可以说它的工作性是达标的，甚至由于其具有成本低和容易施工的特点，可以认为其相较于可塑性更高的拌和料具有更好的工作性，而这种观点是在特定施工条件下对于黏聚性的要求很低的前提下产生的。而在其他的情况下，例如混凝土浇灌位置容易发生拌和物的流动或者滑泻时，对于黏聚性的要求则必须被重视。

5.3 工作性的评定方法

工作性是多方面性能的一个综合评价，并且受到施工因素和主观判断的影响，所以基本无法使用一种单一的测试方法来进行度量。在新拌混凝土工作性测试的发展过程中，制定的定量方法层出不穷，但大多数都局限于实验室中，真正在工程中发展应用并形成标准规定的方法主要包括以下五大类。其对工作性的体现见表 5-1。

表 5-1 主流工作性评定方法及特点

评定方法	所描述的工作性范围
坍落度（敲锥体）	反映了流动性和可塑性
维勃稠度	反映了流动性、易密性和部分可塑性
捣实系数	反映了易密性
扩展度	反映了流动性以及部分可塑性和稳定性，曾在美国 ASTM 124－71 和德国 DIN 1048 等标准中进行了操作规程的定义，但是由于工地操作难度大，已部分废用
针入法/贯入度试验	反映了可塑性

当对新拌混凝土的工作性存在多方面要求时，可以同时采用多种方法综合评价。除去这几种常用方法外，还有 Hermite 剪切盒法、Tattersall 同轴回转圆筒黏度计“两点法”等方法，甚至可以相较于表 5-1 中的五种方法获得更多的工作性信息，但是局限于操作的复杂性和实施的困难程度，往往只局限于实验室使用。在实际工程中，坍落度试验、维勃稠度试验、捣实系数试验操作简单有效，所以广泛应用。下面简要介绍几种主要试验方法。

5.3.1 坍落度试验

坍落度法适用于骨料最大粒径不大于 40mm、坍落度不小于 10mm 的混凝土拌和物稠度的测定。所用仪器如图 5-1 所示。

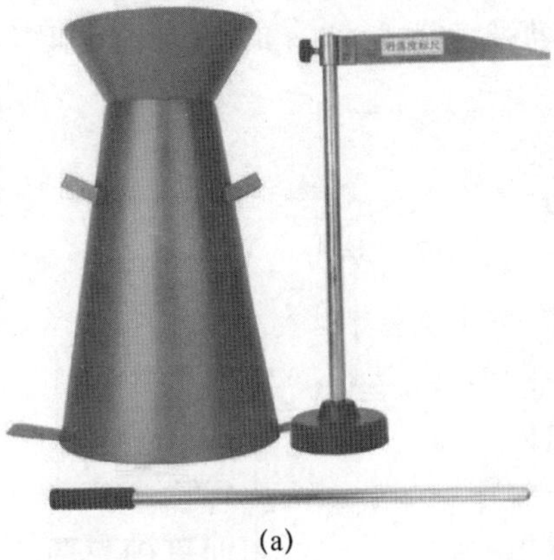

(a)

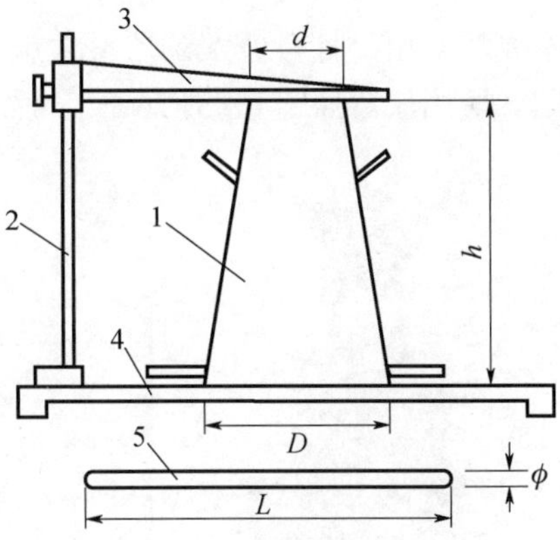

(b)

图 5-1 混凝土坍落度仪

(a) 实拍图；(b) 示意图

1—坍落度筒；2—测量标尺；3—平尺；4—底板；5—捣棒

d—上口直径；h—坍落度筒高度；D—下口直径；L—捣棒长度；ϕ—捣棒直径

步骤 1：湿润坍落度筒及底板，在坍落度筒内壁和底板上应无明水。底板应放置在坚实水平面上，并把筒放在底板中心，然后用脚踩住两边的脚踏板，坍落度筒在装料时应保持在固定的位置。

步骤 2：把按要求取得的混凝土试样用小铲分三层均匀地装入筒内，使捣实后每层高度为筒高的 1/3 左右。每层用捣棒插捣 25 次。插捣过程中，如混凝土沉落到低于筒口，则应随时添加。顶层插捣完后，刮去多余的混凝土，并用抹刀抹平。

步骤 3：清除筒边底板上的混凝土后，垂直平稳地提起坍落度筒。坍落度筒的提离过程在 5～10s 内完成；从开始装料到提坍落度筒的整个过程应不间断进行，并应在 150s 内完成。

步骤 4：提起坍落度筒后，测量筒高与坍落后混凝土试体最高点之间的高度差，即为该混凝土拌和物的坍落度值；坍落度筒提离后，如混凝土发生崩坍或一边剪坏现象，则重新取样另行测定；如第二次试验仍出现上述现象，则表示该混凝土工作性不好，应予记录备查。

步骤 5：黏聚性的检查方法是用捣棒在已经坍落的锥体侧面进行轻轻敲打，此时锥体逐渐下沉，则表示黏聚性良好；如果锥体倒塌、部分崩塌或出现离析现象，则表明黏聚性不好。保水性以拌和物稀浆析出的程度来评定，坍落度筒提起后如有较多的稀浆从底部析出，锥体部分的混凝土也因失浆而骨料外露，则表明此混凝土拌和物的保水性能不好；如坍落度筒提起后无稀浆或仅有少量稀浆自底部析出，则表示此混凝土拌和物的保水性能良好。

步骤 6：当混凝土拌和物的坍落度大于 220mm 时，用钢尺测量混凝土扩展后最终的最大直径和最小直径，当差值小于 50mm 时，用算术平均值作为坍落扩展度值；否则，此次试验无效。如果发现粗骨料在中央集堆或边缘有水泥浆析出，表示此混凝土拌和物抗离析性差。

5.3.2 维勃稠度试验

本方法适用于骨料最大粒径不大于 40mm、维勃稠度在 5～30s 的混凝土拌和物稠度测定。所用仪器如图 5-2 所示。

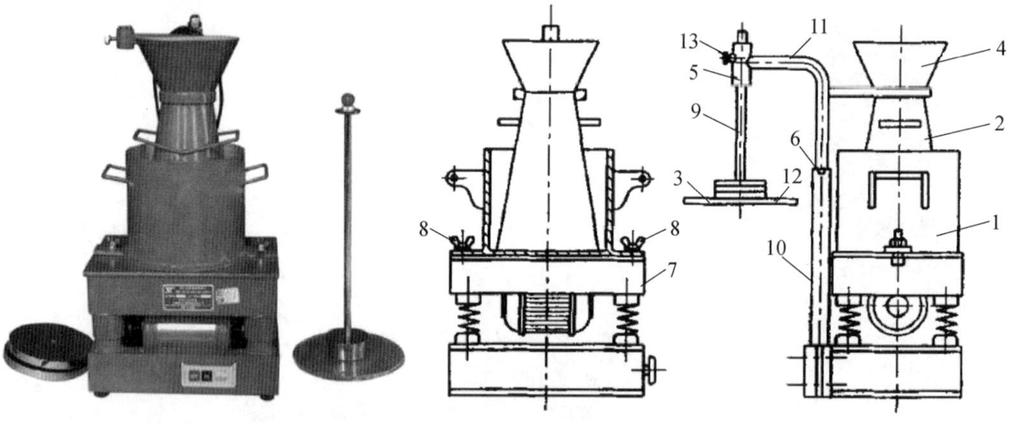

(a) (b)

图 5-2 维勃稠度仪

(a) 实拍图；(b) 示意图

1—容器；2—坍落度筒；3—圆盘；4—漏斗；5—套筒；6—定位器；7—振动台；8—固定螺钉；9—测杆；10—支柱；11—旋转架；12—荷重块；13—测杆螺钉

步骤 1：维勃稠度仪应放置在坚实水平面上，用湿布把容器、坍落度筒、喂料斗内壁及其他用具润湿。

步骤 2：将喂料斗提到坍落度筒上方扣紧，校正容器位置，使其中心与喂料中心重合，然后拧紧固定螺钉。

步骤 3：把按要求取样或制作的混凝土拌和物试样用小铲分三层经喂料斗均匀地装入筒内，装料及插捣的方法应符合第 3.1.3 条中第 2 款的规定。

步骤 4：把喂料斗转离，垂直地提起坍落度筒，此时应注意不使混凝土试体产生横向的扭动。

步骤 5：把透明圆盘转到混凝土圆台体顶面，放松测杆螺钉，降下圆盘，使其轻轻接触到混凝土顶面。

步骤 6：拧紧定位螺钉，并检查测杆螺钉是否已经完全放松。

步骤 7：在开启振动台的同时用秒表计时，当振动到透明圆盘的底面被水泥浆布满的瞬间停止计时，并关闭振动台。由秒表读出的时间即为该混凝土拌和物的维勃稠度值，精确至 1s。

5.3.3 捣实系数试验

该方法流行于欧洲混凝土行业。它用于测量拌和物在受到规定数量的做功后能够达到的密实程度（密实系数），是用试验室实测密度和混凝土在完全密实状态下的密度之比来度量的。所用仪器如图 5-3 所示。

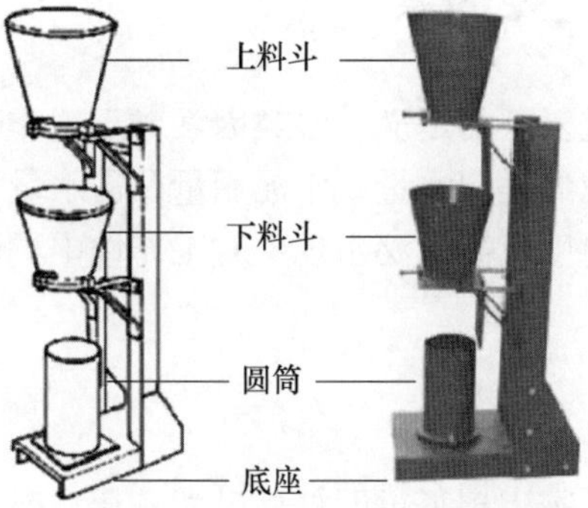

图 5-3 捣实系数测定仪

步骤 1：将拌和好的混凝土填满上料斗但不进行捣实操作。

步骤 2：打开上料斗底部活门使拌和物依靠自重落入下料斗，由于下料斗略小于上料斗，所以会有部分溢出。这一操作能够保证获得的给定数量的混凝土处于标准捣实状态而没有受到人为干扰。

步骤 3：打开下料斗活门使混凝土落入圆筒内，刮去多余的混凝土。

步骤 4：测定已知体积圆筒的混凝土净重，便可以求得混凝土的实测密度，该密度与混凝土理论密度的比值便是密实程度。

5.3.4 贯入度试验

贯入度试验主要用于测量一个规定的固体（例如棒、球或锥体）在一定时间内贯入新拌混凝土的深度来反映混凝土的稠度。除此之外还可采用振动贯入试验仪器进行试验，各种贯入度试验的操作一般都较为简便迅速，十分适宜在工地使用，但是贯入度试验已受到粗骨料对球体的阻挡而导致数据波动性较大，所以它在我国并未作为常规工作性测定试验。其中，美国 ASTMC 30-63 标准规定的贯入度试验用 Kelly 球进行，如图 5-4 所示。

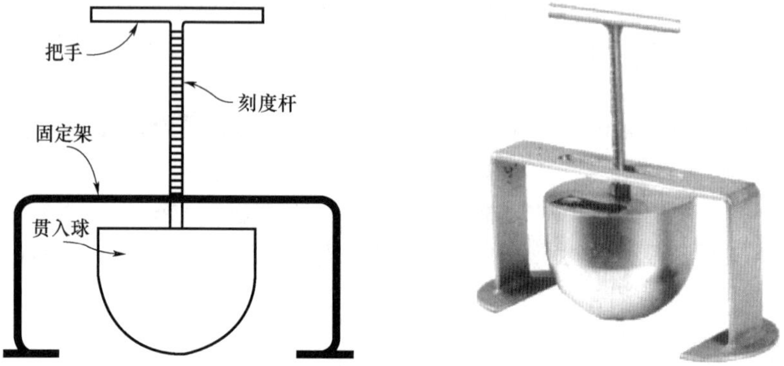

图 5-4　Kelly 球

步骤 1：将一定重量的钢球置于新拌混凝土的表面。

步骤 2：放松，让其自由沉落，测量其贯入深度。

5.4　影响工作性的主要因素

由于工作性是一个多重复杂的定义，各类因素对于工作性均会产生影响。为了简化讨论的复杂程度，一般考虑的是用水量、水泥用量及需水量、骨料特性、外加剂、搅拌操作、坍落度经时损失、温度及离析泌水现象对工作性中稠度和黏聚性的影响。以下对前六者分别进行讨论。

5.4.1　用水量

根据 3.3 配合比设计步骤中用水量的计算可知，在骨料最大粒径确定的条件下，拌和物的坍落度只与用水量有关，即在一定范围内混凝土的稠度与其他因素无关。在预测配合比对稠度的影响时，水胶比、骨胶比、用水量这三个参数中只有两个是独立的。

5.4.2　水泥用量及需水量

对于普通混凝土，当用水量确定时，水泥用量过少会导致混凝土粗糙干涩，终时性能较差；反之，当水泥用量过多时会导致混凝土过黏。

不同水泥的需水量都是不同的，对于掺加天然火山灰的普通硅酸盐水泥，其需水量的升高尤为明显。在达到标准稠度时，需水量较多的水泥用于生产指定坍落度的混凝土时不一定需要较高的用水量（注意此处指的是混凝土用水量）。

水泥用量适中的普通混凝土的需水量是最小的。然而在水泥用量的一定变化范围内，水泥含量的变化几乎不影响混凝土的需水量，但增加水泥用量可以减轻骨料对混凝土需水量的影响。

5.4.3 骨料特性

给定稠度时，粗骨料的粒径会影响用水量，并且当特细砂、多棱砂或薄片砂达到一定含量时，特定稠度需水量也会增加，若此时不对用水量作出调整，则导致混凝土难于拌和。一般情况下，当采用机制砂单体天然砂制备稠度大体相同拌和物时，砂用量每增加绝对体积的2%～3%，则相应的单位体积混凝土用水量增加5～10kg。增加水泥用量可减少颗粒形状影响。

此外，增大骨料的最大粒径可以减少需水量，这一现象当骨料最大粒径达到100mm时则变得不再明显。对于骨料的颗粒级配而言，骨料越粗需水量越少，但当超过最佳粗度后需水量大幅增加。颗粒级配的影响随着水泥含量的增加而减小。

5.4.4 外加剂

当混凝土拌和物的用水量不变时，掺入减水剂可以大幅增大拌和物的稠度。对于传统减水剂，其减水效果可以达到单位体积混凝土减少用水量6～12kg，而高效、高性能减水剂的效果约为传统减水剂的两倍以上，在稠度不变的条件下，可以减少25%～35%的拌和水用量。

稠度不变时，通过引气剂每引入1%的引气量也可以达到约3kg/m^{3}的减水效果。换句话说，引气剂引入的气泡在用水量一定时能增加浆体的体积，提高混凝土的稠度，减少拌和物泌水离析的倾向，从而提高黏聚性。对于粗糙干涩且工作性差的混凝土，建议使用引气剂来改善其工作性和黏聚性，例如低水泥用量的大体积混凝土等。

火山灰质的矿物掺和料可以减少泌水倾向，提高混凝土的黏聚性。粉煤灰代替细骨料则可以在给定用水量的条件下提高拌和物的稠度。

5.4.5 搅拌操作

对于规定数值的稠度，随着混凝土温度升高，需水量也增加。强烈的搅拌或较长时间的搅拌，在达到极限点前，能稍微减少需水量，但随着搅拌时间延长（≥10min），需水量会进一步增加。

5.4.6 坍落度经时损失

坍落度经时损失也称稠度的经时损失，是指混凝土拌和物的坍落度值随拌和后的时间延长而逐渐减小的性质。对普通混凝土来说，这是一种正常的行为。其根本原因是混凝土中的拌和用水由于水泥水化而逐渐消耗，部分水分还会蒸发到空气中，时间越长，拌和物的流动性越小，最终混凝土失去塑性，获得强度。

坍落度经时损失一般发生在拌和操作后的30～60min，这种现象会导致混凝土拌和、运输、浇筑、捣实和抹面等工序无法实施。容易发生坍落度经时损失的原因主要有：

（1）水泥中C_3A和碱含量越高，细度越大，则水泥的水化速率越快，导致拌和物的坍落度经时损失越大。并且，水泥水化产物可吸附液相中的减水剂，导致液相中减水剂的浓度降低，影响减水剂的使用效果，使得坍落度减小。

（2）掺入减水剂的混凝土拌和物的坍落度经时损失会增大，在使用高效或高性能减水剂的情况下，效果更加明显，一般 30～60min 就失去了流动性。

（3）引气剂在拌和物中引入的细小气泡起到分散和润湿作用，可显著改善混凝土的工作性，但在混凝土搅拌、运输过程中，混凝土的含气量减小，滚珠效应降低，导致坍落度经时损失增大。

（4）环境温度高，则水泥水化速率提高，水分蒸发速度加快，致使拌和物的坍落度经时损失增大。

5.5 改善工作性的措施

根据 5.4 的内容可知，混凝土的组成和施工手段可能引起工作性的改变，甚至造成工作性不合格。以混凝土的稠度为例，混凝土太干或太湿、稠度过大或过小都不利于混凝土的后续施工操作，所以必须通过一定手段改善工作性。指定稠度的混凝土必须同时满足两点要求。一是拌和的水泥和骨料要有适当的级配；二是用水量要适当。对于稠度不良的混凝土，可用的改善措施包括：

（1）使复合颗粒级配（水泥和骨料总体的级配）的平均粒径接近于最佳值，且颗粒级配中应包括适当数量的细颗粒，也可以描述为要使复合颗粒级配的细度模数 M 充分接近最佳细度模数 M_0，且在此颗粒级配中含有足量但不过量的细颗粒。最佳细度模数根据式（5-1）计算。

（2）当实际细度模数远小于最佳细度模数时，或当细颗粒过多时，则混凝土会出现过干的现象。当实际细度模数大于最佳细度模数时，无论拌和水用量多少，拌和物的最终状态总是粗糙的。

$$M_0=\left(1+\frac{0.85}{n}\right)(2.45\ln D_{max}+1.05)+\frac{2.1}{n} \tag{5-1}$$

式中 n——骨料和水泥的质量比；

D_{max}——粗骨料最大粒径（mm）。

（3）通过机械振捣等振动措施可以克服由砂浆减少而引起的工作性降低。

（4）增加水泥含量、引入空气或者使用较细的砂可以在一定程度上改善砂浆的润滑能力，此时使用较少的砂浆亦可以使拌和物获得较为合适的工作性。

（5）经验性规律表明，较高成本的骨料可以改善工作性，或者说当材料成本过低时，则必须在捣实工艺上耗费更多的费用，其本质在于良好粒形的骨料可以降低指定稠度的用水量。

（6）使用最大粒径较大的骨料或制备较粗的级配，可以改善稠度较大的情况。

（7）使用适当的减水剂或引气剂可以有效改善拌和物的稠度。

（8）使用需水量较低的水泥可以改善拌和物的稠度。

（9）适当降低混凝土温度或在合理范围内延长其搅拌时间可以改善拌和物的稠度。

5.6 新拌混凝土的可泵性

当混凝土到达施工现场后，就需要浇灌至结构模具内指定的位置，而对于高层建筑、塔形构筑物、大型基础、满堂基础、设备基础、机场跑道、水工建筑等具有特殊施工操作位置或特殊施工要求的对象，则需要泵送工艺来完成这一操作。

5.6.1 泵送的一般原理

泵送过程一般是先在泵送管道中加入一定量的水，用纯水泥稀浆将砂浆与润管的水隔离，同时依靠砂浆使其在混凝土与纯水泥稀浆中形成阻隔带，然后将各种材料分别泵入输送管内，水在材料的带动下将输送管壁润温湿，并在输送管道内部形成一层水泥浆膜，达到可泵送的状态。

在超高层建筑泵送混凝土时，由于输送管道长度较大，泵送的砂浆和水还没有完全出泵，就会造成润管砂浆过稀，若换车停泵的时间较长，水和砂浆长时间直接接触容易造成两者混合，导致部分润管砂浆水胶比增大，从而砂浆减弱或失去保水性能，使得砂粒沉淀并与水泥浆发生离析，摩擦阻力增大，最后造成堵管现象的发生。而采用节水润管法（在润管砂浆与水之间增加一个纯水泥净浆层，把砂浆和水隔开，以降低砂浆离析的风险）可以减少这种现象的发生，使混凝土顺利泵送到指定位置并降低泵送损失。

5.6.2 可泵性的定义

在泵送过程中，混凝土拌和物克服与管道内壁间产生的摩擦阻力的能力，称为可泵性。可泵性是一种定性的说法，可泵送的混凝土坍落度一般大于160mm，砂浆含量不能太低，最大骨料粒径不超过泵送管道直径的1/3。在一定的泵压下，混凝土输送得越远或越高，发生堵管的概率越低，则混凝土的可泵性能越好。换句话说，在混凝土的泵送过程中，拌和物与管道之间的流动阻力越小且具有足够的黏聚性，保证在泵送过程中不泌水、不离析，便可以说其可泵性越好。

5.6.3 可泵性的评价

泵送过程会受到各种因素的干扰，若是采用某一种特定的指标来反映其可泵性，难免会出现较大的误差。混凝土企业在试验室普遍采用坍落度试验与压力泌水试验相结合来评价可泵性。

1. 坍落度试验

坍落度试验在一定程度上可以较准确地反映可泵性，也就是说，可泵性良好的拌和物要求坍落度在一定范围内。对于普通混凝土（C50及以下）来说，即使在坍落度一定的情况下，坍落扩展度相差也很大，但泵送良好的点集中在180～240mm，且坍落扩展度在400～600mm的区域内。当坍落度过小时，混凝土流动性小，摩擦阻力很大，即使通过提高泵压来强制实现泵送也极其容易发生离析泌水，使泵送管道堵塞。当坍落度过大时，也极易发生混凝土的泌水离析。

当前许多混凝土生产企业由于对混凝土泵送机理的误解，认为采用大坍落度拌和物（流态混凝土）时，黏阻力小，有利于拌和物沿管道输送，但是大坍落度的混凝土同样会增大拌和物离析和堵管的风险。所以，认真控制混凝土的坍落度具有重要意义。

但是坍落度试验有一定的局限性，用坍落度来评价混凝土可泵性时，试验会受到多种因素的干扰，如气温的变化以及人为因素，即使坍落度相同的拌和物，其可泵性也会有较大差异。同时，应该注意到混凝土的坍落度经时损失和坍落度返大带来的影响。

为保证混凝土的可泵性，坍落扩展度也被建议作为评价指标。坍落扩展度是在测定坍落度后，测定拌和物停止流动时扩展的直径，在一定程度上可以反映混凝土的黏聚性，避免混凝土在泵送之前发生离析泌水。

2. 倒坍落度筒流空时间

倒坍落度筒流空时间方法是通过测量拌和物在自重作用下的流空时间，表征克服剪切应力下落的流动速度。该方法通过将坍落度筒倒置在水平地作业平台，装入混凝土，然后迅速提起坍落度筒并开始计时，所记录的拌和物流空的时间就是倒坍落度筒流空时间，用以表征拌和物的黏聚性，可以作为控制可泵性的综合指标。混凝土拌和物的黏度越大，混凝土在自重作用下的流速就越慢。

以混凝土坍落度为基础，结合混凝土的坍落扩展度和倒坍时间可以较为系统地评价混凝土的可泵性。混凝土坍落扩展度在400～600mm，倒流时间在4～10s时，混凝土一般具有良好的可泵性能。

3. 压力泌水试验

混凝土压力泌水是评价混凝土在压力条件下“脱水性能”的一个重要指标，它反映了在泵送过程中遇到管道截面变化或有弯头等情况时（混凝土形成的润滑层受到破坏时），混凝土拌和物保持稳定输送的能力。在输送过程中，一定量的水分或稀浆的泌出可以起到润滑的作用。但如果压力泌水量过大，发生的泌水离析会导致泵送阻力增大，泵压会变得不稳定；压力泌水量太小又会导致拌和物过于黏稠，泵送阻力变大，也不适合泵送。因此，对于实际施工的具体情况，压力泌水应该有一个合适的范围。

在压力泌水试验中，一般采用10s与140s泌水量之差（$V_{140}-V_{10}$）来评价混凝土拌和物的泵送稳定性。采用该指标是因为$V_{140}-V_{10}$反映了在泵送时一定压力作用下的泌水速度，还反映了拌和物在管道内遇到局部阻碍后在短时间内能否保持饱和状态的能力。

如果单用$V_{140}-V_{10}$作为混凝土泵送稳定性指标还是不够的，因为这两项之差本身受到试样质量和总泌水量的影响。为了避免这种影响，通常采用泌水率来评定。混凝土的泌水率按下式计算：

$$B=\frac{V_W}{(W/G)\ G_W}\times 100 \tag{5-2}$$

$$G_W=G_1-G_0 \tag{5-3}$$

式中 B——泌水率（%）；

V_W——泌水总量（mL）；

G_W——试样质量（g）；

W——混凝土拌和物总用水量（mL）；

G——混凝土拌和物总质量（g）；

G_1——试样筒及试样总质量（g）；

G_0——试样筒质量（g）。

随着混凝土强度等级的增大，压力泌水总量在减少。这是由于混凝土的水胶比降低，胶凝材料的用量变大，胶凝材料的总比表面积增大，吸附水增多，泌水总量下降。总体上来看，当140s泌水量较小且10s泌水率不超过40%时，混凝土的保水性、黏聚性较好，可泵性良好的概率较大。

压力泌水试验的局限性有：仪器操作不便捷，不适合在现场进行操作使用，只能在试验室进行，导致混凝土经过一定距离的运输后，在到达现场后的压力泌水与试验室的测试结果有误差；在衡量高强、超高强泵送混凝土工作性时有一定的困难，对于胶凝材料用量大的高强超高强泵送混凝土来说，拌和物的黏性大，其压力泌水值小，而且不同样本间的差异很小。

5.7 新拌混凝土的凝结

5.7.1 凝结机理

混凝土最终成型的主要原因是水泥的水化反应。当水泥与适量水拌和时，水化反应会使拌和物形成可塑性浆体，具有可加工性。随着时间的推移，浆体逐渐失去了可塑性，成为不能流动的半固化状态，此后浆体的强度逐渐增加，最终形成具有一定强度的硬化形态。在混凝土的拌和过程中，水泥的这一水化过程会将掺入的骨料，如砂、石子等胶结在一起形成坚固的整体，即为混凝土。

通常人们根据浆体的水化、流变特性，将整个过程划分为凝结和硬化两个过程。凝结是指水泥浆体从可塑性变成低强度的非可塑性固体的过程；硬化是指水泥浆体强度逐渐提高，直至能抵抗一定外来作用力的过程。此外，凝结过程还可以进一步划分为初凝和终凝，以加水后经历的时间来表示。为了保证混凝土浇灌、脱模的质量，浇灌过程必须早于初凝时间，而脱模时间必须晚于终凝时间，所以必须对初凝、终凝时间进行严格的要求。例如，国家标准规定，普通硅酸盐水泥初凝时间不得早于45min，终凝时间不得迟于12h。

水泥的凝结和硬化特点由水泥熟料矿物本身的特性决定。普通硅酸盐水泥熟料主要由硅酸三钙、硅酸二钙、铝酸三钙和铁铝酸四钙四种矿物组成，这四种矿物遇水后均能发生水化反应，但由于它们本身矿物结构上的差异以及相应水化产物性质的不同，各矿物的水化速率和强度也有很大的差异。四种熟料矿物按水化速率排序为：铝酸三钙＞铁铝酸四钙＞硅酸三钙＞硅酸二钙。水泥的凝结时间、早期强度主要取决于铝酸三钙和硅酸三钙的水化，按最终强度排序为：硅酸二钙＞硅酸三钙＞铁铝酸四钙＞铝酸三钙。

结晶理论认为，水泥熟料矿物水化以后生成的晶体物质相互交错、聚结在一起，从而凝结并硬化。胶体理论认为，水化后生成大量的胶体物质，这些胶体物质由于外部干燥失水，或由于内部未水化颗粒的继续水化，于是产生“内吸作用”而失水，从而使胶体硬化。随着科学技术的发展，特别是X射线和电子显微技术的应用，将这两种理论统一起来，过去认为水化硅酸钙C-S-H属于无定型胶体，但现阶段证明其是纤维状晶体，只不过这些晶体非常细小，处在胶体大小范围内且比表面积较大。

现阶段对于水泥水化比较统一的认识是：水泥水化初期生成许多胶体大小范围内的C-S-H晶体和一些片状$Ca(OH)_2$晶体包裹在水泥颗粒表面，这些细小的固相间通过极弱的物理引力使彼此在接触点处黏结起来形成空间网状结构，称为凝聚结构。由于这种结构是靠较弱的相互作用力在接触点处进行无秩序的连接而形成的，所以结构的强度很低且具有明显的可塑性。

随着水化反应的继续进行，水泥颗粒表面不稳定的包裹层开始破坏，大量离子释放至液相中促使水化反应加速，导致从饱和溶液中析出更多、更稳定的水化产物晶体，这些晶体不断长大，依靠多种相互作用力使彼此连接在一起形成紧密结构，称为结晶结构。这种结构的强度远高于凝聚结构，水泥浆体就是这样获得强度而硬化的。随后，水化继续进行，从溶液中析出新的晶体并不断填充在结构缝隙中，水泥浆体的强度也不断得到增长。

影响水泥凝结速率和硬化强度的因素很多，除了熟料矿物本身，还和矿物间的相对含量、水泥粉细度、温度、加水量以及外加剂的使用等因素密切相关。

5.7.2 凝结时间

混凝土开始失去塑性的时间点称为初凝时间，混凝土完全失去塑性的时间点称为终凝时间。一般来说，混凝土的凝结时间和水泥的凝结时间有关。水泥的凝结时间同样分为初凝时间和终凝时间。初凝时间是从水泥加水拌和起，至水泥浆开始失去塑性所需的时间。终凝时间是从水泥加水拌和起，至水泥浆完全失去塑性并开始产生强度所需的时间。水泥凝结时间在施工中具有重要意义，初凝时间不宜过短，终凝时间不宜过长。其中，硅酸盐水泥初凝时间不得早于 45min，终凝时间不得迟于 390min；普通水泥初凝时间不得早于 45min，终凝时间不得迟于 600min。

混凝土的初凝时间一般是根据水泥品种而定，没有统一的规定，但大致范围在 2～3h。如果加入速凝剂，初凝时间大致可以缩短到 0.5h；如果加入缓凝剂，初凝时间可以延长到 5～10h。

一般来说，混凝土强度主要与水胶比和水泥用量有关，凝结时间过长对后期强度影响不是很大。但是如果凝结时间过长，且在这段时间混凝土受到外力干扰，则会产生混凝土强度降低的潜在风险。

5.8 新拌混凝土的其他测试

5.8.1 表观密度试验

当研究对象都是小颗粒时，小颗粒的堆积会由于颗粒形状的不规则而产生空隙。此时，用这堆材料的质量除以其外观的体积得到的密度与材料本身的密度是不相同的，这个密度就叫作表观密度。混凝土拌和物的表观密度也源于这一概念，即指代了混凝土拌和物捣实后的“单位体积质量”，以 kg/m^3 计。一般情况下，混凝土的表观密度大于 $2600kg/m^3$。表观密度试验所用仪器为容量筒、台秤、振动台和捣棒。其计算公式如下。

$$\gamma_h=\frac{W_1-W_2}{V}\times 1000 \tag{5-4}$$

式中 γ_h——表观密度（kg/m^3）；

W_1——容量筒质量（kg）；

W_2——容量筒和试样总质量（kg）；

V——容量筒容积（L）。

5.8.2 含气量试验

混凝土含气量是指混凝土单位体积中空气的体积百分比（不包括骨料内部闭合孔的体积，但包括骨料表面孔隙体积）。当混凝土中引气之后会使浆体饱满，工作性明显改善，这是由于混凝土中引入空气增加了浆体的体积。另外，当混凝土中引入气泡后，这些气泡会产生“滚珠效应”，降低混凝土的黏度，这对于黏度较高的混凝土工作性改善有极大的帮助，使其易于泵送、捣固密实、成型，使混凝土的整体工作性变好，提高施工效率。

混凝土中如果需要引气，引入的一定是小于毫米、甚至微米级别的气泡。这种气泡稳定、分布均匀、不上浮，会给混凝土带来好处，比如改善流动性、泌水性和抗冻性等。引入气泡需要专门的表面活性剂，即引气剂。而大气泡存在于混凝土中会使结构产生极大的应力集中效应而降低承载力，所以要想办法排除混凝土中的大气泡。

混凝土中引气以后会使混凝土的黏度降低，而黏度较低的混凝土在振捣密实的过程中需要做的功也较少。如果在混凝土中引入了过量的气，就会使黏度过低，振捣时做功量难以把握，容易使混凝土出现分层、浮浆等问题。所以混凝土的含气量必须加以限制，通常情况下需要外力做功密实的混凝土含气量不宜超过7%，但要视材料品质和具体工艺来定。如果需要较高的含气量，可适当降低混凝土的稠度来降低过振的风险。可见，对于新拌混凝土含气量的测定十分有必要。

混凝土含气量的测定采用混凝土含气量测定仪。其含气量按下式计算：

$$A=A_0-A_g \tag{5-5}$$

式中 A——混凝土拌和物含气量（%）；

A_0——两次含气量测定的平均值（%）；

A_g——骨料含气量（%）。

5.8.3 填充密实性试验

填充密实性是保证混凝土填充模板并自行排出浇灌过程中带入的气泡达到成型密实状态的能力，是稠度、流动性、稳定性和间隙通过性的综合评估。这一性能对于自密实混凝土的评价尤为重要。

1. 间隙通过性

间隙通过性试验方法根据《普通混凝土拌和物性能试验方法标准》（GB/T 50080—2016）进行，适用于骨料最大公称粒径不大于20mm的混凝土拌和物间隙通过性的测定。主要仪器设备包括J环、坍落度筒。

2. 漏斗试验

漏斗试验根据《普通混凝土拌和物性能试验方法标准》（GB/T 50080—2016）进行，适用于骨料最大公称粒径不大于20mm的混凝土拌和物稠度和填充密实性的测定，所用秒表精度不应低于 0.1s。

3. 扩展时间试验

扩展时间试验根据《普通混凝土拌和物性能试验方法标准》(GB/T 50080—2016)进行，可用于混凝土拌和物稠度和填充密实性的测定。所用仪器包括坍落度筒及标有同心圆的底板，所用秒表精度不应低于 0.1s。

5.8.4 均匀性试验

在混凝土的拌和、运输、浇筑和振捣过程中，由于材料本身性质的限制，容易产生离析等风险，最终对成品的质量产生不利影响。匀质性判断了混凝土由于离析所产生的质量下降的程度，用于判断混凝土各部位，比如上部和下部品质的整体均匀一致性，主要取决于混凝土拌和物的黏聚性。

1. 砂浆密度法

砂浆密度法根据《普通混凝土拌和物性能试验方法标准》(GB/T 50080—2016)操作，适用于混凝土拌和物均匀性的测定。所用仪器包括砂浆容量筒、捣棒、振动台和试验筛。混凝土拌和物的搅拌均匀性可用先后出机取样的混凝土砂浆的表观密度偏差率作为评定的依据。混凝土砂浆密度偏差率应按下式计算：

$$DR_{\rho}=\left|\frac{\Delta\rho_{\mathrm{m}}}{\rho_{\max}}\right|\times100 \tag{5-6}$$

式中 DR_{ρ}——混凝土砂浆密度偏差率(%)，精确至 0.1%；

$\Delta\rho_{\mathrm{m}}$——先后出机取样混凝土砂浆拌和物表观密度的差值(kg/m^3)；

$\rho_{\max}$——先后出机取样混凝土砂浆拌和物表观密度的大值(kg/m^3)。

2. 混凝土稠度法

混凝土稠度法根据《普通混凝土拌和物性能试验方法标准》(GB/T 50080—2016)操作，适用于混凝土拌和物均匀性的测定。试验应从搅拌机口分别取最先出机和最后出机的混凝土拌和物试样各一份，每份混凝土拌和物试样量不应少于 10L。混凝土拌和物的搅拌均匀性可用先后出机取样的混凝土拌和物的稠度差值(也可以为坍落度的差值或维勃稠度的差值)作为评定的依据。

5.9 新拌混凝土流变学理论及模型

5.9.1 流变学基础

流变学是研究材料流动和变形的科学，是材料科学发展中的重要基础学科之一。随着人工合成材料的发展，为了解决超高温、超高压、超高强、超高速冲击下的材料特性，从微观结构联系到宏观行为，使流变学的内容日益完整，如今流变学研究涉及化学与化工、力学与材料、石油与地质、生物与医学、工程技术等领域。显然，流变学在基础研究中占有非常重要的地位，对材料的研发与加工、石油开采与输送、临床医学、食品医药、轻化工、岩土工程、地质灾害预测与防护等具有指导意义。

所有简单液体都遵循牛顿黏性流定律，这可以通过参考图 5-5 中所示的层流来解释。在平面 A 上施加切向力 F 时，它相对于固定平面 B 移动，并在 A 和 B 之间承载平行的液体层。每一层中液体粒子的速度是距离 l 的函数。牛顿通过式（5-7）表达了切向力 F 和速度梯度 $\mathrm{d}V/\mathrm{d}l$ 之间的关系，其中 η 定义为黏度系数，τ 定义为剪切应力：

$$F=\eta\frac{\mathrm{d}V}{\mathrm{d}l}A \quad or \quad \tau=\eta\frac{\mathrm{d}V}{\mathrm{d}l} \tag{5-7}$$

剪切速率也可以用剪切应变 γ 的时间变化率表示，因此有：

$$\tau=\eta\frac{\mathrm{d}\gamma}{\mathrm{d}t} \tag{5-8}$$

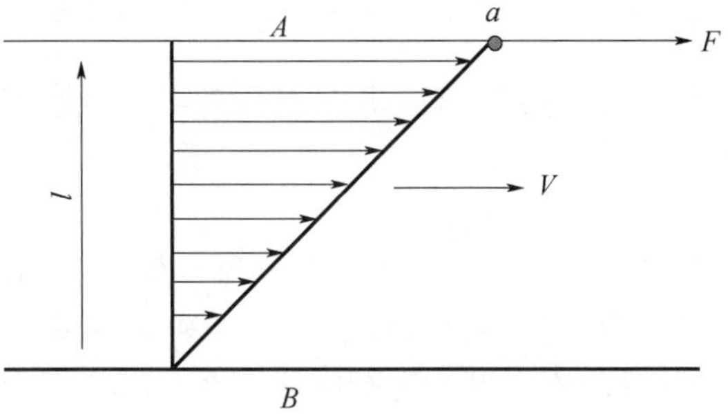

图 5-5 描述牛顿黏性流定律的层流示意图

考虑流动的时间特性时，应考虑应变变化率，而当考虑流动的几何特性时，则应使用速度梯度。表现出上述公式描述的行为特性的液体称为牛顿流体。牛顿流体的剪切应力-剪切速率的关系是线性的，如图 5-6 所示。

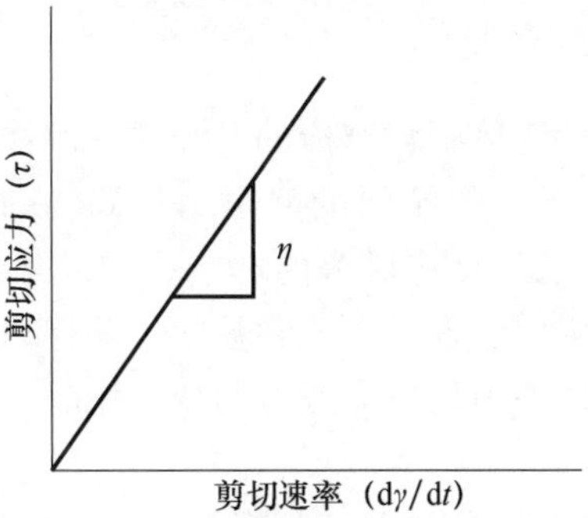

图 5-6 牛顿流体的剪切应力-剪切速率关系

牛顿流体定律也适用于固体颗粒在简单液体中的稀悬浮液。悬浮固体颗粒使得黏度系数随悬浮颗粒数量的增加而增加。高浓度悬浮液的流动特性与牛顿流体不同。宾汉姆表明，此类材料的流动可以用以下等式表示，其中 τ_y 是屈服应力：

$$\tau-\tau_y=\eta\frac{\mathrm{d}\gamma}{\mathrm{d}t} \tag{5-9}$$

这种性质的流体的力学行为如图 5-7 所示，流动仅在高于屈服值的应力下发生。直至屈服应力之前，材料表现为弹性固体，能够承受载荷而不会永久变形。表现出这种行为的材料被称为宾汉姆流体。

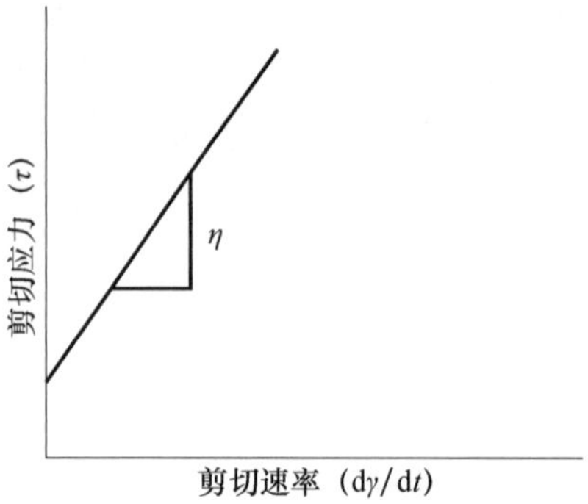

图 5-7 宾汉姆流体的剪切应力-剪切速率关系

通过宾汉姆流变模型可以粗略地估算出作为高浓度悬浮液的新拌混凝土的流变性能。但是，新拌混凝土的实际流变学可能非常复杂，通常可以观察到弯曲现象或剪切增稠现象，并且流变性质是时间依赖性的。

由于在实际工程应用中涉及新拌混凝土的存放和捣实过程，所以研究新拌混凝土流变学的一个重要方面是其触变性。触变性是某些悬浮液具有的性质，表现为应力下的黏度系数降低，消除应力后，流动阻力逐渐恢复。在实际应用中，有时可能还会遇到抗触变性，即在应力作用下黏度增加。此外，影响新拌混凝土流变性的参数很繁杂。例如：①颗粒间力，如布朗力、范德华力、黏性和液体桥连力。②颗粒形状，③粒度分布和细度。④表面电荷。它们可能会导致颗粒的絮凝或分散，进而影响新拌混凝土的流变性。除此以外，测试方法和施工条件还可能使情况复杂化，有时还会导致误导性结论。

5.9.2 新拌混凝土的流变学

新拌混凝土是由水和各种固体颗粒组成的悬浮体，固体颗粒大小的范围可以从亚微米级到厘米级。在微米级以下，颗粒间的静电力、Vander Waals 力以及 Brown 运动（可以看作斥力）对水泥颗粒的运动有显著的影响；在微米级以上，颗粒的相互碰撞和摩擦作用则是影响其运动的主要因素。由于颗粒间、液体与颗粒之间的作用力和水压力等各种交互作用的存在，当改变剪切应力或者剪切速率时，混凝土材料内部微观结构发生改变，进而影响其流变特性。

新拌混凝土材料的流变特性可以用流变模型表征，模型的参数值能够较好地反映混凝土材料的施工性能，据此可以选择合理的材料施工工艺和方法，也可以根据施工方法和工艺的要求来确定或调整混凝土材料的流变参数。因此，能否根据流变特性的测量结果建立起精确的、符合实际的流变模型十分关键。新拌混凝土材料的流变特性主要通过同轴圆筒式或平行板式流变仪测量，尤其以同轴圆筒式流变仪应用最为广泛。

新拌混凝土在硬化前随时间、温度、湿度和受力状态而不断发生弹黏塑性及强度变化的性能可用宾汉姆体流变模型来表示，主要流变参数是屈服应力和塑性黏度。可用双圆筒黏度计、流动桌、剪切盒等仪器来测量流变参数。水泥品种、混凝土配合比、拌和物温度和所采用的外加剂等因素，都影响流变参数值及其演变进程，进而影响拌和物的运输、成型及硬化混凝土的性能。

多数情况下，新拌混凝土为屈服应力流体，在受到剪切作用时出现明显的剪切增稠或剪切变稀。剪切增稠，是指随着剪切速率的增加表观黏度（剪切应力与剪切速率之比）逐渐升高的现象，反之则是剪切变稀。剪切增稠会造成新拌混凝土的表观黏度增加，体积膨胀，使其在搅拌、输运和成型时都需要更多的能量；剪切变稀则会造成混凝土分层离析。

造成新拌混凝土剪切变稀的主要原因是悬浮液中固体颗粒的网状絮凝结构在剪切作用下逐步破坏，使其表观黏度下降。此外，体系中粒径在微米及以下颗粒的 Brown 运动造成固体颗粒间的排斥力增加，在剪切应力作用下，颗粒排成最有利于流体运动的层状结构，也会导致剪切变稀。

当悬浮液中的固体颗粒的体积分数很高时，颗粒间的交互作用会导致剪切增稠。到目前为止，有以下几种理论可以解释混凝土材料剪切增稠现象：①颗粒的团簇理论。当流体的流速超过一定限度以后，流动中的固体颗粒受到的水压力大于颗粒间排斥力，使得一些颗粒暂时聚集成颗粒团簇，这些团簇的出现造成剪切增稠。然而，剪切增稠现象只有当剪切应力超过某一临界剪切应力（颗粒间排斥力）时才会出现，且仅对微米级以下的颗粒有效，对于更大的颗粒或者非常稠密的浆体来说，很容易在体系内发展成颗粒网络系统并引起颗粒间法向力的传递，这时团簇理论不再适用。②颗粒间惯性作用理论。该理论认为，悬浮液中的颗粒在惯性作用下发生碰撞，剪切增稠就是由颗粒间的动量交互作用造成的，然而该理论忽略了颗粒之间以及颗粒与液体之间的摩擦力，存在一定的缺陷。③“有序-无序转变”理论。当颗粒受到剪切力较小时，颗粒处于有序分布状态，悬浮液的黏度小，容易产生流动，当剪切速率达到或超过临界速率时，颗粒转变为无序分布状态，黏度增加，产生剪切增稠。

造成剪切变稀和剪切增稠的因素同时存在，新拌混凝土体现出的流变性能就是这两者相互影响的结果。如图 5-8 所示，当导致剪切变稀因素的作用较强时，流体剪切变稀，反之则出现剪切增稠。

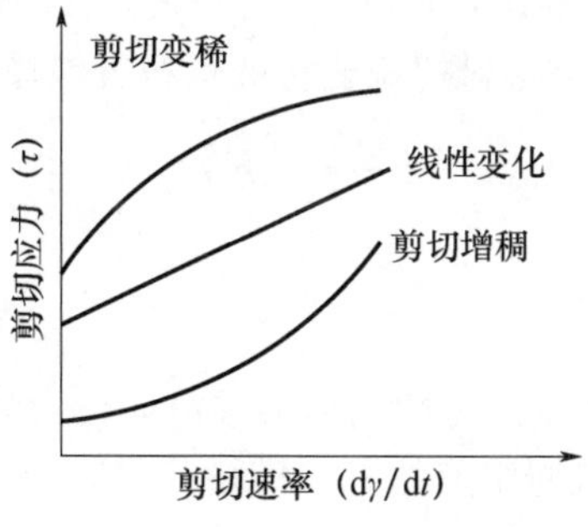

图 5-8　几种具有屈服应力的新拌混凝土材料的流变曲线

5.9.3　新拌混凝土的流变模型

水泥浆体流变性的研究主要包括流变类型、触变性、屈服应力和塑性黏度，以及流变性能随时间的变化过程几方面。利用黏度计或流变仪测试水泥浆体流变性，可测得的主要参数有黏度、剪切应力、剪切速率、屈服应力等。利用这些流变学参数可以建立一些符合实际的流变模型，并利用这些模型探求流变学参数之间及与水泥熟料组分之间的关系等。下面是目前研究中用到的几种流变模型。

- Bingham 模型：$\tau=\tau_0+\mu_P\dot{\gamma}$
- Herschel-Bulkley 模型：$\tau=\tau_0+K\dot{\gamma}^2$
- Casson 模型：$\sqrt{\tau}=\sqrt{\tau_0}+\sqrt{\mu_P}\sqrt{\dot{\gamma}}$
- 修正的 Bingham 模型：$\tau=\tau_0+\mu_P\dot{\gamma}+c\dot{\gamma}^2$
- Sisko 模型：$\mu=\mu_\infty+\mu_P\dot{\gamma}^{n-1}$
- Williamson 模型：$\mu=\dfrac{\mu_0}{1+K\dot{\gamma}^n}$

混凝土材料流变模型可以分为理论模型和经验模型，而理论模型又可分为宏观力学模型和微观结构模型。从宏观力学角度看，可以用基本的力学单元（包括弹簧、黏壶和摩擦片）及其组合模拟材料流变形态，建立材料的应力-应变关系，这些模型中最典型的代表就是 Bingham 流变模型。该模型可以看作由一个黏壶和一个摩擦片并联后与弹簧串联形成的力学元件结构。

从微观角度看，混凝土材料是一种多相多尺度悬浮液，其流变性能主要取决于颗粒之间以及颗粒与液体之间的交互作用，因此固体体积分数、外加剂的种类和性质及颗粒的成分、几何形状和粒径分布等都会对新拌混凝土的流变特性产生重要的影响，然而这些因素很难量化。除了 Bingham 模型外，目前用于表征新拌混凝土剪切速率与剪切应力关系的经验模型主要有两种，即 Herschel-Bulkley 模型和 Modified Bingham 模型。

1. Herschel-Bulkley 模型

为了表征新拌混凝土的非线性流变特性，Hafid 提出可以用 Herschel-Bulkley 模型来描述包括砂浆和混凝土在内的所有水泥基材料的流变特性。该模型简称 H-B 模型，最早由 Herschel 等于 1926 年提出，Jones 等首先使用 H-B 模型研究水泥净浆的流变曲线，Larrard 等发现新拌混凝土材料的流变特征也符合该模型。其表达式为：

$$\tau=\tau_0+K\dot{\gamma}^n \tag{5-10}$$

式中 τ_0——屈服应力；

K——一致性系数；

n——幂指数，代表其流体特性偏离牛顿流体行为的程度。

H-B 模型在国内也称作带屈服值的幂律模型或屈服假塑性模型，是水泥基材料流变领域内最常用的模型之一。当剪切速率为零时，剪切应力即为屈服应力 τ_0，当 $n<1$，流体发生剪切变稀；当 $n>1$，则流体在低剪切速率下先发生剪切变稀，然后出现剪切增稠。许多自密实混凝土具有这种流变特性。对于新拌混凝土材料来说，通常 $n<2$。

2. Modified Bingham 模型

针对 H-B 模型存在的缺点，Yahia 等提出采用 Modified Bingham 模型来表征水泥基材料的流变特性。该模型可以写作：

$$\tau=\tau_0+\mu_P\dot{\gamma}+c\dot{\gamma}^2 \quad (5\text{-}11)$$

式中：c 为二阶项，用来表示流体的流变特性偏离线性的程度，$c>0$ 表示剪切增稠，$c<0$ 表示剪切变稀，$c=0$ 即为 Bingham 模型。

Feys 等认为普通混凝土（TC）流变特性符合 Bingham 模型，而自密实混凝土（SCC）常常表现出剪切增稠的流变特性，因而可以用 Modified Bingham 模型表征，如图 5-9 所示。

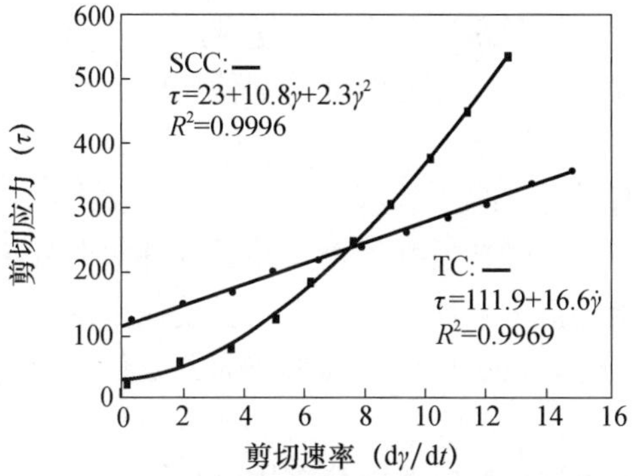

图 5-9 Bingham 模型和修正的 Bingham 模型的对比

5.10 新拌混凝土的质量控制

在配合比设计章节，已经详细介绍了如何配制出符合工程要求工作性的混凝土的基本步骤，但是在实际工程中，由于材料、配合比、设备和施工条件的不稳定性，经常会出现工作性波动的现象，从而导致离析泌水以及早期开裂的问题，造成混凝土的后期质量下降。本章节将对这两种常见问题的发生以及预防措施进行描述。

5.10.1 离析与泌水

新拌混凝土在搅拌和抹面作业之间通常还要进行几个操作程序，例如运输、浇筑和成型等。在这些操作中重要的是保持拌和物的均匀性，如果均匀性发生变化，就会造成混凝土内部结构差、产生蜂窝等不良影响，从而局部降低混凝土的密度，并伴生诸如强度下降、渗透性提高、耐久性降低等缺点。其中离析和泌水的产生是造成混凝土内部均匀性下降的两种主要原因。

1. 离析

离析现象主要分为内部离析和外部离析两种。内部离析通常由凝固时最粗最重的骨料积聚于混凝土底部所致。内部离析产生的主要原因是粗骨料的密度不同于混凝土中砂浆部分的密度，当强烈的外部力量作用于模具中的新拌混凝土时，会使得新拌混凝土分离成不同的组分，而且用水量的增加也会导致内部离析的产生。

外部离析产生的主要原因是新拌混凝土的内聚性不足，通常在凝固以前存在外力作用时发生。例如新拌混凝土不适当地堆积成锥形时，此时最粗的骨料滚动至锥底，细骨料在锥形的内部比外部更多，导致围绕底部发生离析。外部离析还可以由高水灰比的水泥浆的内聚性不足造成，这种外部离析也称为湿离析。水灰比不足同样可以造成外部离析，称为干离析。

根据《普通混凝土拌和物性能试验方法标准》（GB/T 50080—2016），离析率用于评价混凝土拌和物的抗离析性能。离析在大多数情况下是有害的，会造成混凝土后期强度和耐久性的下降，且后期修复过程较为困难，所以应在早期有效防止。常用的措施包括：①增加大于25mm骨料的最大粒径；②增加最大粒径的数量，颗粒级配由连续级配改为间断级配；③减少砂中细粒部分的数量；④调整骨料颗粒形状；⑤减少水泥用量；⑥改变混凝土的稠度，改变砂浆部分的密度；⑦使用引气剂。

2. 泌水

捣实后仍在塑性状态中的混凝土若不受扰动，通常在表面会出现水，这种新浇混凝土、砂浆或水泥浆内的拌和水的自发性流动，在其内部或向外泻出的现象称为泌水。在整个泌水过程中，水可能在整个表面均匀渗出而发生缓慢的积聚，这种泌水称为均匀泌水。而部分混凝土在渗出时会发展出许多局部连通并延伸至表面的通道，这种泌水称为通道泌水。

泌水对于硬化混凝土质量的影响是随许多因素而改变的，但通常认为通道泌水在大多数情况下是有害的。通道泌水通常会带出细粒的水泥和砂，在表面形成薄层浮浆皮，并在混凝土内部形成水泥含量低的多孔点。浮浆皮含水量多，硬化后形成易受冰冻风化的软弱层，且位于浇灌层的顶部，因而减弱了与上面浇灌层的黏结。

过量的正常泌水也有坏处。对于较大的试样，会促使混凝土密度向底部增加，或者由于在表面形成软弱层而使拌和料不均匀。另外，部分上升的水可以停留在水平钢筋和粗骨料的下方，最终造成试件强度和耐久性下降。

如果泌出的水不蒸发或不以其他方式消除，则同样有害。当泌出的水与部分拌和料在抹面作业时再拌和，或另一层混凝土浇筑于泌出的水上，便会形成大水灰比层，该层通常多孔质地，且强度和耐久性较差。所以，工程上往往在泌水结束或将近结束时才开始抹面作业。

如果泌水以正常方式进行，在某些情况下是有利的。例如，水泥浆体正常泌水可以降低水灰比，并伴随增加浆体密度。但是在大多数情况下，都要求将泌水的趋势降到最低。常见的减少泌水的操作有：①增加水泥细度；②增加水泥用量；③掺加火山灰或其他细粉矿物掺和料；④降低用水量、水灰比或坍落度；⑤使用引气剂；⑥增加细骨料数量；⑦增加细骨料细度。

5.10.2 收缩与早期开裂

收缩通常与混凝土在新拌或硬化状态下的水分流失有关。然而，这种定义混凝土收缩的方法过于简单化。即使在密封的混凝土中，也可能由于水化过程中的自干燥而发生收缩，这是低水胶比混凝土中遇到的一种现象。虽然自20世纪初以来人们对收缩有不同的认识，但对与之相关的术语仍然存在争议。ACI将几种不同形式的收缩定义为塑性收缩、干燥收缩、碳化收缩和沉降收缩等。

5.10.2.1　收缩的类型

表5-2总结了几种在胶凝系统中可能遇到的不同类型混凝土收缩的定义。

表5-2　不同类型混凝土收缩的定义

收缩类型	定义
塑性收缩	在胶凝系统凝结之前发生的收缩或在新拌混凝土阶段发生的收缩
干燥收缩	水分损失引起的收缩或硬化混凝土失水引起的收缩
自收缩	无约束密封胶凝体系在恒温下的收缩
沉降收缩	由于固体的沉降和流体的置换而导致的终凝前的收缩
化学收缩	与水化反应相关的收缩
自干燥收缩	水化反应中内部相对湿度降低引起的胶凝材料的收缩
水化收缩	水化产物收缩引起的收缩
碳化收缩	碳化引起的收缩
热收缩	温度变化引起的收缩

由于表中给出的一些收缩类型的含义几乎相同，或者是彼此的原因或结果，所以它们基本可以都归类于塑性收缩、自收缩和干燥收缩这三种基本类型。简而言之，塑性收缩是由混凝土硬化之前失水造成的；自收缩是由于水化过程消耗混凝土中的水，从而导致所谓的自脱水现象；干燥收缩是由硬化混凝土的失水造成的。在低水灰比的混凝土中，自收缩占主导地位，而在任何混凝土中都可以观察到另外两种收缩。

5.10.2.2　塑性收缩

在新拌混凝土中，涉及的收缩类型主要为塑性收缩和塑性沉降收缩。当新拌混凝土处于泌水过程中或泌水后的柔软塑性状态时，受内外因的影响，有时表面会产生杂乱或定向的裂纹，这种裂纹称为塑性收缩裂缝。

塑性收缩裂缝是由新拌混凝土在塑性阶段的各种收缩引起的。这些收缩包括毛细管压力收缩、塑性沉降收缩、早期化学收缩和早期自收缩等，而其中以毛细管压力作用为主。混凝土的抗塑性收缩能力与原材料中细粒含量、混凝土中水泥浆和砂浆含量、混凝土的匀质性和离析等有关，只能通过配合比的优化设计来避免。混凝土中水分蒸发速率与施工时的风速、相对湿度、气温、日照和养护措施等有关。如果混凝土的入模温度高、环境温度高、风速大、环境相对湿度低，再加上阳光照射会引起混凝土表面水分蒸发过快，产生塑性收缩裂缝，这是外因；在原材料已确定的前提下，提供最优的施工配合比，是控制塑性收缩裂缝的内因，二者综合作用会导致早期开裂。

5.10.2.3　塑性沉降收缩

塑性沉降收缩指的是新拌混凝土下沉的固体颗粒遇到水平钢筋或受到侧面模板的摩擦阻力时，就会与周围的混凝土形成沉降差，在混凝土顶部表面形成塑性沉降裂缝。混凝土的坍落度越大，越易发生塑性沉降裂缝。防止沉降开裂的方法包括减少泌水，或通过合适的约束减少沉降的趋势，以及采用二次振捣等。

6

硬化混凝土的性能

本章将着重从强度、尺寸稳定性、热性能、声性能以及电性能等方面对硬化混凝土的性能进行介绍。

6.1 混凝土的强度

强度是材料抵抗应力而不失效的能力。因此对于承受载荷的混凝土材料而言，强度是其设计过程中最重要的指标。另外，由于强度的测试相比其他性能的测试更为容易，并且强度可以在一定程度上反映混凝土的其他性能（如弹性模量和抗渗性等），因此强度在混凝土质量检验中也是一项重要指标。

6.1.1 混凝土的强度理论

6.1.1.1 混凝土强度理论的发展

混凝土强度理论研究的是混凝土强度随应力状态改变而变化的规律，即用少数几个已知的混凝土强度参数去尽可能广泛并且准确地预测其他各种应力状态下混凝土的强度。

19 世纪末对于混凝土强度理论的研究便已经开始，当时的理论有 Rankine 和 Lame 主张采用的最大正应力理论（第一强度理论）以及 Saint-Venant 和 Poncelet 主张的最大应变强度理论。但是最大应变强度理论与事实偏差较大，而最大正应力理论上只考虑了三个主应力中的一个，显然也不够完善。因此 1900 年 Mohr 提出新的强度理论时引起了广泛的关注。

同时，测试手段的进步在很大程度上促进了混凝土强度理论的发展。Karman 和 Böker 分别对同一脆性材料进行了三轴挤压和拉伸试验，发现 Mohr 理论与试验结果不符。但 Mohr 理论简单易用，因此其之后发展成了著名的 Mohr-Coulomb 理论。Föppl 进行了高围压的压缩试验，发现围压条件大大提高了材料的强度，这一结果无法用 Tresca 准则（第三强度理论）解释，但能用 Mohr-Coulomb 理论解释。

到了 20 世纪 60 年代，人们逐渐认识到第三强度理论和第四强度理论与混凝土的复杂应力特性相差很大（使用时偏差较大），不适合于混凝土材料。20 世纪 60 年代后，真三轴试验机的出现使得独立控制中间主应力成为可能，此后出现了数十种多参数的破坏准则。

混凝土强度理论的发展速度是较为缓慢的。1900 年 Mohr 建立了作为各种强度理论下限的单剪强度理论，1961 年双剪屈服准则被建立（仅适用于拉压强度相等的材料），到了 1985 年各种强度理论上限的双剪强度理论被建立（可用于拉压强度不等的材料），再到 1988—1990 年双剪三参数准则和多参数准则建立，以及 1991 年建立了统一强度理论。

6.1.1.2 混凝土强度与孔的关系

通常情况下，固体材料的强度随着其孔隙率的提高而降低。对于简单且均匀的材料而言，其强度与孔隙率之间的关系可用下式表示：

$$S = S_0 \cdot e^{-kp}$$

式中 S——固体材料的强度；

p——孔隙率；

S_0——该材料的本征强度（孔隙率为零）；

k——常数。

混凝土的强度也与孔隙率有关。1896 年，法国的 Feret 最早提出的混凝土强度公式为：

$$R = K\left(\frac{C}{C+W+A}\right)^2$$

式中 C、W、A——分别为水泥、水和空气的绝对体积；

R——抗压强度；

K——常数。

由此公式可以看出，水和空气的含量越高则混凝土的强度越低，即水和空气含量决定了孔含量。

1919 年，美国的 Abrams D 通过大量的混凝土强度试验提出了水灰比定则，即当混凝土充分密实时，其抗压强度与水灰比成反比，以公式表示如下：

$$f_c = \frac{K_1}{K_2^{W/C}}$$

式中 f_c——混凝土的抗压强度；

K_1，K_2——常数；

W/C——水灰比（体积比）。

使用此公式的前提条件是混凝土必须“充分密实”。“充分密实”的含义为除了拌和用水形成的孔隙或空隙，以及难免引入的少量空气外，混凝土内部不能形成过多孔隙。

20 世纪 60 年代，美国的 Powers T C 将水泥主要水化产物（凝胶）考虑进来，提出了混凝土强度与胶空比的关系式：

$$f_c = Ax^{2.5\sim3}$$

式中 x——胶空比，即水化水泥浆的体积与水化水泥浆和毛细孔体积和之比；

A——凝胶固有强度，为 200～300MPa。

以上理论的实质均为孔隙率对混凝土强度的影响。但孔的其他属性（如孔径分布、形状和取向等）也会对混凝土的强度产生影响。如孔隙率相同时，孔径小则强度高；椭球形孔对混凝土抗压、抗折强度的影响大于球形孔。因此，降低孔隙率，减少有害孔的含量是提高混凝土强度的有效手段。

6.1.1.3 混凝土的强度等级

我国国标《混凝土结构设计规范（2015年版）》（GB 50010—2010）中规定：混凝土强度等级由立方体抗压强度标准值（$f_{cu,k}$）确定，立方体抗压强度标准值系指按标准方法制作、养护的边长为150mm的立方体试样，在28d或设计规定龄期以标准试验方法测得的具有95%保证率的抗压强度值。用符号C表示立方体抗压强度标准值（单位为N/mm^2或MPa），可以分为C15、C20、C25、C30、C35、C40、C45、C50、C55、C60、C65、C70、C75和C80共14个等级。其中，立方体抗压强度标准值（$f_{cu,k}$）是立方体抗压强度总体分布中的一个值，强度低于该值的不超过5%。

下面以C30为例进行说明："30"表示立方体抗压强度标准值（$f_{cu,k}$）为30 MPa，整体意义为此种混凝土的立方体抗压强度大于等于30MPa的保证值率为95%。

素混凝土结构的混凝土强度等级不应低于C15；钢筋混凝土结构的混凝土强度等级不应低于C20；采用强度等级400MPa及以上的钢筋时，混凝土强度等级不应低于C25。预应力混凝土结构的混凝土强度等级不宜低于C40，且不应低于C30。承受重复荷载的钢筋混凝土构件，混凝土强度等级不应低于C30。

6.1.2 混凝土强度的检验评定方法

按强度的种类可将混凝土的强度分为抗压强度、抗拉强度、抗折强度、黏结强度、与钢筋的握裹强度、抗剪强度等。下面将对不同强度进行简单介绍。

6.1.2.1 混凝土的抗压强度

1. 混凝土的立方体抗压强度

我国国标《混凝土物理力学性能试验方法标准》（GB/T 50081—2019）对混凝土立方体抗压强度的测试方法进行了详细的规定。

混凝土的立方体抗压强度是以边长为150mm的立方体标准试件，或边长为100mm或200mm的立方体非标准试件（选取要求见表6-1），养护一定龄期后，以一定的速度（表6-2）进行加载测得的。

表6-1 立方体抗压强度试验试件尺寸选用表

试件最小横截面尺寸/mm×mm	骨料最大粒径/mm
100×100	31.5
150×150	37.5
200×200	63.0

表6-2 不同强度等级混凝土加载速度

混凝土强度等级/MPa	加载速度/(MPa/s)
<30	0.3～0.5
≥30且<60	0.5～0.8
≥60	0.8～1.0

混凝土立方体试件抗压强度应按下式计算：

$$f_{cu}=\frac{F}{A}$$

式中 f_{cu}——混凝土立方体试件抗压强度（MPa）；

F——试件破坏载荷（N）；

A——试件承压面积（mm^2）。

计算结果应精确至 0.1MPa。

混凝土强度等级小于 C60 时，若采用非标准试件测试，则测试值应乘以尺寸换算系数（可取用的尺寸换算系数见表 6-3）。若混凝土强度等级不小于 C60，宜采用标准试件；当采用非标准试件时，且混凝土强度等级不大于 C100 时，尺寸换算系数宜由试验确定，在未进行试验确定的情况下，对于尺寸为 100mm×100mm×100mm 试件可取为 0.95；混凝土强度等级大于 C100 时，尺寸换算系数应经试验确定。

表 6-3 立方体抗压强度非标准试件的尺寸换算系数

试件尺寸	尺寸换算系数
100mm×100mm×100mm	0.95
200mm×200mm×200mm	1.05

2. 轴心抗压强度

混凝土的轴心抗压强度是另一种重要的混凝土抗压强度。在钢筋混凝土结构计算中，计算轴心受压构件时均采用混凝土的轴心抗压强度作为设计依据。我国国标《混凝土物理力学性能试验方法标准》（GB/T 50081—2019）对混凝土的轴心抗压强度的测试方法进行了详细的规定。

混凝土的轴心抗压强度是以尺寸为 150mm×150mm×300mm 的棱柱体或尺寸为 ϕ150mm×300mm 的圆柱体为标准试件，或尺寸为 100mm×100mm×300mm 和 200mm×200mm×400mm 的棱柱体试件或尺寸为 ϕ100mm×200mm 或 ϕ200mm×400mm 的圆柱体为非标准试件（选取要求见表 6-4），养护一定龄期后，以一定的速度进行加载测得的。

表 6-4 轴心抗压强度试验试件尺寸选用表

试件类型	试件最小截面积尺寸/mm×mm	骨料最大粒径/mm
棱柱	100×100	31.5
	150×150	37.5
	200×200	63.0
圆柱	ϕ100×200	25.0
	ϕ200×400	50.0

混凝土轴心抗压强度（棱柱试件）按下式计算：

$$f_{cp}=\frac{F}{A}$$

式中 f_{cp}——混凝土轴心抗压强度（MPa）；

F——试件破坏载荷（N）；

A——试件承压面积（mm^2）。

计算结果应精确至 0.1MPa。

混凝土轴心抗压强度（圆柱试件）按下式计算：

$$f_{cc}=\frac{4F}{\pi d^2}$$

式中 f_{cc}——圆柱体的抗压强度（MPa）；

F——试件破坏载荷（N）；

d——试件计算直径（mm）。

计算结果应精确至 0.1MPa。

若采用非标准试件，混凝土强度等级小于 C60 时，则测试值应乘以尺寸换算系数，可选用的尺寸换算系数见表 6-5。当混凝土强度等级不小于 C60 时，宜采用标准试件；使用非标准试件时，尺寸换算系数应由试验确定。

表 6-5 轴心抗压强度试验非标准试件的尺寸的换算系数

试件类型	试件尺寸	尺寸换算系数
棱柱	100mm×100mm×300mm	0.95
	200mm×200mm×400mm	1.05
圆柱	ϕ100mm×200mm	0.95
	ϕ200mm×400mm	1.05

6.1.2.2 混凝土的抗拉强度

虽然在工程应用中一般以混凝土中埋设的钢筋作为承受拉应力的主体而非混凝土本身，但混凝土的抗拉强度与混凝土抵抗开裂的能力有密切联系，特别是对于水池、水塔等需要严格控制裂纹的结构，因此测定混凝土的抗拉强度具有重要意义。

1. 混凝土的轴向抗拉强度

我国国标《混凝土物理力学性能试验方法标准》（GB/T 50081—2019）对混凝土轴向抗拉强度的测试方法给出了规定。

混凝土的轴向抗拉强度是以截面尺寸为 100mm×100mm（或截面直径为 100mm）的试件，养护一定龄期后，以一定的速度进行轴向拉伸测得的抗拉强度。

轴向抗拉强度按下式计算：

$$f_t=\frac{F}{A}$$

式中 f_t——混凝土的轴向抗拉强度（MPa），计算结果应精确至 0.01MPa；

F——试件的破坏载荷（N）；

A——试件截面面积（mm^2）。

2. 混凝土的劈裂抗拉强度

由于混凝土是脆性材料，其轴向抗拉强度不易测定（试件易在夹持处破坏），常通过劈裂抗拉试验评定其抗拉强度。我国国标《混凝土物理力学性能试验方法标准》

（GB/T 50081—2019）对混凝土的劈裂抗拉强度的测试方法做出了规定。

（1）立方体试件的劈裂抗拉强度。混凝土的劈裂抗拉强度是以边长为 150mm 的立方体试件或尺寸为 ϕ150mm×300mm 的圆柱体试件为标准试件，或以边长为 100mm 的立方体试件或尺寸为 ϕ100mm×200mm 或 ϕ200mm×400mm 的圆柱体试件为非标准试件，养护一定龄期后，以一定的加载速度（表 6-6）进行劈裂测得的。

劈裂抗拉强度（立方体试件）按下式计算：

$$f_{ts}=\frac{2F}{\pi A}=0.637\frac{F}{A}$$

式中 f_{ts}——混凝土劈裂抗拉强度（MPa）；

F——试件破坏载荷（N）；

A——试件劈裂面面积（mm^2）。

计算结果应精确至 0.01MPa。

采用 100mm×100mm×100mm 非标准试件测得的劈裂抗拉强度应乘以尺寸换算系数 0.85。当混凝土强度等级大于等于 C60，应采用标准试件。

表 6-6 劈裂抗拉试验加载速度

混凝土强度等级/MPa	加载速度/(MPa/s)
<30	0.02～0.05
≥30 且<60	0.05～0.08
≥60	0.08～0.10

（2）圆柱体试件的劈裂抗拉强度。采用圆柱体试件测试时，劈裂抗拉强度（圆柱体试件）按下式计算：

$$f_{ct}=\frac{2F}{\pi\times d\times l}=0.637\frac{F}{A}$$

式中 f_{ct}——圆柱体的劈裂抗压强度（MPa）；

F——试件破坏载荷（N）；

d——劈裂面的试件直径（mm）；

l——试件的高度（mm）；

A——试件劈裂面面积（mm^2）。

计算结果精确至 0.01MPa。

6.1.2.3 混凝土的抗折强度

混凝土的抗折强度主要体现为混凝土对于弯折载荷的抵抗能力，其在公路、机场跑道等混凝土的质量控制中均有应用。

我国国标《混凝土物理力学性能试验方法标准》（GB/T 50081—2019）对混凝土的抗折强度的测试方法给出了规定。混凝土的抗折强度是以尺寸为 150mm×150mm×600mm（或 150mm×150mm×550mm）的棱柱体试件为标准试件，或以尺寸为 100mm×100mm×400mm 的棱柱体试件为非标准试件，使 2 个相等载荷同时垂直作用在试件跨度三等分点处（加载速度见表 6-7）测得的。

表 6-7 抗折试验加载速度

混凝土强度等级/MPa	加载速度/(MPa/s)
<30	0.02~0.05
≥30 且<60	0.05~0.08
≥60	0.08~0.10

抗折强度按下式计算：

$$f_f = \frac{Fl}{bh^2}$$

式中 f_f——混凝土抗折强度（MPa）；

F——试件破坏载荷（N）；

l——支座间跨度（mm）；

h——试件截面高度（mm）；

b——试件截面宽度（mm）。

计算结果精确至 0.1MPa。

若使用尺寸为 100mm×100mm×400mm 的非标准试件进行测试，则试验结果应乘以尺寸换算系数 0.85。当混凝土强度等级大于等于 C60 时，宜采用标准试件；当使用非标准试件时，尺寸换算系数应由试验确定。

6.1.2.4 混凝土的黏结强度

黏结强度表征了混凝土之间或混凝土与其他材料之间的黏结强度。《混凝土物理力学性能试验方法标准》（GB/T 50081—2019）对混凝土黏结强度的测试方法进行了规定。其黏结强度按下式计算：

$$f_b = \frac{2F}{\pi A} = 0.637\frac{F}{A}$$

式中 f_b——混凝土的黏结强度（MPa）；

F——破坏载荷（N）；

A——试件黏结面面积（mm^2）。

将 6 个测试值中的最大值和最小值剔除，以其余 4 个测试值的平均值作为该组试件的黏结强度值（计算结果精确至 0.01MPa）。

6.1.2.5 混凝土与钢筋的握裹强度

混凝土与钢筋的握裹强度可按照《混凝土物理力学性能试验方法标准》（GB/T 50081—2019）的规定进行测试。

将各级载荷下的千分表读数减去初始读数，即为该载荷下的滑动变形。

当采用带肋钢筋测试时，以 6 个试件在各级载荷下滑动变形的算术平均值为横坐标，以载荷为纵坐标绘制出载荷－滑动变形关系曲线。从曲线上读出滑动变形分别为 0.01mm、0.05mm 和 0.10mm 对应的载荷并分别记为 F_1、F_2 和 F_3（N）。钢筋握裹强度按下式计算：

$$\tau = \frac{F_1 + F_2 + F_3}{3\pi DL}$$

式中 τ——钢筋握裹强度（MPa）；

D——钢筋的公称直径（mm）；

L——钢筋的埋入深度（mm）。

计算结果精确至0.01MPa。

采用光面钢筋测试时，钢筋握裹强度可通过6个试件拔出试验时最大载荷的平均值除以钢筋埋入表面积（钢筋的直径与埋入深度的乘积）计算（结果精确至0.01MPa）。

6.1.2.6 混凝土的抗剪强度

混凝土的抗剪强度反映混凝土之间及混凝土与其他材料接合面之间抵抗剪应力的能力，其为判定混凝土结构的整体性、稳定性提供了依据。混凝土抗剪强度的测定可以按照《水工混凝土试验规程》（DL/T 5150—2017）的规定进行。各级载荷下的法向应力和剪应力分别按下式计算（结果精确至0.01MPa）：

$$\sigma_i = \frac{F_\sigma}{A}$$

$$\tau_i = \frac{F_\tau}{A}$$

式中 σ_i——法向应力（MPa）；

τ_i——剪应力（MPa）；

F_σ——法向总载荷（N）；

F_τ——剪切载荷（应扣除滚轴排摩擦阻力）（N）；

A——剪切面有效剪切面积（mm^2）。

取5个试件测量值的平均值为本级法向载荷下的剪应力。

根据各级法向载荷下的法向应力和剪应力，做出σ-τ直线，并用最小二乘法或作图法求出下式中直线的斜率f'和截距c'。

$$\tau = \sigma f' + c'$$

式中 τ——极限抗剪强度（MPa）；

σ——法向应力（MPa）；

f'——摩擦因数；

c'——黏聚力（MPa）。

6.1.3 影响混凝土强度的因素

虽然混凝土的各种强度之间无直接的换算关系，但总体而言，混凝土的抗压强度越高则其他强度越高。本节将主要讨论影响混凝土抗压强度的因素。

6.1.3.1 水泥与水胶比

1. 水泥的强度与水胶比

在混凝土强度等级不超过C60时，混凝土的强度与水胶比间存在如下近似关系［《普通混凝土配合比设计规程》（JGJ 55—2011）］：

$$f_{cu} = \alpha_a f_b \left(\frac{B}{W} - \alpha_b\right)$$

式中 f_{cu}——混凝土28d抗压强度（MPa）；

B/W——混凝土水胶比的倒数；

f_b——胶凝材料 28d 胶砂抗压强度（MPa）；

α_a 和 α_b——回归系数。

由此关系不难看出，采用较高强度的水泥和较低水胶比（W/B）均能起到提高混凝土抗压强度的作用。

水胶比对强度的影响与孔隙率和界面过渡区有关。水除参与水化反应外，还起着为浆体提供流动性的作用。在水泥凝结硬化后，参与水化反应的水转化为固态的水化产物，其余的水则填充在体系内部，随着水分的散失成为毛细孔。不难想象，在水泥用量一定的情况下，随着水胶比的提高，体系的总体积也提高，但完全水化后水化产物的总量是一定的，因此提高水胶比会提高体系的孔隙率，削弱水泥石的强度，导致混凝土强度降低。水胶比对于界面过渡区的影响同样会影响混凝土的强度。通过之前章节的学习我们知道，混凝土的破坏始于界面过渡区裂纹的形成与扩展，提高水胶比会增加粗骨料外水膜的厚度，进而提高界面过渡区的厚度并增加界面过渡区的孔隙率，降低混凝土的抗压强度。这一影响对于高强混凝土尤其显著。对于水胶比低于 0.3 的混凝土，少量降低水灰比即可显著提高抗压强度，这可以归结为界面过渡区强度显著提高。低水胶比还具有细化水化产物晶粒、提高水化产物表面积的作用，有利于混凝土抗压强度的提高。

2. 水泥的种类和细度

水泥的种类和细度也会影响混凝土强度。如使用早强型水泥可以使混凝土在较早龄期达到设计强度。在水泥种类与水胶比一定的情况下，水泥越细则其水化反应速度越快，混凝土的强度发展速度也越快。

6.1.3.2 骨料

对于普通强度混凝土而言，骨料（除轻质骨料外）具有数倍于水泥石的强度。因此，骨料强度通常不会直接影响混凝土的强度，而骨料的尺寸、形状和表面结构、级配以及矿物组成等因素均会在不同程度地影响混凝土的强度。但对于高强混凝土而言，骨料的强度可能成为制约混凝土强度的因素。

1. 骨料的级配

骨料的级配除对混凝土的和易性有很大影响外，也会直接影响混凝土的强度。级配良好的骨料空隙率低，总表面积较小，这既有利于混凝土结构的密实，又不会对和易性产生较大影响，进而增加用水量，导致混凝土强度降低。

2. 骨料的尺寸

在骨料级配良好的前提下，改变粗骨料的最大尺寸对混凝土强度同时有两方面的影响。提高粗骨料的最大粒径可以在不改变流动度的情况下减少拌和用水量，有利于强度的提高。但更大粒径的骨料倾向于形成更大、更脆弱的界面过渡区，不利于强度的提高。其对于混凝土强度的总体影响与在水胶比不同的条件下不同。水胶比较低时，界面过渡区对于强度的制约更明显，因此提高骨料最大粒径对于混凝土抗压强度的降低作用比高水胶比时明显。

3. 骨料的表面状态

表面粗糙的骨料与水泥浆的物理结合能力较表面光滑的骨料更强，因此在其他条件相同的情况下，制成的混凝土的强度也有一定程度的提高。但使用表面粗糙的骨料会在一定程度上降低混凝土浆体的和易性，若通过调整水胶比改善和易性，则骨料带来的增强效果可能被抵消。

4. 骨料的形状

在其他条件相同的条件下，使用近似球形或方形的骨料有利于提高混凝土的强度。针状、片状的骨料与水泥浆体的界面结合性能较差，并且在受力时容易折断，对混凝土的强度有不利影响。

5. 骨料的矿物组成

骨料的矿物组成对于强度也有一定的影响。在其他条件相同的情况下，使用砂岩骨料混凝土的强度略高于使用石灰岩骨料混凝土的强度，这可能与硅酸盐水泥的水化产物与硅质骨料结合更紧密有关。

6.1.3.3 水

混凝土拌和用水中的杂质可能会对混凝土的强度和表面质量、凝结时间、耐久性等诸多性能造成损害。

根据《混凝土用水标准》（JGJ 63—2006）的规定，漂浮有油脂、泡沫或有颜色、异味的水不宜用于混凝土拌和。未经处理的海水不能用于钢筋混凝土和预应力混凝土，同时不宜用于装饰混凝土。海水在不得已情况下可用于拌制素混凝土，但会导致混凝土表面潮湿和泛霜，影响混凝土的表面质量和强度。

6.1.3.4 外加剂

不同外加剂对于混凝土的强度有不同的影响。下面以减水剂、引气剂和早强剂等为例进行说明。

1. 减水剂

减水剂的作用可以表述为：在水胶比不变的条件下改善其工作性或在工作性基本不变的条件下减少拌和用水量。提高和易性有利于混凝土内部的密实，降低水胶比有利于降低混凝土的孔隙率，因此合理使用减水剂可以起到提高混凝土强度的作用。

2. 引气剂

引气剂能在拌和过程中向混凝土内部引入大量均匀、独立且稳定的气泡（直径一般为几十微米至200微米）。其对于混凝土强度具有两方面的影响。引入气泡提高了体系的孔隙率，对混凝土的强度不利。但引入气泡在混凝土浆体内部如同滚珠能起到改善混凝土和易性的作用，有助于混凝土的密实而提高强度。同时引入的气泡有提高界面过渡区强度的倾向，有利于混凝土强度提高。最终强度是否提升取决于两种效应的强弱。

3. 早强剂和缓凝剂

对水泥水化具有促进或延缓作用的外加剂能显著影响混凝土强度的发展。例如，早强剂能显著加速混凝土早期强度发展，使混凝土在较早龄期内即可达到较高的强度，但混凝土的最终强度可能会在一定程度上有所降低。反之，在早龄期对水化有抑制作用的缓凝剂不利于混凝土早龄期强度的发展，但可能会提高混凝土最终的强度。

4. 矿物掺和料

使用矿物掺和料部分代替水泥会降低混凝土的早龄期强度，但可能提高混凝土的最终强度。这是由于矿物掺和料在早龄期的水化活性较低。但随着龄期增长，矿物掺和料会与水泥水化产物［$Ca(OH)_2$ 等］反应生成水化硅酸钙等，并填充到水泥石及界面过渡区内部的孔隙中，提高混凝土的强度。

6.1.3.5　拌和制度

如在混凝土拌和过程中拌和时间、投料顺序合理，则混凝土容易达到设计的强度等指标。若混凝土配料不准确、拌和不均匀，甚至为方便施工随意改变水胶比等，都将对混凝土的质量造成极大的危害，严重影响强度等各项性能。

6.1.3.6　测试参数

测试过程中试件参数（包括尺寸、形状等）以及加载条件（加载速度等）均会对强度的测试结果产生影响。

1. 试件尺寸与表面状态

通过前文中介绍的采用非标准试件进行强度测试时的尺寸换算系数的规律不难看出，当试件尺寸大于标准试件时，尺寸换算系数大于1，反之小于1。这表明在其他条件均相同的情况下，试件尺寸越大，强度值越低。这一现象可能与大试件中缺陷增多以及环箍效应有关。在受压过程中，混凝土纵向被压缩，相应地在横向产生膨胀。由于压力机压板（钢板）的刚性远大于混凝土，因此在受压过程中压板会给予横向膨胀的混凝土摩擦力，对混凝土的膨胀起约束作用。与压板的距离越远，这一约束越弱，故试件中部的膨胀大于上下两端，在受压破坏后试件呈中间较细的棱柱状（形状示意图见图6-1）。因此，在其他条件相同的情况下，试件尺寸越大，强度的测量值越低。若测试前在试件受压面上有油脂等具有润滑作用的物质，则试件与压板之间的摩擦力将大大减小，环箍效应将被削弱，强度测试值降低，试件的破坏形式表现为垂直开裂。

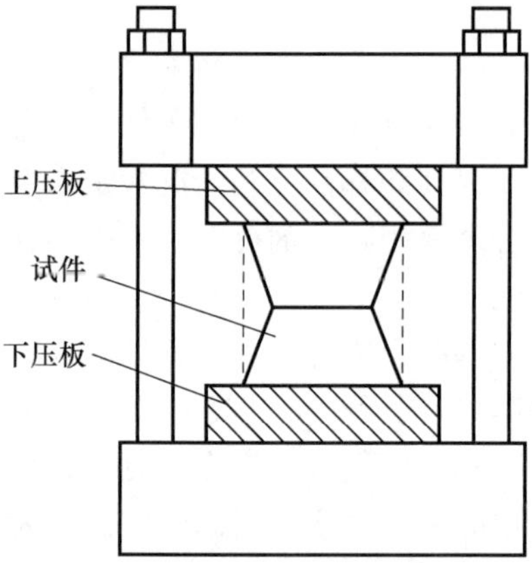

图6-1　混凝土受压破坏后示意图

2. 试件的含水状态

测试时试件的含水状态对于抗压强度值也有影响，水饱和状态的试件的抗压强度比气干试件低20%～25%，这可能与硬化水泥浆体内的分离压有关。因此，在测试过程中应该确保试件具有一致的含水状态。

3. 加载速度

混凝土的破坏始于界面过渡区的微裂纹等缺陷，随着载荷增加，裂纹开始扩展并向基体内部延伸、扩展、连通，最终导致结构被破坏。若加载速度过快，裂纹的扩展速度低于载荷的增加速度，则强度的测试值会偏高。因此，在测试过程中应按照相应标准的规定选择合适的加载速度。

6.1.3.7 养护条件

混凝土的龄期以及养护过程中的温度、湿度等条件均会对混凝土的强度产生影响。

1. 龄期

水泥颗粒的水化自外向内进行，开始时水化速度很快，随着生成的水化产物包裹在水泥颗粒外部，水化速率大大降低。因此，混凝土的强度发展过程可以持续数十年（保证湿度等条件）。在正常养护条件下，混凝土的抗压强度随龄期增长而不断发展，7～14d内发展较快，而后逐渐减慢，28d后更为缓慢。对于采用普通硅酸盐水泥拌制的、中等强度等级的混凝土，在标准养护条件下某一龄期的抗压强度与其28d龄期的抗压强度存在如下近似关系：

$$\frac{f_n}{\lg n}=\frac{f_{28}}{\lg 28}$$

式中 f_n 和 f_{28} 分别为 n（$n \geqslant 3$）和28d龄期的抗压强度（MPa）。

2. 湿度

混凝土内部毛细管内水的蒸汽压对水泥颗粒的水化过程有很大影响。当混凝土内部毛细管内水的蒸汽压低于饱和蒸汽压的80%时，水泥的水化过程减缓到几乎停止。连续湿养护混凝土的强度数倍于同等水灰比制备的连续在空气中养护的混凝土的强度。因此，对于采用普通硅酸盐水泥拌制的混凝土建议至少湿养护7d，若加入了矿物掺和料则应适当延长湿养护时间，以保证矿物掺和料的强度发展。水分从混凝土中散失的速度受环境温度、湿度、风速以及混凝土的表面积/体积等因素的影响，因此可以采用的保持湿度的方法有水中养护、表面喷水以及表面覆膜等。

3. 温度

如同所有的化学反应一样，提高温度会加快水化反应速率。在湿度充足的条件下，养护温度越高，水泥的水化反应速率越快，混凝土强度发展越快，早期强度越高，但相应的最终强度越低。降低养护温度，则水泥的水化反应速率降低，混凝土的早期强度发展缓慢，但能在一定程度上提高最终强度，这一现象可能与硬化水泥浆的均匀性提高有关。但当温度降至水的凝固点以下时，水化反应几乎无法进行，混凝土的强度发展几乎停止。

6.1.4 混凝土实现高强的技术途径

通过前文分析我们了解到混凝土的原料、配合比等因素均会对混凝土的强度产生影响，因此也可从以上几个方面提高混凝土的强度。通过去除粗骨料，掺入硅灰、钢纤维、石英砂、微小钢珠作为骨料，采用极低水胶比拌和，并使用热压成型等手段可以制得强度可达数百兆帕的活性粉末混凝土。这表明水泥石和混凝土具有高强的潜力，但由于设备复杂、原料昂贵等原因，其还不能大规模地应用于土木建筑，但其消除缺陷的思想具有借鉴意义。目前常用的实现混凝土高强的技术途径包括：①硅酸盐水泥＋活性矿物掺和料＋高效减水剂；②硅酸盐水泥＋高效减水剂＋磨细砂＋蒸压养护；③磨细矿渣＋碱组分；④优质石灰＋高效减水剂＋磨细砂＋蒸压养护。

下面主要针对第1条途径进行讨论，这是制备高强混凝土的通用路线。

1. 提高水泥强度等级

在其他条件相同的情况下，选用强度等级高的水泥（例如52.5和62.5）可以提高硬化水泥浆体的强度，从而提高混凝土的强度。同时，高强混凝土的配合比中，水泥的用量较大，水化放热量较高，易导致温升过大引起混凝土开裂。因此，可以特别选用一些水化热较低的水泥（如 C_2S 含量较高的水泥）。另外，选用的水泥还应与高效或高性能减水剂有较好的相容性，并具有较低的需水量。

2. 选用高强的粗骨料

由于混凝土的不均匀性，骨料受到的最大应力可能达到混凝土平均应力的 1.7 倍，因此粗骨料母岩的强度宜大于混凝土强度的 1.7 倍，宜采用密实高强的天然岩石（如辉绿岩、玄武岩、花岗石、石英岩、安山岩等）经破碎加工后得到的碎石作为粗骨料。同时粗骨料粒形应尽量接近球形，并尽可能剔除针状、片状骨料。另外，骨料的最大粒径较大时，内部包含开采和加工过程中产生的微裂纹的概率更高，因此在配制高强或超高强混凝土时骨料的最大粒径需进行限制，例如用于超高强混凝土的骨料最大粒径以 10～14mm 为宜。

3. 掺加高效活性矿物掺和料

掺加硅灰、超细矿渣、超细粉煤灰等矿物掺和料，可以填充硬化水泥浆体和界面过渡区内孔隙。同时这类矿物掺和料中含有大量的活性 SiO_2，其可以与高碱性水化硅酸钙和游离石灰等发生反应形成低碱性水化硅酸钙，改善混凝土中胶凝物质的质量并提高数量，起到提高混凝土强度的作用。

4. 尽可能降低水胶比

在能保证混凝土拌和物工作性的前提下，降低拌和物的水胶比可以提高硬化水泥浆体密实度，进而提高混凝土的强度。因此必须使用高效减水剂。

5. 适当提高胶凝材料用量

在胶凝材料用量一定的前提下，降低水胶比即降低了用水量，因而降低了拌和物的流动性。为了保持混凝土拌和物的流动性，需提高胶凝材料的用量，以保持必要的用水量。同时，在提高胶凝材料用量时，应避免大量增加水泥用量，以防止混凝土温升加剧导致的开裂。

6. 提高砂的细度模数

与同等质量的细砂相比，粗砂具有更小的表面积，使其表面润湿水的用量更少，在达到相同工作性的条件下可以减少用水量。应选用细度模数大于 3.0 的粗河砂作为高强或超高强混凝土的细骨料。

6.1.5 混凝土的受力变形与疲劳

图 6-2 所示为单轴压应力作用下混凝土试样的应力-应变曲线和体积应变曲线。在应力不超过极限应力的约 30%时，混凝土表现出弹性行为，短期载荷下界面过渡区的微裂纹仍保持稳定。应力超过此点，曲线的曲率逐渐增大直至极限应力的 75%～90%，然后曲线急剧弯曲（顶点处几乎变平），最后下降直至试件破坏。

应力在极限应力的 30%～50%时，界面过渡区中的微裂纹因裂纹尖端应力集中有一定扩展，但基体还没有开裂。如应力保持不变则裂纹长度会很快达到终值，此时可以假定裂纹的扩展是稳定的。应力在极限应力的 50%～75%时，界面过渡区裂纹继续增长，裂纹系统趋于不稳定。获得的能量超过裂纹扩展所需的能量时，裂纹扩展速度加快，系统变得不稳定。应力大于极限应力的约 75%时，基体和界面过渡区的裂纹搭接贯通，试件完全破坏。极限应力的约 75%代表了裂纹不稳定扩展的开始，称为临界应力。同时，临界应力还与体积应变的最大值相对应。初始体积变化以类似线性的形式上升至约 75%，而后体积变化的方向转变，导致在接近或达到极限应力时体积膨胀。

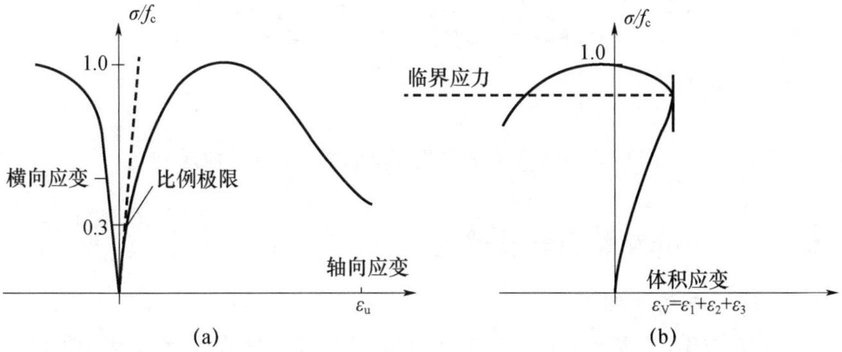

图 6-2 压应力与（a）轴向和横向应变以及（b）体积应变的典型曲线

应力超过临界应力时，混凝土的开裂具有时间依赖性，即在持续应力作用下，界面过渡区和基体之间的裂纹搭接、连通，导致混凝土在低于短期加荷速度的极限载荷下破坏（图 6-3）。

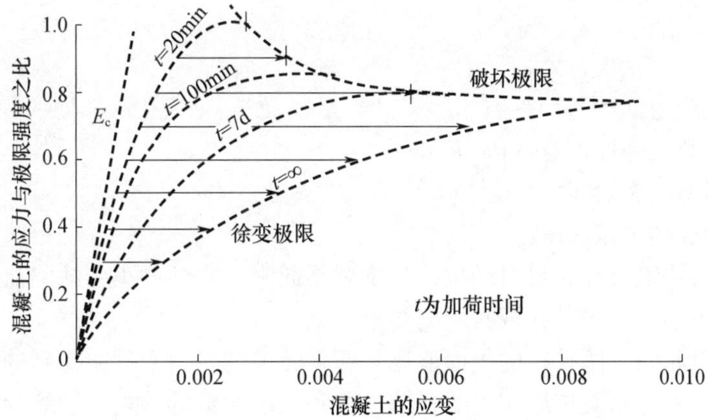

图 6-3 短期加荷强度和长期加荷强度的关系

当应力大于等于极限应力的 50%时，重复或循环载荷会对混凝土强度产生不利影响。例如 5000 次重复载荷下，混凝土会在单次加荷最大强度的约 70%时破坏。这一现象与基体和界面过渡区内的裂纹不断扩展有关。

素混凝土在循环载荷（压应力）作用下的典型行为见图 6-4。当应力水平达到极限应力的 50%～75%时，混凝土的弹性模量和抗压强度均逐步降低。随着载荷循环次数增加，卸载曲线呈现出非线性并在重新加荷时形成典型的滞后环。当应力水平达到极限应力的 75%左右时，卸载-加载曲线呈明显的非线性，这表明混凝土的弹性性质大大退化。开始时，滞后环的面积随每一连续循环而减小，但在最后疲劳破坏前反而增大。一次加载的应力-应变曲线是混凝土在循环载荷下应力峰值的合理包络线。如图 6-4 所示。

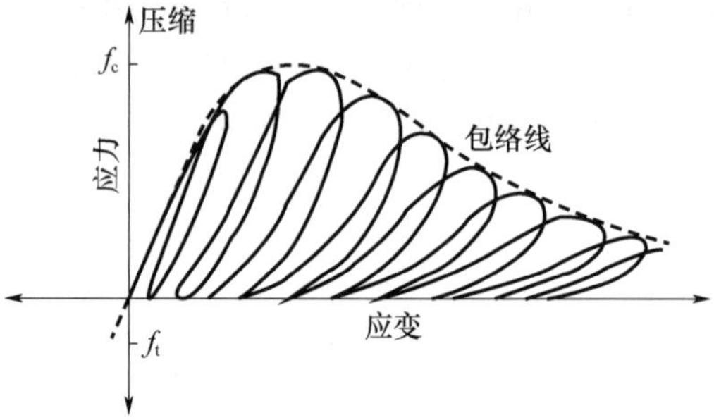

图 6-4 重复单轴载荷作用下混凝土的响应曲线

6.1.6 混凝土的断裂力学及理论

6.1.6.1 线性断裂力学

格里菲斯（Griffith）被认为是断裂力学的创立者。他在实验中发现固体的缺陷使其实际强度仅为理论值的 1/1000～1/10。他认为在外力作用下，固体内部存在的裂纹尖端会产生应力集中，当达到材料的强度极限时，裂纹开始扩展并最终导致材料破坏。他认为裂纹扩展所释放的应变能等于形成新表面所需的表面能，此时裂纹处于临界状态。他于 1920 年提出了具有 Griffith 裂纹的无限大平板的极限抗拉强度与表面能、弹性模量的关系：

$$\sigma=\sqrt{\frac{2E\gamma}{\pi a}}$$

式中 σ——拉应力（Pa）；

E——材料的弹性模量（Pa）；

γ——材料的表面能（J/m^2）；

a——裂纹的半宽（m）。

这一公式将缺陷尺寸和材料的抗拉强度联系起来。它预测小的缺陷比大的缺陷对材料的损伤作用更小。这与试验观察到的结果一致。

但采用格里菲斯方法求得的表面能比与断裂无关的热力学试验得到的表面能高几个数量级。这是因为与断裂扩展相关的耗散过程吸收了大量的能量，裂纹延长所需要的能超过了热力学的值。Irwin 提出应该测定材料在断裂过程中的特征表面能，而非直接使用热力学表面能。他引入了 G_c 作为增加单位裂缝面积所需要的功（也被称为临界能量释放速率）。G_c 一般可以通过采用形状简单的试件进行试验确定。对于已知 G_c 的材料，可以通过计算增加单位面积裂缝所释放的能量 G 与 G_c 的相对大小判断裂纹是否会扩展。当 $G<G_c$ 时，裂纹是稳定的；当 $G>G_c$ 时，裂纹会扩展；当 $G=G_c$ 时，裂纹处于亚稳平衡状态。

根据作用力的不同，可以将实际构件中的裂纹分为Ⅰ型、Ⅱ型和Ⅲ型三种基本形式（图 6-5）。Ⅰ型裂纹也被称作张开型裂纹，其特征为正应力 σ 与裂纹面垂直，在 σ 作用下裂纹尖端张开且扩展方向与 σ 垂直；Ⅱ型裂纹也被称作滑开型裂纹，其特征为剪应力 τ 与裂纹面平行，在 τ 的作用下裂纹滑开且扩展方向与 τ 平行；Ⅲ型裂纹也被称作撕开型裂纹，其特征为裂纹在剪应力作用下上下错开，裂纹沿原来的方向向前扩展。若构件内裂纹同时受正应力和剪应力的作用，则此时就会同时存在两种形式的裂纹，其被称为复合型裂纹。

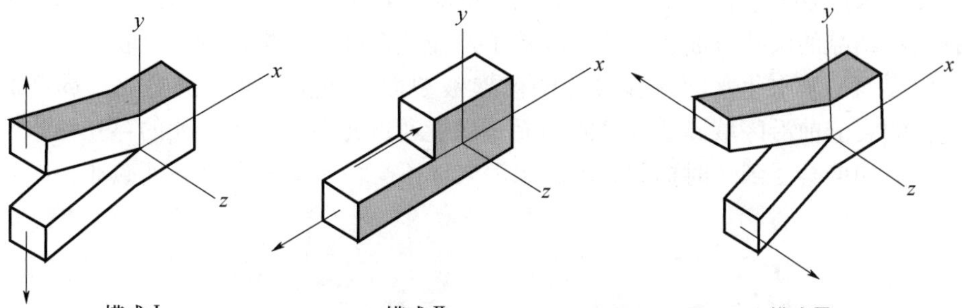

模式Ⅰ　　模式Ⅱ　　模式Ⅲ

图 6-5　裂纹扩展的三种基本形态

在工程中Ⅰ型裂纹最危险，最容易引起应力脆断，因此受关注最多。Ⅰ型裂纹下裂纹尖端的应力如下：

$$\sigma_y=\frac{K_{\mathrm{I}}}{\sqrt{2\pi r}}\cos\frac{\varphi}{2}(1+\sin\frac{\varphi}{2}\sin\frac{3\varphi}{2})$$

$$\sigma_x=\frac{K_{\mathrm{I}}}{\sqrt{2\pi r}}\cos\frac{\varphi}{2}(1-\sin\frac{\varphi}{2}\sin\frac{3\varphi}{2})$$

$$\tau_x y=\frac{K_{\mathrm{I}}}{\sqrt{2\pi r}}(\sin\frac{\varphi}{2}\cos\frac{\varphi}{2}\cos\frac{3\varphi}{2})$$

K_{I} 称为模式Ⅰ的应力场强度因子，其与应力和特征长度的平方根线性相关。假设特征长度与裂纹长度有关，则：

$$K_{\mathrm{I}}=\sigma\sqrt{a}\,f(g)$$

式中　$f(g)$ 是取决于试件和裂纹形状的函数。

不同的裂纹都可以计算应力场强度因子，K 随应力的增大而增大。当 K 增大到 $K=K_c$ 时，此时裂纹前端某一区域内的内应力已达到足以使材料分离的临界值，继续增大则会导致裂纹失稳扩展，构件断裂。K_c 被称为临界应力场强度因子，即材料的断裂韧度。K_c 是材料阻止宏观裂纹失稳扩展能力的度量，是材料本身的性质，与裂缝的大小、形状以及应力大小等因素无关。$K=K_c$ 是断裂力学中的应力场强度因子判据。对于线弹性行为，仅考虑Ⅰ型裂纹和平面应力条件时，能量释放速率和应力场强度因子之间有以下关系：

$$G_{\mathrm{I}}=\frac{K_{\mathrm{I}}^2}{E}$$

6.1.6.2　混凝土断裂力学

以 Griffith 理论为基础的线弹性断裂力学主要研究理想脆性材料中裂纹不稳定扩展问题。混凝土的破坏也是裂纹扩展造成的，但混凝土是非匀质材料，具有非完全线性行为，其裂纹扩展过程与理想脆性材料不完全相同。自 20 世纪 60 年代 Kaplan 首先将断裂力学应用于混凝土以来，关于混凝土断裂力学的研究工作取得了一些进展，许多与混凝土破坏有关的现象已经用断裂力学给出合理的解释。可以认为断裂力学的基本观点，即临界能量释放速率 G_c 或临界应力场强度因子 K_c 控制着裂纹快速扩展的观点对于研究混凝土的破坏现象很值得借鉴。

在硬化水泥浆体中存在不同形式和尺寸的裂缝通道元以及裂缝阻挡元（图 6-6）。氢氧化钙板状结晶的层间裂面、相邻凝胶粒子外壳接触处已破损部分、凝胶粒子内外包络面的径向裂面、未水化水泥颗粒核心的球形破裂面，均属于裂缝通道元。局部高阻力区、钝化的裂缝前沿区域属于裂缝阻挡元。裂缝通道元和裂缝阻挡元的存在使水泥浆体内裂缝扩展初期会受到暂时抑制，因此水泥浆体不会由一条临界裂缝而破坏。

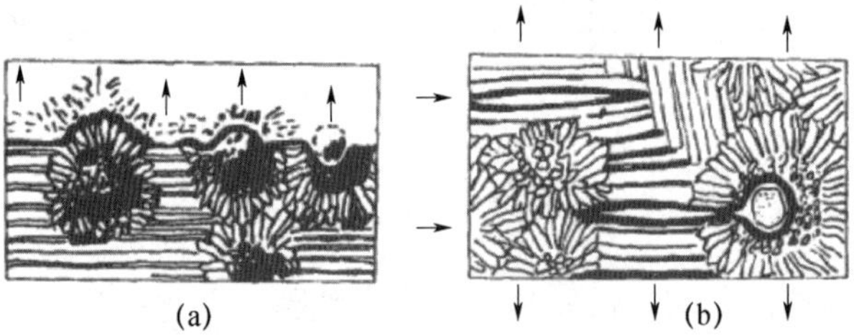

图 6-6　硬化水泥浆体

（a）裂缝通道元；（b）裂缝阻挡元

同时，混凝土内的孔隙对于混凝土破坏过程起的作用也不尽相同。因此需对 Griffith 判据的部分参数进行修正。如弹性模量 E 在相同的组分下主要取决于总孔隙率 p，即：

$$E = E'(p)$$

断裂表面能受裂纹穿过的有效长度影响。若裂缝将多孔材料割开，消耗的能量取决于无孔材料的表面能（每单位面积上断开的粒子面积），这意味着只有横切粒子的那部分断裂表面能对能量平衡有贡献（示意图见图 6-7）。对于弯曲扩展的裂纹，这种关系也是存在的（示意图见图 6-8）。因此，可按下式重新定义断裂表面能：

$$\gamma_p = \gamma(1 - p)$$

Griffith 公式中裂纹长度 $2c$ 的定义为均匀无线板中一条单一裂纹的长度。而在真实的材料中，其是等效的最大裂纹长度为 $2\bar{c}$ 或相当的大孔。由于相邻的大裂缝之间存在相互作用，c 的值不一定与 $\bar{c}$ 的值相同，在任何情况下，$\bar{c}$ 的值会随孔尺寸分布（PSD）（特别是大孔）的变化而改变。因此裂纹半长度 c 为：

$$c = \bar{c}(PSD)$$

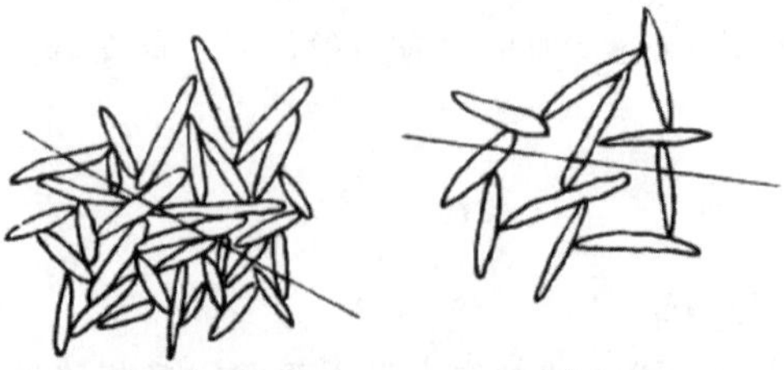

图 6-7　消耗断裂能的示意图

（a）裂缝穿过低孔隙材料；（b）高孔隙材料

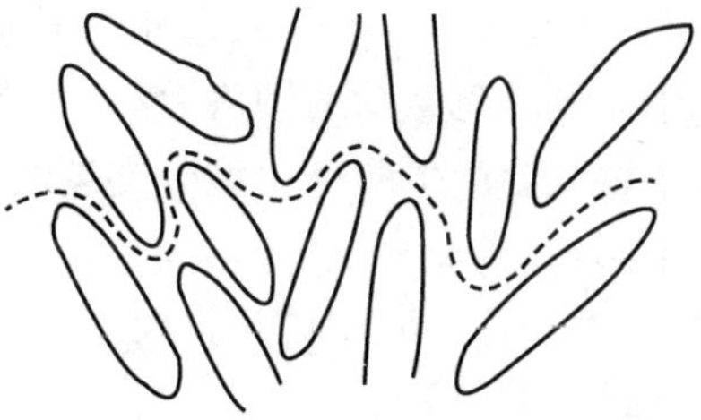

图 6-8 裂纹弯曲扩展路径

因此，Griffith 公式被改写为：

$$\sigma=\sqrt{\frac{2E'(p)\gamma(1-p)}{\pi\bar{c}(PSD)}}$$

骨料与水泥浆体之间的界面过渡区是裂纹的起点之一。但在裂纹扩展的过程中，骨料也能起到阻碍裂纹运动的作用。假定硬化水泥浆体中存在原始长度为 $2c_{\mathrm{m}}$ 的裂纹，裂纹每侧扩展 Δc 后与骨料相遇，裂纹不稳定方式扩展的极限应力为 σ_{m}，硬化水泥浆体的断裂表面能为 γ_{m}，此时 σ_{m} 的值为：

$$\sigma_{\mathrm{m}}=\sqrt{\frac{2E\gamma_{\mathrm{m}}}{\pi c_{\mathrm{m}}}}$$

假定裂纹扩展 Δc 后遇到骨料，则裂纹尖端进一步扩展的条件为：

$$\sigma_{\mathrm{A}}=\sqrt{\frac{2E\gamma_{\mathrm{A}}}{\pi(c_{\mathrm{m}}+\Delta c)}}$$

式中 γ_{A}——骨料的断裂表面能（$\mathrm{J/m^2}$）。

普通混凝土中 σ_{m} 和 σ_{A} 的关系见图 6-9。在外力作用下，裂纹自 P_1 开始向 P_2 点扩展，并在到达 P_2 点时受阻。若增加载荷到 σ_{A}，则裂纹有可能进一步穿过骨料扩展。在大多数情况下，裂纹穿过骨料所需的能量大于裂纹绕过骨料扩展所需的能量。因此大多数情况下，在载荷增加到 σ_{A} 前，裂纹已绕过骨料扩展，这增加了裂纹的行进距离，偏转了裂纹的运动方向，增大了裂纹扩展所需的能量，起到了阻碍裂纹扩展的作用。但这一作用的前提是裂纹在扩展到骨料之前并未达到临界长度，若裂纹在扩展到骨料之前已经达到临界长度就不会被阻挡住。

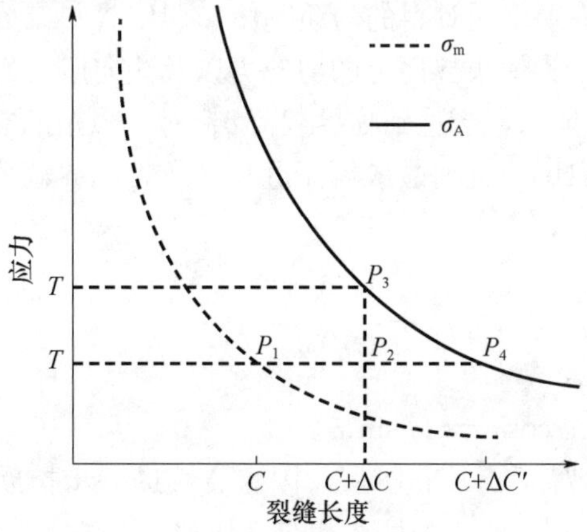

图 6-9 普通混凝土中 σ_{m} 和 σ_{A} 的关系

裂纹在混凝土中扩展的最简单情况为：在无限远处受压应力载荷的弹性板中一条任意倾斜的裂纹。其初始长度为 $2l_1$，与外部载荷的倾角为 α，板上作用的应力为 q（图 6-10）。当外力达到一定水平时，这一裂纹会产生两条Ⅰ型分支裂纹，作一些简化假定后，可以得出分支裂纹长度 l_2 的表达式：

$$\frac{p}{\sqrt{\pi l_2}}=K_{\mathrm{Ic}}$$

式中　$p=T\cdot\sin\alpha$，T 为引起倾斜裂缝两相对边滑移的剪应力 $\tau_{\xi n}$ 的合力，若取摩擦系数为 f，则：

$$T=2l_1\tau_{\xi n}=2l_1q(\sin\alpha\cos\alpha-f\sin^2\alpha)$$

可得：

$$q=\frac{\sqrt{\pi l_2}}{2l_1}\cdot\frac{K_{\mathrm{Ic}}}{A(\alpha,\ f)}$$

式中　$A(\alpha,\ f)=\sin^2\alpha\cos\alpha-f\sin^3\alpha$。

这一裂纹的扩展是稳定的，即 l_2 随 q 的增加不断增大。这类裂纹扩展可以近似用来说明砂浆基体中原生裂纹的扩展情况。但对于混凝土还需考虑基体与骨料之间的界面以及骨料的影响。

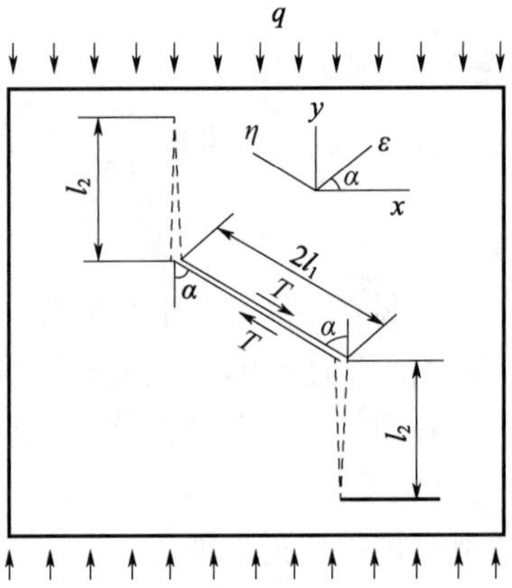

图 6-10　分支裂纹发展示意图

下面首先考虑含有一颗多角骨料的匀质基体，假定骨料某一边有一条长为 $2l_1$ 的初始黏结裂纹（图 6-11a）。为解决界面上的剪应力以及法向应力的集中问题，需引入应力集中系数 k_τ 和 k'_σ。可以证明，当达到临界载荷 $q_{\mathrm{II}}^{\mathrm{IF}}$ 时，最初的裂纹将沿界面伸展，且此裂纹是不稳定的（图 6-11b）。此时裂纹属于Ⅱ型裂纹，临界载荷主要取决于界面的临界应力强度因子 $K_{\mathrm{IIc}}^{\mathrm{IF}}$，即：

$$q_{\mathrm{II}}^{\mathrm{IF}}=\frac{K_{\mathrm{IIc}}^{\mathrm{IF}}}{D_{\mathrm{IF}}(\alpha,\ f)}\frac{1}{\sqrt{\pi l_1}}$$

式中　$D_{\mathrm{IF}}(\alpha,\ f)=k_\xi\sin\alpha\cos\alpha-k_\sigma f\sin^2\alpha$。

剪切裂纹的长度达 $2l_1$ 后会停止扩展，因为裂纹进一步扩展必须穿过基体，而基体的 $K_{\mathrm{IIc}}^{\mathrm{M}}$ 远远大于界面的 $K_{\mathrm{IIc}}^{\mathrm{IF}}$ 值。若外部载荷增加到一个较高的临界值 $q_{\mathrm{I}}^{\mathrm{M}}$ 时，基体内将发展出分支裂纹（图 6-11c），此时有：

$$q_{\mathrm{I}}^{\mathrm{M}}=\frac{K_{\mathrm{I}c}^{\mathrm{M}}}{\sqrt{\pi l_1}}\cdot\frac{\sqrt{0.75}}{D_{\mathrm{IF}}(\alpha,\ f)}$$

基体中的裂纹长度可用匀质材料公式求得：

$$q=\frac{\sqrt{\pi l_2}}{2l_1}\cdot\frac{K_{\mathrm{I}c}}{A_{\mathrm{IF}}(\alpha,\ f)}$$

式中　$A_{\mathrm{IF}}(\alpha,\ f)=D_{\mathrm{IF}}(\alpha,\ f)\sin\alpha$；

l_2 相当于图中 AA′的距离。

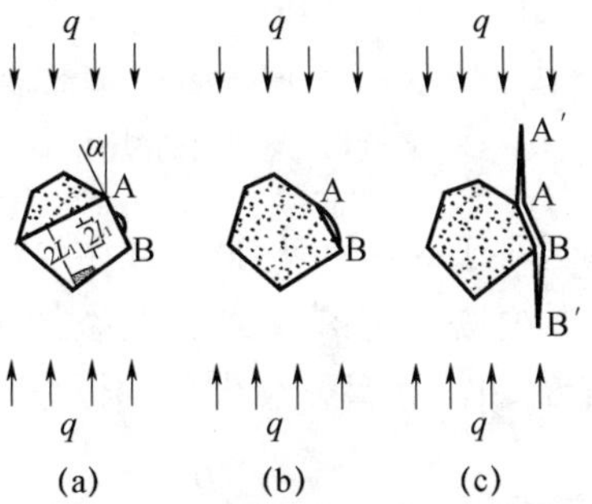

图 6-11　多角骨料匀质基体裂纹

（a）一条长为 $2l_1$ 的倾斜裂纹；（b）裂纹沿界面 AB 以不稳定形式生长；

（c）载荷增加时最后形成的分支裂纹 AA′及 BB′

假定分支裂纹在其扩展过程中遇到第二颗骨料，裂纹进一步扩展有三种可能，即沿原方向穿过骨料；变为Ⅰ型裂纹沿界面 MN 扩展（图 6-12）；作为Ⅱ型裂纹沿界面 MN 扩展。为了求解裂纹扩展的路径，应比较上述三种可能的路径对应的临界载荷值。

对于穿过骨料的裂纹：

$$q_{\mathrm{I}}^{\mathrm{INCL}}=\frac{\sqrt{\pi l_2}}{2l_1}\cdot\frac{K_{\mathrm{I}}^{\mathrm{INCL}}}{A_{\mathrm{IF}}(\alpha,\ f)}$$

对沿界面的Ⅰ型裂纹：

$$q_{\mathrm{I}}^{\mathrm{INT}}=\frac{2K_{\mathrm{I}c}^{\mathrm{IF}}\sqrt{\pi l_2}/L_1}{A_{\mathrm{IF}}(\alpha,\ f)\left\{3\cos\left(\frac{\beta}{2}\right)+\cos\left(\frac{3\beta}{2}\right)\right\}-3B_{\mathrm{IF}}(\alpha,\ f)\left\{\sin\left(\frac{\beta}{2}\right)+\sin\left(\frac{3\beta}{2}\right)\right\}}$$

对沿界面的Ⅱ型裂纹：

$$q_{\mathrm{II}}^{\mathrm{INT}}=\frac{2K_{\mathrm{II}c}^{\mathrm{IF}}\sqrt{\pi l_2}/L_1}{A_{\mathrm{IF}}(\alpha,\ f)\left\{\sin\left(\frac{\beta}{2}\right)+\sin\left(\frac{3\beta}{2}\right)\right\}+B_{\mathrm{IF}}(\alpha,\ f)\left\{\cos\left(\frac{\beta}{2}\right)+3\cos\left(\frac{3\alpha}{2}\right)\right\}}$$

式中　$B_{\mathrm{IF}}(\alpha,\ f)=D_{\mathrm{IF}}(\alpha,\ f)\cos\alpha$；

l_2 相当于图 6-12b 中 AA′的距离。

从以上三个方程可以看出，裂纹遇到第二颗骨料时，裂纹进一步扩展的路径取决于骨料特性 $K_{\mathrm{I}c}^{\mathrm{INCL}}$、界面特性 $K_{\mathrm{I}c}^{\mathrm{IF}}$、$K_{\mathrm{II}c}^{\mathrm{IF}}$ 之间的相互关系、裂纹途径 A′ABB′的几何形状以及界面 MN 的倾斜度。

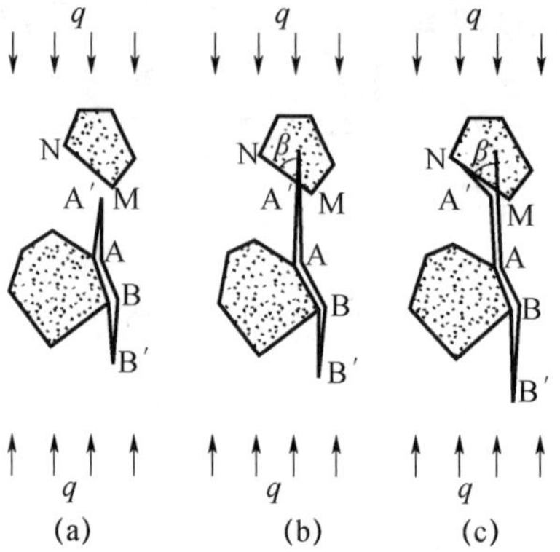

图 6-12 裂纹进一步扩展的三种可能

(a) 从界面扩展入基体的裂纹；(b) 遇到第二颗骨料的裂纹；(c) 沿界面 MN 扩展的裂纹

对于普通混凝土，K_{Ic}^{IF} 远远小于 K_{Ic}^{INCL}，因此裂纹主要沿 MN 扩展，这是因为 K_{Ic}^{INCL} 很大，临界 q_{I}^{INCL} 必然很高。裂纹按 Ⅰ 型裂纹或 Ⅱ 型裂纹扩展，主要取决于 β 的符号 (β 符号的规定见图 6-13)。若 $\beta<0$，Ⅰ 型裂纹出现的概率较高；若 $\beta>0$，则 Ⅱ 型裂纹出现的可能性更大。

对于高强混凝土，裂纹的生长途径与在匀质基体中类似，因此与普通混凝土相比，高强混凝土裂纹偏离外载荷方向的可能性较小。

对于轻骨料混凝土来说，其基体强度可能显著低于界面强度，裂纹将贯穿基体及骨料颗粒。裂纹在轻骨料混凝土中的扩展是稳定的。裂纹到达骨料后将进入骨料中。裂纹在骨料中的扩展是不稳定的，因为与相应的 K_{Ic}^{M} 相比，K_{Ic}^{INCL} 较小。当裂纹穿过骨料再一次进入基体时，其将停止扩展，必须进一步施加载荷才能使裂纹向基体中扩展。

图 6-13 β 符号的规定

6.1.7 混凝土的弹性行为及模型

混凝土受载荷时表现出弹性应变及非弹性应变。本节将对混凝土的应力-应变曲线呈非线性的原因进行简单讨论，并对影响弹性模量的因素进行简单分析。

6.1.7.1 应力与应变的非线性关系

图 6-14 给出了硬化水泥浆体、骨料和混凝土在单轴压应力作用下的典型应力-应变曲线，可以看出骨料和硬化水泥浆体的应力-应变曲线呈现较好的线性关系，而混凝土的应力-应变曲线则明显呈非线性关系。这一现象与水泥石和骨料的界面过渡区有关。

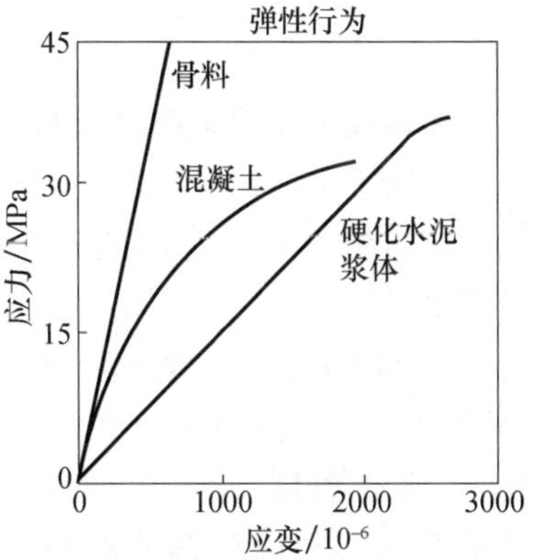

图 6-14 硬化水泥浆体、骨料和混凝土的典型应力-应变曲线

图 6-15 给出了在不同压应力水平下混凝土内部裂纹发展的示意图。混凝土在压应力下的行为可以分为四个阶段。受载荷前，由于干燥收缩以及温度收缩等作用的影响，硬化水泥浆体发生了一定程度的收缩，硬化水泥浆体与骨料的弹性模量不一致，导致骨料与水泥浆体界面处存在应力，这使得界面过渡区内在外加压应力前已存在微裂纹。在压应力不超过极限应力的 30％时，界面过渡区内的裂纹是稳定的，应力-应变曲线保持线性（图中阶段①）。当压应力大于极限应力的 30％但不超过 50％时，界面过渡区内的微裂纹开始延长并且宽度有所增加，应力与应变比开始增大，应力-应变关系开始偏离直线，但此时界面过渡区内的裂纹整体仍保持稳定，对应图中阶段②。当压应力为极限应力的 50％～60％时，硬化水泥浆基体内部开始出现裂纹。随着应力增加到极限应力的约 75％时，界面过渡区内的裂纹不再稳定，同时硬化水泥浆基体内的裂纹开始大量产生并扩展，应力-应变曲线弯曲程度提高，斜率进一步降低(向水平变化)，对应图中阶段③。当压应力超过极限应力的约 75％时，界面过渡区内裂纹和硬化水泥浆基体内裂纹继续扩展并逐渐连通，表现为应变随着应力的增加而急剧提高（应力-应变曲线进一步接近水平），直到裂纹完全贯通试件被破坏，对应图中阶段④。

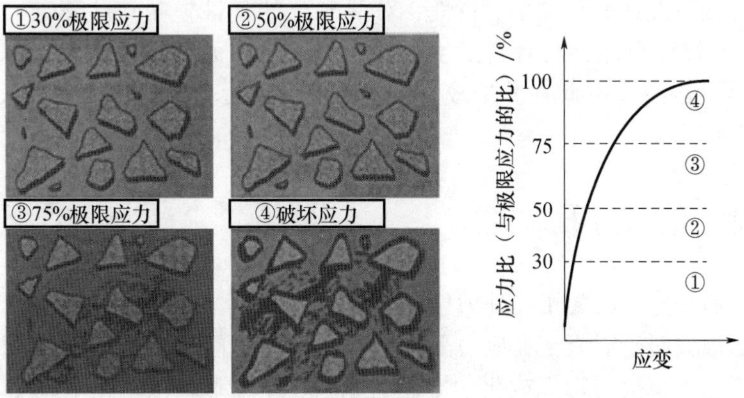

图 6-15 不同压应力水平下混凝土内部裂纹发展的示意图

6.1.7.2 弹性模量

1. 弹性模量的种类

混凝土的弹性模量可以分为静弹性模量和动弹性模量两大类。

混凝土的静弹性模量由应力-应变曲线的斜率确定。由于混凝土的应力-应变曲线具有非线性的特点，采用不同的计算方法会得到不同的弹性模量。由应力-应变曲线上任意一点的斜率给出的模量为切线模量；由原点与40%破坏应力对应点的连线的斜率确定的是割线模量；弦线模量由纵向应变为50μm/m微应变对应点与40%破坏应力对应点的连线的斜率确定，与割线模量相比修正了应力-应变曲线起点处经常出现的下凹［静力受压弹性模量测试方法见《混凝土物理力学性能试验方法标准》(GB/T 50081—2019)］。

动弹性模量可以近似由过原点作应力-应变曲线的切线模量给出，也可以采用共振法进行较为精确的测定［详细试验方法见《普通混凝土长期性能和耐久性能试验方法标准》(GB/T 50082—2009)］。低强、中强和高强混凝土的动弹性模量一般比相应的静弹性模量分别高40%、30%和20%，对于承受冲击载荷的结构，测试动弹性模量更为合适。

2. 弹性模量的影响因素

与匀质材料的弹性模量主要受密度影响不同，混凝土的弹性模量受组分比例、密度、弹性模量以及界面过渡区性质的影响。

(1) 骨料。由于骨料在混凝土中体积占比可达约70%，因此骨料的弹性模量对于混凝土的弹性模量有很大影响。通常混凝土中高弹性模量的粗骨料含量越高，混凝土的弹性模量越大。对于骨料本身而言，一般来说，骨料孔隙率越低则弹性模量越高，如花岗岩、暗色岩和玄武岩等孔隙率较低的骨料的弹性模量在70～140GPa，而砂岩、石灰石等孔隙率较高的骨料的弹性模量在21～49GPa范围内。骨料的粒径、形状及表面构造和级配等会对界面过渡区性能产生影响，也会在一定程度上影响混凝土的弹性模量。

(2) 硬化水泥浆体。硬化水泥浆体的弹性模量主要受孔隙率的影响，因此水胶比、含气量、矿物掺和料等因素均会影响混凝土的弹性模量。硅酸盐水泥浆体的弹性模量一般在7～28GPa范围内。

(3) 界面过渡区。水胶比，骨料的粒径、形状、表面构造、级配，水泥的水化程度等均会影响界面过渡区的孔隙率等特性，对混凝土的弹性模量产生影响。界面过渡区内富集的$Ca(OH)_2$可能会与骨料发生反应，逐渐在界面过渡区内生成水化产物，降低界面过渡区孔隙率，因此在养护较长一段时间后混凝土的弹性模量增长速度可能会提高。

6.2 混凝土的尺寸稳定性

与其他材料一样，混凝土在外力作用下会发生变形，虽然在一般情况下这种变形是不易察觉的。前文对于混凝土在应力下的受力变形进行了介绍，但除外力作用外，混凝土在非载荷作用下也会因物理或化学方面的原因发生变形，包括化学收缩、温度收缩、自收缩、干燥收缩与徐变以及碳化收缩。若混凝土结构受到约束，体积的收缩将在混凝土内部产生应力，导致混凝土开裂，进而会对混凝土结构的稳定性、耐久性等产生影响。因此，需要深入了解混凝土体积变化的原因及影响因素。

6.2.1 化学收缩

6.2.1.1 化学收缩的定义

化学收缩是水泥水化产物的体积小于水化前水泥和水的体积之和导致的收缩。在硅酸盐水泥的水化过程中，水泥矿物转化为水化产物，体积有较大增长，但从整个体系的角度看，体系的总体积减少了7%～9%。这与水泥和水与水化产物之间的密度差异有关。下面以硅酸三钙（C_3S）与水（H）反应生成水化硅酸钙（$C_3S_2H_3$）和氢氧化钙（CH）为例对化学收缩的计算过程进行简单介绍，见表6-8。

若C_3S按下式水化：

$$2C_3S+6H \longrightarrow C_3S_2H_3+3CH$$

表6-8 计算表格

<table>
<tr><th rowspan="2">项目</th><th colspan="2">反应物</th><th colspan="2">产物</th></tr>
<tr><th>C_3S</th><th>6H</th><th>$C_3S_2H_3$</th><th>3CH</th></tr>
<tr><td>摩尔质量/(g/mol)</td><td>228.3×2</td><td>18×6</td><td>342.5</td><td>74.1×3</td></tr>
<tr><td>密度/(g/cm^3)</td><td>3.15</td><td>1.00</td><td>2.71</td><td>2.23</td></tr>
<tr><td>体积/cm^3</td><td>144.95</td><td>108</td><td>126.38</td><td>99.69</td></tr>
</table>

反应物总体积为252.95cm^3，产物的总体积为226.07cm^3，减少了26.88cm^3，相当于总体积减少了10.63%。固相体积由反应物的144.95cm^{3}提升至产物的226.07cm^3，提升了55.98%。

6.2.1.2 不同熟料矿物的化学收缩

水泥的几种主要熟料矿物水化前后体积变化见表6-9。根据研究，硅酸盐水泥四种主要矿物的化学收缩的排序为铝酸三钙（C_3A）>铁铝酸四钙（C_4AF）>硅酸三钙（C_3S）>硅酸二钙（C_2S）。

表6-9 水泥熟料矿物水化前后体积变化

<table>
<tr><th rowspan="2">反应式</th><th rowspan="2">摩尔质量/(g/mol)</th><th rowspan="2">密度/(g/cm^3)</th><th colspan="2">体系绝对体积/cm^3</th><th colspan="2">固相绝对体积/cm^3</th><th colspan="2">绝对体积变化/%</th></tr>
<tr><th>反应前</th><th>反应后</th><th>反应前</th><th>反应后</th><th>体系</th><th>固相</th></tr>
<tr><td rowspan="4">$2C_3S+6H \longrightarrow C_3S_2H_3+3CH$</td><td>228.3×2</td><td>3.15</td><td rowspan="4">253.1</td><td rowspan="4">226.1</td><td rowspan="4">145.0</td><td rowspan="4">226.1</td><td rowspan="4">−10.6</td><td rowspan="4">+56.0</td></tr>
<tr><td>18×6</td><td>1.00</td></tr>
<tr><td>342.5</td><td>2.71</td></tr>
<tr><td>74.1×3</td><td>2.23</td></tr>
<tr><td rowspan="4">$2C_2S+4H \longrightarrow C_3S_2H_3+CH$</td><td>172.3×2</td><td>3.26</td><td rowspan="4">177.8</td><td rowspan="4">159.6</td><td rowspan="4">105.7</td><td rowspan="4">159.6</td><td rowspan="4">−10.2</td><td rowspan="4">+51.0</td></tr>
<tr><td>18×4</td><td>1.00</td></tr>
<tr><td>342.5</td><td>2.71</td></tr>
<tr><td>74.1</td><td>2.23</td></tr>
</table>

续表

反应式	摩尔质量/(g/mol)	密度/(g/cm^3)	体系绝对体积/cm^3		固相绝对体积/cm^3		绝对体积变化/%	
			反应前	反应后	反应前	反应后	体系	固相
$C_3A+3C\bar{S}H_2+25H \longrightarrow C_6A\bar{S}_3H_{32}$	270.18	3.04	761.9	691.1	311.5	691.1	−9.3	+121.9
	172.17×3	2.32						
	18×25	1.00						
	1237.09	1.79						
$C_6A\bar{S}_3H_{32}+2C_3A+4H \longrightarrow 3C_4A\bar{S}H_{12}$	1237.09	1.79	940.9	938.4	868.9	938.4	−0.27	+8.0
	270.2×2	3.04						
	18×4	1.00						
	1867.4	1.99						
$C_3A+6H \longrightarrow C_3AH_6$	270.18	3.04	196.98	150.11	88.88	150.11	−23.79	+68.89
	18×6	1.00						
	378.28	2.52						

6.2.1.3 化学收缩的影响因素

由于化学收缩是水泥水化引起的，因此水泥的水化程度决定了化学收缩的大小。随着水化反应的进行，水化产物生成量逐渐增加，化学收缩逐渐增大。影响水泥水化的因素也是影响水泥化学收缩的因素。

水泥水化具有早期速度快、然后逐渐减缓的特点，因此水泥化学收缩的增长速度具有先快后慢的特点。水胶比较大时，水泥颗粒与水接触更充分，单位质量水泥的化学收缩量更大。随着龄期的增长，水泥水化程度提高，化学收缩量增大。

6.2.2 温度收缩

6.2.2.1 温度收缩的定义

混凝土的温度收缩是指混凝土随温度降低产生的收缩。温度收缩的量可以用下式表示：

$$\sum t = \alpha_t \times \Delta T$$

式中 $\sum t$——混凝土的温度变形（应变）；

α_t——混凝土的热膨胀系数（1/℃）；

ΔT——温度变化（℃）。

混凝土的温度膨胀系数为 $(0.6 \sim 1.3) \times 10^{-5}$/℃，即温度每变化 1℃，1m 长的混凝土将膨胀或收缩 0.006～0.013mm。

6.2.2.2 温度收缩的影响因素

混凝土的温度变形受热膨胀系数和温度变化的影响。混凝土的热膨胀系数由混凝土各组分的热膨胀系数共同决定。环境温度变化、外界热源存在以及水泥水化放热均会使混凝土的温度发生变化。其中，水泥水化导致的温度变化对于大体积混凝土、大面积混凝土和纵长混凝土的影响比普通混凝土更大。在大型混凝土结构中，水泥水化放出大量的热，受散热条件制约混凝土内部的热量无法很快散出，导致混凝土的内部与表面存在较大的温差，造成混凝土内部膨胀而外部收缩，对外部混凝土产生很大的拉应力，易使混凝土开裂。温度收缩的拉应力可按下式计算：

$$\sigma_t = K_r \frac{E}{1+\varphi} \sum t$$

式中 σ_t——拉应力（Pa）；
K_r——约束度；
E——弹性模量（Pa）；
φ——徐变系数；
$\sum t$——混凝土的温度变形（应变）。

6.2.2.3 减小温度收缩的措施

为了降低温度收缩的影响，在工程中可以采取的措施有以下几项：选择水化热较低的水泥品种，并尽可能降低胶凝材料中水泥的用量，以减少水化放热；选用热膨胀系数较低的骨料，以降低混凝土的热膨胀系数；拌和前预冷骨料以及使用冰水混合物拌和混凝土等方式降低混凝土的入模温度和温升；在施工的过程中严格控制浇筑的速度，通过合理分层保证混凝土连续浇筑，从而保证混凝土温度均匀上升。

6.2.3 自收缩

6.2.3.1 自收缩的定义

自收缩是指水泥基材料在不与外界发生水分交换的条件下产生的，由混凝土自干燥现象引起的宏观体积收缩。硬化水泥浆体内存在大量的毛细孔，并且随着水化反应的进行，体系内自由水逐渐减少，导致浆体内部相对湿度降低（自干燥现象）。自干燥现象使毛细管内出现弯曲液面，并对浆体产生负压，导致体积收缩。这一现象可以通过Laplace方程和Kelvin公式进行解释。Laplace方程给出了弯曲液面的附加应力为：

$$\Delta P = \frac{2\gamma\cos\theta}{r}$$

式中 ΔP——附加压力（Pa）；
γ——水的表面张力（N/m）；
θ——水和毛细管壁的接触角（°）；
r——毛细管半径（m）。

Kelvin公式给出了液面半径与相对湿度之间的关系：

$$RT\ln(RH) = -\frac{2\gamma M}{\rho r}$$

式中 RH——相对湿度（弯曲液面的饱和蒸汽压与平液面的饱和蒸汽压的比值）（%）；
γ——水的表面张力（N/m）；
M——水的摩尔质量（g/mol）；
r——毛细管半径（mm）；
ρ——水的密度（g/cm^3）；
R——摩尔气体常数［J/(mol·K)］；
T——温度（K）。

结合 Laplace 方程和 Kelvin 公式可以推导出附加压力与相对湿度的关系：

$$\Delta P=-\frac{\ln(RH)\rho RT}{M}$$

即硬化水泥浆体内相对湿度越低，弯曲液面产生的毛细管负压越大。

自收缩在水泥初凝后开始产生，主要发生在混凝土凝结硬化后的几周内（特别是刚刚凝结硬化后的几天）。由于凝胶水并不能参与水化反应，故自干燥现象仅发生于毛细孔内，随着毛细孔内水逐渐被水化消耗，水逐渐从大孔迁移至小孔，毛细管负压随毛细管直径减小而增加。

6.2.3.2 自收缩的影响因素

由于自收缩是水化反应导致毛细管失水造成的，故若单位体积浆体内的水含量越高（水胶比越大），则浆体湿度下降越小，且大孔比例越高，自收缩越小，反之自收缩越大。从体系的角度看自收缩是水泥石的行为，因此水泥浆用量越大、水泥越细，则混凝土的自收缩越大。

6.2.3.3 减小自收缩的措施

提高水胶比可以延缓浆体湿度下降速度，提高大孔比例，减小自收缩。但提高水胶比会带来一系列其他问题（特别对于高性能混凝土而言）。可以采用自养护技术降低自收缩，即在混凝土的生产过程中添加一些饱水的轻骨料或吸水能力很强的添加物（如饱水的高吸水性树脂等），当水化使浆体内部的相对湿度降低时，添加物中的水分可以向浆体内部迁移，起到减小自收缩，同时不显著影响其他性能的作用。

由于自收缩是水泥石的行为，而骨料并不收缩，因此提高骨料在体系中的体积分数（降低水泥石的体积分数）具有减小自收缩的作用。另外，骨料本身也具有抵抗变形的作用，并且这一作用随骨料弹性模量的提高而增强。添加其他具有较高弹性模量的添加物（如纤维等）也能起到减小自收缩的作用。同时，减少水泥用量，降低水泥石的体积分数也能起到降低自收缩的作用。

另外，通过添加具有降低毛细孔表面张力作用的减缩剂和具有膨胀能力的膨胀剂也能减小自收缩，但二者的作用机理不同。减缩剂通过降低表面张力减小负压，以此实现减缩。而膨胀剂则是通过自身体积膨胀起到补偿体积收缩的作用。

6.2.4 干燥收缩与徐变

干燥收缩与徐变在一些方面具有相似性，故经常将二者放在一起进行对比和讨论。

6.2.4.1 干燥收缩

1. 干燥收缩的定义

干燥收缩（简称干缩）是混凝土失水导致的体积收缩。对于混凝土干缩的解释有毛细管张力学说、拆开压力学说、凝胶体颗粒表面能变化学说及层间水迁移学说等。

毛细管张力学说的解释为，浆体失水导致毛细管负压增大，对毛细管壁的作用增强，进而导致体积收缩。这与自收缩机理有一定的相似性，二者的区别在于失水的原因。造成自收缩的失水仅与水泥的水化有关，而造成干燥收缩的原因则是毛细孔水向外界蒸发。同时，毛细孔直径对二者的影响也有区别。对于自收缩，毛细孔孔径越小，附加压力越大，收缩相应越大。而对于干缩，毛细孔孔径越小，对其中自由水的束缚越紧，自由水向外界蒸发越困难，失水率越低，收缩相应越小。

拆开压力学说从 C-S-H 凝胶之间的吸引和排斥的角度解释干缩现象。水泥石中 C-S-H 凝胶之间同时存在吸引作用（范德华力）和表面吸附水层产生的斥力作用（拆开压力）。拆开压力随 C-S-H 凝胶表面吸附水膜厚度的增加而增强，而吸附水膜的厚度随相对湿度的提高而增加。当浆体毛细孔内的水全部蒸发后，C-S-H 凝胶的吸附水也将部分脱除，导致吸附水膜的厚度减少，拆开压力减小，C-S-H 凝胶互相接近，宏观表现为收缩。

凝胶体颗粒表面能变化学说认为，湿度变化引发 C-S-H 凝胶表面自由能的变化，进一步导致凝胶所受压力改变引起收缩。固体微粒在表面吸附有一层水膜时受到的压力为：

$$P=\frac{2\sigma S}{3}$$

式中 P——固体微粒表面受到的压力（Pa）；

σ——水的表面自由能（J/m^2）；

S——固体的比表面积（1/m）。

可见 C-S-H 凝胶受到的压力与 C-S-H 凝胶的比表面积和水的表面自由能有关。C-S-H 凝胶具有很高的比表面积，故水的表面自由能的变化会对 C-S-H 凝胶受到的压力产生很大影响。当相对湿度在 20%～50%范围内变化时，σ 随相对湿度的变化而变化。当相对湿度较大时，C-S-H 凝胶表面存在多层吸附水，产生压力极小，对于收缩的影响极小。

层间水迁移学说指出，C-S-H 凝胶内层间水的流失也会导致体积收缩。当相对湿度很低时，C-S-H 凝胶内部的层间水开始向外迁移并导致体积收缩，这一过程对于收缩（特别是不可逆收缩）有很大影响，影响程度大于表面自由能和拆开压力引起的收缩。

2. 干燥收缩的影响因素

影响干缩的因素与影响自收缩的因素有一定的相似性，水胶比越大，浆体内毛细孔越多，干缩越大。由于干缩是水泥石的行为，故拌制混凝土时，水泥浆的用量越大，混凝土的干缩越大。骨料具有限制收缩的作用，骨料用量越大、模量越大，收缩越小。由于干缩是水泥石在环境中失水导致的，因此环境湿度对于干缩有很大影响，环境湿度越小则干缩越大。

3. 减小干燥收缩的措施

根据干缩的特点，可以采用以下方式减少干缩：降低胶凝材料中水泥的用量；选用高弹性模量的骨料或掺加高弹性模量的纤维；延长湿养护时间，以推迟干缩的发生和发展，对于防止混凝土早期开裂有利；在拌和过程中合理添加减缩剂等外加剂同样能起到降低干缩的作用。

4. 干缩与湿胀

干缩后混凝土在吸水后的变形可以部分恢复，这一现象与湿胀有关。若混凝土在水中硬化，其体积基本不变甚至略有膨胀，这种混凝土吸水膨胀的现象被称为混凝土的湿胀，这是凝胶体吸水导致粒子吸附水膜的厚度增加，粒子间距增大所致。即使将干缩后的混凝土长期浸入水中，湿胀也无法完全补偿干缩，总有不可逆的收缩残留，即干缩是不可逆的过程，其值为收缩量的 30%～60%。混凝土的干缩、湿胀特性见图 6-16。

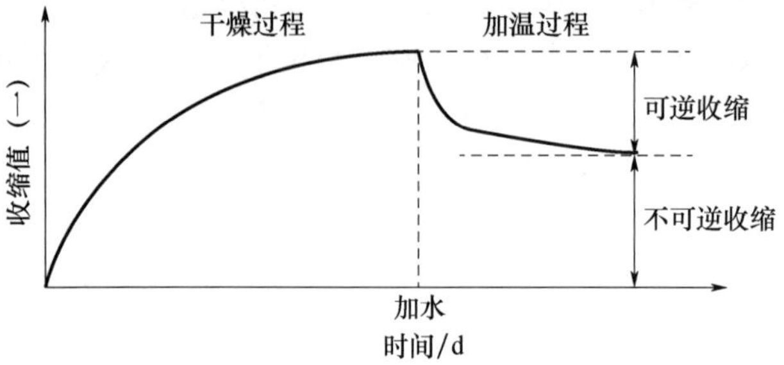

图 6-16　混凝土的干缩、湿胀特性

6.2.4.2　徐变

1. 徐变的定义

徐变是混凝土在长期恒定载荷作用下，变形随载荷作用时间的延长而增长的现象。一般认为徐变现象与凝胶体的失水、界面过渡区的裂纹、骨料的延迟弹性有关。

在外力作用下，凝胶体将失去部分物理吸附水，使凝胶体厚度变小，导致混凝土变形。当应力水平达到极限应力的 30％～40％时，界面过渡区内微裂纹的扩展也会导致徐变的发生。混凝土内硬化水泥浆起到黏结骨料的作用，当载荷从硬化水泥浆传递到骨料上时，骨料承受的应力逐渐增大并开始出现弹性形变，对减少混凝土的徐变有一定的作用。

2. 徐变与应力松弛

若受应力作用的混凝土结构受到约束无法变形，则混凝土结构的应力将随时间的延长而降低，这一现象被称作应力松弛。徐变和应力松弛是黏弹性材料的典型表现，受约束的混凝土构件承受的应力随时间逐渐减小，这是应力松弛的结果。其对混凝土开裂有很大影响。

3. 徐变恢复与不可逆徐变

将已经发生徐变的混凝土上的应力撤除后，在很短的时间内应变会大量减少，减少量几乎与刚加载时产生的弹性应变处于同一数量级，这部分应变恢复被称作弹性恢复；弹性恢复后，应变在一段时间内逐渐减小，被称作徐变恢复（图 6-17）。与干缩类似，徐变也无法完全恢复，无法恢复的部分被称作不可逆徐变。徐变的恢复部分与骨料的可完全恢复的延迟弹性应变有关。

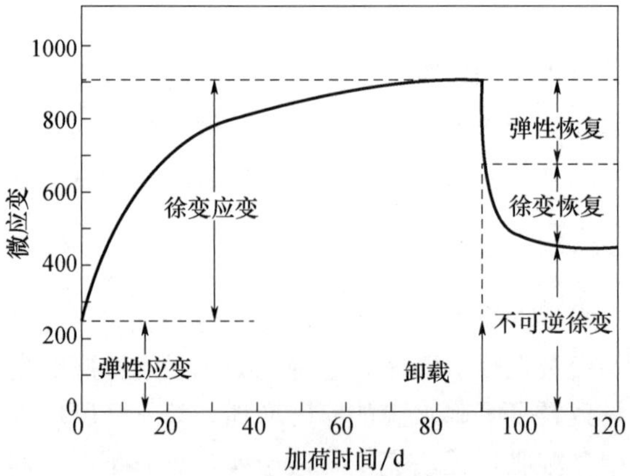

图 6-17　混凝土的徐变特性

混凝土的徐变对于开裂还有很大影响。对于受约束的混凝土结构，由于应力松弛现象的存在，混凝土收缩实际产生的拉应力低于预期拉应力，大大延迟了混凝土的开裂。徐变对混凝土开裂的影响见图 6-18。

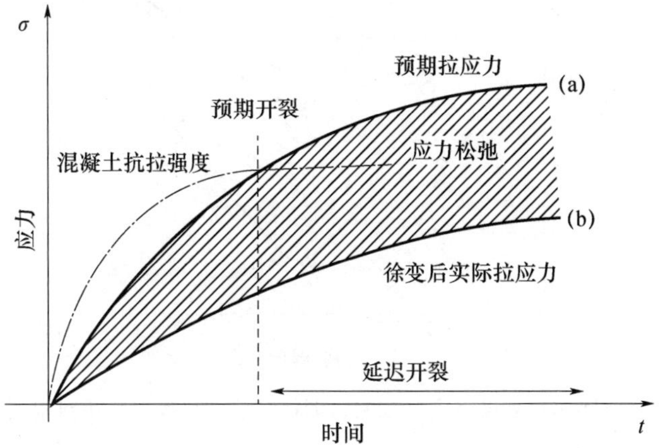

图 6-18 徐变对混凝土开裂的影响

6.2.5 碳化收缩

6.2.5.1 碳化收缩的定义

混凝土在大气环境中，由于碳化作用引起的收缩称为碳化收缩。其机理为空气中的二氧化碳在水分存在的条件下（实质是碳酸的作用）与水泥的水化产物反应生成碳酸钙、硅胶、铝胶以及游离水等产物，引起了水泥石的收缩。碳化收缩的机理可以用下式简单描述：

$$Ca(OH)_2 + CO_2 \xrightarrow{H_2O} CaCO_3$$

$$\text{C-S-H} + CO_2 \longrightarrow \text{C-S-H(低硅钙比)} + CaCO_3 + H_2O$$

$$C_3A \cdot 3CaSO_4 \cdot 32H_2O + 3CO_2 \xrightarrow{H_2O} 3CaCO_3 + 2Al(OH)_3 + 3(CaSO_4 \cdot 2H_2O) + 23H_2O$$

$Ca(OH)_2$ 最先发生碳化生成 $CaCO_3$，导致体积收缩。$Ca(OH)_2$ 被消耗使硬化水泥浆体的碱度下降，导致其他水化产物（如 C-S-H 凝胶和钙矾石等）无法稳定存在，也可发生碳化。这一过程伴有水的损失、体积的收缩以及 C-S-H 凝胶钙硅比的降低。

6.2.5.2 碳化收缩的影响因素

显然，外界环境中 CO_2 的浓度会影响碳化收缩的速度，CO_2 的浓度越高，碳化的速度越快。同时，碳化的速度还与湿度有很大关系。湿度在 50%左右时碳化速度最快；湿度过高（如接近 100%）时，CO_2 不易通过较厚的水层扩散到水泥石内部，或 CO_2 与混凝土表层附近孔溶液中的 Ca^{2+} 反应生成的 $CaCO_3$ 封堵了孔隙，不利于碳化继续进行；湿度过低（小于 25%）时，水泥石孔隙中缺水，同样不利于碳化进行。不同湿度条件下混凝土干燥收缩、碳化收缩与总收缩如图 6-19 所示。

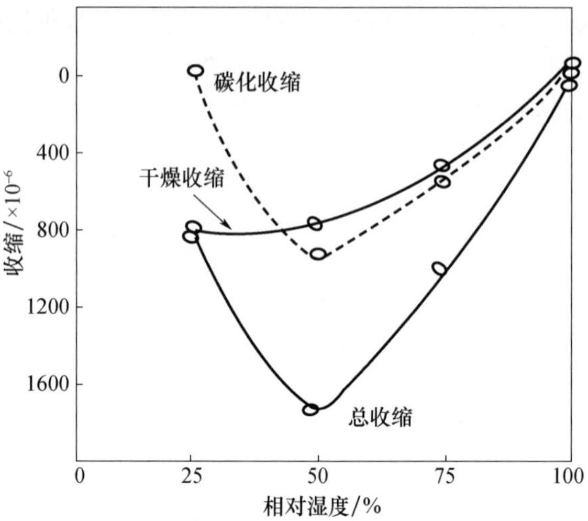

图 6-19 不同相对湿度下干燥收缩、碳化收缩和总收缩与相对湿度的关系

6.2.6 混凝土的尺寸稳定性与开裂

混凝土尺寸稳定性不佳的直接后果是开裂，会对混凝土结构的强度、耐久性等产生影响，进而对结构的安全性及寿命等造成影响。收缩是开裂的起因，但不是唯一的影响因素，混凝土的抗拉强度、徐变、弹性模量等因素均对混凝土开裂有影响。

若混凝土完全不受约束，则收缩不会产生应力。但在实际情况下，混凝土几乎总是受到约束，此时混凝土的收缩会在其内部产生应力。其大小可用下式表示：

$$\sigma = K \times \sum f \times E \times \gamma$$

式中 σ——拉应力（Pa）；

K——约束系数；

$\sum f$——收缩变形（应变）；

E——弹性模量（Pa）；

γ——应力松弛系数（定义为材料产生应力松弛后的应力与初始应力的比值）。

混凝土的收缩应力受约束程度、收缩变形量、弹性模量以及应力松弛多方面的影响，若拉应力大于混凝土的抗拉强度则会导致开裂。可见，控制开裂需要综合考虑原料、混凝土配合比、外界环境、养护制度以及约束水平等因素对混凝土的收缩、弹性模量、徐变以及强度等因素的影响。

6.3 混凝土的其他性能

6.3.1 混凝土的热性质及温度效应

6.3.1.1 混凝土的热性质

混凝土的热性质也是混凝土的重要性质。导热系数和热扩散系数影响热量在混凝土中的传导，会在一定程度上影响混凝土内部温升（特别是大体积混凝土），进而对裂纹产生、翘起等产生影响。线膨胀系数影响混凝土温度变化时的形变量，在桥梁等结构的设计中具有重要意义。

1. 导热系数和热扩散系数

导热系数是单位截面、长度的材料在单位温差下和单位时间内直接传导的热量，其单位为 W/(m·K)。普通混凝土的导热系数通常在 1.4～3.6 W/(m·K) 范围内，一般不受密度的影响。但轻质混凝土的导热系数随密度变化较大，这是由于轻质混凝土中含有的空气的导热系数较低。骨料对于混凝土导热系数的影响较大，采用不同骨料拌制的混凝土的导热系数见表 6-10。含水量对于混凝土的导热系数有两方面的影响。由于水的导热系数大于空气的导热系数，故提高含水量可提高导热系数，但由于水的导热系数低于硬化水泥浆体的导热系数，因此降低含水量也有提高导热系数的作用。实际的影响取决于两个效应的强弱。例如对于轻质骨料混凝土，提高含水量能显著提高导热系数。

热扩散系数是物体中某一点温度的扰动传递到另一点的速率的量度。其与导热系数之间存在如下关系：

$$\alpha=\frac{K}{c\rho}$$

式中 α——热扩散系数（m^2/s）；

K——导热系数［W/(m·K)］；

c——比热［J/(kg·K)］；

ρ——混凝土的密度（kg/m^3）。

典型混凝土的热扩散系数为 0.002～0.006m^2/h，主要受骨料种类的影响，按如下顺序增加：花岗岩＞石灰岩＞石英岩。

2. 比热容

比热容是表示物质提高温度所需热量的能力的物理量。混凝土的比热容受混凝土含水量的影响较大，而一般与骨料的矿物特性无关。同时混凝土的比热容随温度的增加和密度的降低而增加。普通混凝土的典型比热容为 840～1170J/(kg·K)。

3. 线膨胀系数

线膨胀系数是表示单位温度变化导致物体长度值变化的物理量。混凝土的线膨胀系数为正值。其值受水泥石与骨料线膨胀系数共同影响。水泥石的线膨胀系数介于 11×10^{-6} 与 20×10^{-6} 之间，部分骨料的线膨胀系数见表 6-11。可见水泥石的线膨胀系数一般高于骨料，二者的差异会对混凝土产生不利影响。当混凝土内外温差超过 50℃时，也可能产生较大的热冲击。

表 6-10 不同骨料制备的混凝土的导热系数

骨料种类	混凝土湿密度/(kg/m^3)	导热系数/[W/(m·K)]
石英岩	2440	3.5
白云石	2500	3.3
石灰石	2450	3.2
砂岩	2400	2.9

续表

骨料种类	混凝土湿密度/(kg/m³)	导热系数/[W/(m·K)]
花岗岩	2420	2.6
玄武岩	2520	2.0
粗面岩	3040	2.0
膨胀页岩	1590	0.85

表 6-11 部分骨料的线膨胀系数

骨料种类	热膨胀系数（$\times10^{-6}$）
石灰石	6
玄武岩和辉长岩	7
花岗岩	8
辉绿岩	10
砂岩和砾岩	11
石英岩	12

6.3.1.2 混凝土的温度效应

1. 高温对混凝土性能的影响

图 6-20 给出了含石灰石骨料的混凝土在高温下暴露后的抗压强度（相对值）与劈裂抗拉强度（相对值）随温度变化的曲线（试件尺寸为 ϕ100mm×200mm 的圆柱）。可见随着混凝土暴露温度的提高，混凝土的强度逐渐减小。当暴露温度高于 150℃时，强度降低的幅度显著增大。不同类型混凝土的强度损失也有所不同，轻质混凝土在高温下的强度损失较小，而高强混凝土的强度损失较大。表 6-12 给出了暴露于不同温度下混凝土的抗压强度与室温下抗压强度之比的范围。在高温下，混凝土中水泥的水化产物 $Ca(OH)_2$ 可能分解为 CaO，若冷却后水分重新进入混凝土内并使 CaO 重新水化，可能对混凝土造成很大的破坏。

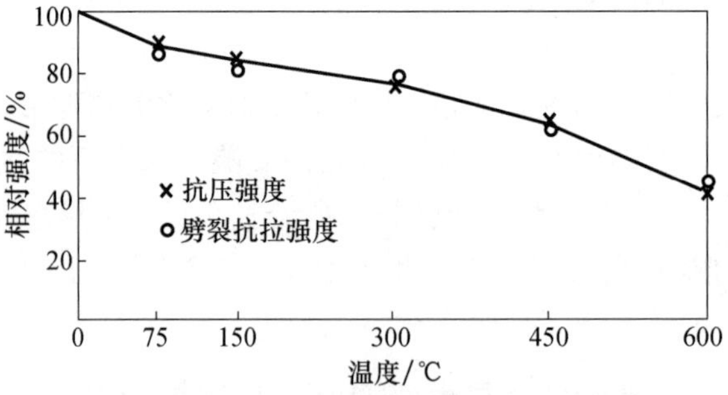

图 6-20 温度对混凝土强度的影响

表 6-12 不同温度下混凝土的抗压强度与室温下抗压强度之比

最高温度/℃	20	200	400	600	800
剩余强度比/%	100	50～92	45～83	38～69	20～36

2. 低温对于混凝土性能的影响

混凝土在低温下的强度与在室温下的强度有显著的差别。−200～0℃范围内混凝土的强度比室温下的强度显著提高。强度的增长受混凝土湿度的影响，湿饱和混凝土在冷冻后的抗压强度是室温下混凝土抗压强度的 2～3 倍，而干燥混凝土的强度增长则较为缓慢。强度的增长与硬化水泥浆体中冰的形成有关。在低温下毛细管水和吸附水会冻结，与水不同，冰具有承受应力的作用，同时还降低了混凝土的孔隙率，提高了混凝土的强度。

6.3.2 混凝土的电学性质

对于保护电缆的混凝土以及起防止杂乱电流产生作用的混凝土而言，其电学性质也是必须要考察的因素。另外，混凝土的电阻率对于其内部钢筋的锈蚀也有影响。同时可以通过电学性质对新拌和硬化混凝土的性能进行预测。本节将简单介绍混凝土的电学性质。

湿润混凝土的电阻率约为 $100\Omega\cdot m$，气干混凝土的电阻率约为 $10^4\Omega\cdot m$，绝干混凝土的电阻率约为 $10^9\Omega\cdot m$，可见干燥的混凝土是良好的绝缘体。电阻率随含水率的降低而提高，表明混凝土中电流通过电介质或自由水中的离子流动。当毛细孔堵塞时，电流也可以通过吸附水流动。

由于水是主要的导电介质，提高水胶比能降低混凝土的电阻率，反之会提高电阻率。特别地，若混凝土中含有较多的水化较慢的矿物掺和料，则混凝土的电阻率增加会持续很长时间。水中的离子浓度对混凝土的电阻率也有影响，提高离子浓度能降低混凝土的电阻率，水胶比较高时这一影响较为明显。若直接将混凝土浸于海水内，则混凝土电阻率会出现很大增长，这与混凝土表面形成的 $Mg(OH)_2$ 和 $CaCO_3$ 层有关。水泥的成分决定了游离水中离子的量，故水泥的种类对于混凝土的电阻率有很大影响，其中铝酸盐水泥的电阻率远远大于硅酸盐水泥的电阻率。电阻率还与电压和温度有关。电压提高，则电阻率提高；温度升高，则电阻率降低。

混凝土的电容随龄期和频率的增加而增加或减小。铝酸盐水泥混凝土的绝缘强度高于普通硅酸盐水泥混凝土的绝缘强度，绝干混凝土和在空气中存放的混凝土的绝缘强度几乎相同。

6.3.3 混凝土的声学性质

混凝土由是水泥石、粗骨料、细骨料以及内部的气孔等组成的多相复合体，各组分的比例以及混凝土结构的随机性均对声波在混凝土中的传播有影响。本节将对混凝土的声学特性进行简单介绍。

6.3.3.1 混凝土声能衰减特性

组成混凝土的水泥、砂、卵石、碎石等组分具有不同的声阻抗，这使得弹性波在混凝土中的衰减比在相同声径的金属材料中的传播能量衰减大得多。声能衰减主要有三个方面的原因：

(1) 弹性波在混凝土内各相界面上的反射、折射使得弹性波发生了散射。

(2) 组成混凝土的各组分具有各自的固有频率，当包含各种频率的弹性波通过时，混凝土中具有相应自振频率的组分发生共振形成新的球面波源，使声波的能量不断减弱。

（3）在弹性波传播的过程中，受混凝土的黏滞性和颗粒间干摩擦的影响使部分振动的能量以热能的形式散失。

6.3.3.2　混凝土内声波传播方向特性

声波在混凝土中传播方向性较差的特点与以下三个方面因素有关：

（1）声波束的扩散角与频率成反比，声波（如在混凝土中常采用频率为30～100kHz的超声波）频率较低，因而扩散角较大。

（2）声波在骨料与水泥石的界面以及其他声阻抗变化的区域被反射，这种杂乱的反射使得入射波向周围散射。

（3）混凝土中颗粒尺寸大小不一并具有不同的固有频率，其与入射波共振造成的散射使入射波的传播方向混乱。

6.3.3.3　混凝土中声速的影响因素

影响声波在混凝土中传播速度的主要因素包括试件尺寸、温度、湿度、混凝土中钢筋分布、混凝土的骨料及水胶比等因素。

1. 试件尺寸的影响

在实际试件中测得的声速（实测声速）比在无限介质中的声速（纵波速度）低。当试件的横向最小尺寸 $d \geqslant 2\lambda$（声波波长）时，实测声速与纵波速度基本一致；当 $\lambda < d < 2d$ 时，实测声速比纵波速度低2.5%～3.0%；当 $0.2\lambda < d < \lambda$ 时，实测声速与纵波速度的差值可达6%～7%；当 $d < 0.2\lambda$ 时，传播模型已变为杆中传播。

2. 温度、湿度的影响

环境温度低于水的凝固点时，混凝土内的游离水结冰，由于声音在冰中的传播速度（约3.5km/s）大于在水中的传播速度（约1.45km/s），测得的脉冲速度增加；环境温度为5～30℃时，声速随温度升高而降低，但降幅很小；环境温度在40～60℃范围内时，声速降低约5%。

湿度对声速的影响更为明显（特别是对于强度较低的混凝土），饱水混凝土的声速比干燥混凝土的声速高约2%。湿度较高时，混凝土孔隙内部存在毛细孔水，声音在水中的传播速度大于空气中的传播速度（约0.34km/s），因此湿度较高的混凝土中声速较快。

3. 混凝土中钢筋分布

声音在钢筋中的传播速度比在普通混凝土中高1.2～1.9倍，在测量钢筋混凝土的声速时，若测量路径上有钢筋，则测量的“声时”将偏短（声音可能部分或全部通过钢筋传播），导致声速测量值偏高。当钢筋垂直于声波传播方向时，声音在钢筋中传播的距离相对于整个混凝土厚度较小，对结果影响也相对较小。若钢筋平行于声波传播方向，则可能会对声速测量值产生较大影响。

4. 骨料的影响

骨料占比越高，混凝土的声速越快。这是因为超声波在骨料中的传播速度比在水泥石中的快，因此混凝土中骨料的比例越高，则声波在传播过程中通过骨料的概率越大，声速越快。同时，骨料的最大粒径越大，传播方向上骨料的距离越长，混凝土声速越快；砂率越低，粗骨料比例越高，混凝土声速越快。

不同种类骨料的声速差异也很大，采用声速高的骨料越多，则混凝土的声速越快。

部分骨料的声速值见表6-13。

表6-13 部分骨料的声速值

品种	密度/(g/cm^3)	纵波速度/(km/s)	横波速度/(km/s)
花岗岩	2.66	4.77	2.70
辉长岩	2.99	6.46	3.50
玄武岩	2.63	5.57	3.40
砂岩	2.66	5.15	1.97
石灰岩	2.65	5.97	2.88
石英岩	2.64	6.60	2.75
重晶石	4.38	4.02	—
页岩	2.74	5.87～6.50	2.80～3.61
卵石	2.78	5.00～5.58	—
陶粒	0.56～0.67	2.40～2.80	—

5. 水胶比的影响

随着混凝土水胶比的降低，混凝土的密实程度提高，超声波在混凝土中的传播速度提高。反之，超声波在混凝土中的传播速度降低。

6.3.3.4 混凝土单轴受压下的声学参数变化

在载荷的作用下，超声波在混凝土中的传播特性与不受载时相比会发生变化，这为采用超声检测载荷对混凝土的影响提供了可能。下面对混凝土单轴受压下的部分声学参数的变化规律进行简单介绍。

1. 混凝土声速与应力的关系

混凝土受载荷条件下声速的变化与混凝土内部的裂纹状态有关。图6-21给出了声速比（应力下的声速与未受载时声速的比）与应力比（实际应力与极限应力的比）的关系。可见，应力比在0～0.3范围内（应力不超过极限应力的30%），混凝土的声速略有增长。这是由于此阶段内界面过渡区裂纹并未扩展，且基体内部垂直于加载方向的裂纹在压应力作用下闭合，混凝土整体密实度提高；应力比在0.3～0.45范围内（应力大于极限应力的30%但不超过45%），混凝土声速开始缓慢下降，这与界面过渡区内裂纹开始扩展有关；应力比在0.45～0.80范围内（应力大于极限应力的45%但不超过80%），混凝土的声速下降明显加快。这是由于应力继续增加界面过渡区和基体内的裂纹进一步扩展，声波的传播需要绕过裂纹，导致声速降低；应力比大于0.80（应力大于极限应力的80%）时，在载荷作用下，裂纹的长度、宽度增加并交汇连通，声波衰减明显，声速下降速度进一步加快直到试件破坏。

2. 首波振幅与应力的关系

图6-22给出了首波振幅比（应力下的首波振幅与未受载时的首波振幅比）与应力比（实际应力与极限应力的比）的关系。与声速比与应力比的曲线图类似，在压应力较小（小于极限应力的30%）时，首波振幅基本不变或略有增加。随着载荷增加，首波振幅开始下降，并且在应力比大于0.80后下降速度明显增加。

3. 最大振幅与应力的关系

图 6-23 为最大振幅比（应力下的最大振幅与未受载时的最大振幅比）与应力比（实际应力与极限应力的比）的关系。在应力不超过极限应力的 50%时，最大振幅随应力增加呈先降后增的趋势。应力大于极限应力的 50%后，随应力的增加最大振幅下降明显。

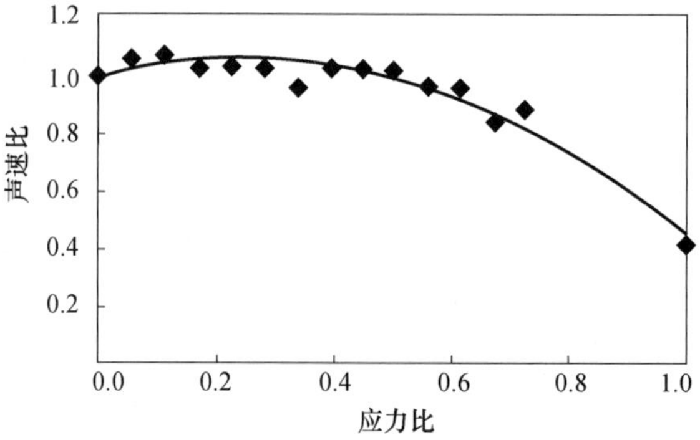

图 6-21　声速比与应力比的关系曲线

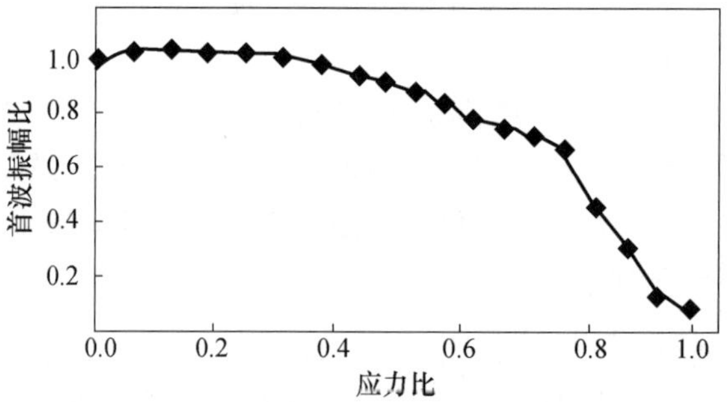

图 6-22　首波振幅比与应力比的关系曲线

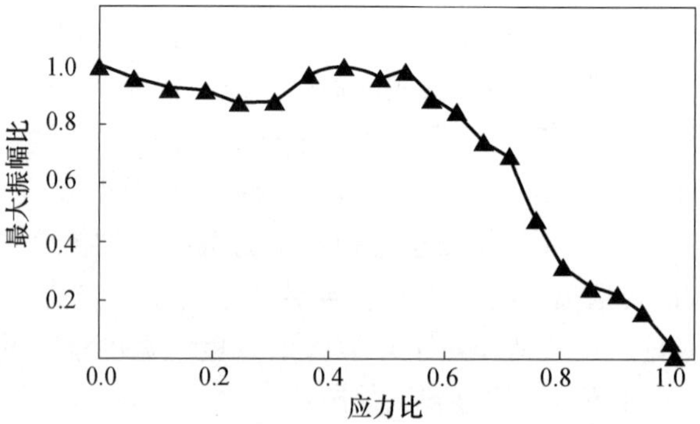

图 6-23　最大振幅比与应力比的关系曲线

4. 原始信号波谱参数与应力的关系

超声波通过受载的混凝土时，受微裂纹对声波的反射、折射、散射等作用的影响，声波的频谱曲线将发生畸变。声波信号的主频比、主频幅值比和谱面积比与应力比的关系曲线分别见图 6-24～图 6-26。

在应力比小于 0.5 时，主频比基本不随应力比改变而变化。这与低应力状态下混凝土内部声学界面未遭明显破坏有关。当应力比大于 0.5 后，混凝土内部结构出现较大破坏，内部声学界面受到严重的破坏，使更多的高频波被反射、散射，导致了主频比降低。主频幅值比和谱面积比均反映超声波的能量特性，二者均有随应力比增加而减小的趋势，但相比之下谱面积比与应力比的相关性更优。

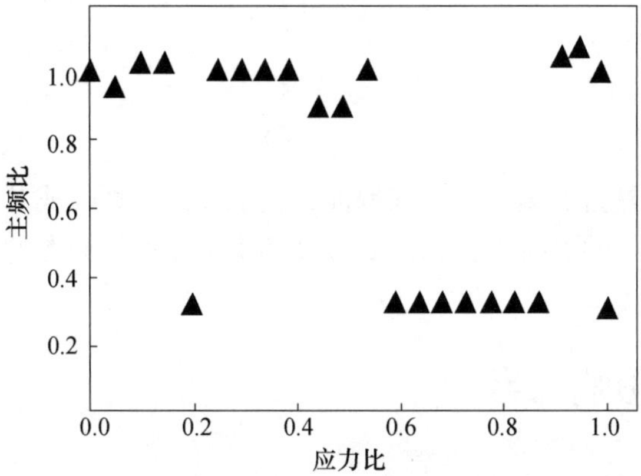

图 6-24 主频比与应力比的关系曲线

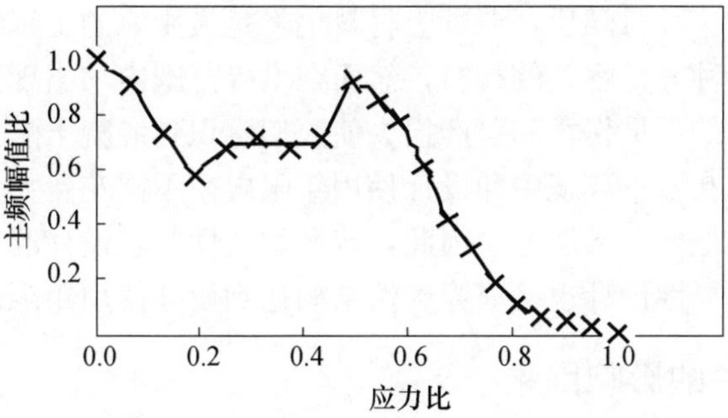

图 6-25 主频幅值比与应力比的关系曲线

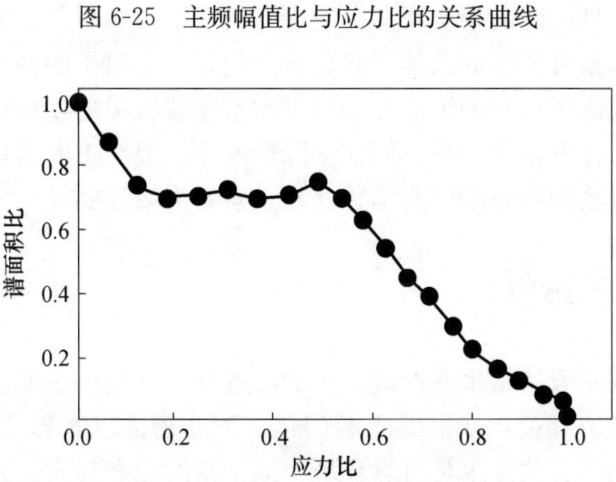

图 6-26 谱面积比与应力比的关系曲线

7

混凝土的耐久性

混凝土的耐久性是指混凝土对大气侵蚀、化学侵蚀、磨耗或其他任何劣化过程的抵抗能力，即耐久性良好的混凝土在其预期服役环境中能保持原有的形状、质量和使用性能不变。

7.1 重要性与影响因素

7.1.1 耐久性的重要性

混凝土以其广泛的适用性和价格优势成为现代社会用量最大、最重要的建筑结构材料，并且在相当长的一段时间里，混凝土材料仍将是最主要的工程结构材料之一。曾经人们认为混凝土是一种非常耐久的材料，然而在世界范围内均出现了混凝土结构过早劣化的案例，由此造成的人员伤亡和财产损失使人们意识到混凝土耐久性的重要性。混凝土的耐久性决定了其在服役环境中和设计使用年限内，不需花费大量资金加固而保持其安全、使用性能及其他要求的能力。因此，按照耐久性要求设计混凝土结构已成为主流共识，而混凝土的耐久性设计也已成为确保结构达到设计使用年限的前提和保证。

7.1.2 耐久性的影响因素

水是混凝土耐久性问题的核心所在。在多孔材料中，水引起了多种形式的物理劣化过程，同时也可作为侵蚀离子的载体引起化学劣化，水中离子的种类和浓度会影响劣化的类型和速率。多孔固体材料的渗透性决定了与水迁移有关的物理化学现象，因此混凝土的渗透性对于耐久性有很大影响。但在实际情况下，混凝土的劣化通常是多种因素共同作用的结果，并且物理和化学因素是紧密相连且互为增强的。

7.2 孔隙率与渗透性

混凝土的渗透性一般特指水在混凝土中的渗透性。这是由于混凝土的耐久性问题大多与混凝土的传质能力有关，如混凝土的碳化、钢筋锈蚀以及碱-骨料反应等，均与有害物质侵入混凝土内部有关。水是自然环境中最丰富的流态物质，并且可以作为多种离子、气体侵入目标物的载体，因此混凝土的抗水渗透性能被认为是评价混凝土耐久性最重要的指标之一。

7.2.1 混凝土的孔结构

混凝土是一种多孔材料，内部孔隙的大小、数量以及连通性等均对混凝土的渗透性有影响。混凝土中孔的形成与水关系密切。

7.2.1.1 混凝土中孔隙的形成

水是混凝土不可或缺的一部分，其不仅是水泥水化反应必需的组分，也是使混凝土各组分均匀混合的介质。在水泥水化过程中，生成的水化产物不断填充混凝土中的孔隙，混凝土硬化后，混凝土中大部分可蒸发水（所有的毛细孔水和部分吸附水）受外部环境影响会逐步失去，并在内部留下空孔或不饱水的孔。混凝土中孔隙的大小不一，小孔孔径仅几埃，大孔孔径则可达数毫米。

7.2.1.2 混凝土中孔隙的分类

混凝土中的孔有不同的分类方法。吴中伟院士根据孔的危害程度对孔进行了划分：孔径<200Å 的孔为无害孔；孔径处于 200～<500Å 范围内的孔为少害孔；孔径介于 500～<2000Å 的孔为有害孔；孔径>2000Å 的孔为多害孔。近藤连一和大门正机等人对混凝土中的孔进行了如下分类：孔径<12Å 的孔为凝胶微晶内孔；孔径介于 6～16Å 的孔为凝胶微晶间孔；孔径处于 32～2000Å 范围内的孔为过渡孔；孔径>2000Å 的孔为毛细孔或大孔。Rakesh Kumar 等人认为水泥基材料的孔体系由以下四部分组成：凝胶孔（尺寸为 0.5～10nm），毛细孔（尺寸为 5～5000nm），搅拌中引入空气形成的大孔以及振捣不密实形成的大孔。

7.2.1.3 混凝土的渗透性与孔结构的关系

孔隙率不是混凝土渗透性的唯一决定因素，孔结构也在很大程度上影响着混凝土的渗透性。由于混凝土具有多孔的特性，水接触混凝土表面后，在压力差和毛细孔表面张力的作用下水会向混凝土内部迁移（渗透现象）。并非所有的孔均能作为水渗透的通道，混凝土的渗透性主要取决于骨料和硬化水泥浆体的孔结构。

7.2.2 硬化水泥浆体的渗透性

在硬化水泥浆体中，孔隙尺寸和连通性决定了渗透系数。拌和用水量决定了孔隙的初始大小，水被水化反应消耗或蒸发到环境中后，又决定了未被填充的空间大小。新拌水泥浆体的渗透系数在 10^{-5}～10^{-4}cm/s 范围内；随着水化反应进行，毛细管孔隙率降低，渗透系数减小，但二者之间不存在比例关系。这是因为水化刚开始时，毛细管孔隙率稍有降低即可将大孔堵塞分割成细孔，水泥浆体内部水通道的孔径减小、数量减少。通常，毛细管孔隙率约 30%时，孔隙间的连接已经变得很曲折，此后即便孔隙率继续降低，渗透系数的降低幅度也会大大减小。

一般来说，当水胶比大和水化程度低时，水泥浆体的毛细管孔隙率高。此时，水泥浆体内尺寸大且互相连通的孔隙相对较多，渗透系数较高。随着水化反应进行，大多数孔的尺寸减小且连通性降低，使渗透系数降低。当大多数毛细孔很小且相互不连通时，水泥浆体渗透系数处于 10^{-12}cm/s 量级。上文提到，当毛细管孔隙率约 30%时，毛细管网络变得不连续。对于拌制水胶比分别为 0.4、0.5、0.6 和 0.7 的水泥浆体，毛细管孔隙率降至约 30%的潮湿龄期分别约为 3d、14d、180d 和 365d。由于大部分混凝土的水胶比不超过 0.7，因此，对于养护良好的混凝土，硬化水泥浆体不是影响渗透系数大小的主要因素。

7.2.3 骨料的渗透性

大多数天然骨料的孔体积为 3%以下（很少超过 10%），而硬化混凝土中一般水泥浆体的毛细管孔隙率为 30%～40%。虽然天然骨料的孔隙率远低于硬化水泥浆体的孔隙率，但一些天然岩石的渗透系数却与水灰比为 0.38～0.71 硬化水泥浆体的相近。同时，同类岩石的渗透系数可能也有很大差别，例如大理石和花岗岩，渗透系数可以相差一个数量级。

岩石骨料具有低孔隙率却不具备低渗透系数的原因为骨料中毛细孔的平均孔径（大于 10μm）比硬化水泥浆体中的毛细孔孔径（10～100nm）大得多。部分骨料如燧石和石灰石的内部分布有相当数量的细孔，这些骨料可能具有较低的渗透系数，但水分在其内部缓慢迁移产生的静水压力使得这类骨料容易产生膨胀和开裂。

7.2.4 混凝土的渗透性

理论上讲，将低渗透性的骨料加入到高渗透性的水泥浆体（早期高水胶比的水泥浆体）中，骨料颗粒可以截断液体在水泥浆体中的通道，进而起到降低体系渗透性的作用。但是，试验结果与之并不相符。图 7-1 给出了水胶比和骨料最大粒径对混凝土渗透性的影响，可见向水泥浆中加入细骨料和粗骨料会大大提高混凝土的渗透性，并且骨料的体积越大，体系的渗透性越高。这一现象与骨料和水泥浆体之间的界面过渡区存在的微裂纹有关。界面过渡区较为薄弱，由于水泥浆体和骨料的弹性模量不同，在温度收缩和干燥收缩等作用下，水泥浆体与骨料间出现应变差异，界面过渡区内易产生裂纹。微裂纹虽小，但也比大多数硬化水泥浆体中的毛细孔大，随着微裂纹的扩展、连通，体系的渗透性提高。

混凝土的强度和渗透性均与孔隙率有关，因此二者之间存在一定的联系，影响混凝土强度的因素也会影响渗透性。例如降低拌和物水胶比、提高水泥用量，保证恰当的振捣和养护以及选用级配良好的骨料等手段，均能起到降低混凝土渗透性的作用。

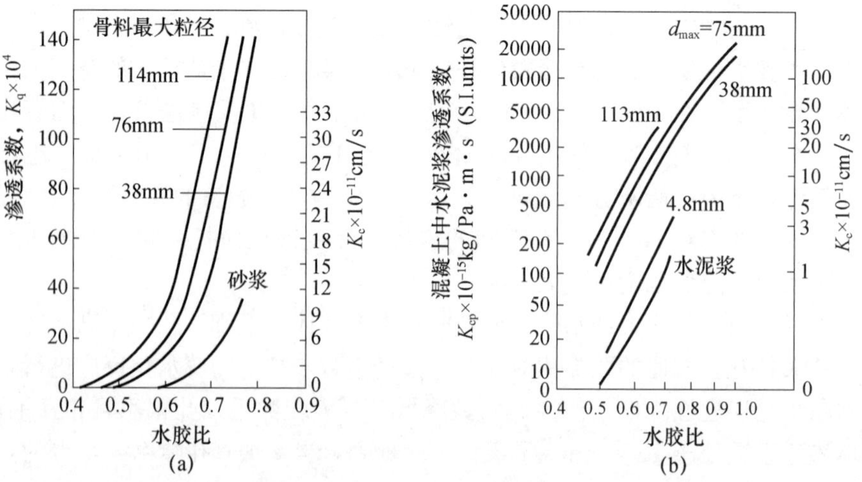

图 7-1 水胶比和骨料最大粒径对混凝土渗透性的影响

7.3 混凝土的劣化及劣化模型

7.3.1 混凝土的劣化种类

混凝土的劣化原因可以分为物理原因和化学原因两大类。物理原因又可细分为：由磨耗、冲蚀和气蚀引起的表面磨损或质量损失；由正常的温度和湿度梯度、混凝土孔隙中盐结晶、结构载荷以及混凝土暴露于极端温度下导致的开裂。化学原因可以细分为：硬化水泥浆体被软水水解溶蚀；侵蚀性液体与硬化水泥浆体之间发生了离子交换反应；混凝土内部发生生成膨胀性产物的化学反应。在实际情况下，混凝土的劣化一般是多种因素共同作用的结果，一种劣化结果可能是引发另一种劣化结果的主要原因。

7.3.2 混凝土的劣化模型

图 7-2 给出了一种常见环境作用下混凝土劣化的整体模型。设计、配制、浇筑、振捣和养护过程均合理的混凝土内部存在微裂纹和孔隙，但微裂纹、孔隙不连通，此时混凝土基本不透水。但在载荷以及外部环境等因素的作用下，先前存在于界面过渡区内的微裂纹开始扩展，此时混凝土出现不可见损伤并且开始失去不透水的特性。这是环境作用的第一阶段。

一旦水开始向混凝土内部渗透，水及溶于水中的各种离子、气体可以到达混凝土内部，这是环境作用第二阶段开始的标志。此阶段内，混凝土将依次经历膨胀、开裂、失重和渗透性增加等劣化循环过程，损伤的速度呈现开始时缓慢、然后逐渐加快的规律。

由于混凝土的服役环境不同，因此很难精准确定每一阶段的时间长短。但总体而言，提高混凝土的抗水性能和抗裂性能可起到延长第一阶段持续时间的作用，有利于延长混凝土的服役寿命。

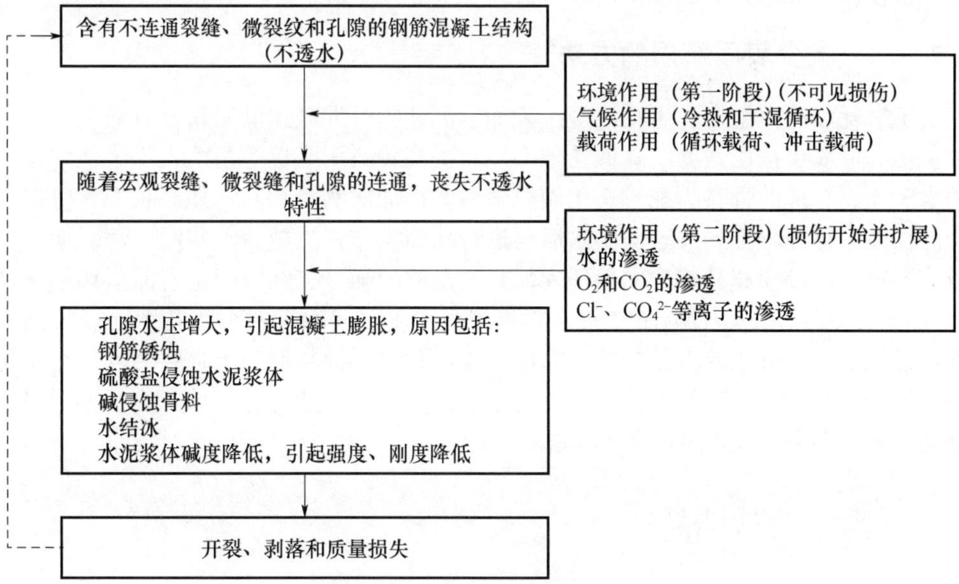

图 7-2　常见环境条件作用下混凝土劣化的整体模型

7.4 表面磨损

混凝土的表面磨损形式包含磨耗、冲蚀和气蚀，三者都会造成混凝土表面质量的逐渐损失。

7.4.1 磨耗

磨耗一般指干燥摩擦，例如由于车辆行驶引起的路面磨损。硬化水泥浆体并不具备高耐磨性，特别是当水泥浆体孔隙率较大、强度较低时。当水泥浆体和骨料的耐磨性均不高时，混凝土在重复摩擦条件下的服役寿命将显著缩短。

7.4.2 冲蚀

冲蚀通常用来描述含固体悬浮物流体的磨耗作用，其通常发生于渠道衬砌、溢洪道以及输水管等水工结构中。悬浮液流体的固体颗粒与混凝土表面接触时，颗粒的碰撞、滑动以及滚动会引起混凝土表面被冲蚀。冲蚀速率取决于混凝土的孔隙率、强度以及流体中颗粒的数量、大小、形状、密度和速度。

7.4.3 气蚀

水工结构还有遭受气蚀破坏的可能，这是高速水流突然变向形成气泡进而破裂引发的。质量好的混凝土对于稳定流动的洁净水具有很好的抵抗能力，但流速超过 12m/s 的湍流（封闭管道内为 7m/s）则可能通过气蚀作用对混凝土造成严重损害。当水流中某点的局部绝对压力降到相应环境温度下水蒸气的蒸汽压时就会形成气泡。当气泡随水流向下进入高压区时，高速水流进入原气泡的空间，气泡受到巨大的冲击而爆裂，进而对混凝土表面造成严重的局部气蚀。受气蚀作用的混凝土表面呈不规则的点蚀状，与磨耗或冲蚀作用形成的光滑表面不同。

7.4.4 减少表面磨损的方法

由于磨耗和冲蚀主要发生在混凝土表面，因此提升混凝土的质量是有效的方法，即可以从提高混凝土抗压强度、降低孔隙率以及提高骨料耐磨性等角度入手。例如采用较低的水胶比、合理的骨料级配，选用硬质骨料，掺加矿物掺和料（如硅灰等）等提高混凝土的强度。待混凝土失去表面泌水后再进行抹面操作，以减少浮浆层（薄弱面层）的形成。混凝土服役前充分养护，保证表面具有足够的强度。在混凝土表面应用表面硬化剂（Na_2SiO_3、Na_2SiF_6、$MgSiF_6$ 等）封堵混凝土表面或附近的毛细孔隙，以提高表面强度、抵抗水渗入造成的劣化并减少摩擦产生的粉尘。提高混凝土强度的方法对于防护气蚀损伤未必有效，预防气蚀的最好方法是从设计上尽可能避免气蚀产生，如尽可能避免混凝土表面不平整或坡度的突然变化。

7.5 孔隙中的盐结晶

当混凝土的一部分与盐溶液接触，而水分可以散失时，混凝土孔隙内部的盐溶液会达到饱和并结晶，这一过程会产生很大的压力，导致混凝土损伤。盐结晶的损伤程度取决于盐结晶的部位，而盐结晶的部位取决于水从混凝土表面蒸发的速率与盐溶液迁移到这一部位的速率。当蒸发速率低于盐溶液在混凝土内部的迁移速率时，盐结晶只在外表面发生，不会发生损伤。而当蒸发速率高于盐溶液在混凝土内部的迁移速率时，结晶会在混凝土内部出现，引起的膨胀作用可能造成混凝土结构出现破裂或剥落现象。

水合盐的转化也会造成侵蚀，如无水 Na_2SO_4 在 20℃、相对湿度超过 72%以及温度 32℃、相对湿度大于等于 81%时会转化为 $Na_2SO_4 \cdot 10H_2O$；$Na_2CO_3 \cdot H_2O$ 在相似的温度、湿度条件下也能转化为 $Na_2CO_3 \cdot 10H_2O$。由于密度差异大，这类盐在结合水量增加的过程中伴有显著的体积膨胀。由于转化的温度、湿度条件较为常见，这一转化过程可能反复出现，造成混凝土劣化。

7.6 冻融破坏与抗冻性

冻融循环会损伤混凝土结构，损伤程度与混凝土的微结构和环境条件有关，即在一种条件下抗冻的混凝土在另一种条件下可能被破坏。冻融破坏最常见的形式为水泥浆体逐渐膨胀引起的开裂和剥落。粗骨料也会引起混凝土开裂，其裂缝通常与接缝和边缘平行，形成类似字母 D 的图形，因此这种裂缝被称为 D 形裂缝。

7.6.1 冻融破坏的成因

冻融破坏与混凝土中的水结冰有关。在混凝土中，水主要以结晶水、吸附水、毛细孔水和游离水四种形式存在。其中，结晶水和吸附水被认为不会结冰，而毛细孔水和游离水分别存在于毛细孔内和固体颗粒之间，会结冰。随着混凝土凝结硬化，遗存于内部的游离水和通过孔隙渗入的水都存在于混凝土内部的孔隙中。当外界温度低于 0℃时，混凝土内部孔隙中的水受冻结冰，体积膨胀并在混凝土中产生内应力，对混凝土结构造成损伤。当环境温度周期性变化导致混凝土内部发生冻融循环时，每次循环均使混凝土内部的损伤不断积累，使裂纹扩展并相互贯通，导致混凝土破坏。

7.6.1.1 冰冻对硬化水泥浆体的影响

冰冻对于水泥浆体的影响规律可以用不同的理论加以解释。

1. *静水压假说*

静水压假说可以很好地解释引气可以提升混凝土抗冻性的原因。水结冰时体积膨胀约 9%，因此毛细孔内的水结冰时会使孔隙扩大或使孔隙内部分未结冰的孔溶液向外部迁移（或两种作用同时出现），这一过程会产生静水压力。通常情况下，硬化水泥浆体内的毛细孔会被气泡或其他孔隙截断，当毛细孔中水结冰膨胀时，这些气泡或孔隙能起到一定的缓冲作用，从而降低了静水压力。这一理论可以用于解释引气剂提升混凝土抗冻能力的原因。引气剂的加入会向水泥浆体内部引入大量的小气泡，这些气泡起到了“截短”毛细孔的作用，降低了静水压力，提高了混凝土的抗冻能力。

2. *渗透压假说*

渗透压假说认为，当孔溶液部分结冰后，未结冰部分的盐浓度升高，与周围较小孔隙中的溶液之间存在浓度差。浓度差的存在使得小孔中的溶液向已部分冻结的大孔中迁移。另外，对于不含离子的孔溶液，由于冰的饱和蒸汽压低于水的饱和蒸汽压（同一温度下），小孔中的溶液会向大孔中迁移。因此，渗透压是由孔溶液的盐浓度差和冰水饱和蒸汽压共同形成的。这一假说可以解释一些凝固过程不发生体积膨胀的有机液体对混凝土造成的冻结破坏，以及非引气浆体温度不变时连续的体积膨胀和引气浆体冻结过程中的收缩。

3. 毛细孔效应

毛细孔效应也是造成体积变化的原因。水泥浆体中，受束缚程度越高的水越难结冰（困难程度：结晶水＞吸附水＞毛细孔水＞游离水）。据估计，吸附水温度低于－78℃之前不会结冰。因此，通常游离水和毛细孔水会结冰，而吸附水会以过冷水的形式继续存在。由于冻结水（低能）和过冷水（高能）之间存在热力学不平衡的现象，过冷水会向大孔中迁移并结冰，使毛细孔的冰冻体积不断增大，直到充满毛细孔。若此后过冷水继续向毛细孔中迁移就会在体系内产生压力并造成体积膨胀。这种迁移过程同时产生体积膨胀和体积收缩，最终体积的实际变化取决于膨胀和收缩作用的强弱。非引气水泥浆体在受冻时明显膨胀，而含气量为10％的水泥浆体在结冰时收缩。

7.6.1.2 冰冻对骨料的影响

骨料也具有多孔结构，因此水泥浆体内结冰产生内部压力的机理也适用于骨料。但不同骨料受冰冻破坏的程度不同，这与骨料的孔隙大小、数量、孔径分布和渗透性有关。

根据渗透性将骨料分成三类：第一类为低渗透性骨料，第二类为中等渗透性骨料，第三类为高渗透性骨料。第一类骨料孔隙中的水结冰时，颗粒发生弹性应变，不发生破坏。第二类骨料中，500nm及以下的孔径占比很高，使得骨料很容易饱和并保持水分。结冰时压力的大小主要受降温速率和结冰位置至骨料表面或骨料内部孔洞的距离的影响。硬化水泥浆体释放压力的临界距离约200μm，大多数岩石释放压力的临界距离远大于200μm，这与岩石的渗透性远大于硬化水泥浆体有关。另外，当渗透性、孔径分布、饱和度以及结冰速率一致时，粒径大的骨料更容易受冰冻的影响，这与临界骨料尺寸有关。对于同一类骨料，临界骨料尺寸受结冰速率、饱和度和骨料渗透性的影响。渗透性既决定了骨料的饱和程度和吸水速度，又决定了结冰时水分迁移出骨料的速率。一般来说，当混凝土中骨料粒径大于临界尺寸时，结冰时会伴有剥落爆开的现象。第三类骨料通常含有很多大孔，水分进出这种骨料非常容易，这类骨料会引起耐久性问题，这是因为骨料受冻排出水分时会损伤界面过渡区。

7.6.2 混凝土抗冻性的影响因素

混凝土的抗冻性受冻结时水分迁移距离、孔结构（孔隙率、孔径分布、连通性）、饱水程度（可结冰水数量）、冷冻速率以及混凝土抗拉强度的影响。

1. 含气量

严格意义上讲，含气量不是影响混凝土抗冻性的最准确因素，以气泡的大小、数量和间距作为评价指标更加准确。但假设绝大多数气泡都是微小的，则含气量是最简单的质量控制指标。

2. 水胶比和水化程度

水泥水化程度一定时，水胶比越大，或水胶比一定时，水化程度越低，硬化水泥浆体中的大孔占比越高。由于大孔中的水为可冰冻水，因此可冰冻水的总量更多，使体系更容易受冻破坏。

3. 饱和度

干燥和半干燥的物体不会受到冰冻损伤。对于混凝土而言，则存在一个临界饱和度问题，含水量超过此值的混凝土暴露于非常低的温度下容易发生开裂或剥落。混凝土的抗冻能力由临界饱和度与实际饱和度之间的差值决定。充分养护后，混凝土的饱和度可能低于临界饱和度，但当混凝土暴露于潮湿环境中时，其饱和度可能因外界水分渗入而提高。由此可见，混凝土的饱和度对于抗冻性也有影响。

7.6.3 混凝土受冻和盐剥落

混凝土受冻时，若盐溶液进入混凝土内部会造成更为严重的破坏。混凝土盐剥落本质上是一种特殊的冻融破坏，但冻融与盐类侵蚀的共同作用产生的危害远远大于单一的冻融破坏。其具有以下特点：损伤包括混凝土表面的小片剥落；盐浓度约为 3%时危害最大；混凝土表面接触盐水层后才观察到剥落；混凝土外部盐溶液的浓度对侵蚀的影响比内部盐溶液浓度更大；引气作用可以降低盐剥落的影响，混凝土表面的强度决定了混凝土的抗剥落性。

盐降低了溶液的饱和蒸汽压，从而降低了盐溶液的凝固点，这是减轻冻融破坏的有利因素，但不足以补偿冻融和盐类侵蚀的综合作用带来的不利因素。

7.7 火灾损伤与耐火性

与木材和塑料等可燃或易燃材料不同，混凝土不可燃并且在高温下也不会释放出有毒的烟雾。与钢材在高温下会软化不同，混凝土在 700～800℃的温度下仍能在一定时间内保持足够的强度。

但混凝土在高温下也会劣化。水泥浆体和骨料均含有受热会分解的组分，分解的组分产生的内应力受混凝土渗透性、构件尺寸和升温速率等因素的影响。高温下混凝土的实际工况是许多因素同时交互作用的结果，下面对其中一些因素进行分析。

7.7.1 高温对硬化水泥浆体的影响

高温对硬化水泥浆体的影响取决于水化程度和含水量。在高温下，水泥浆体会经历脱水和水化产物的分解过程。由于水气化会吸收大量的热，混凝土在失去所有可蒸发水前温度不会明显升高。但如果水泥浆体的渗透系数小而升温快，并且水泥浆体内部蒸汽压增大的速率大于水蒸气释放到大气中的速率时，混凝土表面将剥落。高温也会造成水化产物失去吸附水和结晶水。

7.7.2 高温对骨料的影响

骨料在高温下的行为与其孔隙率和矿物组成有关。高温可能导致骨料遭受破坏性膨胀，导致表面剥落爆开（受升温速率、骨料的尺寸、渗透性、含水状态影响），其现象与骨料遭受冻害时相似。含石英的硅质骨料在573℃时发生体积膨胀，造成混凝土内部应力的产生，而碳酸盐类骨料在700～900℃也会造成类似的损害。除以上两种方式外，骨料与硬化水泥浆体和界面过渡区的热膨胀差也是导致高温劣化的原因。

7.7.3 高温对混凝土的影响

1. 普通混凝土

高温对混凝土强度的影响与试验条件有关。例如，以硅质骨料拌制的混凝土在受热时测试的抗压强度低于以碳酸盐骨料或轻质骨料拌制的混凝土。但在试件冷却后，骨料对混凝土残余强度的影响明显降低。

2. 高强混凝土

高强混凝土在高温下表现出的行为与普通混凝土不同。高强混凝土在高温下更容易出现爆炸性的破坏。爆裂现象随混凝土含水量、抗渗性、外部压应力、温升速度、温度不均匀性以及配筋量的增大和构件横截面的减小而加剧。

7.8 硫酸盐侵蚀

硫酸盐侵蚀是导致混凝土劣化的最广泛和最普遍的形式之一。Na_2SO_4、K_2SO_4、$CaSO_4$、$MgSO_4$ 等硫酸盐均会对混凝土造成侵蚀。

大部分土壤中含有0.01%～0.05%以 $CaSO_4 \cdot 2H_2O$ 形式存在的硫酸盐，此含量的硫酸盐对混凝土无害。但内陆或海滨地区分布的盐渍土中含有的大量硫酸盐会对混凝土造成侵蚀。同时，水体中含有的硫酸盐也是造成混凝土受侵蚀的重要原因之一。水泥混凝土硫酸盐侵蚀破坏的实质是环境中的硫酸根离子进入混凝土内部并与水泥浆体中的一些组分发生反应，生成一些难溶盐类物质。这些难溶盐类物质，一方面水泥混凝土的体积有所增加，在混凝土内部产生膨胀应力，造成混凝土的开裂等破坏；另一方面也会使硬化水泥浆体中的 $Ca(OH)_2$ 和 C-S-H 等组分溶出、分解，导致水泥石强度和黏结性能的损失。混凝土发生硫酸盐侵蚀破坏的主要机理可以分为膨胀破坏和溶析破坏两大类。下面对几种主要的破坏种类进行简单介绍。

7.8.1 硫酸盐侵蚀破坏的形式

7.8.1.1 钙矾石膨胀破坏

几乎所有的可溶硫酸盐都能与水泥石中的 $Ca(OH)_2$ 反应生成 $CaSO_4$，$CaSO_4$ 再与水泥石中的水化铝酸钙（$4CaO \cdot Al_2O_3 \cdot 13H_2O$）反应，生成三硫型水化硫铝酸钙（$3CaO \cdot Al_2O_3 \cdot 3CaSO_4 \cdot 32H_2O$，又称钙矾石，简式 AFt）。其反应式为：

$$4CaO \cdot Al_2O_3 \cdot 13H_2O + 3(CaSO_4 \cdot 2H_2O) + 14H_2O \longrightarrow$$
$$3CaO \cdot Al_2O_3 \cdot 3CaSO_4 \cdot 32H_2O + Ca(OH)_2$$

AFt 溶解度极低，即使在石灰浓度很低的溶液中也能稳定存在。AFt 的体积比水化铝酸钙增大了2.2倍。同时，AFt 在碱性溶液中析出时往往形成微细的针状或片状晶体，这些晶体在原始含铝固相表面呈刺状析出并膨胀，在水泥石内部产生很强的内应力，引起混凝土破坏，使混凝土表面出现少数较大的裂缝。膨胀引起的内应力的大小与AFt晶体的大小和形貌有很大的关系。当液相碱度低时，往往形成大的板状、条状的AFt晶体，一般不带来有害膨胀；当液相碱度高时，一般形成小的针状、片状，甚至呈凝胶状的AFt晶体，这类AFt晶体吸附能力强，吸水后可以产生很大的膨胀应力。

7.8.1.2 石膏膨胀破坏

当侵蚀溶液中的 SO_4^{2-} 浓度高于一定值且硬化水泥浆体的毛细孔被饱和 $Ca(OH)_2$ 溶液填充时，除会发生形成AFt的反应之外，还可能形成二水石膏（$CaSO_4 \cdot 2H_2O$）结晶。其反应式如下：

$$Ca(OH)_2 + SO_4^{2-} + 2H_2O \longrightarrow CaSO_4 \cdot 2H_2O + 2OH^-$$

生成的 $CaSO_4 \cdot 2H_2O$ 的体积比侵蚀前增大1.24倍，在硬化水泥浆体内产生膨胀应力，导致混凝土结构被破坏。同时，水化产物中 $Ca(OH)_2$ 被消耗还会导致凝胶类物质的分解。

一般情况下，只有在 SO_4^{2-} 浓度非常高时石膏结晶侵蚀才起主导作用，其破坏形式与钙矾石膨胀有很大区别，其特征为结构表面没有粗大裂纹但溃散充分。但当混凝土结构处于干湿交替的状态时，即使 SO_4^{2-} 浓度不高，石膏结晶侵蚀也起主导作用。这是由于水分蒸发时侵蚀溶液会被浓缩，导致 SO_4^{2-} 浓度升高，形成石膏结晶。

7.8.1.3 钙硅石膨胀破坏

钙硅石（$CaCO_3 \cdot CaSO_4 \cdot CaSiO_4 \cdot 15H_2O$）也是硫酸盐侵蚀过程中产生的膨胀性产物，其是 $Ca(OH)_2$、$CaCO_3$、无定型 SiO_2 和 $CaSO_4$ 在低温下形成的。钙硅石会在混凝土表面产生胀裂、鼓泡和凸起，使混凝土变得酥松，强度降低。

7.8.1.4 硫酸镁溶析破坏

含 $MgSO_4$ 的溶液侵入混凝土后会发生如下反应：

$$Ca(OH)_2 + MgSO_4 + 2H_2O \longrightarrow CaSO_4 \cdot 2H_2O + Mg(OH)_2$$

这一反应消耗了水化产物中的 $Ca(OH)_2$，生成 $Mg(OH)_2$ 沉淀和 $CaSO_4 \cdot 2H_2O$。$CaSO_4 \cdot 2H_2O$ 既可能与水化铝酸钙反应形成AFt引发钙矾石膨胀破坏，又可能引起石膏膨胀破坏。二者的作用使得水泥石表面变得松散，为更多 $MgSO_4$ 侵入内部提供了通道，加剧了侵蚀过程。同时，随着 $Ca(OH)_2$ 的大量消耗，孔隙溶液的pH值降低，C-S-H开始分解并生成M-S-H（水化镁酸钙）和 $CaSO_4 \cdot 2H_2O$。M-S-H的黏结性能较C-S-H更差并且强度更低，使水泥石强度下降、黏结性降低，最终导致混凝土强度丧失。

7.8.1.5 硫酸盐物理破坏

以上提到的四种破坏类型主要为化学作用。除化学作用外，物理作用也会导致破坏，主要表现为硫酸盐析晶破坏。这类破坏多发生于混凝土位于水面以上、干湿交替变化频繁的部位。

在一定条件下（受温度、湿度、孔溶液饱和程度等因素影响），$Na_2SO_4 \cdot 10H_2O$、$MgSO_4 \cdot nH_2O$（$MgSO_4 \cdot 5H_2O$、$MgSO_4 \cdot 7H_2O$）等硫酸盐可以在混凝土表层的孔隙溶液中结晶或发生晶型转变。大量的硫酸盐结晶或发生晶型转变时，产生的膨胀应力作用于孔壁，导致混凝土开裂。

7.8.2 延迟钙矾石的形成

延迟钙矾石（DEF）的形成是硫酸盐化学侵蚀的一种情形，导致这一反应的 SO_4^{2-} 来自混凝土内部而非外部。使用被石膏污染过的骨料或硫酸盐含量异常高的水泥配制混凝土时会发生这种现象。在蒸养混凝土制品中也有 DEF 生成。在 65℃以上，AFt 会变得不稳定。如果蒸养温度高于 65℃，AFt 会分解为单硫型水化物，分解释放的 SO_4^{2-} 被 C-S-H 吸附。而后，在混凝土服役过程中，SO_4^{2-} 从 C-S-H 中脱附，并重新形成 AFt，DEF 在微裂纹中再结晶，引起体积膨胀，导致水泥浆体和骨料-水泥浆体界面出现裂纹。

DEF 引起的膨胀与混凝土内部有硫酸盐以及形成的硫酸盐结晶不良有密切关系，并且 DEF 的形成不局限于热养护混凝土制品。DEF 的形成可能需满足以下几个条件：①混凝土内存在高渗透性的微裂纹；②混凝土内存在 SO_4^{2-} 来源；③混凝土内存在水分，加速离子迁移。

7.9 碱-骨料反应

碱-骨料反应（alkali-aggregate reaction，简称 AAR）是指混凝土内部或从外部进入混凝土内部的碱与骨料中的碱活性矿物组分发生反应，生成的胶凝物质吸水膨胀造成混凝土自内而外开裂甚至破坏的现象。

7.9.1 碱-骨料反应的危害

Stanton 在 1940 年首先对 AAR 引发的破坏进行了报道。此后，世界其他地区相继发现了许多混凝土结构（如大坝、桥梁、公路、机场等）因 AAR 劣化而破坏。与硫酸盐侵蚀等从混凝土表面开始的劣化不同，AAR 一旦开始，混凝土从内到外全部开裂并引发结构破坏，这种破坏几乎无法修补，情况严重时只能拆除，因此 AAR 也被称为混凝土的“癌症”。正是由于 AAR 的危害极大，在大型混凝土工程中特别要注意防止 AAR 发生。

7.9.2 碱-骨料反应的特点

碱-骨料反应所具有的特点为：①裂纹形式受约束影响。不同的限制条件决定了裂纹的分布与形状，同时，AAR 引起的裂纹具有两边缘不平的特点。②潜伏期长。从 AAR 发生反应直到混凝土膨胀过程通常需几年甚至更长的时间，不会在浇筑后很短时间内发生开裂。③渗出凝胶。AAR 的主要产物碱-硅酸凝胶有时会从裂缝中渗出到混凝土表面，外观类似树脂，脱水后呈白色。④反应受环境潮湿程度影响。水是 AAR 产生和发展的一个必要条件，潮湿的环境有利于 AAR 的发生。

7.9.3 引发碱-骨料反应的条件

引发碱-骨料反应的条件为：①碱含量。以 Na_2O 当量计，当 Na_2O 当量超过 0.6% 的硅酸盐水泥与碱活性骨料一起使用时，会因 AAR 引发显著膨胀。但没有碱金属离子进入时，膨胀现象会因碱金属离子短缺而受限制。②骨料种类。受时间、温度、粒径等因素影响，所有的硅酸盐或硅质矿物，或含无定型二氧化硅（黑曜石、硅质玻璃）、水合二氧化硅（蛋白石）的矿物均能与碱溶液反应，但大部分矿物的反应程度很低。除硅质骨料外，部分碳酸盐岩石也会和碱发生反应（反应机理见下文）。③湿度。水在 SiO_2 解聚、溶解，碱在混凝土内部的传输，碱-硅酸凝胶膨胀三个过程中起到了非常重要的作用。目前观点认为，只有在湿度处于高水平下，凝胶体积的膨胀才会对混凝土的完整性构成威胁。

7.9.4 碱-骨料反应的机理

1. 碱-硅酸反应

碱-硅酸反应（ASR）是混凝土中的碱与骨料中的活性二氧化硅反应，反应产物导致混凝土膨胀破坏的现象。其反应方式可以表示为：

$$SiO_2+Na^+(K^+)+OH^- \longrightarrow Na(K)-Si-H(gel)$$

对 ASR 造成膨胀机理的观点主要有两种。一种观点认为，水泥中的碱性氢氧化物与骨料中的硅质矿物形成了碱-硅凝胶，使骨料界面发生了蚀变，生成的凝胶吸水膨胀，产生膨胀应力，进而导致混凝土开裂。另一种观点认为，包含活性骨料的水泥浆体起半透膜的作用，SiO_4^{2-} 体积较大难以通过，水分子、碱金属离子、OH^- 体积较小可以通过，继续与活性 SiO_2 反应并不断生成碱-硅凝胶，使混凝土膨胀开裂。

2. 碱-碳酸盐反应

碱-碳酸盐反应（ACR）是混凝土中的碱与骨料中的白云质石灰岩反应，造成混凝土膨胀破坏的现象。其反应式如下：

$$CaMg(CO_3)_2+2NaOH \longrightarrow CaCO_3+Mg(OH)_2+Na_2CO_3$$

一种理论指出，这一反应使固相的体积减小，而白云质石灰岩晶体中包裹有干燥的黏土，上述反应破坏了菱形白云石晶体，使黏土暴露并形成能够吸水膨胀的条件，干黏土吸水是膨胀的本质原因。另一种理论指出，膨胀由局部化学反应和结晶压引起。当碱与白云质石灰岩反应后，白云质石灰岩微晶和基质反应界面间形成了定向排列的水镁石晶体。尽管生成物的体积小于反应物，但由于生成物晶体在受限的空间内生长，故 ACR 产生的结晶压仍会对混凝土造成膨胀破坏，岩石的结构特征尤其是限制空间的大小是影响 ACR 膨胀的关键。

7.9.5 碱-骨料反应的抑制措施

由 AAR 的反应机理可知，混凝土中必须同时满足有一定量的碱、混凝土中存在活性骨料以及存在水分三个条件时 AAR 才可以发生。因此，抑制 AAR 发生的措施有：①控制混凝土的碱含量；②控制混凝土的水胶比；③避免选择活性骨料；④减少水泥用量；⑤控制水进入混凝土内部。

7.10 氯化物侵蚀与钢筋锈蚀

氯离子是引起钢筋混凝土中钢筋锈蚀的主要原因之一，而钢筋锈蚀被认为是引起钢筋混凝土结构破坏和耐久性劣化的首要因素。本节将对氯离子侵入和钢筋锈蚀进行简单介绍。

7.10.1 氯离子的侵入方式

氯离子主要通过两种途径侵入混凝土：其一是混凝土的原材料（如海砂、含氯外加剂等）引入的氯离子；其二是外部环境中的氯离子通过宏观、微观裂纹渗入到混凝土内部。外部环境中氯离子侵入主要机理有以下几种：①扩散作用；②渗透作用；③毛细管作用；④电化学迁移。氯离子侵入混凝土的过程通常是几种因素共同作用的结果。以上四种作用中，扩散作用被认为是最主要的侵入方式。另外，混凝土中氯离子的迁移还受温度、保护层厚度以及氯离子和混凝土材料之间的化学结合和物理吸附的影响。

氯离子侵入混凝土内部后，一部分与水泥水化产物发生反应，以化学结合氯离子的形式存在。其余氯离子以自由氯离子的形式存在于混凝土孔溶液中。自由氯离子会破坏钢筋表面的钝化膜，加速钢筋的锈蚀，严重危害混凝土的耐久性。

7.10.2 氯离子造成钢筋锈蚀的机理

1. 破坏钢筋表面的钝化膜

在高碱性环境中，钢筋表面会形成两层起保护作用的钝化膜（图 7-3），外层为氧化铁Ⅲ层（主要为 γ-Fe_2O_3），内层为氧化铁Ⅱ层（主要为 Fe_3O_4）。在溶液中不含氯离子时，钢筋的钝化膜可在 pH 不低于 11.5 时稳定存在。

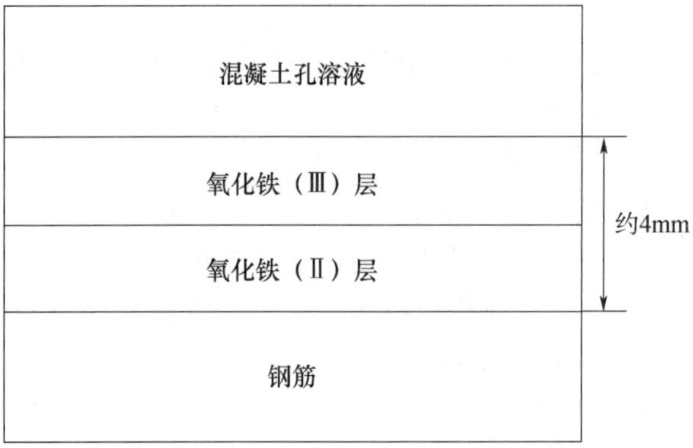

图 7-3　钢筋混凝土的钝化膜示意图

当溶液中存在 Cl^- 时，即使 pH 高于 11.5 时钝化膜仍可能被破坏。当 Cl^- 与 OH^- 的摩尔比大于 0.6 时，铁氧化物膜开始变得不稳定及可渗透，此时钢筋不再受保护，这为腐蚀电池的形成创造了条件。对于实际工程中应用的典型混凝土而言，钢筋开始锈蚀的氯化物含量临界值约为水泥用量的 0.4%。同时，这一临界值受混凝土碳化程度、混凝土质量和相对湿度的影响。

2. 形成腐蚀电池

混凝土内部并不均匀，使得 Cl^- 对钢筋表面钝化膜的破坏并不均匀。钢筋表面暴露的部分和钝化膜依旧完整部分之间会形成腐蚀电池。暴露部分为阳极，存在钝化膜部分为阴极。

3. 去极化作用

Cl^- 会与阳极反应生成的 Fe^{2+} 结合成 $FeCl_2$，$FeCl_2$ 可溶于孔溶液中，导致阳极附

近的 Fe^{2+} 浓度降低，使反应能顺利进行甚至加速。

4. 导电作用

Cl^- 提高了混凝土的电导率，提升了腐蚀电池的效率，加速了电化学腐蚀过程。

7.10.3 钢筋锈蚀的电化学过程

混凝土中钢筋的锈蚀属于电化学过程，腐蚀电池可能以两种形式存在：组分电池和浓差电池。

当混凝土内部埋设一种以上金属（如钢筋和铝管），或钢筋的表面特性有明显差异时，此时形成的即为组分电池。而浓差电池则是由溶解离子存在浓度差（如碱和氯化物）形成的。

一种金属（或金属的某一部分）成为阳极，另一种金属（或金属的另一部分）成为阴极（图 7-4），阳极区和阴极区发生的化学反应如下：

阳极：

$$Fe-2e^- \longrightarrow Fe^{2+}$$

阴极：

$$2H_2O+O_2+4e^- \longrightarrow 4OH^-$$

阳极生成的 Fe^{2+} 和阴极生成的 OH^- 反应生成氢氧化亚铁，并与水和氧气反应生成氢氧化铁。

$$Fe^{2+}+2OH^- \longrightarrow Fe(OH)_2$$

$$4Fe(OH)_2+O_2+2H_2O \longrightarrow 4Fe(OH)_3$$

在氯离子与水共同存在的情况下，Cl^- 会与 Fe^{2+} 反应形成 $FeCl_2 \cdot 4H_2O$，向混凝土内部迁移，遇 OH^- 后形成 Fe（$OH)_2$ 沉淀，并释放出 Cl^- 和 H^+。

$$Fe^{2+}+2Cl^-+4H_2O \longrightarrow FeCl_2 \cdot 4H_2O$$

$$FeCl_2 \cdot 4H_2O \longrightarrow Fe(OH)_2+2Cl^-+2H^++2H_2O$$

$Fe(OH)_2$ 可以进一步被氧化生成 $Fe(OH)_3 \cdot 3H_2O$，即铁锈。在这一过程中，Cl^- 参与反应，但本身不被消耗，在反应中起催化作用。

铁转变为铁锈时伴有明显的体积膨胀，这被认为是导致混凝土膨胀和开裂的主要原因。另外，由于电子从阳极向阴极流动（形成稳定的回路）是阳极铁转化为铁离子（维持原电池）的必要条件，因此对于钢筋锈蚀问题而言，阴极表面必须存在水和氧气。

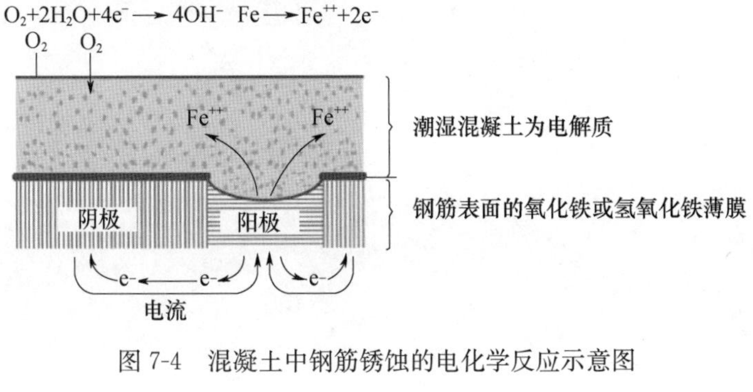

图 7-4 混凝土中钢筋锈蚀的电化学反应示意图

7.11 混凝土的碳化与中性化

混凝土的碳化是指水泥石中的水化产物与环境中的 CO_2 作用生成碳酸盐或其他物质的现象。碳化会使混凝土内部的碱性降低，导致混凝土中性化。但导致混凝土中性化的原因并不仅仅是碳化，酸雨、酸性土壤、火灾等也会引起混凝土中性化。

当混凝土内部的碱度降到一定程度后便可能导致钢筋锈蚀、C-S-H 分解等问题，造成混凝土结构失效。碳化与混凝土结构的耐久性密切相关，其是衡量钢筋混凝土结构使用寿命的重要指标之一。

8

混凝土的开裂与修复

混凝土开裂是造成混凝土构件服役年限降低的主要原因之一。混凝土开裂会导致混凝土结构强度下降，影响建筑物的安全性。同时，对开裂造成建筑物的后期维护需要巨大的资金。因此，研究混凝土的开裂和修复是十分必要的。

8.1 混凝土开裂的分类、原因及危害

8.1.1 混凝土开裂的分类

混凝土的裂缝分类如下：

（1）按受力原因分为受力裂缝（荷载作用，包括受拉裂缝、受压裂缝、受弯裂缝、受剪裂缝、受扭裂缝以及局部承压裂缝）和非受力裂缝（变形作用，即自身体积变化引起的裂缝、支撑体系变位引起的裂缝）。

（2）按裂缝性质分为观感性裂缝、功能性裂缝、结构性裂缝、耐久性裂缝。

（3）按出现时间早晚分为早期裂缝、后期裂缝。

（4）按裂缝出现部位分为板角裂缝、梁腹裂缝、顶墙裂缝、支座裂缝。

（5）按裂缝形态、走向分为一字形裂缝、正八字形裂缝、倒八字形裂缝、梭形裂缝、V形裂缝、X形裂缝、竖向裂缝、水平裂缝、斜裂缝等。

（6）按裂缝的深度分为表面裂缝、深进裂缝、贯穿性裂缝。

（7）按稳定情况分为稳定裂缝、活裂缝。

（8）按温度变化发展分为温升裂缝、温降裂缝。

（9）按裂缝有害程度分为有害裂缝、无害裂缝。

（10）按可见度分为肉眼不可见的微观裂缝、肉眼可见的宏观裂缝。

8.1.2 混凝土裂缝形成的原因

1. 荷载裂缝

在荷载不变的条件下，从形成直至裂缝的出现与扩展，都是瞬时发生，并一次完成，是个“一次过程”。混凝土和砌体构件承受外荷载的计算理论已经成熟，一般构件只要按现行规范设计、施工及正常使用，不会出现承载力不足的问题，也不会出现超过规范允许宽度的裂缝。普通混凝土构件开裂时，钢筋应力仅 60MPa 左右。因此，在标准荷载作

用下，普通混凝土构件出现裂缝属正常现象。许多混凝土构件在使用期间未出现外荷载作用产生的受力裂缝，是因为使用荷载未达到设计值及结构本身安全储备较大。

2. 变形裂缝

（1）设计引发的裂缝。结构设计不合理，或者构造做法不妥，都可能使结构刚度突变、结构比例失调或应力集中，从而引发裂缝。此外，混凝土结构体量庞大，不得不分期、分段浇筑成型，这就不可避免地会形成不同龄期混凝土的裂缝。

（2）塑性沉降裂缝。在新拌混凝土中，由于骨料在浆体中下沉以及粉煤灰与水向上漂移，下沉的固体颗粒遇到水平钢筋或受到侧面模板的摩擦阻力时，就会与周围的混凝土形成沉降差，在混凝土顶部表面形成塑性沉降裂缝。混凝土的坍落度越大，越易发生塑性沉降裂缝。

（3）塑性收缩裂缝。混凝土在初凝前由于水分蒸发，混凝土内部水分不断向表面迁移，使混凝土初凝阶段体积收缩。一般混凝土的塑性收缩约为1%，坍落度大的混凝土的塑性收缩量可达2%。

（4）水化收缩及自生干缩裂缝。水泥在水化反应过程中，水化产物的绝对体积同水化前的水泥与水的体积之和相比有所减少的现象称为水化收缩。水化收缩在初凝前表现为浆体的宏观体积收缩，初凝后则在已形成的水泥石骨架内生成孔隙。在水泥继续水化的过程中不断消耗水分导致毛细孔中自由水减少，湿度降低，在外部养护水供应不充分的情况下，混凝土内部产生自干燥现象。由于干燥作用导致毛细孔内产生负压，引起混凝土内自生干燥收缩。对于水胶比小于0.35的混凝土，初凝后水化收缩与自生干缩率可达0.1%～0.3%。

（5）温差胀缩裂缝。混凝土浇筑后，水泥的水化热使混凝土内部温度升高，加上混凝土的入模温度，在2～3d内，混凝土内部温度可达50～80℃。此时，即温度每升高或降低10℃，混凝土会产生0.01%的线性膨胀或收缩。

（6）干燥收缩裂缝。混凝土工程在硬化后，内部的游离水会由表及里地逐渐蒸发，混凝土由表及里地逐渐产生干燥收缩。在约束条件下，收缩变形量导致的收缩应力大于混凝土的抗拉强度时，混凝土就会出现由表及里的干燥收缩裂缝。一般混凝土90d的干缩率为0.04%～0.06%，流动性混凝土为0.06%～0.08%，这是混凝土结构较普遍地发生裂缝的主要原因。干燥收缩裂缝在潮湿条件下可以逐渐缩减愈合，因此如果裂缝宽度不大于规定，对结构不会造成危害。

除了上述原因外，原材料选用不当、碱-骨料反应、浇筑工艺不当、结构基础不均匀沉陷、振捣工艺不当、养护不充分、钢筋锈蚀膨胀、砂与石中的硫酸盐含量超标或含方镁石导致膨胀、化冰盐导致混凝土开裂，以及硫酸盐环境混凝土腐蚀、碳化、冻融和施工荷载等均会导致裂缝的产生。

8.1.3 混凝土裂缝的危害

随着混凝土结构的大量应用，其自身存在的一些问题也逐渐暴露出来，其中最为明显的当属裂缝问题。混凝土结构在施工及使用过程中会受到各种因素的影响，从而出现由各种原因引起的裂缝，这在一定程度上制约了混凝土结构的应用。混凝土结构出现的裂缝将对结构产生如下严重的危害：①影响结构的承载力和使用安全性。②影响结构的防水性。③影响结构的耐久性和使用寿命。这些破坏作用的发生、进行的快慢，除了受混凝土自身材料性质的影响外，裂缝也是一个重要的影响因素。

8.2 混凝土在不同因素下的开裂机理

8.2.1 微裂缝的形成机理

微裂缝形成的机理可从混凝土本身的材料组成及其约束作用两个方面解释。

混凝土的组成材料为粗细骨料、水泥和水，经搅拌，砂、石表面均包裹有水泥胶凝体。经振捣，粗骨料（石）之间的孔隙被细骨料（砂）所填充。经养护，水泥水化过程中软质的胶凝体随混凝土龄期增长逐渐向硬质晶格转化，多余部分的水分蒸发，在混凝土中出现气孔。因此，混凝土成型后就是一种固相、液相、气相三相并存的非匀质、非连续、多孔的与时间因素（混凝土龄期）有关的弹塑性材料，这种材料为其内部出现微裂缝提供了必要的和充分的条件。

在水泥水化过程中水泥石随龄期增长由软质的胶凝体逐渐向硬质的晶格转化，由于骨料的收缩变形极小，而软质的胶凝体收缩变形较大，为满足变形一致的需要，两者必然相互约束。其结果是骨料承受压应力而胶凝体（水泥石）承受约束拉应力。一旦约束拉应力超过水泥石的抗拉强度，即会引起水泥石开裂，这就是混凝土内部在硬化后，混凝土未受荷之前出现微裂缝的机理。它还可以用微元层构模型（图 8-1）和微元核壳模型（图 8-2）进行解释。

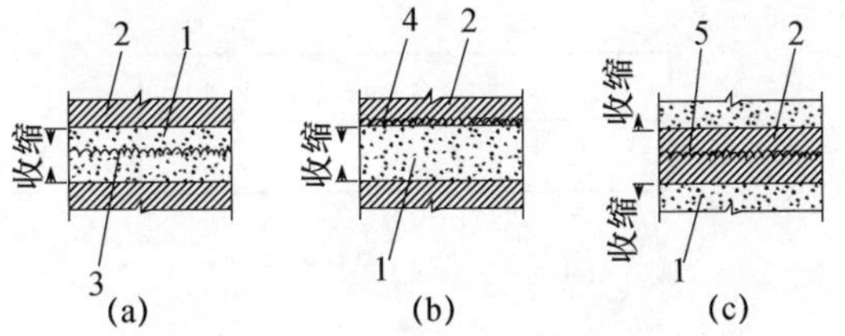

图 8-1 微裂缝类型及层构模型

（a）水泥石裂缝；（b）界面微裂缝；（c）骨料微裂缝

1—水泥石；2—骨料；3—水泥石微裂缝；4—界面微裂缝；5—骨料微裂缝

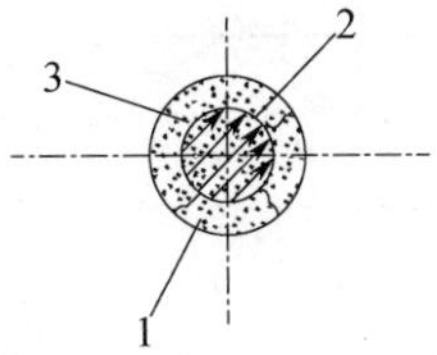

图 8-2 核壳模型及水泥石裂缝

1—水泥石；2—骨料；3—水泥石微裂缝

8.2.2 荷载作用引发裂缝

荷载裂缝亦称受力裂缝，其宽度随荷载（内力）加大而增宽，成为结构构件破坏前的征兆。因此，有关国家和行业标准规范在对裂缝宽度的控制上，对荷载裂缝比变形裂缝有更为严格的要求。

在钢筋混凝土结构构件中，荷载裂缝出现的机理与构件截面的受力状态有关，即当截面上的主拉应力达到混凝土的抗拉强度时，出现与主拉应力方向垂直的裂缝。

（1）轴心受拉构件，由于全截面受拉，因而出现竖向的贯穿全截面的裂缝，如图 8-3 所示。

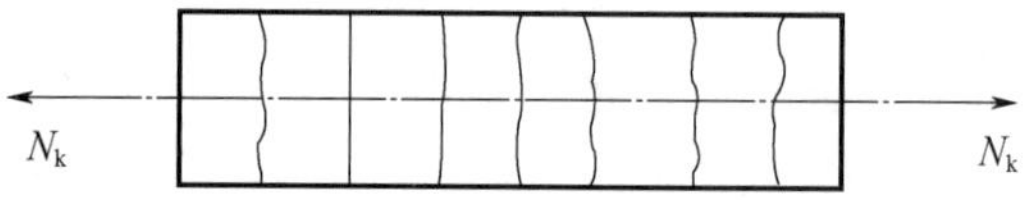

图 8-3　轴心受拉情形

（2）偏心受拉构件，当偏心距较小时，与轴心受拉构件一样，出现横向的贯穿全截面的裂缝；当偏心距较大时，将仅在靠近轴向力一侧的受拉区出现横向裂缝。如图 8-4 所示。

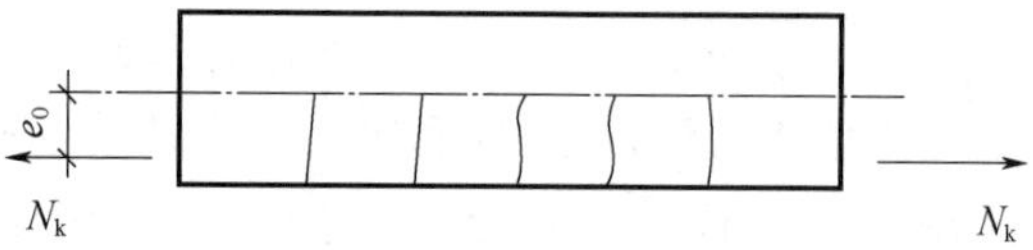

图 8-4　偏心受拉情形

（3）偏心受压构件，当偏心距较大时，在远离轴向力一侧的受拉区出现横向裂缝，如图 8-5 所示。

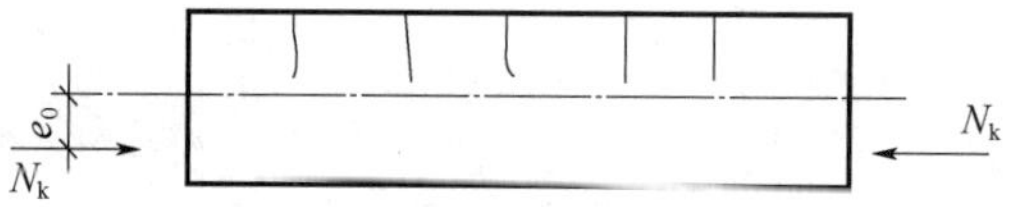

图 8-5　偏心受压情形

（4）简支受弯构件一般在跨中截面受拉区出现垂直裂缝，而在支座截面附近出现斜裂缝，如图 8-6 所示。

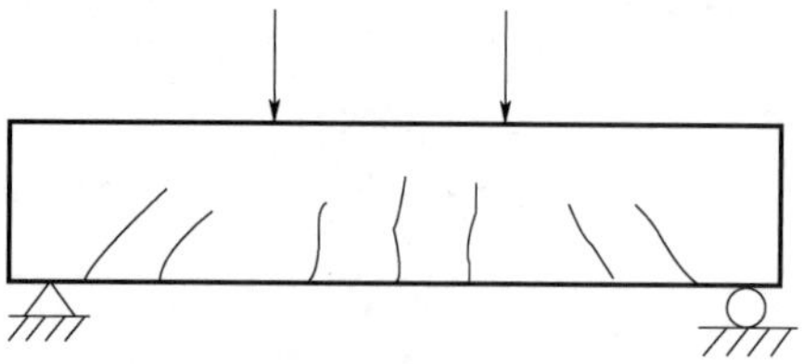

图 8-6　简支受弯情形

8.3　混凝土抗开裂与修复材料

混凝土在设计之初就会考虑由材料和服役环境引起的开裂问题，在进行混凝土配合比设计时便会加入抗开裂材料，预防构件产生裂缝。现有针对服役建筑物存在的开裂问题，应运而生许多裂缝修补方式和修复材料。

8.3.1 混凝土抗开裂材料

混凝土开裂多是由于成型后的收缩引起的，因此控制混凝土收缩成为混凝土抗开裂材料的主要目的。常用的混凝土抗开裂材料分为以下三类：

（1）钢筋。在混凝土薄弱部位、易开裂部位植入配筋是最直接的抵抗混凝土开裂的方法。

（2）混凝土膨胀剂。掺膨胀剂的补偿收缩混凝土大多应用于控制有害裂缝的钢筋混凝土结构工程中。混凝土的膨胀只有在限制条件下才能产生预压应力。根据《混凝土外加剂应用技术规范》（GB 50119—2013）的要求，掺膨胀剂的补偿收缩混凝土在水中养护 14d 的限制膨胀率≥0.015%。实际上，混凝上的膨胀率最好控制在 0.02%～0.03%，掺膨胀剂混凝土的膨胀率应在 0.015%～0.035%。施工单位或混凝土搅拌站应根据设计的要求，确定膨胀剂的最佳掺量。

（3）纤维材料。在混凝土材料中添加一定比例的纤维材料后可以有效提高混凝土的拉伸伸长率，从而起到控制裂缝的目的。但所添加的纤维材料不同，其应用也有一定的限制。例如，玻璃纤维增强商品混凝土的优点是具有高耐冲击性、高阻断、高拉伸伸长率、高弯曲强度，所以具有广泛的可用性。然而，因为它的耐用性差，所以它仅适用于非承重部件及产品。

8.3.2 修复材料

现代技术采用多种材料来处理混凝土裂缝，这些材料既包括用于封闭非常细小裂缝的低强度聚合物，也包括用于处理出现流水或渗水情形的快凝材料。具体如下：

（1）聚合物水泥砂浆修补材料。其具有收缩小，提高新老混凝土的黏结、抗渗、抗拉强度等能力。一般用于修补加固厚度小于 30mm 的构件，属于表面处理方法。

（2）聚合物砂浆修补材料。其密实性、力学性能较好，具有良好的抗渗、抗冻和耐腐蚀的能力。一般仅用于建筑物的一些特殊部位的修补。

（3）纤维复合修补材料。主要包括钢纤维和合成纤维，在强度和韧性方面有很大的提高，可增强对摩擦、疲劳荷载和冻融循环的抵抗，减少透水及钢筋的腐蚀。它适用于修补隧道等的防水、防腐工程。

以上三种均为表面处理方法。

（4）环氧树脂化学灌浆材料。稳定性好、室温固化、收缩小、黏结力强。

（5）甲基丙烯酸酯类化学灌浆材料。整体性好，可灌入 0.05mm 裂缝，压力下可深入混凝土内 4～6cm。

（6）氨基甲酸酯材料。具有很强的二次扩散渗透能力。一般修复有水裂缝，用于水工建筑。

（7）丙烯酰胺及丙烯酸盐。黏度低、可灌性好、凝结时间易控制，但强度不高。适合有水裂缝的灌浆堵漏。

（8）胶黏剂。黏结力高、强度高、耐介质、耐老化、固化收缩率小、储存稳定、脆性大。一般可用于修复结构承载力不足产生的裂缝，为结构补强法。

8.4 混凝土抗裂设计理论与修复技术

8.4.1 混凝土抗裂设计理论

混凝土抗裂设计一般包括以下几个方面：

（1）降低水胶比。降低水胶比能够减少混凝土水分蒸发，降低由水分蒸发带来的干燥收缩，从而减少混凝土裂缝。

（2）延长水化放热时间。水泥水化反应产生大量热，混凝土构件内部热量无法迅速释放，导致构件内外温差不一致，产生温度裂缝。

（3）加强养护。由水分蒸发和化学收缩带来的裂缝可以通过加强成型后的养护来达到减少裂缝的目的。混凝土的养护分为内养护和外养护。内养护即加入吸水型内养护材料，保证混凝土构件内部湿度。外养护即常见的遮盖、加水等养护方式。

（4）自修复。混凝土自修复是指在混凝土搅拌时加入能够修复混凝土细微裂缝的材料。自修复材料有自修复微胶囊和自修复细菌。自修复微胶囊是裂缝产生时，胶囊破裂，内部芯材流出修补裂缝。自修复细菌是裂缝出现时，细菌暴露在空气中，产生能够修复裂缝的钙质物质，如碳酸钙，进行裂缝修补愈合。

8.4.2 混凝土裂缝修复目的

裂缝修补最常见的目的是保护钢筋免于锈蚀。因为裂缝给二氧化碳和湿气侵入混凝土内部提供了途径，所以裂缝给人的第一感觉就是会引起钢筋锈蚀。然而，研究结果指出，裂缝不一定都引起钢筋锈蚀。许多施工规范都有在各种条件下裂缝开度的最大允许值，问题是裂缝开度内外不一，在混凝土表面的裂缝比内部钢筋处要宽，开度的差别取决于混凝土保护层厚度。为了防止流体从结构物渗入或溶出，也需进行混凝土裂缝修补。在修补前，应考虑混凝土裂缝是否能自动闭合，特别是出入的流体为水的情况下。

混凝土的修补程序包括：

（1）确定导致损坏的原因。确定混凝土损坏机理是混凝土修补的第一步，也是最重要的一步。如果混凝土损坏属于使用过程中的损坏，混凝土的修补不需要对损坏的原因进行校正。如果损坏的原因具有连续、多发的特点，修补时就需要有纠正方法，即修补方法和材料能够抵抗预计的、未来的损坏。

（2）评估损坏的程度。评估损坏的程度是确定混凝土被损坏的量以及对混凝土结构使用性能的影响。这一步骤还包括确定混凝土损坏的发展情况。但应注意不是所有混凝土的损坏都需立即进行修补，在决定修补前应考虑许多因素。如损坏已经危及结构的安全，或损失的速率很快，混凝土结构的使用性就要受到影响，修补需立即进行。

（3）选择修补方法，做好修补准备。原有混凝土表面的准备是保证修补质量的关键之一。修补材料必须与坚实的混凝土进行黏结，因此要去除一些受损的、薄弱的混凝土区域。

（4）实施修补施工，进行适当的养护。修补材料的浇筑施工应根据有关标准进行，或是制定出完善的技术规范，以便于施工时遵守，保证施工质量。修补后的混凝土一般都需要有适宜的养护措施，这也是保证混凝土修补质量的重要措施之一。

8.4.3 混凝土裂缝修复技术

常用的混凝土修复技术有表面处理法、表面磨削法、填充法和灌浆法。根据不同的裂缝会选择不同的修复方法。

8.4.3.1 表面处理法

1. 适用范围

表面处理法适用于轻微裂缝的处理。轻微裂缝也可称为无害裂缝，一般宽度较小，深度也有限，除影响外观以外，对结构使用功能、承载安全和耐久性基本上不造成影响。因此，只要裂缝已经稳定，无须采用特别的处理手段，简单进行表面处理、加以掩饰即可。

2. 处理方法

（1）结构表面涂刷。结构混凝土表面的浅层裂缝或宽度不超过限值的正常受力裂缝，待其稳定后可以用涂刷水泥浆、其他涂料或者外加抹灰层的方式加以掩盖，确保其不再显现而造成观感缺陷。

（2）后浇混凝土掩盖。对于有找平层、后浇层、叠合层等混凝土后续施工的情况，可以对开裂的混凝土表面打毛或刮凿成粗糙面，经清扫、冲水、润湿后，利用后浇混凝土振捣时水泥浆的渗入弥合裂缝。

（3）对表面抹灰装修。对于有抹面层、装饰层、粘贴层的混水构件表面，则无须特别处理。在后续施工前，浇水润湿或涂刷界面黏结材料（水泥浆等），再进行表面装饰层施工而将其掩盖，即可消除裂缝的影响。

（4）清水表面处理。对于清水混凝土构件的表面，可以通过涂刷水泥浆或其他装饰性材料而掩盖微细裂缝。如果裂缝较宽，则可以用刮腻子的方法将宽度较大的裂缝填塞，再涂刷面层材料加以掩饰。

（5）建筑手法处理。有时还可以通过建筑手法掩饰裂缝。例如，沿构件拼接处主动设置装饰性的凹槽或其他形式的线条，引导出现裂缝并用深色涂料加以掩盖，还能取得装饰性的效果。

8.4.3.2 表面磨削法

表面磨削可以用于超过表面容忍度的一些隆起、变形及其他不规则变化的修补。但表面过度磨削又会使混凝土表面变弱，外露且易脱落的骨料颗粒及外观不整。表面磨削有以下一些限制：磨削受到气蚀作用的表面时，处理深度不应超过 2mm；磨削为公共视线下的混凝土表面，处理深度不应超过 6mm；在任何情况下，磨削都不应使骨料颗粒外露的尺寸超过最大骨料颗粒尺寸的 1/2。

8.4.3.3 填充法

1. 适用范围

填充法适用于不影响安全和使用功能的较宽裂缝。实际工程中，不可避免因收缩、温度变化或基础沉降而开裂。绝大多数可见连续裂缝均属于此类。对这类裂缝，仅修补即可。

2. 处理方法

(1) 凿槽嵌补法。凿槽嵌补法是指在开裂混凝土结构的表面沿裂缝剔凿凹槽，然后嵌填修补材料，以消除结构表面的可见裂缝。凹槽可为V形、梯形或U形，宽度和深度可为40～60mm。凹槽凿成后，可用压缩空气清扫槽内残渣并用高压水冲洗干净，接着用环氧树脂、环氧胶泥、聚氯乙烯胶泥、沥青膏等材料嵌补、填平，或再以水泥砂浆等修补材料按规定的工艺填塞、抹平。

(2) 扒钉控制裂缝法。对尚处于发展期的宽大且不稳定的裂缝，有时为了避免裂缝的继续延伸和发展加强，可以跨裂缝采用扒钉加以控制。此时除凿槽嵌补以外，仍需沿裂缝以一定间距和跨度预先钻孔，再跨缝钉入扒钉，并采用环氧树脂等胶结材料填充钻孔，固定扒钉。

(3) 自行愈合法。在潮湿及无拉应力的情况下，一种称为“自愈合”的自然修复方法可能比较有效。其常应用于闭合潮湿环境中的非活动裂缝，例如屋盖、地下室墙混凝土中的静止裂缝。

(4) 仿生自愈合法。仿生自愈合法是指模仿生物组织对受创伤部位自动分泌某种物质，而使受伤部位得到愈合的机能，在混凝土的传统组分中加入某些特殊组分，在混凝土内部形成智能型仿生自愈合神经网络系统，当混凝土出现裂缝时，胶囊破裂分泌出的部分液芯纤维就可使裂缝重新愈合。

8.4.3.4 灌浆法

1. 适用范围

对于已经构成严重缺陷的裂缝，例如渗水、漏雨而影响使用功能的裂缝，或宽度很大且超过限制，表明抗力消耗较大但尚没有构成安全性问题的受力裂缝，则应进行封闭，对其进行比较彻底的处理。

2. 处理方法

(1) 压力灌浆法。利用压力将修补材料的浆液灌入裂缝内部，从而消除裂缝。这是一种无损的方法，适用于宽度较大且较深的裂缝，尤其是贯通裂缝或混凝土破碎裂缝的修补。其具有工艺简单、无须钻孔、处理裂缝的针对性强等特点。这种修补方式可以消除结构深层的裂缝，黏结弥合被裂缝分割破碎的混凝土，达到提高混凝土密实度的目的。

(2) 抽吸灌浆法。抽吸灌浆法利用抽吸真空造成的负压，将修补材料的浆液吸入裂缝内部，从而消除裂缝。工艺原理为：封闭裂缝后，利用抽吸管的吸盘对裂缝内抽气造成负压，将涂布在裂缝表面的浆液吸入裂缝内，从而达到封闭裂缝的目的。

(3) 浸渍混凝土法。为了恢复被裂缝分割破碎的混凝土的整体性，可以通过钻孔后的高压灌浆形成浸渍混凝土，以恢复混凝土的抗力。具体方法是在需处理的混凝土区域内钻孔，并高压注入修补材料，使其沿裂缝和缺陷渗入材料内部，填补所有的缝隙，从而增强混凝土的密实性。浸渍混凝土实质上属于改性混凝土，其力学性能实际上比未经处理的混凝土有了很大的改善。

(4) 钻孔灌浆法。钻孔灌浆法一般可分为骑缝钻孔法和斜孔处理法两种。其中，骑缝钻孔法是在混凝土表面不开槽而直接进行钻孔。但该方法会造成盲段，灌浆材料无法填充到裂缝中，形成了盲段而影响灌浆效果。而斜孔处理法采用点找面的办法，克服了骑缝钻孔法难以找准裂缝的缺点，从而提高了灌浆质量，增强了防渗能力。

(5) 补充加强筋法。其加强筋主要包括普通钢筋和预应力筋。

8.5 混凝土水工结构的开裂与修复

8.5.1 混凝土水工结构开裂原因

混凝土水工结构开裂一般是由于水中气泡的破裂或水流动带起的泥砂石等颗粒对混凝土结构的磨蚀，造成混凝土保护层的破坏，进而引起混凝结构的损坏和开裂。

磨蚀可以定义为由气蚀、磨剥及化学侵蚀等作用导致的固体结构的逐渐破损。

（1）气蚀。是由气泡的破裂造成的，而高速水流中压力差常会导致气泡的产生。气蚀作用起因于液体中气泡或空穴的形式。在水工结构工程中，其中的孔隙充满水蒸气或空气，当某一些区域的压力低于一定值时，就会导致水的蒸发并形成孔隙。混凝土中的气蚀、磨蚀多发生在砂浆中，由于砂浆的磨蚀，进而也导致骨料的剥落。砂浆与粗骨料之间的微裂纹对气蚀破坏也起到一定的作用。

（2）磨剥。主要是水流中携带的泥、砂对混凝土水工结构直接产生的磨损作用。水工工程中的溢洪通道护扳、缓冲排水区域、排水道及各种管道内壁等较容易受到磨蚀损坏。磨蚀损坏的速率取决于多种因素，包括水流中携带的固体颗粒的大小、形状、硬度及携带量，水流的速度，混凝土的质量等。

（3）化学侵蚀。化学侵蚀可能会有多种情况，但其结果都是导致混凝土结构的开裂破坏。酸性环境、溶于水的二氧化碳、植物的腐败会造成水流的酸性，从而增加水的化学侵蚀能力。另外，细菌的作用也会损害混凝土。

8.5.2 混凝土水工结构修复方法

磨蚀损坏的修补应依据损坏的特性选择适宜的修补材料。其他考虑还包括可进行修补的时间、修补作业的场地及进出情况、材料的供应、人员安排及施工安全等。

普通混凝土修补材料成本低，且与原混凝土有基本相同的热性质，因而匹配性好。但普通混凝土修补材料自身也会产生一些收缩和水化热应力。这要求降低修补材料的水灰比，以消除收缩和水化热的不利影响，低含水量的干硬混合料需要采用黏结剂和强烈的捣实作用。一些特种修补材料已在水工混凝土结构的修补中得到广泛的应用，这些材料包括钢护板、黏结干充填混凝土、纤维增强混凝土、环氧树脂黏结剂、聚合混凝土、硅灰混凝土等。

8.6 混凝土道路结构的开裂与修复

8.6.1 混凝土道路结构的开裂原因

混凝土道路由于设计耐久性好、使用环境较好，其服役年限一般较长。但在使用过程中，混凝土道路结构仍会出现损坏。其损坏的原因一般包括以下几点：①由于天气原因导致的冻融循环损害；②冬天撒除冰剂引起的损害；③碱-骨料反应；④硫酸盐侵蚀；⑤预埋钢筋锈蚀。

与材料有关的损坏可以归于物理作用、化学作用，或是两者的共同作用。与材料有关的损坏会从道路表面以细小的裂纹表现出来，有时也会出现剥离和开裂。损坏可能是局部区域，如紧邻接缝处或其他裂纹周围，损坏也可能分布于整个混凝土路面板。混凝土表面变色或产生锈斑是混凝土受到损坏的一种表征。有时混凝土还会产生膨胀，导致接缝处的碎散或固定结构的位移。

8.6.2 混凝土道路结构的开裂修补

混凝土路面板的部分修补可用于混凝土道路结构局部损坏区域。这种修补是先要去除损坏区域及周围的混凝土，然后用快凝材料进行修补，以减小交通中断时间。部分修补仅限于损坏深度不超过路面板厚度 1/3 的情况。由于与材料有关的损坏在路面板底面更为严重，部分修补的应用也受到一定限制。全深度修补则要求去除损坏的区域直至路面板底部，并且采用高性能材料代替。全深度修补可以大大延长道路结构的使用期限。但如路面板的损坏分布广、损坏程度较重，则应考虑去除整块路面板及重新浇筑。经各种修补后，还可以采用表面磨削的方法使修补材料与原混凝土的接合处变得平滑，以改善路面行驶条件。

使用沥青混凝土进行覆盖是混凝土道路结构损坏常用的维修措施。由于沥青的覆盖，混凝土中的骨料不会直接暴露于产生冻融循环损坏的条件中，并可以有效减少冻融循环的次数。

8.7 混凝土桥梁结构的开裂与修复

8.7.1 混凝土桥梁结构的开裂原因

混凝土桥梁是一种耐久性很好的结构，早期桥梁混凝土耐久性设计及服役年限一般是 50 年，现在都是 100 年，因此桥梁的防开裂以及高耐久性是桥梁用混凝土的发展方向。但在一些情况下，混凝土桥梁结构会受到一些侵蚀，并产生损坏。这主要发生在桥梁的面板上，并且多是氯离子的侵蚀引起的预埋钢筋锈蚀损坏和保护层因冻融循环和硫酸盐侵蚀引起的剥落。同样，混凝土预先设计不合理、施工不良，或是结构过载也会造成桥梁不同程度的损坏。跨河和跨海桥梁的混凝土墩由于长期浸泡在水里，其损坏原因与水工混凝土类似。但由于水位变动的原因，桥墩受干湿循环交替、冻融循环的破坏更加严重。

8.7.2 混凝土桥梁结构的修复

桥梁的维护和修补大多都要求不影响交通，这对修补材料的选择有一些特殊的要求。桥梁结构的修补材料包括普通水泥砂浆和混凝土，含有乳胶、环氧树脂和异丁烯酸甲酯等特殊材料。特殊修补材料具有凝结快、强度发展迅速、塑性收缩小等优点，但有的材料会受到冻融循环作用的影响。

不管损坏发生在哪个部分，或是采用何种修补方法，所有不坚固的或受影响的混凝土都应去除，这包括受氯离子侵蚀的整个区域。要求被修补的区域边缘清晰，但边角可呈圆弧形，以便与修补材料有很好的连接。若损坏的区域离钢筋较近，在去除时应注意保持钢筋及四周混凝土的完好。但若损坏已到达钢筋的表层，则应去除钢筋四周的混凝土，并且为修补留有足够大的间隙，这时还要对钢筋进行除锈处理。若钢筋需要切除，可以用铰接或焊接的方法增加一段新钢筋。去除受损的混凝土后，修补区域可以用高压水冲洗或高压吸尘去除松散的颗粒和扬尘。其他一些油污也可以用冲砂法进行清理，或采用各种去污剂进行清洗。在对裂缝进行修补时，要求去除裂缝中的松散碎块，使裂缝中不含粉尘和油脂等。裂缝表面边缘要求凿开或切割开，以形成灌注修补材料的斜槽。

9

混凝土的分类与应用

混凝土的硬化性能和经济性使其在建筑领域得到广泛的应用。在房屋建设和公路建设时，混凝土满足规定设计的工作性和强度要求即可。但涉及特殊结构，如特大桥混凝土结构、海洋混凝土结构、大坝等大型混凝土结构时，普通混凝土的性能难以满足结构设计要求。随着上述特殊结构的出现和混凝土科学技术的进一步发展，出现了针对不同特定条件下使用的特性混凝土和施工方法。港珠澳大桥建设时使用水下混凝土，三峡大坝建造时使用碾压混凝土，在西部铁路建设时隧道内采用喷射混凝土。

9.1 高强混凝土

9.1.1 高强混凝土的概念

高强混凝土是指在混凝土早期、28 天或后期具有超出普通混凝土同龄期强度的一类混凝土。高强或超高强的混凝土强度得益于混凝土内部结构更加致密，导致混凝土的弹性模量上升，同时混凝土本身的渗透性会降低，提高了混凝土本身的耐久性。高强混凝土仍是采用普通混凝土所用原材料，通过添加一定数量的高效或高性能减水剂（或同时添加一定数量的活性矿物材料），采用普通成型工艺制成的具有高强性能的一类水泥混凝土。强度达到多高称为高强混凝土，目前国际上尚无定论。多数人认为将抗压强度不小于 60MPa 的混凝土称为高强混凝土，将抗压强度不小于 100MPa 的混凝土称为超高强混凝土。

混凝土的强度与水灰比有很大关系，水灰比越低，混凝土的强度越高。因此高强混凝土的水灰比一般都比较低，为 0.20～0.35，甚至更低。在低水灰比的设计下，高效高性能减水剂的作用凸显。要获得高强度和高耐久性的混凝土，还应保证优质的原材料。一般采用高强度水泥和高品质骨料，同时需要加入硅灰、粉煤灰、磨细高炉渣等辅助性胶凝材料。高强混凝土与普通混凝土相比强度高、弹性模量高、耐久性好，并且具有良好的工作性和较高的流动性，在成型过程中易于浇筑和振捣，不产生分层、离析。

9.1.2 高强混凝土的应用

高强混凝土技术发展非常迅速。早在 20 世纪 60 年代，日本学者服部健一利用超塑化剂将 W/C 降到 0.30 以下，从而配制出坍落度为 10～12cm、抗压强度高达 80～

100MPa 的高强混凝土。当时由于拌和物坍落度损失巨大，因此仅限于工厂生产。

在房屋建筑领域，美国芝加哥市对高强混凝土的早期发展起到非常重要的促进作用，1961 年 40 层的 Outer Drive East 公寓项目突破性地使用 MSC 公司提供的 41MPa 高强混凝土。1972 年 52 层的 Mid-Continental 大厦第一次应用 52MPa 高强混凝土。1974 年当时世界最高混凝土建筑 Water Tower Place 使用了 62MPa 高强混凝土。高强混凝土在日本也得到了广泛应用，现代日本的很多建筑物使用 130MPa 高强混凝土，最高强度可达到 150MPa 以上。目前，位于亚洲迪拜的 Burj Dubai 使用 80MPa 高强混凝土成功应用于混凝土框架结构，并显著降低工程成本。

沈阳市是我国最早大规模集中应用高强混凝土的城市之一，代表性工程包括沈阳富林大厦（应用 C100 高强混凝土）和皇朝万鑫大厦（应用 C100 高强混凝土）等。北京、上海和广州的许多重要工程也应用了高强混凝土。上海金茂大厦采用 C60 高强混凝土，实现一次泵送高度 229.7m。广州国际金融中心采用 C60～C100 高强混凝土，施工时将 C100 高强混凝土一次性成功泵送到 411m 高度，创造同类混凝土泵送新高度。此外，国家大剧院（采用 C100 高强混凝土）、中央电视台新办公大楼（采用 C60 高强混凝土）和广州新电视塔（采用 C80 高强混凝土）等工程均采用高强混凝土。

在桥梁工程领域，从 1989 年开始，挪威的主要混凝土桥梁和高速公路均采用水灰比低于 0.40、掺加硅灰的混凝土来提高抗侵蚀性能。建于 1978 年的 Deutzer 桥位于 Cologne，横跨莱茵河，使用普通密度混凝土和轻骨料混凝土的实际强度分别达到 69MPa 和 73MPa。建于 1992 年的 Portneuf 桥位于 Quebec，使用跨度 24.8m 的预制后张应力混凝土梁，其水灰比为 0.29，含气量为 5.0%～7.5%，平均强度达到 75MPa。美国的第一个高强混凝土桥梁工程为位于得克萨斯休斯顿 Louetta Road Overpass 工程，其使用的 U 形混凝土梁的设计强度为 69～90MPa。日本 1970 年建成的 Kaminoshima 公路桥采用 69MPa 高强混凝土；1974 年建成的 Fukaimitsu 公路桥和 1976 年建成的 Akgawa 铁路桥均采用 78.6MPa 高强混凝土。

在我国，1980 年施工的红水河铁路斜拉桥采用 C60 高强混凝土预应力箱梁，1996 年施工的万县长江大桥采用 C60 钢管混凝土，2001 年竣工的大佛寺长江大桥、2004 年竣工的巴东长江大桥和 2008 年施工的湖北武英高速公路杨柳互通 A 匝道桥主箱梁采用 C60 预应力混凝土。此外，近年来建设的东海大桥、杭州湾大桥、宜昌长江铁路大桥以及 2018 年通车的港珠澳大桥等工程均采用了高强混凝土，以提高混凝土耐久性能。2006 年施工的天津滨海新区中央大道二期工程永定新河特大桥桥梁防撞墩采用 C80 铁钢砂混凝土。

在混凝土制品领域，高强混凝土被广泛用于制备管桩、盾构管片、桥梁构件、轨枕等制品。据报道，日本在 1987 年生产的混凝土桩达 640 万吨，其中预应力高强混凝土桩占 90%。我国目前也已经能够生产 C80 高强混凝土管桩和高强混凝土盾构管片等高端制品。

在港口和海洋工程领域，高强混凝土被用于建造码头、船坞、防波堤、采油平台等，以提高耐久性。1973 年在挪威北海油田建成的第一个混凝土储油和钻井平台，防波堤使用 70MPa 高强混凝土。我国近年来也成功地将高强混凝土应用于很多港口和海洋工程。

9.2 自密实混凝土

9.2.1 自密实混凝土的概念及特点

自密实混凝土（SCC）又称流态混凝土、超塑化混凝土、大流动性混凝土，是一种不用振捣就能达到将模板内所有部位填充密实的流态混凝土。此种混凝土具有流动性好、混凝土质量高的特点，由此带来泵送施工及浇筑的工作量小，达到节省资源、减轻劳动强度等效果。

自密实混凝土采用高效或高性能减水剂，如聚羧酸系、萘磺酸盐甲醛缩合物类减水剂等，通过控制粗骨料的体积和最大粒径来达到流态化效果。为了使用过程中不发生泌水和离析，自密实混凝土在制作过程中会加入矿物掺和料（如粉煤灰或磨细矿渣等）或黏性改善剂（如温轮胶或硅粉等）。

9.2.2 自密实混凝土的应用

日本作为最早提出并研制 SCC 的国家，在 20 世纪 70 年代便开始了 SCC 的研究，其最早由 Kochi 大学 Okamura 教授在 1986 研制成功并开始在日本推广。1992 年 5 月 Ozawa 教授在伊斯坦布尔举行的 CANMET&ACT 国际会议上关于日本 SCC 研究及应用的介绍引起了国际社会的广泛关注。到 2004 年为止，日本自密实混凝土总应用量已超过 250 万 m^3，并有逐年增加之势。目前，日本正在致力于将自密实混凝土从特种混凝土发展成普通混凝土。典型的工程应用实例是跨度为 1990m 的明石海峡大桥（悬索桥），该桥的两个锚碇分别使用了 24 万 m^3 和 15 万 m^3 强度为 25MPa 的自密实混凝土。由于采用了自密实混凝土，锚碇的施工工期由 2.5 年缩短为 2 年，缩短工期 20%。近年来，日本应用自密实混凝土的不断成功，使西方国家和地区也开始关注和应用该项技术。其中，美国西雅图六层的双联广场钢管混凝土柱 28d 抗压强度 115MPa，是迄今为止自密实混凝土应用中强度最高的实例。由于采用了超高强度自密实混凝土，从底层逐层泵送，无振捣，降低了结构成本的 30%。荷兰也是目前应用该技术较为普及的国家之一，大约有 75%的预制混凝土结构采用自密实混凝土。该技术不仅保证了特殊结构施工的需求，也使混凝土制品的性能与外观质量得到了改善和提高。

我国对自密实混凝土的研究及应用相对较晚，但是最近几年随着城市化进程加快，大型复杂的基础建设及市政工程，对于建筑施工技术和混凝土施工性能的要求也越来越高。自密实混凝土在我国发展应用速度也逐步加快，应用领域也进一步拓展。为适应工程建设需要，中国工程建设标准化协会在收集国内外有关的标准资料及翻译国外有关资料的基础上，结合国内的实际情况编制了《自密实混凝土应用技术规程》（T/CECS 203—2006 后修编为 T/CECS 203—2021），推荐给工程建设、施工和使用单位采用。在我国建筑工程中 SCC 主要应用于浇筑量大、钢筋密集，以及有特殊形状的部位，应用领域也从房屋建筑扩大到水利、桥梁、隧道等大型工程。其中具有代表性的工程实例有：北京首都机场新航站楼的筒体墙、西单北大街东侧商业区改造的工程、大亚湾核电站的核废料容器建设工程、厦门集美历史风貌建筑的保护工程、长江三峡等多个水电站的导流洞、润扬长江公路大桥的建设工程以及福建万松关的隧道工程等，均取得了较好的经济和社会效益。

9.3 轻质混凝土

9.3.1 轻质混凝土的概念及特点

轻质混凝土亦称轻骨料混凝土、轻混凝土，是指 28d 气干表观密度小于 1900kg/m^3 的混凝土。ACI 定义其为气干密度不大于 1850kg/m^3 的混凝土。轻质混凝土与普通混凝土不同的地方在于其采用的骨料为轻质粗骨料和轻质砂。轻混凝土根据表观密度和强度可以分为低表观密度轻混凝土、中表观密度轻混凝土和高表观密度结构用轻混凝土，具体如图 9-1 所示。

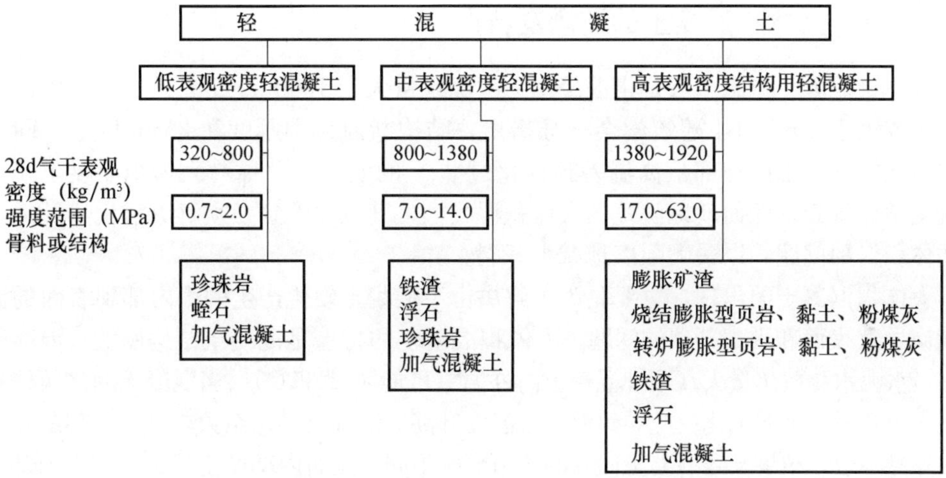

图 9-1 轻混凝土的分类（ACI213）

9.3.2 轻质混凝土的应用

高层建筑比中低层建筑更需要减轻结构质量，因此在高层建筑中使用轻质高强材料混凝土受到国内外重视。国外已用轻质混凝土建成多座 50～70 层的高层建筑。我国则是在 20 世纪 70 年代才开始在高层建筑中使用轻质混凝土。

美国休斯敦大厦建成于 1969 年，共 52 层，高 218m、长 58m、宽 40m，建筑面积 130000m^2。有四层地下室基础为浮筏板，厚 2.5m（71m×53m）。结构体系为筒中筒，外筒为密柱框筒，楼板跨度 12m。由于在休斯敦的繁华区没有较坚硬的土层，只有根据挖土的置换重来决定地基的承载能力，因此采用轻质混凝土可尽量减轻结构的重量。该大厦共使用 LC30～LC40 膨胀珍珠岩轻质混凝上 68800m^3，减轻自重 38500～41200t。

1975 年，沈阳市第二建筑工程公司在沈阳铁路局的 18 层住宅楼中采用页岩陶粒现浇混凝土。该楼地下 2 层，地上 16 层，总高 49.9m，平面呈三叉形，外墙均采用滑模施工。中央异形区及地下 2 层的水平结构为现浇钢筋混凝土结构，其余部分用预制钢筋混凝土梁、板。该楼外墙厚 35cm，内墙厚 24cm，地上 1～5 层的内外墙体全部采用页岩陶粒混凝土，此楼使用至今已有 40 余年，效果良好。进入 20 世纪 90 年代，辽宁省阜新、本溪等市又以自燃煤矸石轻混凝土分别建成 22 层、24 层现浇大楼。近年来，随着轻质混凝土性能的进一步完善，其在高层建筑领域的应用将更加广泛。

在钢筋混凝土桥梁中，混凝土的自重在桥梁结构荷载中占有很大比重，且桥梁跨度越大，所占比重越大。由于轻质混凝土质量轻，用作桥梁结构可以大大减轻结构质量，节约大量材料，减少地基荷载，提高桥梁的安全性，具有很高的技术经济价值，因而国外很早就把轻质混凝土用于桥梁的建造当中。我国首先使用轻质混凝土建造的桥梁是 1960 年开工建设的河南平顶山的湛河大桥。

9.4 大体积混凝土

9.4.1 大体积混凝土的概念及特点

大体积混凝土概念一般是指混凝土一次浇筑量大于 1000m^3 或混凝土的实体最小尺寸等于或大于 2m。日本建筑学会标准指出，结构断面最小厚度在 80cm 以上，同时水化热引起的混凝土内外部最高温差预计超过 25℃的混凝土，称为大体积混凝土。美国混凝土学会规定，任何就地浇筑的大体积混凝土，其尺寸大到必须解决水化热及随之引起的体积变形问题，以最大限度地减少开裂。

大体积混凝土的出现，主要是为了解决由于混凝土硬化产生的由内部到表面的温度梯度而导致表面和内部开裂的问题。大体积混凝土的特点是混凝土结构厚实，混凝土方量大，水泥水化放热量大（预计混凝土内外温差可能超过 25℃）。当混凝土的浇筑体积大到一定程度时，水泥水化反应导致混凝土温度升高。混凝土导热系数较低，内部的热量无法向外界扩散，结果导致混凝土内外的自由膨胀不同，从而内部产生约束。如果内部产生膨胀致使外表面产生的表面应力超过混凝土本身的抗拉强度，或拉应变超过了混凝土的极限拉应变值，混凝土表面便会发生开裂。大体积混凝土内部温度大于外部温度时会导致表面开裂，之后在降温过程中，内部的温度缓慢下降，而此时混凝土外部已冷却并形成稳定结构，这种结构会对内部的混凝土收缩产生限制，从而导致内部开裂，如图 9-2 所示。

解决大体积混凝土放热问题一般有两种途径：一种是从混凝土本身解决，即采用低水化热水泥、热膨胀系数较低的粗骨料和采用冷却水或冰水进行混凝土的拌和；另一种是将大体积混凝土内部埋入冷却管或外部采用保温措施，以防止内外温差过大。

9.4.2 大体积混凝土的应用

大体积混凝土在国内外的应用主要集中在梁、柱、桥墩、水闸或大坝等大体积结构中。美国的胡佛大坝、俄马大坝、大古力大坝、沙斯塔大坝等都是大体积结构，采用了大体积混凝土并配合相应的施工技术。以上大坝均采用低热水泥以降低水泥的水化热。施工过程中采用冷水拌，有的还采用预埋冷水管，以便后期对混凝土进行降温。国内许多大体积结构实体在材料配合比设计和施工过程中也采用了大体积混凝土设计方法和施工方法。

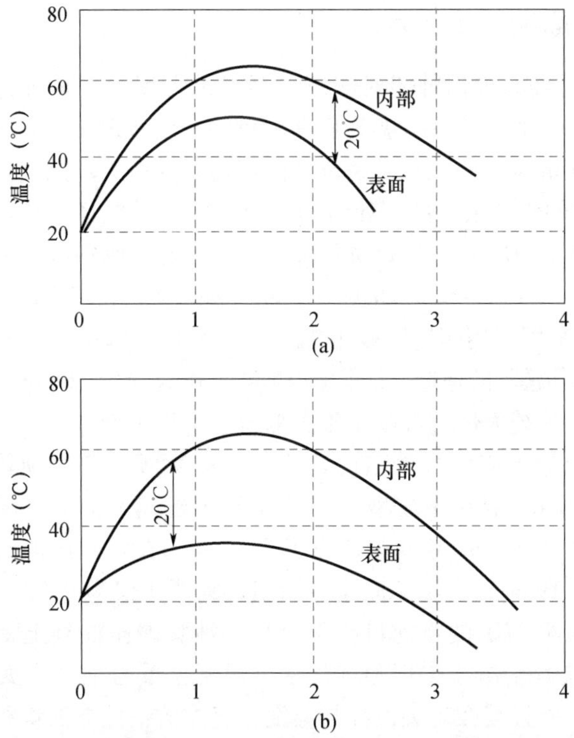

图 9-2 大体积混凝土开裂典型温度变化实例（临界温差=20℃）

（a）外部开裂；（b）内部开裂

如中信重工重型锻造工部 18500T 油压机设备基础，位于洛阳市涧西区建设路中信重工机械股份有限公司厂区内，平面尺寸为 25m×25m，基础底板厚度为 4.5～6.0m，基础最大深度为 12.0m。为了降低大体积混凝土的最高温度，使中心温度与表面温度之差不大于 25℃，最主要的措施是降低混凝土的水化热。主要采取的措施为：①选用 42.5 号矿渣水泥，其特点是水化热较低，水泥用量约为每立方米 330kg。②选用 5～40mm 的石子，石子含泥量小于 1%；细骨料采用中粗砂，细度模数在 2.3 以上，含泥量小于 2%。③掺入水泥用量 8%的 CEA 膨胀剂，有效防止龟裂，提高防水性能。④混凝土中掺入一定数量的粉煤灰，它不仅能取代部分水泥，还能改善混凝土的可泵性，降低混凝土中的胶凝材料水化热。该工程掺Ⅱ级磨细粉煤灰，掺量约为每立方米 100kg。⑤混凝土搅拌站预先将砂石料入库，防止日光曝晒，降低砂石的温度。⑥混凝土的搅拌用水采用井水或冰水，降低混凝土的出机温度。

9.5 碾压混凝土

9.5.1 碾压混凝土的概念及特点

碾压混凝土是指采用碾压工艺进行密实成型的干硬性贫水泥混凝土。与普通混凝土相比，碾压混凝土具有胶凝材料用量低、成本低以及施工速度快等优点。

9.5.2 碾压混凝土的应用

1974 年，美国的陆军工程师团对碾压混凝土重力坝的方案进行了研究，并且将其作为土坝设计的代替方案，这一方案为后期项目的开展奠定了良好的基础，而且其是国际上第一个应用碾压混凝土施工技术来设计的坝体。这一大坝的高度与长度分别为 52m 与 518m。应用破碎的骨料来开展拌和活动，骨料的最大粒径为 76mm，细粒料的用量为 4%～10%。就施工中所需的胶凝物质而言，其需要与所在区域的具体情况相结合进行设定。粉煤灰用量为 19kg/m^3，水泥用量为 47kg/m^3，大坝之内混凝土浇筑层的厚度为 24～34cm。而后美国采用碾压混凝土进行了净水坝、柳溪坝（提前 2 年竣工，节省了 1300 万美元）、橡树溪坝的建造。日本玉川坝高 100m，宽约 200m。该坝采用 114 万 m^3 碾压混凝土，相较于传统大体积混凝土施工缩短了 1 年工期。

在我国，碾压混凝土应用最著名的建筑是三峡大坝。整个坝体 185m 高，长度为 2300m，采用 2800 万 m^3 混凝土成型。1986 年我国建成了首个碾压混凝土重力坝，也就是福建省的坑口大坝。1993 年我国建成了 75m 高的普定碾压混凝土重力坝，其是当时世界上最高的坝；1996 年建成了福建溪柄坝，其厚比仅为 0.19，是世界上首座碾压混凝土薄拱坝；2001 年竣工的当前世界上最高的沙牌碾压混凝土重力拱坝，其坝高为 132m。此外，普定碾压混凝土拱坝和坑口碾压混凝土重力坝 2 个大坝项目都获得了国家科技进步一等奖，并且其在有关设计与温度、缝隙的把控方面都积累了十分丰富的经验。截至目前，我国已建成以及正在施工的采用碾压混凝土施工技术的坝体数量高达 60 多座，而且目前我国水利工程碾压混凝土施工技术在世界上都是非常出色的。

9.6 喷射混凝土

喷射混凝土是指采用特定混凝土喷射设备将混凝土喷射至需要保护或加固的岩面、混凝土结构面。喷射混凝土具有迅速凝结的特性，根据 GB/T 35159—2017 规定，初凝时间不超过 5min，终凝时间不超过 12min。喷射混凝土施工时将混合料直接喷射至基层结构表面，无须模板或少量模板。形成面的密实是依靠混合料的连续压力冲击作用，保证了强度和抗渗性能。同时，混凝土也会进入施工表面的缝隙起到加固黏结的作用。喷射混凝土的关键指标是控制回弹率。其主要用于加固和修补的特定工程，如薄的断面、隧道衬砌、预应力管、岩石斜坡、建筑物的护坡等。

喷射混凝土技术起始于 19 世纪的美国。芝加哥自然科学博物馆的 Akeley 博士发明了单腔室压缩空气喷射设备，并用喷射砂浆制作了史前动物模型。1911 年喷射混凝土技术获得专利并成立了 Cement Gun 公司。1914 年美国在矿山和土木工程中使用了喷射水泥砂浆。1953 年建成的奥地利卡普隆水力发电站的米尔隧洞最早使用了喷射混凝土支护。湿喷法开始于第二次世界大战以后，直到 20 世纪 70 年代中期才开始产业化应用。1984 年挪威在隧道施工过程中，发现将钢纤维喷射混凝土应用在有节理易超挖的岩层内，可有效提供永久支护作用，并在后续的 460km 干线公路隧道及部分海底隧道工程中得到广泛应用及推广。20 世纪 90 年代，美国、日本及巴西等国家和地区也分别在泄洪隧洞、铁路隧道及水电站等地下工程中将单层衬砌技术作为永久支护设计进行应用。

我国从20世纪60年代末在铁路隧道施工中开始采用喷射混凝土施工。隧道工程采用单层衬砌技术作为永久支护手段，应用范围较窄且施工规模不大。近年来，随着西南山区高铁及川藏铁路等基础建设步伐的加快，铁路和公路部门将单层衬砌技术应用在大量隧道工程中，取得了很好的技术经济效益，但主要应用于围岩等级较好、自稳性高的短隧道工程或辅助斜井工程。20世纪60年代成昆铁路某段使用了锚杆支护结合喷射混凝土的单层衬砌技术，运营现状良好；西南铁路的磨沟岭隧道采用模筑钢纤维混凝土单层衬砌技术；2010年摩天岭隧道斜井，为国内首例长倾角斜井。

9.7 透水混凝土概念及应用

透水混凝土是由特定级配的骨料、水泥、水和外加剂等按特定比例拌制，经特殊工艺成型的蜂窝状混凝土，又称为多孔混凝土。其骨料骨架间含有大量的贯通性孔隙，并多为直径超过1mm的大孔，孔隙率通常在15%～25%。在保证一定透水性的情况下，其抗压强度一般在3.5～28MPa，挠曲强度一般在1.0～3.8MPa。透水混凝土的渗透系数一般为2.0～5.4mm/s，有的甚至能够达到12mm/s。欧美和日本等发达国家和地区基本上从20世纪70～80年代就开始研究透水混凝土，并将其作为透水路面材料应用于广场、步行街、道路两侧和中央隔离带、公园内道路及停车场等。近些年，国内外学者对透水混凝土开展了更为深入的研究，并已经有了大范围的工程应用。它不仅可以用作路面材料排水，而且还可以作为桩体材料应用于复合地基。

日本对透水混凝土的研究较早。早在20世纪70年代后期，日本为了解决因抽取地下水而引起的地基沉降等问题，提出了“雨水地下还原政策”，着手研发透水混凝土铺装。到目前为止，日本在沥青及透水混凝土方面的研究已经相当成熟并得到广泛的推广应用。1987年美国在降雨量较大的地区都试用了透水混凝土，主要用于铺筑停车场和市中心街道。1996年华盛顿大学的研究学者在西雅图附近的四个停车场铺筑了透水混凝土试验段，2003年对其耐久性和透水能力进行了综合评价。结果表明，四个停车场的透水混凝土都未发生明显破坏，地面上的雨水渗透性能良好。透过的雨水中铜和锌的含量比直接从沥青表面流走的雨水中的铜和锌的含量低很多，并且不含有铅和废柴油燃料等污染物。我国在1990年之后才开始透水混凝土的研究。透水混凝土在我国大型工程建设中已有了成功运用。如北京奥林匹克公园、上海世博园区等实际工程。以北京奥林匹克公园为例，其建筑面积约8万亩，所需透水混凝土面积约11.7万m^2。

9.8 重混凝土

重混凝土又称核防护混凝土、防辐射混凝土、屏蔽混凝土或核反应堆混凝土。此类混凝土的表观密度大，一般为2700～5500kg/m^3。核辐射产生的射线一般有两种：一种是电磁波射线，包括χ射线和γ射线，其穿透能力强，但容易被材料吸收；另一种是粒子射线，包括α射线、中子射线、β射线。这就需要水和必要的轻元素进行减速抵挡，因为中子只有碰到原子核才能减速。

重混凝土除骨料采用重骨料和金属矿砂外，其他材料与普通混凝土一致。重混凝土采用的骨料品种一般有重晶石、赤铁矿、磁铁矿、褐铁矿、铁质或钢质骨料、含硼骨料等。在配制过程中，还应添加硼或锂的化合物粉料作为掺和料，以增加其快速吸收中子的能力，提高防护效果。

9.9 纤维增强混凝土

9.9.1 纤维增强混凝土的定义及特点

纤维增强混凝土又称纤维混凝土，是指将不连续的纤维均匀分散在混凝土或砂浆中形成的新型混凝土。纤维的加入能够有效改善混凝土的脆性，提高混凝土的抗裂、抗弯、抗冲击的性能。纤维的加入会降低混凝土的工作性，提高混凝土的抗压强度、抗折强度、抗拉强度，增加混凝土的延性和韧性。但也存在表面钢纤维易锈蚀、玻璃纤维易受混凝土高碱环境的腐蚀以及天然的有机纤维掺入会遭到细菌和碱环境的腐蚀等弊端。

9.9.2 纤维增强混凝土的应用

9.9.2.1 钢纤维混凝土

钢纤维混凝土是在普通混凝土中掺入适量短钢纤维后形成的一种比较均匀且多向配筋的混凝土。钢纤维混凝土的研究现阶段主要集中在其强度、耐冲击性、耐磨性及混凝土徐变等方面。钢纤维的掺入量既不能太高也不能太低。钢纤维混凝土中钢纤维的掺入量一般为其体积的1%～2%。若钢纤维含量太低，则钢纤维的增强、增韧、阻裂效果不明显；钢纤维的含量太高，则拌和时钢纤维容易结团。

常见的钢纤维按外形分，类型主要有：圆直钢纤维、波形钢纤维及弯钩形钢纤维。在增强效果上细的钢纤维比粗的好，三种类型中弯钩形钢纤维的增强效果最好。钢纤维混凝土之所以较传统混凝土性能更加优良，是因为钢纤维混凝土中乱向分布的钢纤维能阻碍混凝土内部裂缝的扩展。在受荷初期，水泥基料与钢纤维共同承受外力。当混凝土开裂后，钢纤维承受和分散大部分外力，减缓混凝土开裂或裂缝的继续扩大，且仍有抗拉强度，避免混凝土开裂后破碎。

在大型、多功能型水利工程中，钢纤维混凝土应用比较广泛。例如，钢纤维混凝土应用在三峡工程和兰州拉西瓦水电站工程中。水利工程受水冲刷和侵蚀比较严重，钢纤维混凝土耐腐蚀性和耐磨性强，能够使工程的使用年限增加。在建筑工程中，钢纤维混凝土一般应用于屋面防水工程和高层建筑框架结构工程。钢纤维混凝土具有较高的密实性和耐腐蚀性，因此在屋面防水工程中应用前景广阔。在框架节点中，用钢纤维代替箍筋，可提高抗剪强度，并解决节点钢筋挤压使混凝土难于浇筑的施工问题。

9.9.2.2 有机合成纤维混凝土

有机合成纤维特点是变形率大、弹性模量小、增强作用较小。目前只有聚丙烯纤维能使水泥复合材料的抗冲击韧性有很大改善，其已经大面积应用。聚丙烯纤维的弹性模量相比其他有机纤维稍高，能抗强酸、强碱侵蚀，成本较低，缺点是在160℃下熔融，因此不建议在120℃高温以上使用。跟普通混凝土相比，聚丙烯纤维混凝土最大的特点是增加了混凝土的抗冲击性能、抗震与抗爆性能，而对其他性能无太大影响。

国外对聚丙烯纤维混凝土的研究，开始于20世纪60年代。1975年，国际材料与结构实验室联合会论文集《纤维增强水泥与混凝土》对有关聚丙烯纤维混凝土的各项性能、计算方法、施工技术等均有较全面的论述。20世纪80年代初期，为解决军用混凝土工事在受炮火攻击后的抗碎问题和军事工程的耐久性问题，美国军队工程师的混凝土专家与美国最大的化工产品企业——合成工业公司聚丙烯材料专家共同研制出用于混凝土增强的聚丙烯纤维，并已大量应用于机场跑道、高层建筑地下室等工程中。

国内关于聚丙烯纤维混凝土的研究起步较晚，而且是随着国外聚丙烯纤维在国内重大建设项目中的大规模应用开始的，目前的研究主要集中于聚丙烯纤维混凝土的物理和力学性能。20世纪90年代，中国纺织大学开始进行改性聚丙烯纤维的研制。2001年，吉林水利实业公司在吉林省梅河口市进行的渠道防渗护砌试验工程，则是在全国水利工程中较早采用了改性聚丙烯纤维混凝土的应用实例。浙江省宁波市将聚丙烯纤维混凝土用于水库大坝面板、溢洪道进水渠底防护工程。该工程通过了国家验收，其中改性聚丙烯纤维混凝土面板达到了国际领先水平。广州新中国大厦、重庆世界贸易中心地下停车场地坪、广州名汇商业大厦等工程中均掺入了聚丙烯纤维。

9.9.2.3 玻璃纤维混凝土

玻璃纤维具有原料易得、拉伸强度高、断裂伸长低、弹性模量高、防火、防霉、耐热、耐腐蚀和尺寸稳定性好的优点。它有很好的湿性，湿态下它不发生溶胀、延伸、碎裂和其他化学反应。除对强碱和氢氟酸外，玻璃纤维有很好的抗蚀性。玻璃纤维作为水泥增强材料，在增强形式上主要有耐碱玻璃纤维增强普通波特兰水泥、普通硅酸盐玻璃纤维增强低碱度水泥以及耐碱玻璃纤维增强水泥。

用于玻璃纤维混凝土中的玻璃纤维主要是耐碱玻璃纤维（AR）。1966年英国首先公布了马江尔发明的耐碱玻璃纤维专利。1970年，皮尔金顿公司以“Cem-Fil”正式命名玻纤专利，开创了GRC的新局面。我国这方面的研究工作开始于20世纪50年代末。70年代中期以后，研究工作有了突破性的进展，随后北京建材院、南京玻纤院分别研究成功R13和83-10#，有了批量生产，其耐碱性能均与英国的Cem-Fil相当。其应用范围主要为非承重外部用板材类制品，如外墙的薄层面、装饰浮雕、内墙板材、内部用装饰板材、各种薄壳结构等。

9.10 补偿收缩混凝土

补偿收缩混凝土是指采用膨胀性水泥制备的用以产生膨胀等于或稍大于预期干燥收缩的一种混凝土。往往这种混凝土在配制上需要利用钢筋或其他手段加以约束。

收缩是导致混凝土开裂的主要原因之一，裂缝会导致混凝土容易受到外界侵蚀，对耐久性产生不利的影响，并且收缩的同时会导致预应力钢筋混凝土中的钢筋失去部分初始应力。因此，研究人员发明了膨胀水泥。膨胀水泥的混凝土在开始几天就会膨胀，由于膨胀受到钢筋的限制，便会在混凝土中产生预应力，此时钢筋受拉，混凝土受压。使用膨胀水泥产生的膨胀能够补偿普通混凝土自身的干燥收缩或稍大于自身的收缩，就能减少混凝土的开裂，从而使混凝土更耐久。

补偿收缩混凝土相对于普通混凝土拌和物趋于干硬性且黏聚性高，并且坍落度损失严重，因此使用时推荐较大的水灰比，并注意施工现场环境。补偿收缩混凝土的抗压强度强于普通混凝土，是由于其内部浆体与粗骨料的黏结强度高。补偿收缩混凝土自身的膨胀，导致由于收缩开裂的裂纹减少，混凝土本身更加密实，其体积变形和耐久性均优于普通混凝土。

1958 年，美国人 A. Klein 顺利研发了一种硫铝酸盐型水泥，并将其命名为 K 型膨胀水泥，同时获取了专利。该类水泥于 1963 年开始用于大量生产补偿收缩混凝土，进行多方面的应用。1970 年，日本野田水泥株式会社研发成功了混凝土膨胀剂，又被称为石灰型膨胀剂。石灰型膨胀剂的主要成分为轻烧 CaO。我国于 20 世纪 70 年代开始对混凝土膨胀剂进行研究，中国建筑材料科学研究总院采用回转窑法制备熟料，并研磨至比表面积为 2000～3000cm^2/g 的粉体，制备出了与日本 CSA 硫铝酸钙相似的膨胀剂。1985 年，中国建筑科学研究总院制备了氧化钙-硫铝酸钙复合型膨胀剂（CEA），其主要是用含 40%～50%的游离氧化钙膨胀熟料与明矾石、石膏研磨成粉料而成的。随后中国建筑科学研究总院又研发出了铝酸盐水泥熟料与明矾石、石膏粉磨而成的铝酸钙膨胀剂（AEA）。我国的膨胀剂研究起步较晚，近年来技术水平快速发展。由于工程应用的大量需求，膨胀剂的销量与日俱增，20 世纪 90 年代中期，膨胀剂的年销量高达 18 万吨；到 90 年代末期高达 30 万吨；截至 2022 年，甚至已高达 500 万吨，在同类产品中居世界首列。

9.11 清水混凝土概念及应用

清水混凝土是指一次成型，直接以混凝土原浇筑表面或以透明保护剂做保护性处理后的混凝土表面作为饰面的特种混凝土。其对混凝土表观质量有着非常严格的要求，与普通混凝土相比，除了要求混凝土表面不出现裂缝、蜂窝麻面等缺陷外，还要求混凝土表面尽量少有气孔和色差。混凝土的气孔不仅会破坏混凝土建筑的整体美观，而且腐蚀介质会通过气孔渗入到混凝土结构内部，从而影响混凝土结构的耐久性和安全性。

20 世纪 20 年代美国大范围应用清水混凝土技术，到 60 年代已经得到全面推广。1954 年，路易斯·康建造了特灵顿犹太社区中心公共浴室，他充分利用了清水混凝土的可塑性，使得这座建筑表现出简约的结构和硬朗的外表。

我国从 20 世纪 70 年代才开始应用清水混凝土技术，起步较晚，但发展迅速。1997 年，"结构长城杯工程"奖的设立对于清水混凝土技术进步具有里程碑意义，它赋予了此项技术新的希望。这时，一批批中国建筑师发现并体验到清水混凝土的优越性，开始应用于施工过程中，使此项技术在工业与民用建筑领域和市政工程方面被普遍采用。国内外许多知名建筑物无一不体现出清水混凝土施工技术的优越性，如联想研发中心、首都国际机场 3 号航站楼、兰州城市规划展览馆、东方明珠电视塔、乌镇木心美术馆、上海保利大剧院等。近几年由于我国对环境的重视及清水混凝土工艺技术的发展，清水混凝土的应用已从机场等大型建筑扩展到普通的民用建筑中。

9.12 聚合物混凝土概念及应用

聚合物混凝土是一种有机与无机材料结合的混凝土。主要分为聚合物水泥混凝土、聚合物浸渍混凝土和聚合物胶结混凝土。与普通混凝土相比，聚合物混凝土具有抗渗性及抗冻性突出、耐磨、抗冲击、干缩较小、后期强度高、浇筑时流动性好、成品表面光滑、与普通水泥混凝土黏结强度高等优点。

聚合物混凝土的性能主要取决于聚合物材料的类型、聚合物与混凝土的结合方式等因素。目前常用的聚合物材料大体主要有水性聚合物、聚合物乳液、反应型聚合物三类。

(1) 水性聚合物。目前使用最多的水性聚合物有丙烯酸盐、聚丙烯酰胺（PAM)、聚乙烯醇（PVA)、呋喃苯胺树脂、甲基纤维素、羟乙基纤维素等。水性聚合物既可以提高混凝土的保水性又可以提高混凝土的黏度，从而增强混凝土的黏结性，适用于抹灰工程、混凝土修复工程以及防水工程。

(2) 聚合物乳液。聚合物乳液是目前研究和应用较多的聚合物改性材料。例如，乙丙乳液、纯丙乳液、苯丙乳液、硅丙乳液、聚丙烯酸酯、苯乙烯-丁二烯橡胶乳液、橡胶沥青乳液，以及使用量最大的 VAE 类乳液等。

(3) 反应型聚合物。反应型聚合物根据机理的不同可以分为两种。一种是分子中含有的—COOH 等基团与水泥水化过程中生成的 $Ca(OH)_2$ 发生反应，进而提高了混凝土的强度和抗渗性能；另一种是双组分聚合物掺入到混凝土中后聚合物的双组分相互反应发生固化。反应型聚合物混凝土（RPMC）可以用于快速堵漏工程和防水防渗工程，目前常用的反应型聚合物有环氧树脂与不饱和聚酯树脂等。

聚合物混凝土作为一种性能优良的复合材料，得到了世界各国的重视，得以快速发展。1923 年英国工程师 Cressons 首先采用天然橡胶乳液改善水泥混凝土路面的使用性能。1930 年后随着塑料在水泥混凝土中的应用，人们开始注重人工聚合物对水泥混凝土性能的改进作用，从此开启了聚合物水泥基复合材料的研究时代。美国、苏联、德国、日本等国家和地区从 1950 年开始便对聚合物混凝土进行了广泛而系统的试验研究。德国已经将聚合物混凝土普遍应用于工业建筑、建筑装饰、建筑结构修复、电力设备基础、混凝土制品等方面。1970 年以后聚合物改性混凝土在日本已经成为重要的建筑材料。建筑装饰、混凝土防护、混凝土修复、混凝土构件预制等领域均已大面积采用聚合物改性混凝土。目前日本已经制定了聚合物混凝土的相关标准。

1980 年之前由于化工行业一直比较薄弱，我国近十几年来对聚合物混凝土的力学性能、耐久性进行大规模的试验研究，对聚合物混凝土改性机理的研究有了突破进展。目前聚合物混凝土在我国主要应用于防渗工程、防腐工程、混凝土结构修补、道路路面工程等方面。

9.13 装饰混凝土

装饰混凝土是采用造型、色彩等艺术加工工艺制成的具有装饰作用的混凝土。

9.13.1 造型混凝土

混凝土表面以各种造型呈现，通过模板塑造各种造型，进行混凝土浇筑，从而反打出形状。因此模板材质的选择相当重要，需满足可塑性高、韧性好等要求，故以橡胶成型做成的模板即为很好的选择，其可做出劈裂纹、波浪纹、木纹等，甚至搭配 CNC 雕刻可以做出更复杂的造型。

9.13.2 光影成像混凝土

光影成像混凝土的成像原理是在混凝土上生成线条的宽窄与深度不同的 V 形槽，因深度与宽度的不同，侧面点光线在其反面产生的投影宽窄不同，形成画面。在逆光位置，就能看到清晰的画面，随着光线的变化，画面呈现不同的浓淡效果。其与造型混凝土同为使用橡胶模，作为模板，但需先对图片进行平面数字处理，将原有彩色图片生成条形灰度位图文件，再将处理好的平面图像生成 CNC 雕刻路径，从而雕刻出宽窄与深度不同的线条。此外，对混凝土配合比的要求更严格些，由于表面的线条非常细致，所以和易性高、粒径较小的配合比才能更好地填充模板上的线条。

9.13.3 洗石子混凝土

洗石子混凝土是利用缓凝剂来艺术装饰混凝土的做法，通过外露骨材粒径与颜色的筛选再搭配不同洗入深度的缓凝剂使用于钢模上，可使混凝土表面的浆水在脱模时得以冲洗掉，仅外露出骨材部分，如此便可展现出骨材的肌理之美。

9.13.4 缓凝剂贴模混凝土

此种艺术装饰混凝土工艺与洗石子混凝土相似，皆需使用缓凝剂作为艺术成型的材料。与洗石子混凝土不同之处在于其运用原埋如同打印机，将喷墨改为缓凝剂，设计师将需求图案发送到图形混凝土生成机器上，图形混凝土生成机器再将图案用缓凝剂打印到箔片模上。制造时将喷涂了缓凝剂的箔片贴在钢模表面与混凝土一同浇筑，于脱模之后进行表面浆体冲洗，把所设计的图案冲洗出来，并且使用不同的砂浆或混凝土配合比冲洗出来的效果也有所不同。

其他混凝土还包括耐酸混凝土、耐碱混凝土以及耐火混凝土，在特殊工程环境中也得到了相应的发展和应用。

10

混凝土的性能检测方法

本书第 5 章介绍了新拌混凝土的性能以及相关的检测方法。本章主要针对硬化混凝土的检测原理、主要仪器设备、检测方法和结果的处理判定进行介绍。

10.1 混凝土成熟度的测定方法

10.1.1 成熟度的定义及计算方法

混凝土成熟度这一概念是 20 世纪 50 年代科学家们提出的用于表示养护温度和时间对于混凝土强度的综合影响。确切地说，它是一个关于养护温度和时间的乘积的函数（Nurse-Saul 方程，又称度时积方程或 N-S 方程）。

$$M=\int_{t_0}^{t}(T-T_0)\cdot \mathrm{d}t \tag{10-1}$$

式中 M——成熟度（℃·d）；

T——$\mathrm{d}t$ 时间段内的平均温度（℃）；

T_0——基准温度（℃）。

在混凝土养护过程中，环境温度和养护时间对混凝土的性能影响很大。经研究发现，对于配合比相同的混凝土，不管经历的养护温度和时间发生何种变化，只要温度与时间的乘积相同，即成熟度相同，那么它们的强度相等。上式使用的最低温度为－10℃。

之后 Carino 对成熟度进行了更为深入的研究。他提出 N-S 度时积方程实质上是建立在水化反应速率与温度线性相关的基础之上，然而事实上水化反应速率并非随温度线性变化，因此 N-S 方程不能准确地描述时间和温度对于混凝土强度增长的综合影响，进而提出了另一种基于水化反应速率的成熟度方程，称为等效龄期法。t_e 为等效龄期。

$$t_e=\int_{t_0}^{t}e^{\beta(T-T_r)}\mathrm{d}t \tag{10-2}$$

式中 β——温度敏感因子（1/℃）；

T——$\mathrm{d}t$ 时间间隔内混凝土平均温度（℃）；

T_r——对比温度（℃）。

10.1.2 成熟度与强度的关系

混凝土的成熟度与强度建立关系，才能真正用于混凝土强度的测算。1956 年，Plowman 提出强度与成熟度之间的关系式：

$$S = a + b\log M \tag{10-3}$$

式中 S——混凝土强度（MPa）；

a、b——常数；

M——成熟度（℃·d）。

然而此方程存在着缺陷：对于成熟度值较低或较高时，这个方程并不能很好地描述强度与成熟度二者之间的关系。混凝土是存在强度上限值的，若 M 无限大，根据这个方程来看强度 S 也是无限大的，显然这是不可能的。此外，早期养护温度对于混凝土后期强度影响很大，而这个方程也未能表现出这方面的影响。

Knudsen 从独立的水泥颗粒反应动力学和水泥颗粒径考虑，提出如下式的方程，并提出所有的水泥颗粒在化学上是相似的，因此需要根据颗粒的粒径进行分类；所有的水泥颗粒反应都是独立的；颗粒尺寸分布可以用指数方程描述；可以用指数方程表示每个水泥粒子的反应动力学。

$$\frac{S}{S_u} = \frac{\sqrt{k(t - t_0)}}{1 + \sqrt{k(t - t_0)}} \tag{10-4}$$

式中 S——t 时刻混凝土的强度值（MPa）；

S_u——水泥达到极限水化度时混凝土的强度值（MPa）；

k——反应速率常数（1/d）；

t_0——终凝时间（d）。

10.2 混凝土力学性能测定

对于混凝土力学性能的测定，不同建筑结构所采用的标准不同，样品尺寸、仪器设备、测试方法、结果处理以及结果判定都有不同。本节力学性能测试主要依据《混凝土物理力学性能试验方法标准》（GB/T 50081—2019）。

10.2.1 抗压强度试验

抗压强度试验适用于测定混凝土立方体试件的抗压强度，采用压力试验机进行试验。对于圆柱形试件的抗压强度应按《混凝土物理力学性能试验方法标准》（GB/T 50081—2019）附录 C 执行。

10.2.1.1 试件尺寸与数量

标准试件尺寸为 150mm 的立方体试样，边长为 100mm 和 200mm 的立方体试件是非标准试件。每组试件为 3 个。

10.2.1.2 测试方法步骤

（1）试件达到试验龄期时，从养护地点取出后，应检查其尺寸及形状，试件取出后应尽快进行试验。

（2）试件放置试验机前，应将试件表面与上、下承压板面擦拭干净。

（3）以试件成型时的侧面为承压面，应将试件安放在试验机的下压板或垫板上，试件的中心应与试验机下压板中心对准。

（4）启动试验机，试件表面与上、下承压板或钢垫板应均匀接触。

（5）试验过程中应连续均匀加荷，加荷速度应取 0.3～1.0MPa/s。当立方体抗压强度小于 30MPa 时，加荷速度宜取 0.3～0.5MPa/s；立方体抗压强度为 30～60MPa 时，加荷速度宜取 0.5～0.8MPa/s；立方体抗压强度不小于 60MPa 时，加荷速度宜取 0.8～1.0MPa/s。

（6）手动控制压力机加荷速度时，当试件接近破坏、开始急剧变形时，应停止调整试验机油门，直至破坏，并记录破坏荷载。

10.2.1.3 结果处理及判定

混凝土立方体试件抗压强度应按下式计算：

$$f_{cc}=\frac{F}{A} \tag{10-5}$$

式中 f_{cc}——混凝土立方体试件抗压强度（MPa），计算结果应精确至 0.1MPa；

F——试件破坏荷载（N）；

A——试件承压面积（mm^2）。

（1）取 3 个试件测值的算术平均值作为该组试件的强度值，应精确至 0.1MPa。

（2）当 3 个测值中的最大值或最小值中有 1 个与中间值的差值超过中间值的 15%时，则应把最大值及最小值剔除，取中间值作为该组试件的抗压强度值。

（3）当最大值和最小值与中间值的差值均超过中间值的 15%时，该组试件的试验结果无效。

（4）混凝土强度等级小于 C60 时，用非标准试件测得的强度值均应乘以尺寸换算系数，对 200mm×200mm×200mm 试件可取为 1.05，对 100mm×100mm×100mm 试件可取为 0.95。

（5）当混凝土强度等级不小于 C60 时，宜采用标准试件；当使用非标准试件时，混凝土强度等级不大于 C100 时，尺寸换算系数宜由试验确定，在未进行试验确定的情况下，对 100mm×100mm×100mm 试件可取为 0.95；混凝土强度等级大于 C100 时，尺寸换算系数应经试验确定。

10.2.2 轴心抗压强度试验

轴心抗压强度相比于抗压强度更加接近工程实际。轴心抗压强度采用压力试验机进行测试。

10.2.2.1 试件尺寸及数量

标准试件是尺寸为 150mm×150mm×300mm 的棱柱体试件，尺寸为 100mm×100mm×300mm 和 200mm×200mm×400mm 的棱柱体试件是非标准试件。每组试件应为 3 个。

10.2.2.2 测试方法步骤

（1）试件达到试验龄期时，从养护地点取出后，应检查其尺寸及形状，试件取出后应尽快进行试验。

（2）试件放置试验机前，应将试件表面与上、下承压板面擦拭干净。

（3）将试件直立放置在试验机的下压板或钢垫板上，并应使试件轴心与下压板中心对准。

（4）启动试验机，试件表面与上、下承压板或钢垫板应均匀接触。

（5）试验过程中应连续均匀加荷，加荷速度应取 0.3～1.0MPa/s。当棱柱体抗压强度小于 30MPa 时，加荷速度宜取 0.3～0.5MPa/s；棱柱体抗压强度为 30～60MPa 时，加荷速度宜取 0.5～0.8MPa/s；棱柱体抗压强度不小于 60MPa 时，加荷速度宜取 0.8～1.0MPa/s。

（6）手动控制压力机加荷速度时，当试件接近破坏、开始急剧变形时，应停止调整试验机油门，直至破坏，并记录破坏荷载。

10.2.2.3 结果处理及判定

混凝土试件轴心抗压强度应按下式计算：

$$f_{cp}=\frac{F}{A} \tag{10-6}$$

式中 f_{cp}——混凝土轴心抗压强度（MPa），计算结果应精确至 0.1MPa；

F——试件破坏荷载（N）；

A——试件承压面积（mm^2）。

（1）混凝土轴心抗压强度值的确定应符合立方体抗压强度的规定。

（2）混凝土强度等级小于 C60 时，用非标准试件测得的强度值均应乘以尺寸换算系数，对 200mm×200mm×400mm 试件可取为 1.05，对 100mm×100mm×300mm 试件可取为 0.95。当混凝土强度等级不小于 C60 时，宜采用标准试件；使用非标准试件时，尺寸换算系数应由试验确定。

10.2.3 静力受压弹性模量试验

棱柱体试件的混凝土静力受压弹性模量测定应符合本节规定，试验采用微变形测量仪和压力试验机。微变形测量仪可采用千分表、电阻应变片、激光测长仪、引伸仪或位移传感器等。圆柱体试件的静力受压弹性模量试验应按《混凝土物理力学性能试验方法标准》（GB/T 50081—2019）附录 D 执行。

10.2.3.1 试样尺寸及数量

标准试件应是尺寸为 150mm×150mm×300mm 的棱柱体试件，尺寸为 100mm×100mm×300mm 和 200mm×200mm×400mm 的棱柱体试件是非标准试件。每次试验应制备 6 个试件，其中 3 个用于测定轴心抗压强度，另外 3 个用于测定静力受压弹性模量。

10.2.3.2 测试方法步骤

（1）试件达到试验龄期时，从养护地点取出后，应检查其尺寸及形状，试件取出后应尽快进行试验。

（2）取一组试件按照 10.2.2 节的规定测定混凝土的轴心抗压强度（f_{cp}），另一组用于测定混凝土的弹性模量。

（3）在测定混凝土弹性模量时，微变形测量仪应安装在试件两侧的中线上并对称于试件的两端。当采用千分表或位移传感器时，应将千分表或位移传感器固定在变形测量架上，试件的测量标距应为 150mm，由标距定位杆定位，将变形测量架通过紧固螺钉固定。

当采用电阻应变仪测量变形时，应变片的标距应为 150mm，试件从养护室取出后，应对贴应变片区域的试件表面缺陷进行处理，可采用电吹风机吹干试件表面后，在试件的两侧中部用 502 胶水粘贴应变片。

（4）试件放置试验机前，应将试件表面与上、下承压板面擦拭干净。

（5）将试件直立放置在试验机的下压板或钢垫板上，并应使试件轴心与下压板中心对准。

（6）开启试验机，试件表面与上、下承压板或钢垫板应均匀接触。

（7）应加荷至基准应力为 0.5MPa 的初始荷载值 F_0，保持恒载 60s 并在以后的 30s 内记录每测点的变形读数 ε_0。应立即连续均匀地加荷至应力为轴心抗压强度 f_{cp} 的 1/3 时的荷载值 F_a，保持恒载 60s 并在以后的 30s 内记录每一测点的变形读数 ε_a。

（8）左右两侧的变形值之差与它们平均值之比大于 20%时，应重新对中试件后重复（7）的规定。当无法使其减少到小于 20%时，此次试验无效。

（9）在确认试件对中符合（8）后，以与加荷速度相同的速度卸荷至基准应力 0.5MPa（F_0），恒载 60s；应用同样的加荷和卸荷速度以及 60s 保持恒载（F_0 及 F_a）至少进行两次反复预压。在最后一次预压完成后，应在基准应力 0.5MPa（F_0）持荷 60s 并在以后的 30s 内记录每一测点的变形读数 ε_0；再用同样的加荷速度加荷至 F_a，持荷 60s 并在以后的 30s 内记录每一测点的变形读数 ε_a。

（10）卸除变形测量仪，应以同样的速度加荷至破坏，记录破坏荷载；当测定弹性模量之后的试件抗压强度与 f_{cp} 之差超过 f_{cp} 的 20%时，应在报告中注明。

10.2.3.3 结果处理及判定

混凝土静压受力弹性模量值应按下列公式计算：

$$E_c = \frac{F_a - F_0}{A} \times \frac{L}{\Delta n} \qquad (10\text{-}7)$$

$$\Delta n = \varepsilon_a - \varepsilon_0 \qquad (10\text{-}8)$$

式中 E_c——混凝土静压受力弹性模量（MPa），计算结果应精确至 100MPa；

F_a——应力为 1/3 轴心抗压强度时的荷载（N）；

F_0——应力为 0.5MPa 时的初始荷载（N）；

A——试件承压面积（mm^2）；

L——测量标距（mm）；

Δn——最后一次从 F_0 加荷至 F_a 时试件两侧变形的平均值（mm）；

ε_a——F_a 时试件两侧变形的平均值（mm）；

ε_0——F_0 时试件两侧变形的平均值（mm）。

应以 3 个试件测值的算术平均值作为该组试件的弹性模量值，应精确至 100MPa。当其中有 1 个试件在测定弹性模量后的轴心抗压强度值与用以确定检验控制荷载的轴心抗压强度值相差超过后者的 20%时，弹性模量值应按另 2 个试件测值的算术平均值计算；当有 2 个试件在测定弹性模量后的轴心抗压强度值与用以确定检验控制荷载的轴心抗压强度值相差超过后者的 20%时，此次试验无效。

10.2.4 劈裂抗拉强度试验

本方法适用于测定混凝土立方体试件的劈裂抗拉强度，试验采用压力试验机和劈裂抗拉强度试验模具进行。圆柱体劈裂抗拉强度试验方法应按《混凝土物理力学性能试验方法标准》(GB/T 50081—2019) 附录 E 执行。

10.2.4.1 试样尺寸及数量

标准试件应是边长为 150mm 的立方体试件，边长为 100mm 和 200mm 的立方体试件是非标准试件。每组试件应为 3 个。

10.2.4.2 测试方法步骤

(1) 试件达到试验龄期时，从养护地点取出后，应检查其尺寸及形状，试件取出后应尽快进行试验。

(2) 试件放置试验机前，应将试件表面与上、下承压板面擦拭干净。在试件成型时的顶面和底面中部画出相互平行的直线，确定出劈裂面的位置。

(3) 将试件放在试验机下承压板的中心位置，劈裂承压面和劈裂面应与试件成型时的顶面垂直；在上、下承压板与试件之间垫以圆弧形垫块及垫条各一条，垫块与垫条应与试件上、下面的中心线对准并与成型时的顶面垂直。宜把垫条及试件安装在定位架上使用。

(4) 开启试验机，试件表面与上、下承压板或钢垫板应均匀接触。

(5) 在试验过程中应连续均匀地加荷，当对应的立方体抗压强度小于 30MPa 时，加载速度宜取 0.02～0.05MPa/s；对应的立方体抗压强度为 30～60MPa 时，加载速度宜取 0.05～0.08MPa/s，对应的立方体抗压强度不小于 60MPa 时，加载速度宜取 0.08～0.10MPa/s。

(6) 采用手动控制压力机加荷速度时，当试件接近破坏时，应停止调整试验机油门，直至破坏，然后记录破坏荷载。

(7) 试件断裂面应垂直于承压面。当断裂面不垂直于承压面时，应做好记录。

10.2.4.3 结果处理及判定

混凝土劈裂抗拉强度应按下式计算：

$$f_{ts}=\frac{2F}{\pi A}=0.637\frac{F}{A} \tag{10-9}$$

式中 f_{ts}——混凝土劈裂抗拉强度 (MPa)，计算结果应精确至 0.01MPa；

F——试件破坏荷载 (N)；

A——试件劈裂面面积 (mm^2)。

(1) 应以 3 个试件测值的算术平均值作为该组试件的劈裂抗拉强度值，应精确至 0.01MPa。

(2) 3 个测值中的最大值或最小值中当有 1 个与中间值的差值超过中间值的 15%时，则应把最大值及最小值一并剔除，取中间值作为该组试件的劈裂抗拉强度值。

(3) 当最大值和最小值与中间值的差值均超过中间值的 15%时，该组试件的试验结果无效。

（4）采用100mm×100mm×100mm非标准试件测得的劈裂抗拉强度值，应乘以尺寸换算系数0.85；当混凝土强度等级不小于C60时，应采用标准试件。

10.2.5　抗折强度试验

本方法适用于测定混凝土的抗折强度（也称抗弯拉强度）。采用压力试验机和抗折试验装置进行测试。

10.2.5.1　试样尺寸及数量

标准试件应是尺寸为150mm×150mm×600mm或150mm×150mm×550mm的棱柱体试件，尺寸为100mm×100mm×400mm的棱柱体试件是非标准试件，在试件长向中部1/3区段内表面不得有直径超过5mm、深度超过2mm的孔洞。每组试件应为3个。

10.2.5.2　测试方法步骤

（1）试件达到试验龄期时，从养护地点取出后，应检查其尺寸及形状，试件取出后应尽快进行试验。

（2）试件放置在试验装置前，应将试件表面擦拭干净，并在试件侧面画出加荷线位置。

（3）试件安装时，可调整支座和加荷头位置，安装尺寸偏差不得大于1mm。试件的承压面应为试件成型时的侧面。支座及承压面与圆柱的接触面应平稳、均匀，否则应垫平。

（4）在试验过程中应连续均匀地加荷，当对应的立方体抗压强度小于30MPa时，加载速度宜取0.02～0.05MPa/s；对应的立方体抗压强度为30～60MPa时，加载速度宜取0.05～0.08MPa/s；对应的立方体抗压强度不小于60MPa时，加载速度宜取0.08～0.10MPa/s。

（5）手动控制压力机加荷速度时，当试件接近破坏时，应停止调整试验机油门，直至破坏，并应记录破坏荷载及试件下边缘断裂位置。

10.2.5.3　结果处理及判定

若试件下边缘断裂位置处于两个集中荷载作用线之间，则试件的抗折强度 f_f（MPa）应按下式计算：

$$f_f = \frac{Fl}{bh^2} \tag{10-10}$$

式中　f_f——混凝土抗折强度（MPa），计算结果应精确至0.1MPa；

F——试件破坏荷载（N）；

l——支座间跨度（mm）；

b——试件截面宽度（mm）；

h——试件截面高度（mm）。

（1）应以3个试件测值的算术平均值作为该组试件的抗折强度值，应精确至0.1MPa。

（2）3个测值中的最大值或最小值中当有1个与中间值的差值超过中间值的15%

时，应把最大值和最小值一并剔除，取中间值作为该组试件的抗折强度值。

（3）当最大值和最小值与中间值的差值均超过中间值的15%时，该组试件的试验结果无效。

（4）3个试件中当有1个折断面位于2个集中荷载之外时，混凝土抗折强度值应按另2个试件的试验结果计算。当这2个测值的差值不大于这2个测值的较小值的15%时，该组试件的抗折强度值应按这2个测值的平均值计算，否则该组试件的试验结果无效。当有2个试件的下边缘断裂位置位于2个集中荷载作用线之外时，该组试件试验无效。

（5）当试件尺寸为100mm×100mm×400mm非标准试件时，应乘以尺寸换算系数0.85；当混凝土强度等级不小于C60时，宜采用标准试件；当使用非标准试件时，尺寸换算系数应由试验确定。

10.2.6 轴向拉伸试验

本方法适用于测定混凝土的轴向抗拉强度、极限拉伸值以及抗拉弹性模量。采用拉力试验机和微变形测量装置进行。微变形测量仪可采用千分表、电阻应变片、激光测长仪、引伸仪或位移传感器等。

10.2.6.1 试样尺寸及数量

室内成型的轴向拉伸的试件中间截面尺寸应为100mm×100mm，钻芯试件应采用直径100mm的圆柱体。每组试件应为4个。

10.2.6.2 测试方法步骤

（1）以4个试件为一组。

（2）成型前应安装相应的埋件。

（3）达到试验龄期时，将试件从养护室取出，量测试件截面尺寸，当实测尺寸与公称尺寸之差不超过1mm时，可按公称尺寸进行计算。试件承压面的不平整度误差不得超过边长的0.05%，承压面与相邻面的不垂直度不应超过±0.5°。试件应安装在试验机上。球面拉力接头用以调整试件轴线与试验机施力轴线可能产生的偏心。

（4）千分表或位移传感器应固定在变形测量架上，并应用标距定位杆进行定位，变形测量架应通过紧固螺钉固定在试件中部。当采用电阻应变片测量变形时，试件从养护室取出后，应尽快在试件的两侧中间部位用电吹风机吹干表面，用502胶粘贴电阻应变片。电阻应变片的长度不应小于骨料最大粒径的3倍。从试件取出至试验完毕，不宜超过4h。应提前做好变形测量的准备工作。

（5）开启试验机，进行两次预拉，预拉荷载可为破坏荷载的15%～20%。预拉时，应测读应变值，需要时可调整荷载传递装置使偏心率不大于15%。偏心率应按下式计算：

$$e=\frac{|\varepsilon_1-\varepsilon_2|}{|\varepsilon_1+\varepsilon_2|}\times 100\% \tag{10-11}$$

式中 e——偏心率（%）；

ε_1、ε_2——分别为试件两侧的应变值。

（6）预拉完毕后，应重新调整测量仪器，进行正式测试。拉伸试验时，加荷速度应取 0.08～0.10MPa/s。每加荷 500N 或 1000N 测读并记录变形值，直至试件破坏。当采用位移（应变）测量仪测量变形时，荷载加到接近破坏荷载时，为防止位移（应变）测量仪受损可将其从试件上卸下，并记录破坏荷载和断裂位置。

当采用位移传感器测量变形时，试件测量标距内的变形应由数据采集系统自动记录，绘制荷载-位移曲线。试件断裂时，试验机应自动断电，停止试验。

10.2.6.3　结果处理及判定

轴向抗拉强度应按下式计算：

$$f_t=\frac{F}{A} \tag{10-12}$$

式中　f_t——混凝土轴向抗压强度（MPa），计算结果应精确至 0.01MPa；

F——破坏荷载（N）；

A——试件截面面积（mm^2）。

（1）极限拉伸值应按照如下方式确定：采用位移传感器测定应变时，荷载-位移曲线数据应由自动采集系统给出。破坏荷载所对应的应变即为该试件的极限拉伸值。当采用其他测量变形的装置时，应以应变为横坐标，应力为纵坐标，给出每个试件的应力-应变曲线。过破坏应力坐标点，作与横坐标平行的线，并将应力-应变曲线外延，两线交点对应的应变值即为该试件的极限拉伸值，应精确至 1×10^{6}，当曲线不通过坐标原点时，应延长曲线起始端使其与横坐标相交，并应以此交点作为极限拉伸值的起始点。

（2）抗拉弹性模量应按下式计算：

$$E_t=\frac{\sigma_{1/3}}{\varepsilon_{1/3}} \tag{10-13}$$

式中　E_t——抗拉弹性模量（MPa），计算结果应精确至 100MPa；

$\sigma_{1/3}$——1/3 的破坏应力（MPa）；

$\varepsilon_{1/3}$——$\sigma_{1/3}$ 所对应的应变值。

抗拉弹性模量应取应力为 0～1/3 破坏应力的割线弹性模量。

（3）轴向抗拉强度、权限拉伸值、抗拉弹性模量均以 4 个试件测值的平均值作为试验结果。当试件的断裂位置与变截面转折点或预埋件端点的距离在 20mm 以内时，该测值应剔除，可取其余测值的平均值作为试验结果。当可用的测值少于两个时，该组试验结果无效。

10.2.7　混凝土黏结强度试验

本方法适用于测定新旧混凝土之间的黏结强度。采用压力试验机进行测试。

10.2.7.1　试样尺寸及数量

一组试件为 3 个，尺寸为 150mm×150mm×150mm 的立方体试件。

10.2.7.2　测试方法步骤

（1）用与被黏混凝土相近的原材料和配合比，成型 3 个 150mm×150mm×150mm 的立方体试件，标准养护 14d 后取出，应按劈裂抗拉强度试验方法将试件劈成 6 块待用。

（2）应将劈开混凝土试件的劈开面清洗干净并保持湿润状态，垂直放入 150mm 立方体试模一侧，试件光面紧贴试模壁，劈开面与试模之间形成尺寸约为 150mm×150mm×75mm 的空间。

(3) 拌制新混凝土，应浇入已放置混凝土试块的试模中并振实，人工成型时分两层捣实，每层插捣 13 次。新拌混凝土的最大骨料粒径不应超过 26.5mm。

(4) 试件达到养护龄期时，从养护地点取出后，应按劈裂抗拉强度试验将黏结面作为劈裂面，进行新、旧混凝土黏结强度的测试。

10.2.7.3 结果处理及判定

混凝土黏结强度应按下式计算：

$$f_b = \frac{2F}{\pi A} = 0.637\frac{F}{A} \tag{10-14}$$

式中 f_b——黏结强度（MPa），计算结果应精确至 0.01MPa；

F——破坏荷载（N）；

A——试件黏结面面积（mm^2）。

在 6 个试件测值中，应剔除最大值和最小值，以其余 4 个测值的平均值作为该组试件的黏结强度值，应精确至 0.01MPa。

10.3 混凝土体积稳定性的测定

混凝土体积稳定性是指混凝土成型后的尺寸稳定性或称为变形性。混凝土在强度增长过程中，由于内部失水、化学物质反应和外部环境的作用，会产生干燥收缩、化学收缩、自收缩、温度变形等一系列尺寸变化。混凝土在一定物理和化学作用下尺寸会发生变化，这些尺寸变化会导致混凝土产生裂缝，导致力学性能或耐久性能变差。所以，测试混凝土体积稳定性能够确定材料在服役期间的性能对服役过程的影响。

10.3.1 收缩试验

国家标准 GB/T 50082—2009 中有非接触法和接触法两种方法测试混凝土的收缩。

10.3.1.1 非接触法

1. 试件尺寸及数量

本方法应采用尺寸为 100mm×100mm×515mm 的棱柱体试件。每组应为 3 个试件。

2. 测试方法步骤

采用混凝土收缩变形测定仪，如图 10-1 所示。

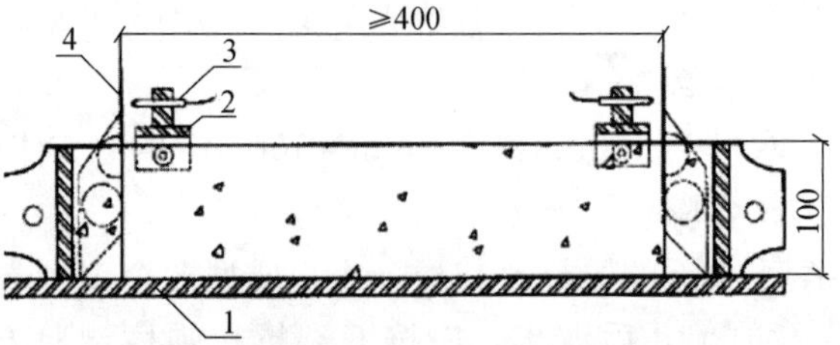

图 10-1 非接触法混凝土收缩变形测定原理示意图（mm）

1—试模；2—固定架；3—传感器探头；4—反射靶

（1）试验应在温度为（20±2)℃、相对湿度为（60±5)%的恒温恒湿条件下进行。非接触法收缩试验应带模进行。

（2）试模准备后，应在试模内涂刷润滑油，然后应在试模内铺设两层塑料薄膜或各放置一片聚四氟乙烯（PTFE）片，并且应在薄膜或者聚四氟乙烯片与试模的接触面上均匀涂抹一层润滑油。应将反射靶固定在试模两端。

（3）将混凝土拌和物浇筑入试模后，应振动成型并抹平，然后应立即带模移入恒温恒湿室。在成型试件的同时，应测定混凝土的初凝时间。混凝土初凝试验和早龄期收缩试验的环境应相同。当混凝土初凝时，应开始测读试件左右两侧的初始读数，此后应至少每隔 1h 或按设定的时间间隔测定试件两侧的变形读数。

（4）在整个测试过程中，试件在变形测定仪上放置的位置、方向均应始终保持固定不变。

（5）对需要测定混凝土自收缩值的试件，应在浇筑振捣后立即采用塑料薄膜作密封处理。

3. 结果处理

非接触法收缩试验结果按下式计算

$$\varepsilon_{st}=\frac{(L_{10}-L_{1t})+(L_{20}-L_{2t})}{L_0} \tag{10-15}$$

式中 ε_{st}——测试期为 t(h) 的混凝土收缩率，t 从初始读数时算起；

L_{10}——左侧非接触法位移传感器初始读数（mm）；

L_{1t}——左侧非接触法位移传感器测试期为 t(h) 的读数（mm）；

L_{20}——右侧非接触法位移传感器初始读数（mm）；

L_{2t}——右侧非接触法位移传感器测试期为 t(h) 的读数（mm）；

L_0——试件测量标距（mm），等于试件长度减去试件中两个反射靶沿试件长度方向埋入试件中的长度之和。

每组应取 3 个试件测试结果的算术平均值作为该组混凝土试件的早龄期收缩测定值，计算结果应精确至 1.0×10^{-6}。作为相互比较的混凝土早龄期收缩值应以 3d 龄期测试得到的混凝土收缩值为准。

10.3.1.2 接触法

1. 试样尺寸及数量

本方法应采用尺寸为 100mm×100mm×515mm 的棱柱体试件。每组应为 3 个试件。

2. 测试方法步骤

接触法测试混凝土的收缩变形有两种测试装置，分别为立式混凝土收缩仪和卧式混凝土收缩仪。测试步骤如下。

（1）收缩试验应在恒温恒湿环境中进行，室温应保持在（20±2)℃，相对湿度应保持在（60±5)%。试件应放置在不吸水的搁架上，底面应架空，每个试件之间的间隙应大于 30mm。

（2）测定代表某一混凝土收缩性能的特征值时，试件应在 3d 龄期时（从混凝土搅拌加水时算起）从标准养护室取出，并应立即移入恒温恒湿室，测定其初始长度，此后应至少按下列规定的时间间隔测量其变形读数：1d、3d、7d、14d、28d、45d、60d、90d、120d、150d、180d、360d（从移入恒温恒湿室内计时）。

（3）混凝土在某一具体条件下的相对收缩值（包括在徐变试验时的混凝土收缩变形测定）应按要求的条件进行试验来确定。对非标准养护试件，当需要移入恒温恒湿室进行试验时，应先在该室内预置 4h，再测其初始值。测量时应记下试件的初始干湿状态。

（4）收缩测量前应先用标准杆校正仪表的零点，并应在测定过程中至少再复核 1 次，其中 1 次应在全部试件测读完后进行。当复核时发现零点与原值的偏差超过 ±0.001mm 时，应调零后重新测量。

（5）试件每次在卧式收缩仪上放置的位置和方向均应保持一致。试件上应标明相应的方向记号。试件在放置及取出时应轻稳仔细，不得碰撞表架及表杆。当发生碰撞时，应取下试件，并应重新以标准杆复核零点。

（6）采用立式混凝土收缩仪时，整套测试装置应放在不易受外部振动影响的地方。读数时宜轻敲仪表或者上下轻轻滑动测头。安装立式混凝土收缩仪的测试台应有减振装置。

（7）用接触法引伸仪测量时，应使每次测量时试件与仪表保持相对固定的位置和方向。每次读数应重复 3 次。

3. 结果处理

混凝土收缩率应按下式计算：

$$\varepsilon_{st}=\frac{L_0-L_t}{L_b} \tag{10-16}$$

式中 ε_{st}——试验期为 t(d) 的混凝土收缩率，t 从测定初始长度时算起；

L_b——试件的测量标距，用混凝土收缩仪测量时应等于两测头内侧的距离，即等于混凝土试件长度（不计测头凸出部分）减去两个测头埋入深度之和（mm），采用接触法引伸仪时，即为仪器的测量标距；

L_0——试件长度的初始读数（mm）；

L_t——试件在试验期为 t(d) 时测得的长度读数（mm）。

每组应取 3 个试件收缩率的算术平均值作为该组混凝土试件的收缩率测定值，计算结果精确至 1.0×10^{-6}。

作为相互比较的混凝土收缩率值应为不密封试件于 180d 所测得的收缩率值，可将不密封试件于 360d 所测得的收缩率值作为该混凝土的终极收缩率值。

10.3.2 徐变试验

本方法适用于测定混凝土试件在长期恒定轴向压力作用下的变形性能。试验采用的徐变仪、加荷装置、变形测量装置应符合《普通混凝土长期性能和耐久性能试验方法标准》（GB/T 50082—2019）的规定。

10.3.2.1 试样尺寸及数量

（1）徐变试验应采用棱柱体试件。试件的尺寸应根据混凝土中骨料的最大粒径按表 10-1 选用，试件长度应为截面边长尺寸的 3～4 倍。

表 10-1 徐变试验试件尺寸选用表

骨料最大公称粒径/mm	试件最小边长/mm	试件长度/mm
31.5	100	400
40	150	≥450

（2）当试件叠放时，应在每叠试件端头的试件和压板之间加装一个未安装应变测量仪表的辅助性混凝土垫块，其截面边长尺寸应与被测试件的相同，且长度应至少等于其截面尺寸的一半。

（3）制作徐变试件时，应同时制作相应的棱柱体抗压试件及收缩试件。

（4）收缩试件应与徐变试件相同，并应装有与徐变试件相同的变形测量装置。

（5）每组抗压、收缩和徐变试件的数量宜各为 3 个。其中每个加荷龄期的每组徐变试件应至少为 2 个。

10.3.2.2 测试方法步骤

对比或检验混凝土的徐变性能时，试件应在 28d 龄期时加荷。当研究某一混凝土的徐变特性时，应至少制备 5 组徐变试件并应分别在龄期为 3d、7d、14d、28d 和 90d 时加荷。测试步骤如下。

（1）测头或测点应在试验前 1d 粘好，仪表安装好后应仔细检查，不得有任何松动或异常现象。加荷装置、测力计等也应予以检查。

（2）在即将加荷徐变试件前，应测试同条件养护试件的棱柱体抗压强度。

（3）测头和仪表准备好以后，应将徐变试件放在徐变仪的下压板后，应使试件、加荷装置、测力计及徐变仪的轴线重合，并应再次检查变形测量仪表的调零情况，且应记下初始读数。当采用未密封的徐变试件时，应在将其放在徐变仪上的同时，覆盖参比用收缩试件的端部。

（4）试件放好后，应及时开始加荷。当无特殊要求时，应取徐变应力为所测得的棱柱体抗压强度的 40%。当采用外装仪表或者接触法引伸仪时，应用千斤顶先加压至徐变应力的 20%并进行对中。两侧的变形之差应小于其平均值的 10%。当超出此值，应松开千斤顶卸荷，进行重新调整后，应再加荷到徐变应力的 20%，并再次检查对中的情况。对中完毕后，应立即继续加荷直到徐变应力，并及时读出两边的变形值，并将此时两边的变形平均值作为在徐变荷载下的初始变形值。从对中完毕到测初始变形值之间的加荷及测量时间不得超过 1min。随后应拧紧承力丝杆上端的螺母，并应松开千斤顶卸荷，且应观察两侧变形值的变化情况。此时，试件两侧的读数之差不应超过平均值的 10%，否则应予以调整。调整应在试件持荷的情况下进行，调整过程中所产生的变形增值应计入徐变变形之中。然后应再加荷到徐变应力，并应检查两侧变形读数，其总和与加荷前读数相比，误差不应超过 2%，否则应予以补足。

（5）应在加荷后的 1d、3d、7d、14d、28d、45d、60d、90d、120d、150d、180d、270d 和 360d 测读试件的变形值。

（6）在测读徐变试件变形读数的同时，应测量同条件放置参比用收缩试件的收缩值。

（7）试件加荷后应定期检查荷载的保持情况。应在加荷后 7d、28d、60d、90d 各校核一次，如荷载变化大于2%，应予以补足。在使用弹簧式加载架时，可通过施加正确的荷载并拧紧丝杆上的螺母来进行调整。

10.3.2.3 结果处理及判定

（1）徐变应变应按下式计算：

$$\varepsilon_{ct}=\frac{\Delta L_t-\Delta L_0}{L_b}-\varepsilon_t \tag{10-17}$$

式中 ε_{ct}——加荷 t(d) 后的徐变应变（mm/m），精确至0.001mm/m；

ΔL_t——加荷 t(d) 后的总变形值（mm），精确至0.001mm；

ΔL_0——加荷时测得的初始变形值（mm），精确至0.001mm；

L_b——测量标距（mm），精确至1mm；

ε_t——同龄期的收缩值（mm/m），精确至0.001mm/m。

（2）徐变度应按下式计算：

$$C_t=\frac{\varepsilon_{ct}}{\delta} \tag{10-18}$$

式中 C_t——加荷 t(d) 的混凝土徐变度（1/MPa），计算精确至 1.0×10^{-6}/(MPa)；

δ——徐变应力（MPa）。

（3）徐变系数应按式计算：

$$\varphi_t=\frac{\varepsilon_{ct}}{\varepsilon_0} \tag{10-19}$$

$$\varepsilon_0=\frac{\Delta L_0}{L_b} \tag{10-20}$$

式中 φ_t——加荷 t(d) 的徐变系数；

ε_0——在加荷时测得的初始应变值（mm/m），精确至0.001mm/m。

（4）每组应分别以3个试件徐变应变（徐变度或徐变系数）试验结果的算术平均值作为该组混凝土试件徐变应变（徐变度或徐变系数）的测定值。作为供对比用的混凝土徐变值，应采用经过标准养护的混凝土试件，在28d龄期时经受0.4倍棱柱体抗压强度恒定荷载持续作用360d的徐变值。可用测得的3年徐变值作为终极徐变值。

10.3.3 抗压疲劳变形试验

本方法适用于在自然条件下，测量混凝土在等幅重复荷载作用下疲劳累计变形与加载循环次数的关系，反映混凝土的抗压疲劳变形性能。试验采用疲劳试验机、变形测量装置进行。

10.3.3.1 试样尺寸及数量

抗压疲劳变形试验应采用尺寸为100mm×100mm×300mm的棱柱体试件。试件应在振动台上成型，每组试件应至少为6个，其中3个用于测量试件的轴心抗压强度 f_c，其余3个用于抗压疲劳变形性能试验。

10.3.3.2 测试方法步骤

（1）全部试件应在标准养护室养护至28d龄期后取出，并应在室温（20±5)℃存放至3个月龄期。

（2）试件应在龄期达到3个月时从存放地点取出，应先将其中3个试件按照现行国家标准《混凝土物理力学性能试验方法标准》（GB/T 50081—2019）测定其轴心抗压强度 f_c。

（3）应对剩下的3个试件进行抗压疲劳变形试验。每一个试件进行抗压疲劳变形试验前，应先在疲劳试验机上进行静压变形对中，对中时应采用两次对中的方式。第一次对中应力宜取轴心抗压强度 f_c 的20%（荷载可近似取整数，kN），第二次对中应力宜取轴心抗压强度 f_c 的40%。对中时，试件两侧变形值之差应小于平均值的5%，否则应调整试件位置，直至符合对中要求。

（4）抗压疲劳变形试验采用的脉冲频率宜为4Hz。试验荷载的上限应力 σ_{max} 宜取 $0.66f_c$，下限应力 σ_{min} 宜取 $0.1f_c$。有特殊要求时，上限应力和下限应力可根据要求选定。

（5）抗压疲劳变形试验中，应于每 1×10^5 次重复加载后，停机测量混凝土棱柱体试件的累积变形。测量宜在疲劳试验机停机后15s内完成。应在对测试结果进行记录之后，继续加载进行抗压疲劳变形试验，直到试件破坏为止。若加载至 2×10^6 次，试件仍未破坏，可停止试验。

10.3.3.3 结果处理及判定

每组应取3个试件在相同加载次数时累积变形的算术平均值作为该组混凝土试件在等幅重复荷载下的抗压疲劳变形测定值，计算结果精确至0.001mm/m。

10.4 混凝土耐久性的测定方法

混凝土的耐久性决定建筑的服役年限，耐久性越好，建筑物后期的维修、加固费用和拆除重建的费用就越少。相比建造费用，混凝土建筑物的后期维护费用也很高。因此，混凝土的耐久性测试尤为重要。

混凝土的耐久性主要包括抗冻性能、抗渗透性能、抗硫酸盐侵蚀性能、抗碳化性能、碱-骨料反应、钢筋锈蚀。

10.4.1 抗冻性能测试

《普通混凝土长期性能和耐久性能试验方法标准》（GB/T 50081—2019）中有三种试验测试方法：慢冻法、快冻法、单面冻融法（又称盐冻法）。另《水工混凝土试验规程》（DL/T 5150—2017）和《水运工程混凝土试验规程》（JTJ 270—1998）也有关于抗冻性能的试验方法。因为快冻法相对较为普遍，所以本节主要介绍快冻法。

10.4.1.1 试样尺寸及数量

快冻法抗冻试验应采用尺寸为100mm×100mm×400mm的棱柱体试件，每组试件应为3个。成型试件时，不得采用憎水性脱模剂。除制作冻融试验的试件外，尚应制作同样形状、尺寸且中心埋有温度传感器的测温试件，测温试件应采用防冻液作为冻融介质。测温试件所用混凝土的抗冻性能应高于冻融试件。测温试件的温度传感器应埋设在试件中心。温度传感器不应采用钻孔后插入的方式埋设。

10.4.1.2 测试方法步骤

（1）在标准养护室内或同条件养护的试件应在养护龄期为24d时提前取出，随后应将冻融试件放在（20±2）℃水中浸泡，浸泡时水面应高出试件顶面20～30mm。在水中浸泡时间应为4d，试件应在28d龄期时开始进行冻融试验。对于始终在水中养护的试件，当试件养护龄期达到28d时，可直接进行后续试验。对此种情况，应在试验报告中予以说明。

（2）当试件养护龄期达到28d时应及时取出试件，用湿布擦除表面水分后应对外观尺寸进行测量，并应编号、称量试件初始质量 W_{0i}，然后按规定采用动弹性模量测定仪测定其横向基频的初始值 f_{0i}。

（3）将试件放入试件盒内，试件应位于试件盒中心，然后将试件盒放入冻融箱内的试件架中，并向试件盒中注入清水。在整个试验过程中，盒内水位高度应始终保持至少高出试件顶面5mm。

（4）测温试件盒应放在冻融箱的中心位置。

（5）冻融循环过程应符合下列规定：

① 每次冻融循环应在2～4h内完成，且用于融化的时间不得少于整个冻融循环时间的1/4。

② 在冷冻和融化过程中，试件中心最低和最高温度应分别控制在（−18±2）℃和（5±2）℃内。在任意时刻，试件中心温度不得高于7℃且不得低于−20℃。

③ 每个试件从3℃降至−16℃所用的时间不得少于冷冻时间的1/2；每个试件从−16℃升至3℃所用时间不得少于整个融化时间的1/2，试件内外温差不宜超过28℃。

④ 冷冻和融化之间的转换时间不宜超过10min。

（6）每隔25次冻融循环宜测量试件的横向基频 f_{ni}。测量前应先将试件表面浮渣清洗干净并擦干表面水分，然后应检查其外部损伤并称量试件的质量 W_{ni}。随后测量横向基频。测完后，应迅速将试件调头重新装入试件盒内并加入清水，继续试验。试件的测量、称量及外观检查应迅速，待测试件应用湿布覆盖。

（7）当有试件停止试验被取出时，应另用其他试件填充空位。当试件在冷冻状态下因故中断时，试件应保持在冷冻状态，直至恢复冻融试验为止，并应将故障原因及暂停试件在试验结果中注明。试件在非冷冻状态下发生故障的时间不宜超过两个冻融循环的时间。在整个试验过程中，超过两个冻融循环时间的中断故障次数不得超过两次。

（8）当冻融循环出现下列情况之一时，可停止试验：

① 达到规定的冻融循环次数；

② 试件的相对动弹性模量下降到60%；

③ 试件的质量损失率达5%。

10.4.1.3　试验结果处理及判定

（1）相对动弹性模量应按下式计算：

$$P_i = \frac{f_{ni}^2}{f_{0i}^2} \times 100 \tag{10-21}$$

式中　P_i——经 N 次冻融循环后第 i 个混凝土试件的相对动弹性模量（%），精确至0.1；

f_{ni}——经 N 次冻融循环后第 i 个混凝土试件的横向基频（Hz）；

f_{0i}——冻融循环试验前第 i 个混凝土试件横向基频初始值（Hz）。

$$P=\frac{1}{3}\sum_{i=1}^{3}P_i \tag{10-22}$$

式中　P 为经 N 次冻融循环后一组混凝土试件的相对动弹模量（%），精确至0.1。相对动弹性模量 P 应以3个试件试验结果的算术平均值作为测定值。当最大值或最小值与中间值之差超过中间值的15%时，应剔除此值，并应取其余两值的算术平均值作为测定值；当最大值和最小值与中间值之差均超过中间值的15%时，应取中间值作为测定值。

（2）单个试件的质量损失率应按下式计算：

$$\Delta W_{ni}=\frac{W_{0i}-W_{ni}}{W_{0i}}\times 100 \tag{10-23}$$

式中　ΔW_{ni}——n 次冻融循环后第 i 个混凝土试件的质量损失率（%），精确至0.01；

W_{0i}——冻融循环试验前第 i 个混凝土试件的质量（g）；

W_{ni}——n 次冻融循环后第 i 个混凝土试件的质量（g）。

（3）一组试件的平均质量损失率应按下式计算：

$$\Delta W_n=\frac{\sum_{i=1}^{3}\Delta W_{ni}}{3}\times 100 \tag{10-24}$$

式中　ΔW_n——n 次冻融循环后一组混凝土试件的平均质量损失率（%），精确至0.1。

（4）每组试件的平均质量损失率应以3个试件的质量损失率试验结果的算术平均值作为测定值。当某个试验结果出现负值，应取0，再取3个试件的平均值。当3个值中的最大值或最小值与中间值之差超过1%时，应剔除此值，并应取其余两值的算术平均值作为测定值；当最大值和最小值与中间值之差均超过1%时，应取中间值作为测定值。

混凝土抗冻等级应以相对动弹性模量下降至不低于60%或者质量损失率不超过5%时的最大冻融循环次数来确定，并用符号F表示。

10.4.2　抗渗透性能测试

渗透性一般指气体和液体的渗透性，但针对混凝土来说，通常指水溶液在压力差驱动下的渗透性。混凝土抗渗透性能测试一般有抗水渗透性能试验和抗氯离子渗透性试验。抗水渗透性能试验有渗水高度法和逐级加压法。抗氯离子渗透性试验也有两种测试方法，即非稳态快速氯离子电迁移法（通常称RCM法）和电通量法。

10.4.2.1　渗水高度法

该方法适用于以测定硬化混凝土在恒定水压力下的平均渗水高度来表示混凝土的抗水渗透性能。采用混凝土渗透仪进行测试。

1. 试样尺寸及数量

制作试件的试模应采用上口内部直径为175mm、下口内部直径为185mm和高度为150mm的圆台体。试样以6个为一组。试件拆模后，应用钢丝刷刷去两端面的水泥浆膜，并立即将试件送入标准养护室进行养护。

2. 测试方法步骤

（1）抗水渗透试验的龄期宜为28d。应在达到试验龄期的前一天，从养护室取出试件，并擦拭干净。待试件表面晾干后，应按下列方法进行试件密封：

① 当用石蜡密封时，应在试件侧面裹涂一层熔化的内加少量松香的石蜡，然后应用螺旋加压器将试件压入经过烘箱或电炉预热过的试模中，使试件与试模底平齐，并应在试模变冷后解除压力。试模的预热温度应以石蜡接触试模即缓慢熔化，但不流淌为准。

② 用水泥加黄油密封时，其质量比应为（2.5～3）∶1。应用三角刀将密封材料均匀地刮涂在试件侧面上，厚度应为1～2mm。应套上试模并将试件压入。

③ 试件密封也可以采用其他更可靠的密封方式。

（2）试件准备好之后，启动抗渗仪，并开通6个试位下的阀门，使水从6个孔中渗出，水应充满试位坑，在关闭6个试位下的阀门后应将密封好的试件安装在抗渗仪上。

（3）试件安装好以后，应立即开通6个试位下的阀门，使水压在24h内恒定控制在（1.2±0.05）MPa，且加压时间不应大于5min，应以达到稳定压力的时间作为试验记录起始时间（精确至1min）。在稳压过程中随时观察试件端面的渗水情况，当有某1个试件端面出现渗水时，应停止该试件的试验并应记录时间，以试件的高度作为该试件的渗水高度。对于试件端面未出现渗水情况，应在试验24h后停止试验，并及时取出试件。在试验过程中，当发现水从试件周边渗出时，应重新按标准规定进行密封。

（4）将从抗渗仪上取出来的试件放在压力机上，并应在试件上、下两端面中心处沿直径方向各放一根直径为6mm的钢垫条，应确保它们在同一竖直平面内。然后开动压力机，将试件沿纵断面劈裂为两半。试件劈开后，应用防水笔描出水痕。

（5）应将梯形板放在试件劈裂面上，并用钢尺沿水痕等间距量测10个测点的渗水高度值，读数应精确至1mm。读数时若遇到某测点被骨料阻挡，可以将靠近骨料两端的渗水高度算术平均值作为该测点的渗水高度。

3. 试验结果处理及判定

（1）试件渗水高度应按下式进行计算：

$$\bar{h}_i=\frac{1}{10}\sum_{j=1}^{10}h_j \tag{10-25}$$

式中 h_j——第 i 个试件第 j 个测点处的渗水高度（mm）；

$\bar{h}_i$——第 i 个试件的平均渗水高度（mm），应以10个测点渗水高度的平均值作为该试件渗水高度的测定值。

（2）一组试件的平均渗水高度应按下式进行计算：

$$\bar{h}=\frac{1}{6}\sum_{i=1}^{6}\bar{h}_i \tag{10-26}$$

式中 $\bar{h}$——一组6个试件的平均渗水高度（mm），应以一组6个试件渗水高度的算术平均值作为该组试件渗水高度的测定值。

10.4.2.2 逐级加压法

本方法适用于通过逐级施加水压力来测定以抗渗等级来表示的混凝土的抗水渗透性能。采用混凝土渗透仪进行测试。

1. 试样尺寸及数量

同渗水高度法。

2. 测试方法步骤

（1）按渗水高度法进行试样的密封和安装。

（2）试验时，水压应从 0.1MPa 开始，以后应每隔 8h 增加 0.1MPa 水压，并应随时观察试件端面渗水情况。当 6 个试件中有 3 个试件表面出现渗水时，或加至规定压力（设计抗渗等级）在 8h 内 6 个试件中表面渗水试件少于 3 个时，可停止试验，并记下此时的水压力。在试验过程中，当发现水从试件周边渗出时，应按本标准规定重新进行密封。

3. 试验结果处理及判定

混凝土的抗渗等级应以每组 6 个试件中有 4 个试件未出现渗水时的最大水压力乘以 10 来确定。混凝土的抗渗等级应按下式计算：

$$P = 10H - 1 \tag{10-27}$$

式中 P——混凝土抗渗等级；

H——6 个试件中有 3 个试件渗水时的水压力（MPa）。

10.4.2.3 RCM 法

本方法适用于以测定氯离子在混凝土中非稳态迁移的迁移系数来确定混凝土抗氯离子渗透性能。采用 RCM 装置进行试验。

1. 试样尺寸及数量

RCM 试验应采用直径为（100±1）mm、高度为（50±2）mm 的圆柱体试件。试样制作完成后应用砂纸和锉刀打磨光滑。一组试验的试件数为 3 个。

2. 测试方法步骤

（1）试件安装步骤。

① 首先应将试件从养护室中取出来，并将试件表面的碎屑刷洗干净，擦干试件表面多余的水分。采用游标卡尺测量试件的直径和高度，测量值应精确至 0.1mm。应将试件在饱和面干状态下置于真空容器中进行真空处理，在 5min 内将真空器中的气压减少至 1～5kPa，并应保持该真空度 3h，然后在真空泵仍然运转的情况下，将用蒸馏水配制的饱和氢氧化钙溶液注入容器，溶液高度应保证将试件浸没。在试件浸没 1h 后恢复常压，并应继续浸泡（18±2）h。

② 试件安装在 RCM 试验装置前应采用电吹风机冷风挡吹干，表面应干净，无油污、灰砂和水珠。

③ RCM 试验装置的试验槽在试验前应用室温凉开水冲洗干净。

④ 试件和 RCM 试验装置准备好以后，应将试件装入橡胶套内的底部，在与试件齐高的橡胶套外侧安装两个不锈钢环箍，每个环箍高度应为 20mm，并应拧紧环箍上的螺栓至扭矩（30±2）N·m，使试件的圆柱侧面处于密封状态。当试件的圆柱曲面可能有造成液体渗漏的缺陷时，应以密封剂保持其密封性。

⑤ 应将装有试件的橡胶套安装到试验槽中，并安装好阳极板，在橡胶套中注入约 300mL 浓度为 0.3mol/L 的 NaOH 溶液，并使阳极板和试件表面均浸没于溶液中，在阴极试验槽中注入 12L 质量浓度为 10%的 NaCl 溶液，并应使其液面与橡胶套中的 NaOH 溶液的液面齐平。

⑥ 试件安装完成后，应将电源的阳极（又称正极）用导线连至橡胶筒中阳极板，

并将阴极（又称负极）用导线连至试验槽中的阴极板。

（2）电迁移试验步骤。

① 首先应打开电源，将电压调整到（30±0.2）V，并应记录通过每个试件的初始电流。

② 后续试验应施加的电压（表 10-2 第 2 列）根据施加 30V 电压时测量得到的初始电流值所处的范围（表 10-2 第 1 列）决定。应根据实际施加的电压记录新的初始电流，按照新的初始电流值所处的范围（表 10-2 第 2 列），确定试验应持续的时间（表 10-2 第 4 列）。

③ 应按照温度计或者电热偶的显示读数记录每一个试件的阳极溶液的初始温度。

表 10-2 初始电流、电压与试验时间的关系

初始电流 I_{30V}（用 30V 电压）/mA	施加的电压 U（调整后）/V	可能的新初始电流 I_0/mA	试验持续时间 t/h
$I_0<5$	60	$I_0<10$	96
$5\leqslant I_0<10$	60	$10\leqslant I_0<20$	48
$10\leqslant I_0<15$	60	$20\leqslant I_0<30$	24
$15\leqslant I_0<20$	50	$25\leqslant I_0<35$	24
$20\leqslant I_0<30$	40	$25\leqslant I_0<40$	24
$30\leqslant I_0<40$	35	$35\leqslant I_0<50$	24
$40\leqslant I_0<60$	30	$40\leqslant I_0<60$	24
$60\leqslant I_0<90$	25	$50\leqslant I_0<75$	24
$90\leqslant I_0<120$	20	$60\leqslant I_0<80$	24
$120\leqslant I_0<180$	15	$60\leqslant I_0<90$	24
$180\leqslant I_0<360$	10	$60\leqslant I_0<120$	24
$I_0\geqslant 360$	10	$I_0\geqslant 120$	6

④ 试验结束时，应测定阳极溶液的最终温度和最终电流。

⑤ 试验结束后应及时排出试验溶液。应用黄铜刷清除试验槽的结垢或沉淀物，并应用饮用水和洗涤剂将试验槽和橡胶套冲洗干净，然后用电吹风机的冷风挡吹干。

（3）氯离子渗透深度测量步骤。

① 试验结束后，及时断开电源。

② 断开电源后，应将试件从橡胶套中取出，并应立即用自来水将试件表面冲洗干净，然后应擦去试件表面多余水分。

③ 试件表面冲洗干净后，应在压力试验机上沿轴向劈成两个半圆柱体，并应在劈开的试件断面立即喷涂浓度为 0.1mol/L 的 $AgNO_3$ 溶液显色指示剂。

④ 指示剂喷洒约 15min 后，应沿试件直径断面将其分成 10 等份，并应用防水笔描出渗透轮廓线。

⑤ 应根据观察到的明显的颜色变化，测量显色分界线离试件底面的距离，精确至 0.1mm。

⑥ 当某一测点被骨料阻挡时，可将此测点位置移动到最近未被骨料阻挡的位置进

行测量。当某测点数据不能得到，只要总测点数多于 5 个，可忽略此测点。

⑦ 当某测点位置有一个明显的缺陷，使该点测量值远大于各测点的平均值，可忽略此测点数据，但应将这种情况在试验记录和报告中注明。

3. 试验结果处理及判定

（1）混凝土的非稳态氯离子迁移系数应按下式进行计算：

$$D_{RCM}=\frac{0.0239\times(273+T)L}{(U-2)t}\left(X_d-0.0238\sqrt{\frac{(273+T)LX_d}{U-2}}\right) \quad (10\text{-}28)$$

式中 D_{RCM}——混凝土的非稳态氯离子迁移系数，精确至 $0.1\times10^{-12}m^2/s$；

U——所用电压的绝对值（V）；

T——阳极溶液的初始温度和结束温度的平均值（℃）；

L——试件厚度（mm），精确至 0.1mm；

X_d——氯离子渗透深度的平均值（mm），精确至 0.1mm；

t——试验持续时间（h）。

（2）每组应以 3 个试样的氯离子迁移系数的算术平均值作为该组试件的氯离子迁移系数测定值。当最大值或最小值与中间值之差超过中间值的 15%时，应剔除此值，再取其余两值的平均值作为测定值；当最大值和最小值均超过中间值的 15%时，应取中间值作为测定值。

10.4.2.4 电通量法

该方法适用于测定通过混凝土试件的电通量指标来确定混凝土抗氯离子渗透性能，但不适用于掺有亚硝酸盐和钢纤维等良导电材料的混凝土抗氯离子渗透试验。电通量试验装置如图 10-2 所示。

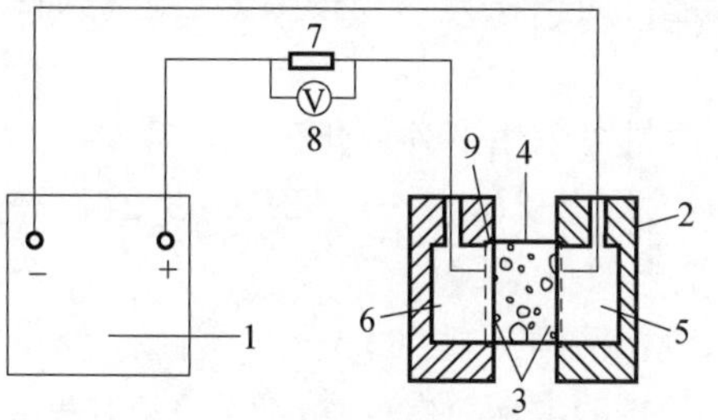

图 10-2 电通量试验装置示意图

1—直流稳压电源；2—试验槽；3—铜电极；4—混凝土试件；5—3.0% NaCl 溶液；6—0.3mol/L NaOH 溶液；7—标准电阻；8—直流数字式电压表；9—试件垫圈（硫化橡胶垫或硅橡胶垫）

1. 试样尺寸及数量

试样尺寸及数量同 RCM 法。

2. 测试方法步骤

（1）电通量试验宜在试件养护到 28d 龄期进行。对于掺有大掺量矿物掺和料的混凝土，可在 56d 龄期进行试验。应先将养护到规定龄期的试件暴露于空气中至表面干燥，并以硅胶或树脂密封材料涂刷试件圆柱侧面，填补涂层中的孔洞。

（2）电通量试验前应将试件进行真空饱水。先将试件放入真空容器中，然后启动真空泵，并在 5min 内将真空容器中的绝对压强减少至 1～5kPa，保持该真空度 3h。然后在真空泵仍然运转的情况下，注入足够的蒸馏水或者去离子水，直至淹没试件。应在试件浸没1h后恢复常压，并继续浸泡（18±2）h。

（3）在真空饱水结束后，应从水中取出试件，并抹掉多余水分，且保持试件所处环境的相对湿度在95%以上。应将试件安装于试验槽内，并采用螺杆将两个试验槽和端面装有硫化橡胶垫的试件夹紧。试件安装好以后，采用蒸馏水或者其他有效方式检查试件和试验槽之间的密封性能。

（4）检查试件和试件槽之间的密封性后，应将质量浓度为3.0%的NaCl溶液和摩尔浓度为0.3mol/L的NaOH溶液分别注入试件两侧的试验槽中，注入NaCl溶液的试验槽内的铜网应连接电源负极，注入NaOH溶液的试验槽中的铜网应连接电源正极。

（5）在正确连接电源线后，应在保持试验槽中充满溶液的情况下接通电源，并对上述两铜网施加（60±1）V直流恒电压，记录电流初始读数I_0。开始时应每隔5min记录一次电流值。当电流值变化不大时，可每隔10min记录一次电流值；当电流变化很小时，应每隔30min记录一次电流值，直至通电6h。

（6）当采用自动采集数据的测试装置时，记录电流的时间间隔可设定为5～10min。电流测量值应精确至±0.5mA。试验过程中宜同时监测试验槽中溶液的温度。

（7）试验结束后，应及时排出试验溶液，并用凉开水和洗涤剂冲洗试验槽60s以上，然后用蒸馏水洗净并用电吹风机冷风挡吹干。

（8）试验应在20～25℃的室内进行。

3. *试验结果处理及判定*

试验结果计算及处理应符合下列规定：

（1）试验过程中或试验结束后，应绘制电流与时间的关系图。通过将各点数据以光滑曲线连接起来，对曲线进行面积积分，或按梯形法进行面积积分，得到试验6h通过的电通量（C）。

（2）每个试件的总电通量可采用下列简化公式计算：

$$Q=900(I_0+2I_{30}+2I_{60}+\cdots+2I_t\cdots+2I_{300}+2I_{330}+I_{360}) \tag{10-29}$$

式中 Q——通过试件的总电通量（C）；

I_0——初始电流（A），精确至0.001A；

I_t——在时间t（min）的电流（A），精确至0.001A。

（3）计算得到的通过试件的总电通量应换算成直径为95mm试件的电通量值。通过将计算的总电通量乘以一个直径为95mm的试件和实际试件横截面积的比值来换算，换算可按下式进行：

$$Q_s=Q_x\times(95/x)^2 \tag{10-30}$$

式中 Q_s——通过直径为95mm的试件的电通量（C）；

Q_x——通过直径为x（mm）的试件的电通量（C）；

x——试件的实际直径（mm）。

（4）每组应取3个试件电通量的算术平均值作为该组试件的电通量测定值。当其中1个电通量值与中值的差值超过中值的15%时，应取其余2个试件的电通量的算术平均值作为该组试件的试验结果测定值。当两个测值与中值的差值都超过中值的15%时，应取中值作为该组试件的电通量试验结果测定值。

10.4.3 抗硫酸盐侵蚀性能测试

该方法运用于测定混凝土试件在干湿交替环境中，以能够经受的最大干湿循环次数来表示混凝土的抗硫酸盐侵蚀性能。采用抗硫酸盐侵蚀试验机进行试验。

10.4.3.1 试样尺寸及数量

（1）采用尺寸为100mm×100mm×100mm的立方体试件，每组应为3个。

（2）除制作抗硫酸盐侵蚀试验用试件外，还应按照同样方法，同时制作抗压强度对比用试件。试件组数应符合表10-3的要求。

表10-3 抗硫酸盐侵蚀试验所需的试件组数

设计抗硫酸盐等级	KS15	KS30	KS60	KS90	KS120	KS150	KS150以上
检查强度所需干湿循环次数	15	15及30	30及60	60及90	90及120	120及150	150及设计次数
鉴定28d强度所需试件组数	1	1	1	1	1	1	1
干湿循环试件组数	1	2	2	2	2	2	2
对比试件组数	1	2	2	2	2	2	2
总计试件组数	3	5	5	5	5	5	5

10.4.3.2 测试方法步骤

（1）试件应在养护至28d龄期的前2d将需进行干湿循环的试件从标准养护室取出。擦干试件表面水分，然后将试件放入烘箱中，并在（80±5)℃下烘48h。烘干结束后应将试件在干燥环境冷却到室温。对于掺入掺和料比较多的混凝土，也可采用56d龄期或者设计规定的龄期进行试验，这种情况应在试验报告中说明。

（2）试件烘干并冷却后，应立即将试件放入试件盒（架）中，相邻试件之间保持20mm间距，试件与试件盒侧壁的间距不应小于20mm。

（3）试件放入试件盒以后，应将配制好的5%Na_2SO_4溶液放入试件盒，溶液至少超过最上层试件表面20mm，然后开始浸泡。从试件开始放入溶液，到浸泡过程结束的时间应为（15±0.5）h。注入溶液的时间不应超过30min。浸泡龄期应从将混凝土试件移入5%Na_2SO_4溶液中起计时。试验过程中宜定期检查和调整溶液的pH值，每隔15个循环测试一次溶液pH值，应始终维持溶液的pH值在6～8。溶液的温度应控制在25～30℃。也可不检测其pH值，但应每月更换一次试验用溶液。

（4）浸泡过程结束后，应立即排液，并在30min内将溶液排净。溶液排空后应将试件风干30min，从溶液开始排出到试件风干的时间应为1h。

（5）风干过程结束后应立即升温，将盒内的温度升到80℃，开始烘干过程。烘干过程应在30min内完成。温度升到80℃，将温度维持在（80±5)℃。从升温开始到开始冷却的时间应为6h。

（6）烘干过程结束后，应立即对试件进行冷却，从开始冷却到将试件盒内的试件表面温度冷却到25～30℃的时间为2h。

(7) 每个干湿循环的总时间应为（24±2）h。然后再次放入溶液，按照上述（3）～（6）的步骤进行下一个干湿循环。

(8) 在达到表10-3规定的干湿循环次数后，应及时进行抗压强度试验。同时观察经过干湿循环后混凝土表面的破损情况并进行外观描述。当试件有严重剥落、掉角等缺陷时，应先用高强石膏补平后再进行抗压强度试验。

(9) 当干湿循环试验出现下列三种情况之一时，可停止试验：

① 抗压强度耐蚀系数达到75%；

② 干湿循环次数达到150次；

③ 达到设计抗硫酸盐等级相应的干湿循环次数。

(10) 对比试件应继续保持原有的养护条件，直到完成干湿循环后，与进行干湿循环试验的试件同时进行抗压强度试验。

10.4.3.3 试验结果处理及判定

混凝土抗压强度耐蚀系数应按下式进行计算：

$$K_f = \frac{f_{cn}}{f_{c0}} \times 100 \tag{10-31}$$

式中 K_f——抗压强度耐蚀系数（%）；

f_{cn}——n次干湿循环后受硫酸盐腐蚀的一组混凝土试件的抗压强度测定值（MPa），精确至0.1MPa；

f_{c0}——与受硫酸盐腐蚀试件同龄期的标准养护的一组对比混凝土试件的抗压强度测定值（MPa），精确至0.1MPa。

f_{c0}和f_{cn}应以3个试件抗压强度试验结果的算术平均值作为测定值。当最大值或最小值与中间值之差超过中间值的15%时，应剔除此值，并取其余两值的算术平均值作为测定值。当最大值和最小值均超过中间值的15%时，应取中间值作为测定值。

抗硫酸盐强度等级应以混凝土抗压强度耐蚀系数下降到不低于75%时的最大干湿循环次数来确定，并以符号KS表示。

10.4.4 抗碳化性能测试

该方法适用于测定在一定浓度的二氧化碳气体介质中混凝土试件的碳化程度。采用混凝土碳化试验箱进行试验。

10.4.4.1 试样尺寸及数量

(1) 本方法宜采用棱柱体混凝土试件，应以3个为一组。棱柱体的长宽比不宜小于3。

(2) 无棱柱体试件时，也可用立方体试件，其数量应相应增加。

(3) 试件宜在28d龄期进行碳化试验，掺有掺和料的混凝土可以根据其特性决定碳化前的养护龄期。碳化试验的试件宜采用标准养护，试件应在试验前2d从标准养护室取出，然后在60℃下烘48h。

(4) 经烘干处理后的试件，除应留下一个或相对的两个侧面外，其余表面应采用加热的石蜡予以密封。然后在暴露侧面上沿长度方向用铅笔以10mm间距画出平行线，作为预定碳化深度的测量点。

10.4.4.2　测试方法步骤

（1）应将经过处理的试件放入碳化试验箱内的支架上。各试件之间的间距不应小于 50mm。

（2）试件放入碳化试验箱后，应将碳化试验箱密封。密封可采用机械办法或油封，但不得采用水封。应开动箱内气体对流装置，徐徐充入二氧化碳，并测定箱内的二氧化碳浓度。应逐步调节二氧化碳的流量，使箱内的二氧化碳浓度保持在（20±3）%。在整个试验期间应采取去湿措施，使箱内的相对湿度控制在（70±5）%，温度应控制在（20±2）℃。

（3）碳化试验开始后应每隔一定时期对箱内的二氧化碳浓度、温度及湿度作一次测定。宜在前 2d 每隔 2h 测定一次，以后每隔 4h 测定一次。试验中应根据所测得的二氧化碳浓度、温度及湿度随时调节这些参数，去湿用的硅胶应经常更换，也可采用其他更有效的去湿方法。

（4）应在碳化到了 3d、7d、14d 和 28d 时，分别取出试件，破型测定碳化深度。棱柱体试件应通过在压力试验机上的劈裂法或者用干锯法从一端开始破型。每次切除的厚度应为试件宽度的一半，切除后应用石蜡将破型后试件的切断面封好，再放入箱内继续碳化，直到下一个试验期。当采用立方体试件时，应在试件中部劈开，立方体试件应只作一次检验，劈开测试碳化深度后不得再重复使用。

（5）应将切除所得的试件部分刷去断面上残存的粉末，然后喷上（或滴上）浓度为 1%的酚酞酒精溶液（酒精溶液含 20%的蒸馏水）。约经 30s 后，应按原先标画的每 10mm 一个测量点用钢板尺测出各点碳化深度。当测点处的碳化分界线刚好嵌有粗骨料颗粒，可取该颗粒两侧处碳化深度的算术平均值作为该点的深度值。碳化深度值应精确至 0.5mm。

10.4.4.3　试验结果处理及判定

混凝土在各试验龄期时的平均碳化深度应按下式计算：

$$\overline{d}_{\mathrm{t}}=\frac{1}{n}\sum_{i=1}^{n}d_i \tag{10-32}$$

式中　$\overline{d}_{\mathrm{t}}$——试件碳化 t(d) 后的平均碳化深度（mm），精确至 0.1mm；

d_i——各测点的碳化深度（mm）；

n——测点总数。

每组应以在二氧化碳浓度为（20±3）%、温度为（20±2）℃、湿度为（70±5）%的条件下 3 个试件碳化 28d 的碳化深度算术平均值作为该组混凝土试件碳化测定值。碳化结果处理时宜绘制碳化时间与碳化深度的关系曲线。

10.4.5　碱-骨料反应测试

本试验方法用于检验混凝土试件在温度（38±2）℃及潮湿养护条件下，混凝土中的碱与骨料反应所引起的膨胀是否具有潜在危害，适用于碱-硅酸反应和碱-碳酸盐反应。采用测长仪对试件测量。

10.4.5.1 试件制作与从测试

(1) 原材料和设计配合比应按照下列规定准备：

① 应使用硅酸盐水泥，水泥含碱量宜为（0.9±0.1)%（以 Na_2O 当量计，即 $Na_2O+0.658K_2O$)。可通过外加浓度为10%的 NaOH 溶液，使试验用水泥含碱量达到 1.25%。

② 当试验用来评价细骨料的活性时，应采用非活性的粗骨料，粗骨料的非活性也应通过试验确定，试验用细骨料细度模数宜为（2.7±0.2)。当试验用来评价粗骨料的活性时，应用非活性的细骨料，细骨料的非活性也应通过试验确定。当工程用的骨料为同一品种的材料时，应用该粗、细骨料来评价活性。试验用粗骨料应有三种级配：16～20mm、10～16mm 和 5～10mm，各取 1/3 等量混合。

③ 每立方米混凝土水泥用量应为（420±10) kg。水灰比应为 0.42～0.45。粗骨料与细骨料的质量比应为 6∶4。试验中除可外加 NaOH 溶液外，不得再使用其他的外加剂。

(2) 试件应按下列规定制作：

① 成型前 24h，应将试验所用所有原材料放入（20±5)℃的成型室。

② 混凝土搅拌宜采用机械拌和。

③ 混凝土应一次装入试模，应用捣棒和抹刀捣实，然后应在振动台上振动 30s 或直至表面泛浆为止。

④ 试件成型后应带模一起送入（20±2)℃、相对湿度在 95%以上的标准养护室中，在混凝土初凝前 1～2h，对试件沿模口抹平并应编号。

(3) 试件养护及测量应符合下列要求：

① 试件应在标准养护室中养护（24±4) h 后脱模，脱模时应特别小心不要损伤测头，并应尽快测量试件的基准长度。待测试件应用湿布盖好。

② 试件的基准长度应在（20±2)℃的恒温室中进行测试。每个试件应至少重复测试两次，应取两次测值的算术平均值作为该试件的基准长度值。

③ 测量基准长度后应将试件放入养护盒中，并盖严盒盖。然后应将养护盒放入（38±2)℃的养护室或养护箱里养护。

④ 试件的测量龄期应从测定基准长度后算起，测量龄期应为 1 周、2 周、4 周、8 周、13 周、18 周、26 周、39 周和 52 周，以后可每半年测一次。每次测量的前一天，应将养护盒从（38±2)℃的养护室中取出，并放入（20±2)℃的恒温室中，恒温时间应为（24±4) h。试件各龄期的测量方法应与测定基准长度的方法相同，测量完毕后，应将试件调头放入养护盒，并盖严盒盖。然后应将养护盒重新放入（38±2)℃养护室或养护箱，继续养护至下一测试龄期。

⑤ 每次测量时，观察试件有无裂缝、变形、渗出物及反应产物等，并作详细记录。必要时可在长度测试周期全部结束后，辅以岩相分析等手段，综合判断试件内部结构和可能的反应产物。

(4) 当碱-骨料反应试验出现以下两种情况之一时，可结束试验：

① 在 52 周的测试龄期内的膨胀率超过 0.04%；

② 膨胀率虽小于 0.04%，但试验周期已达 52 周（或一年)。

10.4.5.2 试验结果处理及判定

试验结果计算和处理应符合下列规定：

$$\varepsilon_t = \frac{L_t - L_0}{L_0 - 2\Delta} \times 100 \tag{10-33}$$

式中 ε_t——试件在 t(d) 龄期的膨胀率（%），精确至 0.001；

L_t——试件在 t(d) 龄期的长度（mm）；

L_0——试件的基准长度（mm）；

Δ——测头的长度（mm）。

每组以 3 个试件测值的算术平均值作为某一龄期膨胀率的测定值。

当每组平均膨胀率小于 0.020%时，同一组试件中单个试件之间的膨胀率的差值（最高值与最低值之差）不应超过 0.008%；当每组平均膨胀率大于 0.020%时，同一组试件中单个试件之间的膨胀率的差值（最高值与最低值之差）不应超过平均值的 40%。

10.4.6 钢筋锈蚀测试

本方法适用于测定在给定条件下混凝土中钢筋的锈蚀程度，不适用于在侵蚀性介质中混凝土内的钢筋锈蚀试验。

10.4.6.1 试样尺寸及数量

本方法应采用尺寸为 100mm×100mm×300mm 的棱柱体试件，每组应为 3 个。试验用钢筋按标准处理后在试件成型时放入试模。

10.4.6.2 测试方法步骤

(1) 钢筋锈蚀试验所用的试件应先进行碳化，碳化应在 28d 龄期时开始。碳化应在 CO_2 浓度为 (20±3)%、相对湿度为 (70±5)%和温度为 (20±2)℃的条件下进行，碳化时间为 28d。对于有特殊要求的混凝土中钢筋锈蚀试验，碳化时间可再延长 14d 或者 28d。

(2) 试件碳化处理后应立即放入标准养护室放置。在养护室中，相邻试件间的距离不应小于 50mm，并避免试件直接淋水。在潮湿条件下存放 56d 后将试件取出，然后破型，破型时不得损伤钢筋。应先测出碳化深度，然后进行钢筋锈蚀程度的测定。

(3) 试件破型后，应取出试件中的钢筋，并刮去钢筋上黏附的混凝土。应用 12%盐酸溶液对钢筋进行酸洗，经清水漂净后，再用石灰水中和，最后以清水冲洗干净。应将钢筋擦干后在干燥器中至少存放 4h，然后对每根钢筋称重（精确至 0.001g），并计算钢筋锈蚀失重率。酸洗钢筋时，应在洗液中放入两根尺寸相同的同类无锈钢筋作为基准校正。

10.4.6.3 试验结果处理及判定

钢筋锈蚀试验结果计算和处理应符合以下规定：

$$L_w = \frac{w_0 - w - \dfrac{(w_{01} - w_1) + (w_{02} - w_2)}{2}}{w_0} \times 100 \tag{10-34}$$

式中 L_w——钢筋锈蚀失重率（%），精确至 0.01；

w_0——钢筋未锈蚀前质量（g）；

w——锈蚀钢筋经过酸洗处理后的质量（g）；

w_{01}、w_{02}——分别为基准校正用的两根钢筋的初始质量（g）；

w_1、w_2——分别为基准校正用的两根钢筋酸洗后的质量（g）。

每组应取 3 个混凝土试件中钢筋锈蚀失重率的平均值作为该组混凝土试件中钢筋锈蚀失重率测定值。

10.5 混凝土的无损检测

传统混凝土检测主要针对实验室内对预先设计好的配合比的混凝土进行一系列的力学性能和耐久性能检测。然而对于施工现场的成型混凝土，无论是原材料还是生产质量都无法和实验室相比。并且，在后期的检测与维护过程中都要对实体进行测试，这就需要对已建成的混凝土建筑进行取样。

传统混凝土检测主要依靠质检人员的经验判断对混凝土实施局部小范围破坏性抽检试验，这样就无法保障整体质量检测的精确性与全局性，并且破坏性检测会造成建筑物局部受损，影响后期的耐久性。因此，无损检测是一种良好的、保证混凝土建筑完整性的测试方法，有着很大的潜力。

10.5.1 回弹法

10.5.1.1 回弹法介绍

回弹法是使用回弹仪对混凝土表面进行无损检测的一种测试方法，适用于普通混凝土抗压强度的检测，不适用于表层与内部质量有明显差异或内部存在缺陷的混凝土强度检测。其具有不破坏构件即可获得需求物理量，仪器操作简单方便，费用低廉，不受构件形状的限制，以及可以多次重复试验，可以长期监测，有较高测试精确度等优点。

10.5.1.2 回弹法测试混凝土性能的测试步骤

根据《回弹法检测混凝土抗压强度技术规程》（JGJ/T 23—2011）和回弹仪的使用方法，对回弹仪测定混凝土强度做出总结如下：①回弹仪的校准；②依据标准规定对待测混凝土进行测区划定；③对划定的测区进行表面处理；④对混凝土进行回弹，具体操作以回弹仪自身的使用方法为准；⑤对测区构件进行碳化深度测试，确定混凝土的碳化深度；⑥按标准进行混凝土回弹值的处理和修正；⑦依据标准附录混凝土强度换算对混凝土强度进行确定。

10.5.2 超声波法

超声波具有良好的方向性和穿透性，特别是在混凝土质量检测中，能够快速、精确并且无损地检测、诊断和评估混凝土材料，保证了混凝土检测对象的完整性，因而被广泛应用于房屋、道路和桥梁等众多领域的安全检测和评估中。目前超声波法检测混凝土缺陷包括：裂缝深度检测、不密实区和空洞检测、混凝土结合面质量检测、表面损伤检测、灌注桩缺陷检测和钢管混凝土缺陷检测。

超声波法（超声脉冲法）系指采用带波形显示功能的超声波检测仪测量超声脉冲波在混凝土中的传播速度（简称声速）、首波幅度（简称波幅）和接收信号主频率（简称主频）等声学参数，并根据这些参数及其相对变化，判定混凝土中的缺陷情况。检测原理如图 10-3 所示。

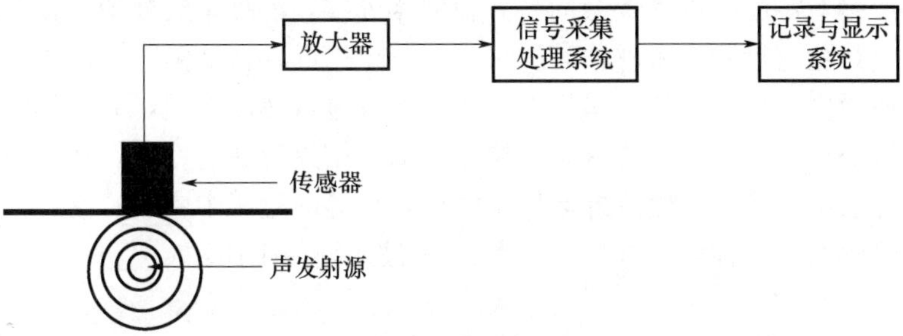

图 10-3 超声波检测原理

10.5.2.1 混凝土测试中常用的声学参数

1. 声速

声速即超声波在混凝土中的传播速度。混凝土的声速与混凝土的弹塑性有关，也与混凝土的内部结构如孔隙、组成材料有关。一般来说，混凝土的弹性模量越高，密实程度越大，强度越高，其声速也越高。若混凝土内部存在缺陷，如空洞、蜂窝、裂缝等，则该处的混凝土声速较低。

2. 振幅

接收波振幅 A 通常指首波，即第一个波前半周的幅值，接收波的振幅与接收换能器处被测介质超声声压成正比，所以接收波振幅反映了接收到声波的强弱。在发射出的超声波强度一定的情况下，振幅值的大小反映了超声波在混凝土中的衰减情况，而超声波的衰减情况又反映了混凝土的黏塑性。混凝土是弹塑性体，其强度不仅和弹性性能有关，也和其黏塑性有关，因此衰减的大小，即振幅高低也能在一定程度上反映混凝土的强度。对于内部有缺陷的混凝土，由于缺陷、裂缝等的存在，超声波将绕过裂缝和缺陷而传播，振幅也会明显减小，因此振幅是判断缺陷和裂缝的重要指标。但是由于振幅的大小还取决于仪器设备的性能、所处的状态、耦合状况以及测距大小等，所以很难有统一的度量标准，故目前只是在同条件（同一仪器、同一状态和同一测距）下作为比较用。

3. 频率

不同频率 f 的超声波在传播过程中，高频成分首先被吸收和散射而衰减，超声波传播越远，其包含的高频成分也越少，主频率也逐渐下降。主频率下降，除取决于传播距离以外，还取决于混凝土本身的性质和内部的结构。因此，通过超声波在混凝土中传播前后频率的变化可以判断混凝土质量和内部缺陷、裂缝等。同样，接收波主频率的绝对值大小还与仪器设备、传播距离等有关，故也仅作为比较用。

4. 波形

由于超声波的绕射、反射和传播路径的复杂化，直达波、反射波和绕射波相继到达接收换能器，由于频率和相位的不同，不同波的叠加有时也会使波形发生畸变。因此对波形的分析，有助于判断混凝土的内部质量和缺陷的存在。鉴于波形的变化影响因素较多，故对波形的研究只是做一般的观察和记录。

10.5.3 红外法

凡是高于绝对零度的物体都会向外界辐射红外线，混凝土红外线无损检测通过对混凝土的热流及热量进行测量来评估其质量。混凝土内部存在缺陷时，混凝土的热传导改变而引起表面温度场异常分布，采用红外线成像仪显示热成像图，分析异常特征即可判断缺陷位置以及特征。这一方法具有可快速检测、结果直观的特点，在混凝土结构渗漏部位、建筑外层饰面剥离、建筑外墙保温隔热效果等的检测中应用广泛。

材料的热辐射是一种电磁波，遵循斯蒂芬-波尔斯曼定律：

$$\phi = \varepsilon\sigma T^4 \tag{10-35}$$

式中 ϕ——能量单位面积的辐射率（w/m^2）；

σ——斯蒂芬-波尔斯曼常数［$w/(m^2 \cdot K^4)$］；

ε——材料的辐射系数。

T——热力学温度（K）。

10.5.4 弹性波 CT 法

使用弹性波 CT 技术开展混凝土检测，和医学上 CT 技术检测原理一致，都是使用弹性波通过穿透介质，观测弹性波能量衰减的情况，形成结构检测图像。穿透介质受到穿透速度、弹性模量、介质密度的影响。如果介质的强度高、密度大，则衰减量相对较小；如果结构疏松、强度低，则衰减量较大。

10.5.5 电化学法

电化学法用来测试混凝土内部钢筋锈蚀情况，一般采用混凝土钢筋锈蚀程度测定仪进行测试。其原理是利用铜及硫酸铜饱和溶液的电位值比较稳定，将其作为一个基准，同时连接钢筋混凝土结构，检测腐蚀缺陷产生时电化学电势的变化，从而根据测出的电位值评估钢筋锈蚀状态。出现高电位的地方更可能发生腐蚀。

11

混凝土质量控制

混凝土从原料到产品需要多种检测和监测进行监督控制，以此保证混凝土产品的质量。混凝土的质量决定混凝土构件的后期耐久性能，与建筑构件服役年限息息相关。

11.1　混凝土的原材料控制

要保证混凝土最终质量，首先要控制混凝土的原材料质量。原材料质量要满足相关的标准和规范要求。原材料控制主要包括对水泥、矿物掺和料、骨料（细骨料和粗骨料）、外加剂和水的控制。

11.1.1　水泥

水泥是混凝土的主要原材料之一。目前常用的水泥包括硅酸盐水泥、普通硅酸盐水泥、矿渣硅酸盐水泥、火山灰质硅酸盐水泥、粉煤灰硅酸盐水泥和复合硅酸盐水泥。还有一些其他专用水泥，包括油井水泥、砌筑水泥和道路水泥。另外，为满足大体积建筑物或者快速施工修补等，还设计了特性水泥，包括快硬水泥、低热矿渣水泥、膨胀硫铝酸盐水泥等。

11.1.1.1　控制指标

1. 化学指标

化学指标包括：不溶物、烧失量、三氧化硫、氧化镁、氯离子和碱含量。

2. 物理指标

物理指标包括：凝结时间、安定性、强度、细度。

11.1.1.2　质量要求

依据《通用硅酸盐水泥》（GB 175—2023），对水泥的质量要求见表 11-1。

1. 对化学指标的规定

表 11-1　水泥的质量要求

品种	代号	不溶物（质量分数）	烧失量（质量分数）	三氧化硫（质量分数）	氧化镁（质量分数）	氯离子（质量分数）
硅酸盐水泥	P·Ⅰ	≤0.75	≤3.0	≤3.5	≤5.0[a]	≤0.06[c]
	P·Ⅱ	≤1.50	≤3.5			
普通硅酸盐水泥	P·O	—	≤5.0			

续表

品种	代号	不溶物（质量分数）	烧失量（质量分数）	三氧化硫（质量分数）	氧化镁（质量分数）	氯离子（质量分数）
矿渣硅酸盐水泥	P·S·A	—	—	≤4.0	≤6.0[b]	≤0.06[c]
	P·S·B	—	—		—	
火山灰质硅酸盐水泥	P·P	—	—		≤6.0[b]	
粉煤灰硅酸盐水泥	P·F	—	—	≤3.5		
复合硅酸盐水泥	P·C	—	—			

a. 如果水泥压蒸试验合格，则水泥中氧化镁的含量（质量分数）允许放宽至6.0%。

b. 如果水泥中氧化镁的含量（质量分数）大于6.0%时，需进行水泥压蒸安定性试验并合格。

c. 当有更低要求时，该指标由买卖双方确定

对碱含量的要求为：水泥中的碱含量按 $Na_2O+0.658K_2O$ 计算值表示。若使用活性骨料，用户要求提供低碱水泥时，由买卖双方协商确定。

2. 对物理指标的规定

（1）凝结时间。硅酸盐水泥初凝时间不小于45min，终凝时间不大于390min。普通硅酸盐水泥、矿渣硅酸盐水泥、火山灰质硅酸盐水泥、粉煤灰硅酸盐水泥和复合硅酸盐水泥初凝时间不小于45min，终凝时间不大于600min。

（2）安定性。安定性合格（煮沸法或压蒸法合格）。

（3）强度。不同品种、不同强度等级的通用硅酸盐水泥，其不同龄期的强度应符合表11-2的规定。

表11-2　不同品种、不同强度等级的通用硅酸盐水泥强度要求　单位：MPa

品种	强度等级	抗压强度		抗折强度	
		3d	28d	3d	28d
硅酸盐水泥	42.5	≥17.0	≥42.5	≥4.0	≥6.5
	42.5R	≥22.0		≥4.5	
	52.5	≥22.0	≥52.5	≥4.5	≥7.0
	52.5R	≥27.0		≥5.0	
	62.5	≥27.0	≥62.5	≥5.0	≥8.0
	62.5R	≥32.0		≥5.5	
普通硅酸盐水泥	42.5	≥17.0	≥42.5	≥4.0	≥6.5
	42.5R	≥22.0		≥4.5	
	52.5	≥22.0	≥52.5	≥4.5	≥7.0
	52.5R	≥27.0		≥5.0	
	62.5	≥27.0	≥62.5	≥5.0	≥8.0
	62.5R	≥32.0		≥5.5	

续表

品种	强度等级	抗压强度		抗折强度	
		3d	28d	3d	28d
矿渣硅酸盐水泥 火山灰质硅酸盐水泥 粉煤灰硅酸盐水泥	32.5	≥12.0	≥32.5	≥3.0	≥5.5
	32.5R	≥17.0		≥4.0	
	42.5	≥17.0	≥42.5	≥4.0	≥6.5
	42.5R	≥22.0		≥4.5	
	52.5	≥22.0	≥52.5	≥4.5	≥7.0
	52.5R	≥27.0		≥5.0	
复合硅酸盐水泥	42.5	≥17.0	≥42.5	≥4.0	≥6.5
	42.5R	≥22.0		≥4.5	
	52.5	≥22.0	≥52.5	≥4.5	≥7.0
	52.5R	≥27.0		≥5.0	

（4）细度。硅酸盐水泥的细度以比表面积表示，其比表面积不小于300m^2/kg。普通硅酸盐水泥、矿渣硅酸盐水泥、火山灰质硅酸盐水泥、粉煤灰硅酸盐水泥和复合硅酸盐水泥的细度以筛余表示，其45μm方孔筛筛余不低于5%。

11.1.2 矿物掺和料

目前混凝土中常用的矿物掺和料包括粉煤灰、硅灰、粒化高炉矿渣粉、磷渣粉、沸石粉、钢渣粉。针对常用矿物掺和料，本节只介绍用量最大的粉煤灰、硅灰和粒化高炉矿渣粉。

11.1.2.1 控制指标

1. 粉煤灰

细度（45μm方孔筛筛余），需水量比，烧失量，含水量，三氧化硫（SO_3）质量分数，游离氧化钙（f-CaO）质量分数，二氧化硅（SiO_2）、三氧化二铝（Al_2O_3）、三氧化二铁（Fe_2O_3）总质量分数，密度，安定性（雷氏法），强度活性指数，放射性，碱含量，半水亚硫酸钙含量，均匀性。

2. 硅灰

固含量（液料）、总碱含量、SiO_2含量、氯含量、含水率（粉料）、烧失量、需水量比、比表面积（BET法）、活性指数（7d快速法）、放射性、抑制碱骨料反应性、抗氯离子渗透性。

3. 粒化高炉矿渣粉

密度、比表面积、活性指数、流动度比、含水量、三氧化硫、氯离子、烧失量、玻璃体含量、放射性。

11.1.2.2 质量要求

1. 粉煤灰

（1）拌制砂浆和混凝土用粉煤灰理化性能应符合表11-3的要求。

表 11-3 拌制砂浆和混凝土用粉煤灰理化性能要求

项目		理化性能要求		
		Ⅰ级	Ⅱ级	Ⅲ级
细度（45μm 方孔筛筛余）/%	F类粉煤灰	≤12.0	≤30.0	≤45.0
	C类粉煤灰			
需水量比/%	F类粉煤灰	≤95	≤105	≤115
	C类粉煤灰			
烧失量（Loss）/%	F类粉煤灰	≤5.0	≤8.0	≤10.0
	C类粉煤灰			
含水量/%	F类粉煤灰	≤1.0		
	C类粉煤灰			
三氧化硫（SO_3）质量分数/%	F类粉煤灰	≤3.0		
	C类粉煤灰			
游离氧化钙（f-CaO）质量分数/%	F类粉煤灰	≤1.0		
	C类粉煤灰	≤4.0		
二氧化硅（SiO_2）、三氧化二铝（Al_2O_3）和三氧化二铁（Fe_2O_3）总质量分数/%	F类粉煤灰	≥70.0		
	C类粉煤灰	≥50.0		
密度/(g/cm^3)	F类粉煤灰	≤2.6		
	C类粉煤灰			
安定性（雷氏法）/mm	C类粉煤灰	≤5.0		
强度活性指数/%	F类粉煤灰	≥70.0		
	C类粉煤灰			

（2）放射性。符合《建筑材料放射性核素限量》（GB 6566—2010）中建筑主体材料规定指标要求。

（3）碱含量。按 $Na_2O+0.658K_2O$ 计算值表示。当粉煤灰应用中有碱含量要求时，由供需双方协商确定。

（4）半水亚硫酸钙含量。采用干法或半干法脱硫工艺排出的粉煤灰应检测半水亚硫酸钙（$CaSO_3\cdot\frac{1}{2}H_2O$）含量，其含量不大于 3.0%。

（5）均匀性。以细度表征，单一样品的细度不应超过前 10 个样品细度平均值（如样品少于 10 个时，则为所有前述样品试验的平均值）的最大偏差，最大偏差范围由买卖需双方协商确定。

2. 硅灰

硅灰的技术要求应符合表 11-4 的要求。

表 11-4 砂浆和混凝土用硅灰的性能指标

项目		性能指标	
		SF85	SF90
二氧化硅含量/%		≥85.0	≥90.0
含水率/%		≤3.0	≤2.0
烧失量/%		≤6.0	≤3.0
细度	45μm 方孔筛筛余/%	≤8.0	≤5.0
	比表面积/(m^2/kg)	≥15000	≥18000
需水量比/%		≤125	
活性指数/%		≥105	
放射性		I_{ra}≤1.0 和 I_r≤1.0	
抑制碱骨料反应性（14d 膨胀率降低值）/%		≥35	
抗氯离子渗透性（28d 电通量之比）/%		≤40	

注：抑制碱骨料反应性（14d 膨胀率降低值）和抗氯离子渗透性（28d 电通量之比）为选择性试验项目，由供需双方协商决定

3. 粒化高炉矿渣粉

矿渣粉技术指标应符合表 11-5 的规定。

表 11-5 矿渣粉技术指标

项目		级别		
		S105	S95	S75
密度/(g/cm^3)		≥2.8		
比表面积/(m^2/kg)		≥500	≥400	≥300
活性指数/%	7d	≥95	≥70	≥55
	28d	≥105	≥95	≥75
流动度比/%		≥95		
初凝时间比/%		≤200		
含水量（质量分数）/%		≤1.0		
三氧化硫（质量分数）/%		≤4.0		
氯离子（质量分数）/%		≤0.06		
烧失量（质量分数）/%		≤1.0		
不溶物（质量分数）/%		≤3.0		
玻璃体含量（质量分数）/%		≥85		
放射性		I_{ra}≤1.0 且 I_r≤1.0		

11.1.3 骨料

骨料包括细骨料和粗骨料。粒径在150μm～4.75mm的颗粒称为细骨料，粒径大于4.75mm的颗粒称为粗骨料。细骨料包括天然砂（河砂、湖砂、海砂及山砂）和机制砂，粗骨料包括碎石和卵石。

11.1.3.1 细骨料

细骨料一般按《建设用砂》(GB/T 14684—2022）标准规定执行。

1. 控制指标

砂的控制指标主要有以下几项：颗粒级配、含泥量、泥块含量、石粉含量、云母含量、轻物质含量、有机物含量、硫化物与硫酸盐含量、氯化物含量、贝壳含量、坚固性、表观密度、松散堆积密度与空隙率、碱骨料反应、放射性和饱和面干吸水率。

2. 质量要求

(1) 颗粒级配。砂的颗粒级配应符合表11-6的规定；砂的级配类别应符合表11-7的规定。对于砂浆用砂，4.75mm筛孔的累计筛余量应为0。砂的实际颗粒级配除4.75mm和600μm筛档外，可以略有超出，但各级累计筛余超出值总和不应大于5%。

表11-6 砂的颗粒级配

砂的分类	天然砂			机制砂、混合砂		
级配区	1区	2区	3区	1区	2区	3区
方筛孔	累计筛余/%					
4.75mm	10～0	10～0	10～0	5～0	5～0	5～0
2.36mm	35～5	25～0	15～0	35～5	25～0	15～0
1.18mm	65～35	50～10	25～0	65～35	50～10	25～0
600μm	85～71	70～41	40～16	85～71	70～41	40～16
300μm	95～80	92～70	85～55	95～80	92～70	85～55
150μm	100～90	100～90	100～90	97～85	94～80	94～75

表11-7 砂的级配类别

类别	Ⅰ	Ⅱ	Ⅲ
级配区	2区	1、2、3区	

(2) 含泥量和泥块含量，见表11-8。

表11-8 含泥量和泥块含量

类别	Ⅰ	Ⅱ	Ⅲ
含泥量（按质量计）/%	≤1.0	≤3.0	≤5.0
泥块含量（按质量计）/%	≤0.2	≤1.0	≤2.0

(3) 石粉含量。机制砂石粉含量应符合表11-9的规定。

表 11-9 机制砂的石粉含量

类别	亚甲蓝值（MB）	石粉含量（质量分数）/%
Ⅰ类	MB≤0.5	≤15.0
	0.5<MB≤1.0	≤10.0
	1.0<MB≤1.4 或快速试验合格	≤5.0
	MB>1.4 或快速试验不合格	≤1.0[a]
Ⅱ类	MB≤1.0	≤15.0
	1.0<MB≤1.4 或快速试验合格	≤10.0
	MB>1.4 或快速法不合格	≤3.0[a]
Ⅲ类	MB≤1.4 或快速试验合格	≤15.0
	MB>1.4 或快速法不合格	≤5.0[a]

注：砂浆用砂的石粉含量不作限制

[a] 根据使用环境和用途，经试验验证，由供需双方协商确定，Ⅰ类砂石粉含量可放宽至大于 3.0%，Ⅱ类砂石粉含量可放宽至不大于 5.0%，Ⅲ类砂石粉含量可放宽至不大于 7.0%

（4）有害物质。砂中如含有云母、轻物质、有机物、硫化物及硫酸盐、氯化物、贝壳，其限量应符合表 11-10 的规定。

表 11-10 有害物质限量

类别	Ⅰ	Ⅱ	Ⅲ
云母（按质量计)/%	≤1.0	≤2.0	
轻物质（按质量计)/%	≤1.0		
有机物	合格		
硫化物及硫酸盐（按 SO_3 质量计)/%	≤0.5		
氯化物（以氯离子质量计)/%	≤0.01	≤0.02	≤0.06
贝壳（按质量计)/%*	≤3.0	≤5.0	≤8.0

*该指标仅适用于海砂，其他砂种不作要求

（5）坚固性。采用硫酸钠溶液法进行试验，砂的质量损失应符合表 11-11 的规定。

表 11-11 质量损失

类别	Ⅰ	Ⅱ	Ⅲ
质量损失率/%	≤8		≤10

机制砂除了要满足上述的规定外，压碎指标还应满足表 11-12 的规定。

表 11-12 压碎指标

类别	Ⅰ	Ⅱ	Ⅲ
单级最大压碎指标/%	≤20	≤25	≤30

(6) 表观密度、松散堆积密度、空隙率。砂表观密度、松散堆积密度、空隙率应符合如下规定：表观密度不小于 2500kg/m^3，松散堆积密度不小于 1400kg/m^3，空隙率不大于 44%。

(7) 碱-骨料反应。当需方提出要求时，应出示膨胀率实测值及碱活性评定结果。

(8) 含水率和饱和面干率。当用户有要求时，需报告其实测值。

11.1.3.2 粗骨料

粗骨料一般按《建设用卵石、碎石》(GB/T 14685—2022) 执行。

1. 控制指标

粗骨料的控制指标主要有以下几项：颗粒级配，含泥量和泥块含量，针、片状颗粒含量，有害物质，坚固性，岩石抗压强度，压碎指标，表观密度、连续级配松散堆积空隙率、吸水率，碱骨料反应，含水率和堆积密度。

2. 质量要求

(1) 颗粒级配。卵石、碎石的颗粒级配应符合表 11-13 的规定。

表 11-13 颗粒级配

公称粒级/mm		累计筛余/%											
		方孔筛/mm											
		2.36	4.75	9.50	16.0	19.0	26.5	31.5	37.5	53.0	63.0	75.0	90
连续粒级	5~16	95~100	85~100	30~60	0~10	0	—	—	—	—	—	—	—
	5~20	95~100	90~100	40~80	—	0~10	0	—	—		—	—	—
	5~25	95~100	90~100	—	30~70	—	0~5	0	—	—	—	—	—
	5~31.5	95~100	90~100	70~90	—	15~45	—	0~5	0	—	—	—	—
	5~40	—	95~100	70~90	—	30~65	—	—	0~5	0	—	—	—
单粒粒级	5~10	95~100	80~100	0~15	0	—	—	—	—	—	—	—	—
	10~16	—	95~100	80~100	0~15	—	—	—	—	—	—	—	—
	10~20	—	95~100	85~100	—	0~15	0	—	—	—	—	—	—
	16~25	—	—	95~100	55~70	25~40	0~10	0	—	—	—	—	—
	16~31.5	—	95~100	—	85~100	—	—	0~10	0	—	—	—	—
	20~40	—	—	95~100	—	80~100	—	—	0~10	0	—	—	—
	25~31.5	—	—	—	95~100	—	80~100	0~10	0	—	—	—	—
	40~80	—	—	—	—	95~100	—	—	70~100	—	30~60	0~10	0

(2) 含泥量和泥块含量。卵石、碎石的含泥量和泥块含量应符合表 11-14 的规定。

表 11-14 卵石含泥量、碎石泥粉含量和泥块含量

类别	Ⅰ类	Ⅱ类	Ⅲ类
卵石含泥量（质量分数）/%	≤0.5	≤1.0	≤1.5
碎石泥粉含量（质量分数）/%	≤0.5	≤1.5	≤2.0
泥块含量（质量分数）/%	≤0.1	≤0.2	≤0.7

（3）针、片状颗粒含量。卵石、碎石的针、片状颗粒含量应符合表 11-15 的规定。

表 11-15 针、片状颗粒含量

类别	Ⅰ	Ⅱ	Ⅲ
针、片状颗粒总含量（按质量计）/%	≤5	≤8	≤15

（4）有害物质。有害物质限量应符合表 11-16 的规定。

表 11-16 有害物质限量

类别	Ⅰ	Ⅱ	Ⅲ
有机物含量	合格	合格	合格
硫化物及硫酸盐含量（按 SO_3 质量计）/%	≤0.5	≤1.0	≤1.0

（5）坚固性。采用硫酸钠溶液法进行试验。卵石、碎石的质量损失应符合表 11-17 的规定。

表 11-17 质量损失

类别	Ⅰ	Ⅱ	Ⅲ
质量损失率/%	≤5	≤8	≤12

（6）岩石抗压强度。在水饱和状态下，碎石所用母岩的岩石抗压强度应符合表 11-18 的规定。

表 11-18 岩石抗压强度

类别	岩浆岩	变质岩	沉积岩
岩石抗压强度/MPa	≥80	≥60	≥45

（7）压碎指标。压碎指标应符合表 11-19 的规定。

表 11-19 压碎指标

类别	Ⅰ	Ⅱ	Ⅲ
碎石压碎指标/%	≤10	≤20	≤30
卵石压碎指标/%	≤12	≤14	≤16

（8）表观密度、连续级配松散堆积空隙率。卵石、碎石表观密度、连续级配松散堆积空隙率应符合如下规定：表观密度不小于 2600kg/m^3，连续级配松散堆积空隙率应符合表 11-20 的规定。

表 11-20 连续级配松散堆积空隙率

类别	Ⅰ	Ⅱ	Ⅲ
空隙率/%	≤43	≤45	≤47

（9）吸水率。吸水率应符合表 11-21 的规定。

表 11-21 吸水率

类别	Ⅰ	Ⅱ	Ⅲ
吸水率/%	≤1.0	≤2.0	≤2.5

（10）碱骨料反应。当需方提出要求时，应出示膨胀率实测值及碱活性评定结果。

（11）含水率和堆积密度。报告其实测值。

11.1.4 外加剂

混凝土外加剂作为提高混凝土性能的添加剂，一般掺量小于 5%。《混凝土外加剂术语》（GB/T 8075—2017）里外加剂的种类包括：普通减水剂、高效减水剂（标准型高效减水剂、缓凝型高效减水剂、早强型高效减水剂、引气型高效减水剂）、高性能减水剂、防冻剂、泵送剂、调凝剂、减缩剂、早强剂、引气剂、加气剂、泡沫剂、消泡剂、防水剂、黏度改性剂、保塑剂、膨胀剂、抗硫酸盐侵蚀剂、阻锈剂（混凝土防腐阻锈剂）、着色剂、保水剂、碱-骨料反应抑制剂、管道压浆剂、预应力孔道灌浆剂和多功能外加剂。

根据《混凝土外加剂》（GB/T 8076—2008），对高性能减水剂（早强型、标准型、缓凝型）、高效型（标准型、缓凝型）、普通减水剂（早强型、标准型、缓凝型）、引气减水剂、泵送剂、早强剂、缓凝剂及引气剂共 8 类常用外加剂作出以下介绍。

11.1.4.1 控制指标

掺外加剂的混凝土指标包括以下几项：减水率、泌水比率、含气量、凝结时间差、1h 经时变化量（坍落度、含气量）、抗压强度（1d、3d、7d、28d）收缩比率和相对耐久性。

外加剂的匀质性指标包括以下几项：氯离子含量、总碱含量、含固量、含水率、密度、细度、pH 和硫酸钠含量。

11.1.4.2 质量要求

掺外加剂混凝土的性能指标应符合表 11-22 的要求。

匀质性指标应符合表 11-23 的要求。

表 11-22 掺外加剂混凝土性能指标

项目		高性能减水剂 HPWR 早强型 HPWR-A	高性能减水剂 HPWR 标准型 HPWR-S	高性能减水剂 HPWR 缓凝型 HPWR-R	高效减水剂 HWR 标准型 HWR-S	高效减水剂 HWR 缓凝型 HWR-R	普通减水剂 WR 早强型 WR-A	普通减水剂 WR 标准型 WR-S	普通减水剂 WR 缓凝型 WR-R	引气减水剂 AEWR	泵送剂 PA	早强型 Ac	缓凝剂 Re	引气剂 AE
减水率/%，不小于		25	25	25	14	14	8	8	8	10	12	—	—	6
泌水率比/%，不大于		50	60	70	90	100	95	100	100	70	70	100	100	70
含气量/%		≤6.0	≤6.0	≤6.0	≤3.0	≤4.5	≤4.0	≤4.0	≤5.5	≥3.0	≤5.5	—	—	≥3.0
凝结时间之差/min	初凝	−90～+90	−90～+120	>+90	−90～+120	>+90	−90～+90	−90～+120	>+90	−90～+120	—	−90～+90	>+90	−90～+120
	终凝			—		—			—			—	—	
1h 经时变化量	坍落度/mm	—	≤80	≤60	—	—	—	—	—	—	≤80	—	—	—
	含气量/%	—	—	—						−1.5～+1.5	—			−1.5～+1.5
抗压强度比/%，不小于	1d	180	170	—	140	—	135	—	—	—	—	135	—	—
	3d	170	160	—	130	—	130	115	—	115	—	130	—	95
	7d	145	150	140	125	125	110	115	110	110	115	110	100	95
	28d	130	140	130	120	120	100	110	110	100	110	100	100	90
收缩率比/%，不大于	28d	110	110	110	135	135	135	135	135	135	135	135	135	135
相对耐久性（200 次）/%，不小于		—	—	—	—	—	—	—	—	80	—	—	—	80

注：1. 表中抗压强度比、收缩率比、相对耐久性为强制性指标，其余为推荐性指标。
2. 除含气量和相对耐久性外，表中所列数据为掺外加剂混凝土与基准混凝土的差值或比值。
3. 凝结时间之差性能指标中的“−”号表示提前，“+”号表示延缓。
4. 相对耐久性（200 次）性能指标中的“≥80”表示将 28d 龄期的受检混凝土试件快速冻融循环 200 次后，动弹性模量保留值≥80%
5. 1h 含气量经时变化量指标中的“−”号表示含气量增加，“+”号表示含气量减少。
6. 其他品种的外加剂是否需要测定相对耐久性指标、需双方协商确定。
7. 当用户对泵送剂等产品有特殊要求时，需要进行的补充试验项目、试验方法及指标、由供需双方协商决定。

表 11-23 匀质性指标

项目	指标
氯离子含量/%	不超过生产厂控制值
总碱量/%	不超过生产厂控制值
含固量/%	S>25%时，应控制在 0.95～1.05 S； S≤25%时，应控制在 0.90～1.10 S
含水率/%	W>5%时，应控制在 0.90～1.10 W； W≤5%时，应控制在 0.80～1.20 W
密度/(g/cm^3)	D>1.1 时，应控制在 D±0.03； D≤1.1 时，应控制在 D±0.02
细度	应在生产厂控制范围内
pH	应在生产厂控制范围内
硫酸钠含量/%	不超过生产厂控制值

注：1. 生产厂应在相关的技术资料中明示产品匀质指标的控制值；
2. 对相同和不同批次之间的匀质性和等效性的其他要求，可由供需双方商定；
3. 表中的 S、W 和 D 分别为含固量、含水率和密度的生产厂控制值

11.1.5 混凝土用水

混凝土用水是混凝土拌和用水和混凝土养护用水的总称，包括饮用水、地表水、地下水、再生水、混凝土企业设备洗刷水和海水等。根据《混凝土用水标准》（JGJ 63—2006）作出以下介绍。

11.1.5.1 控制指标

混凝土用水的指标包括以下几项：pH 值、不溶物、可溶物、Cl^- 含量、SO_4^{2-} 含量、碱含量、放射性、水泥凝结时间对比、胶砂强度对比。

11.1.5.2 质量要求

混凝土拌和用水水质要求应符合表 11-24 的规定。对于设计使用年限为 100 年的结构混凝土，氯离子含量不得超过 500mg/L；对使用钢丝或经热处理钢筋的预应力混凝土，氯离子含量不得超过 350mg/L。

表 11-24 混凝土拌和水水质要求

项目	预应力混凝土	钢筋混凝土	素混凝土
pH 值	≥5.0	≥4.5	≥4.5
不溶物/(mg/L)	≤2000	≤2000	≤5000
可溶物/(mg/L)	≤2000	≤5000	≤10000
Cl^-/(mg/L)	≤500	≤1000	≤3500
SO_4^{2-}/(mg/L)	≤600	≤2000	≤2700
碱含量/(mg/L)	≤1500	≤1500	≤1500

注：碱含量按 Na_2O+0.658K_2O 计算值来表示。采用非碱活性骨料时，可不检验碱含量。

地表水、地下水、再生水的放射性应符合现行国家标准《生活饮用水卫生标准》(GB 5749—2006）的规定。

被检验水样应与饮用水样进行水泥凝结时间对比试验。对比试验的水泥初凝时间差及终凝时间差均不应大于 30min。同时，初凝和终凝时间应符合现行国家标准《通用硅酸盐水泥》(GB 175—2023）的规定。

被检验水样应与饮用水样进行水泥胶砂强度对比试验，被检验水样配制的水泥胶砂 3d 和 28d 强度不应低于饮用水配制的水泥胶砂 3d 和 28d 强度的 90%。

混凝土拌和用水不应有漂浮明显的油脂和泡沫，不应有明显的颜色和异味。

混凝土企业设备洗刷水不宜用于预应力混凝土、装饰混凝土、加气混凝土和暴露于腐蚀环境的混凝土；不得用于使用碱活性或潜在碱活性骨料的混凝土。

未经处理的海水严禁用于钢筋混凝土和预应力混凝土。

在无法获得水源的情况下，海水可用于素混凝土，但不宜用于装饰混凝土。

混凝土养护用水可不检验不溶物、可溶物、水泥凝结时间和水泥胶砂强度。

11.2 混凝土生产过程控制

本节混凝土的生产主要包括原材料的计量和混凝土的搅拌两方面。按照规定储存合格的原材料，并采用合理的配合比以及精确严格的计量手段生产得到的混凝土品质必然有保障。目前混凝土的生产主要为预拌混凝土，所以主要介绍预拌混凝土，生产过程控制主要依据的标准包括《预拌混凝土》(GB/T 14902—2012)、《混凝土质量控制标准》(GB 50164—2011)。

11.2.1 原材料计量

根据《混凝土质量控制标准》(GB 50164—2011）的计量标准，原材料计量宜采用电子计量设备。电子计量设备的精度应符合现行国家标准《建筑施工机械与设备混凝土搅拌站（楼）》(GB/T 10171—2016）的有关规定，应具有法定计量部门签发的有效检定证书，并应定期校验。混凝土生产单位每月应自检 1 次；每一个工作班开始前，应对计量设备进行零点校准。

对于原材料计量，应根据粗、细骨料含水率的变化，及时调整粗、细骨料和拌和用水的称量。

对于计量的误差，《预拌混凝土》(GB/T 14902—2012）相对《混凝土质量控制标准》(GB 50164—2011）增加了累计计量允许误差，见表 11-25。

表 11-25 混凝土原材料计量允许偏差/%

原材料品种	水泥	骨料	水	外加剂	掺和料
每盘计量允许偏差	±2	±3	±1	±1	±2
累计计量允许偏差[a]	±1	±2	±1	±1	±1

[a] 累计计量允许偏差是指每一运输车中各盘混凝土的每种材料计量和偏差

原材料计量时，要注意骨料含水率变化和粉含量的增多都可能导致固结堵塞现象。胶凝材料也会因湿气产生固结，堵塞计量阀门，造成计量事故。

11.2.2 混凝土搅拌

混凝土搅拌的目的是使材料混合均匀，获得最好的均一性。搅拌机的选择、原材料的投放顺序、搅拌的时长都会影响混凝土的工作性和搅拌效率。

搅拌机按搅拌原理分为重力搅拌和剪切搅拌两种形式；按搅拌轴方向分为立轴和卧轴两种；按轴数分为单卧轴和双卧轴。现在搅拌机主要采用单卧轴强制搅拌机和双卧轴强制搅拌机。

混凝土搅拌机应符合现行国家标准《建筑施工机械与设备 混凝土搅拌机》(GB/T 9142—2021）的有关规定。混凝土搅拌宜采用强制式搅拌机。

原材料的投放顺序主要包括依次投料法和二次投料法。一次投料法即将骨料、砂、胶凝材料等粉料依次投入搅拌机，最后加水和液体外加剂。二次投料法即将骨料、砂、胶凝材料、水和液体外加剂先分批投入一部分，待搅拌一定时间后再将剩余的原材料全部投入，完成搅拌。二次投料法包括先拌水泥净浆法、先拌水泥砂浆法、水泥裹砂法、水泥裹砂石法等。

依据《混凝土质量控制标准》（GB 50164—2011），混凝土搅拌的最短时间应根据表 11-26 进行选择。

表 11-26 混凝土搅拌的最短时间/s

混凝土坍落度/mm	搅拌机机型	搅拌机出料量/L		
		<250	250～500	>500
≤40	强制式	60	90	120
>40 且<100	强制式	60	60	90
≥100	强制式	60		

注：混凝土搅拌的最短时间系指全部材料装入搅拌筒中起到开始卸料止的时间。

11.2.3 混凝土的运输

从生产实践中认识到，运输混凝土所应采用的方法和选用的设备，取决于建筑物的结构形式（如是框架、烟囱还是设备基础）、混凝土的总体积、每天或每小时要求浇筑的混凝土量、水平与垂直运输距离和道路条件及现有设备的供应情况、气候条件等因素。应该根据具体条件综合进行考虑。

从混凝土本身特点考虑，对运输工作总的要求是：①在运输过程中应保持混凝土的均匀性，不产生严重的离析现象，否则浇筑后易形成蜂窝或麻面，至少也增加了捣实的难度。②混凝土运到浇筑地点开始浇筑时，应具有设计配合比所规定的流动性（坍落度)。③运输时间应保证混凝土在初凝之前浇入模板内并捣实完毕。④当混凝土在运输过程中发生离析时应进行二次搅拌。

11.3 混凝土施工质量控制

11.3.1 混凝土泵送

混凝土泵送的选型，应按照《混凝土泵送施工技术规程》（JGJ/T 10—2011）的规定，根据混凝土工程特点，要求的最大输送距离、最大输出量及混凝土浇筑计划确定。

混凝土输送管应根据工程和施工场地特点及混凝土浇筑方案进行配备。宜缩短管线长度，少用弯管和软管。输送管的铺设应保证安全施工，便于清洗管道、排除故障和装拆维修。

炎热季节施工，宜用湿罩布、湿草袋等遮盖混凝土输送管，避免阳光照射。严寒季节施工，宜用保温材料包裹混凝土输送管，防止管内混凝土受凉，并保证混凝土的入模温度。

混凝土泵送应连续进行。如必须中断时，其中断时间不得超过混凝土从搅拌机至浇筑完毕所允许的延续时间。若中断时间超过 20min，管道又较长时，应每隔 5min 开泵一次，泵送少量混凝土；管道较短时，可采用每隔 5min 正反转 2～3 个行程，使管内混凝土蠕动，防止泌水离析。长时间停泵（超过 45min），气温高、混凝土坍落度小时可能造成塞管，宜将混凝土从泵和输送管中清除。

输送管的管径选择主要根据混凝土骨料的最大粒径以及管道的输送距离、输送高度和工程条件决定。不同管径的输送管其容许采用的骨料最大粒径不同，见表 11-27。

表 11-27 混凝土输送管直径选用表

输送管直径/mm	骨料粒径/mm
100	5～25
125	5～40
150	5～40

11.3.2 混凝土浇筑与振捣

11.3.2.1 混凝土的浇筑

混凝土的浇筑顺序，应符合下列规定：

（1）当采用输送管输送混凝土时，应由远而近浇筑。

（2）同一区域的混凝土，应按先竖向结构后水平结构的顺序分层连续浇筑。

（3）当不允许留施工缝时，区域之间、上下层之间的混凝土浇筑间歇时间不得超过混凝土初凝时间。

（4）当下层混凝土初凝后，浇筑上层混凝土时，应先按留施工缝的规定处理。

浇筑混凝土前应将模板内垃圾、杂物清理干净。木模板应浇水加以润湿，但不允许留有积水。润湿后，木模板中尚未胀密的缝隙应贴缝。钢模应检查对拉片是否紧靠，拼缝是否整齐，以防泥浆渗出。检查安全设施、劳动配备是否妥当，能否满足浇筑速度的要求。

为保证混凝土结构密实，每次浇筑的厚度不宜过大。一般按表 11-28 规定执行。

表 11-28 混凝土捣实要求

项次	捣实混凝土的方法		浇筑层的厚度/mm
1	插入式振捣		振动器作用长度的 1.25 倍
2	表面振动		200
3	人工捣固	（1）在基础、无筋混凝土或配筋稀疏的结构中	250
		（2）在梁、墙板、柱结构中	200
		（3）在配筋密列的结构中	150

11.3.2.2 混凝土的振捣

混凝土的振捣主要有两大作用：一是使混凝土结构密实；二是使混凝土混合料液化。在普通坍落度的混凝土中主要是振捣密实。在干硬性混凝土或超干硬性混凝土中振捣的主要作用是使混合料液化。试验说明，混凝土的强度、抗冻性、抗渗性以及耐久性等都与混凝土的密实程度和水泥水化程度有关，所以必须在混凝土初凝前进行振捣。

振动捣实是通过振动机械设备对混凝土混合料的作用而实现的。振动设备可分为内部振动器、表面振动器、外部振动器和振动台四大类。内部振动器也称插入式振动器，主要适用于大体积混凝土、基础、柱、梁、墙、厚度较大的板以及预制构件的捣实工作，当钢筋十分稠密或构件厚度很薄时，其使用就会受到一定的限制。表面振动器也称平板振动器，仅适用于表面积大而平整的结构物。外部振动器又称附着式振动器，仅适用于振捣钢筋较密、厚度较小以及不宜使用插入式振动器的结构构件。振动台只能作上下方向振动，适用于混凝土预制构件的振捣。

振动器的操作要做到“快插慢拔”。快插是为了防止先将表面混凝土振实而与下面混凝土发生分层、离析现象。慢拔是为了使混凝土能填满振动棒抽出时所造成的空洞。对于硬性混凝土，有时还要在振动棒抽出的洞旁不远处，再将振动棒插入才能填满空洞。在振捣过程中，宜将振动棒上下略为抽动，以使上下振捣均匀。混凝土分层浇筑时，每层混凝土厚度不应超过振动棒长度的1.25倍。在振捣上层混凝土时，应插入下层混凝土中50mm左右，以消除两层之间的接缝。同时，振捣上层混凝土要在下层混凝土初凝之前进行。

振动棒每插一点要掌握好振捣时间。时间过短不易捣实，过长可能引起混凝土产生离析现象，对于塑性混凝土尤其要注意。一般每点振捣时间为20～30s，使用高频振动器时最短时间不应少于10s，但应以混凝土表面水平不再显著下沉，不再出现气泡，表面泛浆为准。

11.3.3 混凝土养护

养护是为了保证混凝土凝结和硬化必需的湿度和适宜的温度，促使水泥水化作用充分发展的过程，是获得优质混凝土必不可少的措施。实验表明，未经养护的混凝土与经充分养护的混凝土相比，其28d抗压强度将降低30%左右，一年后的抗压强度将降低5%左右，由此可见养护对于混凝土工程的重要性。

养护的方式可分为浇水养护、覆盖养护、喷涂养护剂养护、人工热养护等。

（1）浇水养护：采用麻袋、棉毡等吸水性较强的材料覆盖在混凝土表面，并在上面间接洒水进行混凝土的养护。

（2）覆盖养护：采用聚乙烯薄膜等膜材料覆盖在混凝土表面，防止混凝土的水分蒸发。

（3）喷涂养护剂养护：常用的薄膜养护剂有树脂型、油乳型、煤焦油型、沥青型四种。其喷涂于混凝土表面可形成一层不透水的薄膜，从而阻止混凝土中的水分蒸发。原理与覆盖养护相同。

（4）人工热养护：为加速混凝土构件或制品的生产，缩短生产周期，提高产品的产量和质量以及加速模板周转而采用各种能源作热介质来加速混凝土构件硬化的方法。主要包括蒸汽养护、电热养护、红外线养护、干热养护、微波加热养护五类。

由于混凝土结构各部位的要求不尽相同，浇筑时的气候条件也差异较大，因此，养护时间应有所区别。一般来说，养护时间越长，对混凝土的强度及其他性能的提高越有利。但也必须在权衡成本、场地和模板周转及交付使用期等诸多因素后来选定适宜的养护时间。同时，不同品种的水泥所需的自然养护时间也不一致。对采用硅酸盐水泥、普通硅酸盐水泥或矿渣硅酸盐水泥拌制的混凝土不得少于7d，火山灰水泥混凝土不少于14d，掺用缓凝型外加剂或有抗渗性要求的混凝土不少于14d。

11.3.4 混凝土拆模

混凝土结构浇筑后，达到一定强度方可拆模。模板拆卸时间应按结构特点和混凝土所达到的强度来确定。混凝土强度达到1.2MPa之前，不得在混凝土上行走。混凝土在自然养护条件下达到1.2MPa的时间大致见表11-29。

表11-29 混凝土自然养护至1.2MPa所需时间/h

水泥品质	外界温度/℃			
	1～5	5～10	10～15	15以上
硅酸盐水泥 普通硅酸盐水泥	46	36	26	20
矿渣硅酸盐水泥 火山灰质硅酸盐水泥 粉煤灰硅酸盐水泥	60	38	28	22

注：掺加矿物掺和料的混凝土适当增加时间。

对于构件跨度不大于2m的板，达到设计的混凝土立方体抗压强度标准值的百分率应不小于50%，2～8m的板应不小于75%，大于8m的板应≥100%。对于构件跨度不大于8m的梁、拱、壳，达到抗压强度标准值的百分率应不小于75%，大于8m时应不小于100%。对于悬臂构件的抗压强度标准值的百分率均应不小于100%。

11.3.5 混凝土表面修整

混凝土拆模后，应对混凝土的表面进行检查。检查的主要内容包括：尺寸偏差，表面是否光滑平整，有无麻面、露筋、蜂窝、孔洞、裂缝、缺棱缺角等缺陷。

如出现混凝土表面缺陷，一般采用以下几种方式进行修整：①针对小蜂窝、麻面、露筋，采用表面砂浆进行修补。②对于蜂窝较深、露筋严重的情况，应先处理掉不密实混凝土，再用高一等级的细石混凝土填充。③孔洞的修整也应在处理掉不密实混凝土后采用细石混凝土填充。细石混凝土可掺加一定量的膨胀剂，防止出现收缩裂缝。④对于大面积蜂窝和露筋严重的情况，可采用喷射混凝土进行补强。⑤当出现明显裂缝并影响结构时，应采用灌浆料补强。

11.4 混凝土的合格控制与生产质量控制评价

11.4.1 混凝土合格控制

混凝土的性能受很多因素影响，浇筑的混凝土结构最终是否满足设计要求是不能短时间内确定的，比如混凝土的耐久性。因此，需要在混凝土生产过程中严格把控质量。预拌混凝土作为一种商品，在交付使用时必须进行质量检查验收，一般包括混凝土出厂质量检验、交付检查验收和混凝土成品质量检查验收。

预拌混凝土的质量检验是指对强度、坍落度、含气量、温度、氯离子总含量等性能进行质量指标检验，以判定预拌混凝土质量是否符合要求。用于出厂检验的混凝土试样，应在搅拌地点采取；用于交货检验的混凝土试样，应在交货地点采取。

混凝土成品检查验收应是预拌混凝土生产厂和施工单位分别制备混凝土试件，且取样具有代表性。样品依据《预拌混凝土》（GB/T 14902—2012）和《混凝土结构工程施工质量验收规范》（GB 50204—2015）进行制作并检验。

11.4.2 混凝土生产质量控制评价

混凝土强度通常作为评价混凝土质量的一项重要指标。如今随着混凝土结构对服役年限的要求，混凝土耐久性指标逐渐成为评价混凝土质量的重要指标。混凝土耐久性指标并不像强度指标测试那样简单易行，但混凝土强度指标仍是保证混凝土结构可靠性的重要指标，因此目前大部分工程仍以强度指标评价混凝土质量，故这里重点论述强度的评价。

根据《混凝土强度检验评定标准》（GB/T 50107—2010）的规定，混凝土的强度统计方法评定应符合以下要求：

$$m_{f_{cu}} \geqslant f_{cu,k} + 0.7\sigma_0 \tag{11-1}$$

$$f_{cu,min} \geqslant f_{cu,k} - 0.7\sigma_0 \tag{11-2}$$

式中 $m_{f_{cu}}$——统计周期内 n 组混凝土试件立方体抗压强度平均值（MPa）；

$f_{cu,k}$——混凝土立方体抗压强度标准值（MPa）；

σ_0——检验批混凝土立方体抗压强度的标准差（MPa）；

$f_{cu,min}$——同一检验批混凝土立方体抗压强度的最小值（MPa）。

检验批混凝土立方体抗压强度的标准差应按下式计算：

$$\sigma_0 = \sqrt{\frac{\sum_{i=1}^{n} f_{cu,i}^2 - nm_{f_{cu}}^2}{n-1}} \tag{11-3}$$

式中 $f_{cu,i}$——前一个检验期内同一品种、同一等级的第 i 组混凝土试件的立方体抗压强度代表值（MPa）；

n——前一检验期内的样本容量，在该期间内样本容量不应少于45。

当混凝土强度等级不高于C20时，其强度的最小值尚应满足 $f_{cu,min} \geqslant 0.85 f_{cu,k}$；当混凝土强度等级高于C20时，其强度的最小值尚应满足 $f_{cu,min} \geqslant 0.90 f_{cu,k}$；当样本容量不少于10组时，其强度应同时满足 $m_{fcu} \geqslant f_{cu,k} + \lambda_1 \times S_{fcu}$，$f_{cu,min} \geqslant \lambda_2 \times f_{cu,k}$。同一检

验批混凝土立方体抗压强度的标准差应按下式计算：

$$S_{f_{cu}}=\sqrt{\frac{\sum_{i=1}^{n}f_{cu,i}^{2}-nm_{f_{cu}}^{2}}{n-1}} \tag{11-4}$$

式中 $S_{f_{cu}}$——同一检验批混凝土立方体抗压强度的标准差（MPa），精确到 0.01MPa。当检验批混凝土强度标准差 $S_{f_{cu}}$ 计算值小于 2.5MPa 时，应取 2.5MPa。

λ_1、λ_2——合格评定系数，按表 11-30 取值。

表 11-30 混凝土强度的合格评定系数

试件组数	10～14	15～19	≥20
λ_1	1.15	1.05	0.95
λ_2	0.90	0.85	

n——本检验期内的样本容量。

11.5 混凝土验收质量要求

11.5.1 拌和物的质量要求

混凝土拌和物的质量指标包括稠度、含气量、水灰比、水泥含量、氯离子含量及均匀性等。

11.5.1.1 稠度

各种混凝土拌和物均应检验其稠度。其检测方法应按《普通混凝土拌和物性能试验方法》（GB/T 50080—2016）的规定进行，检测结果应符合表 11-31～表 11-34 的规定。

表 11-31 混凝土拌和物的坍落度等级划分

等级	坍落度/mm
S1	10～40
S2	50～90
S3	100～150
S4	160～210
S5	≥220

表 11-32 混凝土拌和物的维勃稠度等级划分

等级	维勃稠度/s
V0	≥31
V1	21～30
V2	11～20
V3	6～10
V4	3～5

表 11-33 混凝土拌和物的扩展度等级划分

等级	扩展度/mm	等级	扩展度/mm
F1	≤340	F4	490～550
F2	350～410	F5	560～620
F3	420～480	F6	≥630

混凝土拌和物稠度允许偏差应符合表 11-34 的规定。

表 11-34 混凝土拌和物稠度允许偏差

拌和物性能		允许偏差		
坍落度/mm	设计值	≤40	50～90	≥100
	允许偏差	±10	±20	±30
维勃稠度/s	设计值	≥11	6～10	≤5
	允许偏差	±3	±2	±1
扩展度/mm	设计值	≥350		
	允许偏差	±30		

11.5.1.2 含气量

掺用引气剂或引气型外加剂混凝土拌和物的含气量宜符合表 11-35 的规定。

表 11-35 混凝土含气量

粗骨料最大公称粒径/mm	混凝土含气量/%
20	≤5.5
25	≤5.0
40	≤4.5

11.5.1.3 水灰比及水泥含量

根据需要检验混凝土拌和物的水灰比和水泥含量。实测的水灰比和水泥含量应符合设计要求。

11.5.1.4 氯离子含量

混凝土拌和物中水溶性氯离子最大含量应符合表 11-36 的要求。混凝土拌和物中水溶性氯离子含量应按照现行行业标准《水运工程混凝土试验规程》(JTJ 270—1998) 中混凝土拌和物中氯离子含量的快速测定方法或其他准确度更高的方法进行测定。混凝土拌和物中水溶性氯离子最大含量依据表 11-36 的要求确定。

表 11-36 混凝土拌和物中水溶性氯离子最大含量（水泥用量的质量百分比/%）

环境条件	水溶性氯离子最大含量		
	钢筋混凝土	预应力混凝土	素混凝土
干燥环境	0.30	0.06	1.00
潮湿但不含氯离子的环境	0.20		
潮湿且含有氯离子的环境、盐渍土环境	0.10		
除冰盐等侵蚀性物质的腐蚀环境	0.06		

11.5.1.5 均匀性

混凝土拌和物应满足拌和均匀，颜色一致，不得有离析、泌水现象等要求。当对混凝土拌和物均匀性有特殊要求或有疑问时，应按《混凝土搅拌机性能试验方法》(GB/T 4477—1995）的规定进行检测。其检测结果应符合表 11-37 的规定。

表 11-37 混凝土拌和物均匀性指标

检查项目	指标
混凝土中砂浆密度测值的相对误差	≤0.8%
单位体积混凝土中粗骨料含量测值的相对误差	≤5%

11.5.2 混凝土力学性能要求

混凝土力学性能应满足设计和施工的要求。混凝土力学性能试验方法应符合现行国家标准《普通混凝土物理力学性能试验方法标准》(GB/T 50081—2019）的有关规定。

混凝土强度等级应按立方体抗压强度标准值（MPa）划分为 C15、C20、C25、C30、C35、C40、C45、C50、C55、C60、C65、C70、C75、C80、C85、C90、C95 和 C100。

混凝土抗压强度应按现行国家标准《混凝土强度检验评定标准》(GB/T 50107—2010）的有关规定进行检验评定，并应合格。

11.5.3 混凝土长期性与耐久性能要求

混凝土的长期性能和耐久性能应满足设计要求。试验方法应符合现行国家标准《普通混凝土长期性能和耐久性能试验方法标准》(GB/T 50082—2009）的有关规定。

混凝土的抗冻性能、抗水渗透性能和抗硫酸盐侵蚀性能的等级划分应符合表 11-38 的规定。

表 11-38 混凝土抗冻性能、抗水渗透性能和抗硫酸盐侵蚀性能的等级划分

抗冻等级（快冻法）		抗冻等级（慢冻法）	抗渗等级	抗硫酸盐等级
F50	F250	D50	P4	KS30
F100	F300	D100	P6	KS60
F150	F350	D150	P8	KS90
F200	F400	D200	P10	KS120
>F400		>D200	P12	KS150
			>P12	>KS150

混凝土抗氯离子渗透性能的等级划分应符合下列规定：

(1) 当采用氯离子迁移系数（RCM 法）划分混凝土抗氯离子渗透性能等级时，应符合表 11-39 的规定，且混凝土龄期应为 84d。

表 11-39　混凝土抗氯离子渗透性能的等级划分（RCM 法）

等级	RCM-Ⅰ	RCM-Ⅱ	RCM-Ⅲ	RCM-Ⅳ	RCM-Ⅴ
氯离子迁移系数 D_{RCM}（RCM 法）（$\times10^{-12}m^2/s$）	$D_{RCM}\geqslant4.5$	$3.5\leqslant D_{RCM}<4.5$	$2.5\leqslant D_{RCM}<3.5$	$1.5\leqslant D_{RCM}<2.5$	$D_{RCM}<1.5$

（2）当采用电通量划分混凝土抗氯离子渗透性能等级时，应符合表 11-40 的规定，且混凝土龄期宜为 28d。当混凝土中水泥混合材与矿物掺和料之和超过胶凝材料用量的 50%时，测试龄期可为 56d。

表 11-40　混凝土抗氯离子渗透性能的等级划分（电通量法）

等级	Q-Ⅰ	Q-Ⅱ	Q-Ⅲ	Q-Ⅳ	Q-Ⅴ
电通量（Q_s）/C	$Q_s\geqslant4000$	$2000\leqslant Q_s<4000$	$1000\leqslant Q_s<2000$	$500\leqslant Q_s<1000$	$Q_s<500$

混凝土抗碳化性能等级划分应符合表 11-41 的规定。

表 11-41　混凝土抗碳化性能的等级划分

等级	T-Ⅰ	T-Ⅱ	T-Ⅲ	T-Ⅳ	T-Ⅴ
碳化深度（d）/mm	$d\geqslant30$	$20\leqslant d<30$	$10\leqslant d<20$	$0.1\leqslant d<10$	$d<0.1$

混凝土早期抗裂性能等级划分应符合表 11-42 的规定。

表 11-42　混凝土早期抗裂性能的等级划分

等级	L-Ⅰ	L-Ⅱ	L-Ⅲ	L-Ⅳ	L-Ⅴ
单位面积上的总开裂面积（C）/（mm^2/m^2）	$C\geqslant1000$	$700\leqslant C<1000$	$400\leqslant C<700$	$100\leqslant C<400$	$C<100$

12

混凝土新技术与发展趋势

12.1 纳米材料改性混凝土

纳米材料改性混凝土是指加入纳米尺寸材料以改善混凝土性能的混凝土。目前，超微细矿物粉体在水泥基材料中的应用研究火热。利用超微细粉体技术，尤其是纳米技术对水泥的改性，将对进一步推动高性能水泥及高性能混凝土技术的发展具有实际意义。纳米材料由于尺寸小（直径为0.1～100nm），呈现出传统材料不具备的物理和化学性质方面的特性，成为现今材料科学研究领域的热点，被科学家们誉为21世纪最具有前途的材料。

目前，应用于混凝土研究中的纳米材料主要有纳米C-S-H、纳米$CaCO_3$、纳米SiO_2、纳米硅灰、碳纳米管、石墨烯、纳米黏土等。纳米材料在混凝土中的作用有提高混凝土强度、改变混凝土流动性、改善混凝土界面形态和混凝土耐久性等。

12.1.1 纳米C-S-H

水化硅酸钙（C-S-H）是硅酸盐水泥的主要水化产物，是水泥混凝土等无机胶凝材料强度的主要来源，它的组成、结构对水泥浆体和混凝土的性能起到非常重要的作用。制备单相C-S-H的方法主要有水热法、单矿水化法和化学沉淀法。纳米C-S-H是近年来开发的一种新型早强剂，可以在水泥水化时起到晶核作用，促进水泥混凝土各个龄期强度发展，尤其是早期强度的发展。

12.1.2 纳米$CaCO_3$

纳米碳酸钙是一种活性较低、价格低廉的纳米级矿物微粉材料。由于纳米碳酸钙具有纳米级的颗粒尺寸，其表面原子数、表面积和表面能等都迅速增加，使其具有不同于普通粒子的特性。

纳米碳酸钙改性的作用一般有三种，即化学作用、晶核作用、填充作用。其中影响水泥水化过程的作用主要为化学作用和晶核作用。纳米碳酸钙可以改善微细颗粒级配，减少堆积空隙，强化微骨料效应，在相同水胶比下，有助于提升混凝土的工作性。

12.1.3 纳米SiO_2和纳米硅灰

纳米SiO_2是目前世界上大规模工业化生产的产量最高的一种纳米粉体材料，也是目前混凝土改性研究最多的纳米材料。纳米 SiO_2 具有粒径小、比表面积大、表面吸附能力强、表面能大、分散性能好等特点。

硅灰是在冶炼硅铁合金和工业硅时产生的 SiO_2 和 Si 气体与空气中的氧气迅速氧化并冷凝而成的一种超细硅质粉体材料，平均粒径为 100nm。硅灰在形成过程中，因相变过程中受表面张力的作用而形成了非结晶相无定型球状颗粒，并且表面较光滑，有些则是多个圆球颗粒粘在一起的团聚体。硅灰是一种比表面积很大、活性很高的火山灰物质。掺有硅灰的物料，其微小的球状体可以起到润滑的作用。

将纳米 SiO_2、纳米硅灰加入混凝土，能够加快水泥早期的放热速率，缩短凝结时间，使混凝土内部形成网络骨架状致密的显微结构，提高混凝土的强度。纳米 SiO_2 颗粒不仅可以填充硬化水泥基体和粗骨料界面中的细小空隙，提高混凝土密实度，而且会与硬化水泥浆体里的氢氧化钙晶体进一步发生反应，生成 C-S-H 凝胶。但纳米 SiO_2 的加入会造成混凝土的需水量增大，且对后期强度的提高影响较小。

12.1.4 石墨烯和碳纳米管

1. 石墨烯

石墨烯由单层正六角形蜂窝状二维平面结构的碳原子组成，其碳原子通过碳碳键相连，其键能和韧性都非常强，这使得石墨烯具有超高的力学强度。然而，石墨烯溶液的分散性是决定其能否在复合材料中发挥作用的关键因素，由于 r GO 片层间的 π-π 堆叠作用和较强的范德华力作用，使其很难在水性溶剂中分散，极大地限制了石墨烯的应用，所以获得高分散性的石墨烯水溶液是实现其在水泥基材料中应用前提和基础。目前对石墨烯的分散方法包括机械搅拌法、超声处理法、表面修饰法等。

少量氧化石墨烯掺入水泥砂浆后，混凝土的凝结时间缩短、强度提高、密实度增大，改善了混凝土的微观结构。石墨烯智能混凝土的压敏特性，可配合或替代桥梁裂缝光纤传感的监测、超声波无损检测、温度应力监测及机器视觉的桥梁自动监测等，更加有利于保证铁路、公路桥梁的安全。但如何降低石墨烯的成本、提高石墨烯混凝土的流动性和抗侵蚀性等问题仍然亟须解决。

2. 碳纳米管

碳纳米管按照管臂数可分为单壁碳纳米管和多壁碳纳米管。多壁碳纳米管在开始形成时层与层之间很容易成为陷阱中心而捕获各种缺陷，因而多壁碳纳米管的管壁上通常布满小洞样的缺陷。与多壁碳纳米管相比，单壁碳纳米管由单层圆柱形石墨层构成，其直径的分布范围窄，缺陷少，均匀一致性更高。碳纳米管作为一维纳米材料，质量轻，六边形结构连接完美，具有许多异常的力学、电学和化学性能。近些年，随着碳纳米管及纳米材料研究的深入，其广阔的应用前景也不断地展现出来。

碳纳米管具有优异的力学性能，包括弹性模量接近 1000GPa，拉伸强度 20～100GPa，极限应变能达到 12%。它被认为是实现水泥基材料增强、增韧的理想纳米改性材料之一。将碳纳米管引入水泥基材料中的目的主要有：①改善水泥基材料的力学性能，尤其是韧性。②改善混凝土的耐久性。但碳纳米管由于比表面积大，分子间范德华力强，导致碳纳米管之间易于团聚。一方面，作为增强组分时，由于碳纳米管团聚，显著降低其对复合材料的增强效果，甚至对复合材料的整体性能具有破坏作用，这是由于团聚的碳纳米管在复合材料中形成宏观缺陷。另一方面，团聚的碳纳米管降低水泥基材料的密实性，加剧材料的耐久性破坏。

12.1.5 纳米黏土

1. 纳米偏高岭土

纳米偏高岭土是一种由高岭土烧制而成的高活性矿物掺和料。高岭土是一种层状硅酸盐，由四面体和八面体配位的二氧化硅和氧化铝组成，其主要成分为水化二硅酸铝、石英、白云母和金红石。在正常环境条件下，高岭土非常稳定。然而在 600～800℃煅烧下会发生脱羟基，使氧化铝和二氧化硅层变成无序，而这种脱羟基和无序产出了一种无定型相的偏高岭土。偏高岭土具有很高的火山灰活性，主要用作混凝土外加剂，也可制作高性能的地质聚合物。

纳米偏高岭土具有优良的火山灰效应、成核效应及微骨料效应。已有研究表明，水泥基材料内部掺入适量纳米偏高岭土，可减小水泥水化过程中的体积变化，优化其微细观结构，降低孔隙率，增强水泥石力学性能。纳米偏高岭土颗粒掺入水泥基材料中能够促进 C-S-H 凝胶生成，CH 含量减少；可优化水泥浆与骨料间界面过渡区特性，完善水泥石基体微细观结构，减缓有害介质在水泥基材料内部的扩散过程，提高水泥石物理力学及耐久性能。纳米偏高岭土对混凝土的工作性的影响归因于其高化学活性和高比表面积，导致参加水化反应的需水量增加。

2. 纳米凹凸棒土

纳米凹凸棒土的主要成分是一种链层状结构的含水富镁铝硅酸盐，晶体中含有四个沸石水、四个结合水和两个结构水，烧失量大。晶体间相互交错成链状结构，呈针状、纤维状或纤维集合状。棒晶直径为几十纳米，长度为几百个纳米，内部存在着大量孔隙，比表面积为 9.6～36m^2/g。纳米凹凸棒土具有以下性能：①悬浮性：在水中优良的悬浮性为其在水泥基材料中应用提供了前提条件。②吸附性和胶体性：可用来改善砂浆工作性能，提高保水性，应用在混凝土中可防止泌水。③填充性：有利于弥补水化过程中产生的孔隙，提高抗渗性，降低有害离子侵入率。④火山灰效应：有利于水化过程，提高混凝土强度。

12.2 废弃混凝土的再生与资源化

混凝土是土木工程和各项基础设施建设的首选材料和最大宗的材料。随着全球基础建设不断扩大，混凝土用量的增加，其消耗的砂石骨料等天然资源也越来越多。同时，全球每年产生巨量的建筑垃圾，其中废弃混凝土占建筑垃圾的 30%～40%，每年大量旧的建筑物拆除和道路翻新改造产生的废弃混凝土和混凝土工厂、预制构件厂排放的废弃混凝土以及新建建筑产生的废弃混凝土数量巨大。如此大量的废弃混凝土既是环境污染物，但同时也是资源，对废弃混凝土的再生利用及资源化是建筑行业可持续发展的必经之路。

12.2.1 废弃混凝土再生及资源化现状

12.2.1.1 废弃混凝土基本现状

建筑废弃物是在城镇建设、工程建造过程中产生的废弃物体，因其体积、密度较大，极大地占用了城市或乡镇土地。从其来源讲，土石挖掘、道路修建、已建结构物拆除或是建筑企业生产消耗均会产生大量建筑垃圾；按照形态则应细分出废弃土、破碎石料、剥离砂浆、破碎瓦块、混凝土块等。上述废弃物多产生于城市之中。相较而言，乡村建筑工程的发展较为缓慢，各类土质、小块砂浆、石料、木材以及包装材料等更为常见。

废弃混凝土的主要来源有：

（1）已达到使用年限或者因为城市规划需要拆除的混凝土建筑物或构筑物产生废弃混凝土，这是废弃混凝土主要来源之一。

（2）我国的城市化进程发展迅速，大量的城市道路、桥梁和地铁等基础设施建设和改造的市政工程产生大量的废弃混凝土。

（3）台风、地震、泥石流等自然灾害造成建筑物的损毁或者倒塌，也会产生大量废弃混凝土。

（4）工程建设施工时现场产生废弃混凝土，房屋二次装饰装修过程中对主体结构的拆除或粉饰工程也会有散落的废弃混凝土。

（5）预拌商品混凝土企业用于试验的混凝土试块、预制混凝土构件（如预制混凝土板、柱、梁）因混凝土产品检验试验不合格等原因产生废弃混凝土。

我国废弃混凝土的处置以回填为主，但是在处理过程中占用了不必要的可用土地，还增加了工程处理成本。废弃混凝土填埋后必须在其上添加新鲜土壤以适应周围环境，可是由于填埋的无机物成分不利于植被生存，导致了填埋处会产生一定程度的下沉。与其他技术较为成熟的国家相比，目前国内建筑垃圾主要面临着数量、种类多，以及处理困难等问题。

12.2.1.2 国内外废弃混凝土再生及资源化现状

国外对废弃混凝土再生的研究较早，最早开始于欧洲。随着二战的结束，苏联、日本、德国等国家和地区产生大量的建筑废弃物，并且战后重建工作亟须开展。于是，这些国家和地区就开始了对废弃混凝土再生利用的研究，并已取得一定成果。目前相关研究和应用以俄罗斯、德国、美国、日本、英国、丹麦等国家和地区较为突出，并且它们已经编制了相关的标准和规范。

1. 俄罗斯

苏联对建筑废料再生的应用研究比较早，Gluzhge 在 20 世纪 50 年代就对废混凝土制作骨料的可能性进行了论证。如今，俄罗斯已经可以熟练地将再生混凝土技术应用于公路建设和建筑物建设，并且有详细的再生混凝土应用标准。

2. 德国

面对二战后重建，再利用建筑废料不仅减少了垃圾处理费用，还可以缓解建筑石材供需矛盾。所以，德国很早就已经将废砖经破碎后作为混凝土原料使用，同时成为最早对废弃混凝土进行再利用的国家之一。20 世纪末，德国钢筋混凝土委员会对再生骨料的混凝土提出了要求，《混凝土中采用再生骨料的应用指南》中规定必须完全符合关于天然骨料混凝土的国家标准规定。2002年德国规范委员会颁布《DIN 4226－100：混凝土和砂浆再生骨料规范》。2004年德国钢筋混凝土委员会颁布更新了《再生骨料混凝土应用指南》，此次颁布实施新规定进一步加强了对再生混凝土的规范和应用。目前在德国再生骨料混凝土主要应用于公路路面等领域。

3. 美国

美国大力鼓励废弃混凝土的再利用。据统计，美国全国建筑废弃物资源利用率为45%左右，其中废弃混凝土的排放量约为2800万t，再生利用的有1480万t，废弃混凝土再资源化率约为53%。美国的沥青路面再生技术已经相当成熟，密歇根州的两条公路使用再生混凝土，平均降低建设成本20%以上，对环境和节能方面有巨大作用。

4. 日本

日本因为领土面积小，资源较少，因此对废弃混凝土的再生资源化与重新开发十分重视。日本政府于20世纪90年代颁布了《资源重新利用促进法》和《废弃混凝土材料重新用于建筑工程暂定质量标准》，促进了废弃混凝土的回收利用，使废弃混凝土的利用率从1990年的48%提高到2000年的96%。其中大部分用于公路路基材料中，作为再生骨料所使用的比例不足20%。日本政府对再生混凝土的政策是减少施工现场运出建筑垃圾并增大建筑垃圾利用率。目前，日本的废弃混凝土再利用率已接近100%。

5. 英国

英国全国建筑垃圾再生率为45%左右，其中建筑垃圾的生产量约为2800万t，再生利用的有1480万t，废弃混凝土再资源化率约为53%，但其中大部分是充当路基材料使用。

6. 丹麦

丹麦的全国建筑废弃物资源利用率在1997年就达到75%，其中废弃混凝土的排放量约为180万t，再利用的有175万t，再资源化率高达97%。近几年，丹麦的废弃混凝土再生利用率略有下降。丹麦废弃混凝土经过再生应用于公路建设和建筑物建设。

7. 中国

我国对再生混凝土的利用起步较晚，实际应用主要是废弃混凝土破碎后用于新路面结构中的基层，或用作新拌混凝土的骨料且一般应用于改建和重建的简单项目中。从回收低利用率与低附加值的方式转变为用作再生免烧砖、再生碎石混凝土、再生道路水稳层等高附加值的再生利用方式，大大提高了综合利用率。如堆场硬化的废弃混凝土再生利用率为94%，临时道路硬化的废弃混凝土再生利用率为96%，隧道地下连续墙、内支撑拆除的废弃混凝土再生利用率为98%，破桩头的再生利用率为95%，既有结构被拆除的废弃混凝土再生利用率为98%，零星硬化再生利用率为92%。

随着基础设施建设的高速发展，再生混凝土技术规程、标准不断完善。《再生混凝土应用技术规程》(DG/T J 08—2018—2020)、《混凝土用再生粗骨料》(GB/T 25177—2010)、《混凝土和砂浆用再生细骨料》(GB/T 25176—2010)、《再生骨料应用技术规程》(JGJ/T 240—2011)、《工程施工废弃物再生利用技术规范》(GB/T 50743—2012)陆续发布实施。国务院在“十三五”规划中提出，我国将对建筑垃圾处理原则进行调整，建立可持续发展局面，实现对建筑垃圾“无害化、资源化、减量化”处理。

12.2.2 废弃混凝土再生技术

经过多年的研究和对国外再生骨料生产工艺的借鉴，国内众多研究人员都提出了适合我国的再生骨料生产方法。如借鉴国外生产工艺，结合我国劳动力成本低、机械处理大块混凝土效果差的现状，设计出新型的骨料生产工艺。首先利用人工法对废弃混凝土分级，去除废弃混凝土中的钢筋和木屑，再利用磁性分离装置去除混凝土中的铁屑等杂质，最后进行冲洗，去除骨料中泥土等微小颗粒。

废弃混凝土经过破碎后可以加工成再生骨料。废弃混凝土的主要破碎方式有机械破碎法、酸浸破碎法、加热法和高压破碎法等。

1. 机械破碎法

利用机械产生的机械力来破碎废弃混凝土，并使混凝土内骨料与骨料表面附着水泥砂浆分离。该方法操作简单并且成本低廉，但是存在破碎不彻底、耗能大和所得再生骨料性能差的缺点。

破碎站由炮机＋颚式破碎机＋圆锥破碎机＋筛分机＋锤破机等组合而成，废弃混凝土处理量达 500～700m^3/h，可高效处理建筑固体废弃物。以减量化破碎技术为例，减量化破碎技术是利用炮机、破碎机等机械外力，破碎和筛分大体积的建筑废弃物，将固体废弃物中包裹的废旧钢筋、骨料等目标产物分离出来的技术。废弃混凝土通过建筑废弃物减量化破碎车间，按照炮机→颚式破碎机→圆锥破碎机→锤破机的顺序进行分级破碎筛分。

2. 酸浸破碎法

利用酸性溶液使骨料表面的附着砂浆分离。该方法的优点在于分离效果好，可以降低再生骨料的吸水率。但是此方法使用范围小，生产再生细骨料的效果差。经过处理后的骨料表面含有较多盐类物质，会降低建筑的耐久性，剩余的酸性溶液也无法再利用。

3. 加热法

把混凝土碎块在 300℃下加热 2h，利用热力膨胀使得混凝土碎块断裂，再用机械破碎法使骨料表面的水泥砂浆体脱离。该方法就是加热后再使用机械破碎法。与机械破碎法相比，加热法的优势在于破碎效果更好，所得骨料表面附着砂浆含量少，但是骨料的力学性能变化大且耗能大。

4. 高压破碎法

利用高压电流来破碎混凝土并去除骨料表面的水泥。对混凝土进行高压放电，会在混凝土内部形成放电通道并产生大量的热量，最终在放电通道内产生巨大的压力使混凝土破碎。高压破碎法的耗能比其他破碎法都要低，而且破碎效果极好，更能够选择性地分离杂质，但是高压破碎法工艺复杂。

12.2.3 废弃混凝土资源化技术

12.2.3.1 废弃混凝土再生水泥

废弃混凝土中含有石灰石（粗骨料）和硅质原料（砂），硬化水泥石高温下脱水形成的氧化成分与水泥生料基本相同，理论上完全可以利用废弃混凝土中所有组分作为原料制备再生水泥。这种方式的优点是：废弃混凝土无须分离处理，可以降低再生水泥成本，实现废弃混凝土的完全资源化利用；对原料加工要求精度低，适于大批量生产；废弃混凝土中的硬化水泥石、未水化水泥颗粒以及杂质离子可以促进熟料烧成，降低烧成能耗；以废弃混凝土中细骨料作为硅质原料，SiO_2 含量高，通过适宜的活化技术，提高其反应活性，可用于制备高性能水泥熟料。

以废弃混凝土为原料煅烧水泥，目前的技术途径主要有两种：一种是利用废弃混凝土中的粗骨料取代部分天然石灰石作为水泥钙质原料；另一种是利用废弃混凝土破碎后的微粉、含砂硬化水泥石或者砂浆部分作为水泥生料组分。

石灰石是混凝土中常用的粗骨料品种，同时也是水泥生产的主要钙质原料。国内学者通过将废弃混凝土破碎、分离，获得以石灰石为主的颗粒（粒径 5～20mm），取代天然石灰石煅烧熟料，28d 强度可达到 52.5 级水泥的技术要求。也可以分别按照高 C_3S、高 C_2S 和普通硅酸盐水泥 3 种典型配料煅烧熟料，所制备的水泥性能均可以满足相关标准要求，熟料矿物组成及水化产物与普通水泥无根本差异。

国外将废弃混凝土破碎，经低温热处理、多次磨碎、分次筛分后，利用粒径小于 0.15mm 的微粉煅烧水泥，获得与波特兰Ⅰ型水泥的 28d 抗压强度一致的再生水泥。另外，加入富钙石灰石、铁质校正原料以及 CaF_2 矿化剂，在 1430℃煅烧熟料，还可以制备出水泥强度略高于普通原料生产的 CEMI42.5R 水泥。

但以含砂废弃混凝土组分为原料煅烧水泥熟料，存在一个关键性的技术难题——结晶态 SiO_2 的活化。砂的主要矿物成分为石英，所提供的 SiO_2 结晶度较高，在水泥煅烧时不易解聚出 $[SiO_4]^{4-}$（反应活性体）与 CaO 结合形成 C_2S，进而影响生料易烧性。另外，由于硬度大、难磨，砂中 SiO_2 晶体的颗粒较粗，对熟料中硅酸盐矿物（C_2S、C_3S）的组成和晶型晶貌均有不利影响。

12.2.3.2 废弃混凝土再生微粉

再生微粉即对废弃混凝土再生利用时产生的粒径小于 0.16mm 的细小颗粒（图 12-1）。其质地疏松，颗粒形状不规则，颜色略呈灰白色，堆积密度为 855～917kg/m^3，表观密度为 2355～2651kg/m^3，比表面积稳定在 450～500m^2/kg，占废弃混凝土总量的 5%～20%。

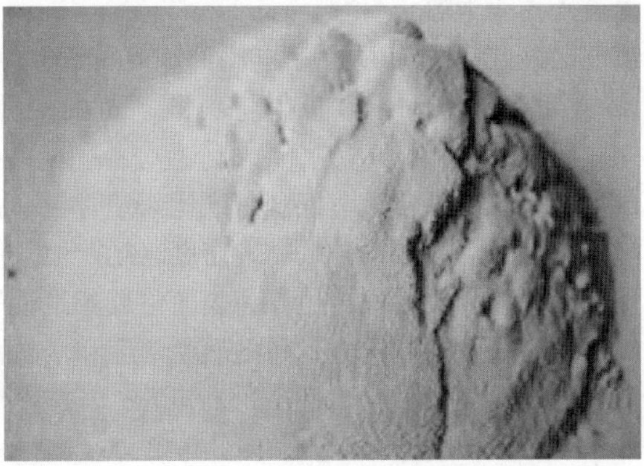

图 12-1 建筑垃圾超细粉

再生微粉主要矿物成分为二氧化硅、氢氧化钙、钙矾石以及硅铝酸钙等，这些组分均具有潜在的激活特性。因此，可以采用一定的方法来激发再生微粉的活性，使其成为具有较高水化特性的胶凝材料。通常再生微粉的激活方法有化学激活、物理激活和热激活。

1. 化学激活

化学活化（激活）具有不同的机理。常见的活化激发剂可分为碱性激发剂、硫酸盐类激发剂、卤盐类激发剂等。

利用石灰、石膏等碱性激发剂对再生微粉进行化学激活，其实质是增加浆体中的 OH^- 浓度以形成显著的碱性环境，加大对再生微粉化学组分 SiO_2 和 Al_2O_3 分子结构的破坏，使硅氧键和铝氧键断裂形成游离的活性不饱和键，从而进一步与体系环境中的 $Ca(OH)_2$ 结合形成水化硅酸钙、水化硅酸铝等胶凝性产物，进而获得在混凝土或砂浆中的良好应用性能。常用的碱性激发剂有 NaOH、$Ca(OH)_2$、$Na_2SiO_3 \cdot 9H_2O$、Na_2CO_3、$NaHCO_3$ 等。

硫酸盐类激发活化主要是硫酸盐水解出的 SO_4^{2-}、体系中的 Ca^{2+} 及活性 Al_2O_3 发生化学反应生成针状钙矾石，与胶凝性产物形成交联结构，提高机械性能。卤盐类激发活化主要是增加具有膨胀作用的复盐生成，填充微孔隙，如 Na_2SO_4、$CaSO_4$ 等。

2. 物理激活

物理激活是指通过增加材料的颗粒细度，提高材料的比表面积，释放被包裹材料的活性，以达到激活再生微粉目的的方法。但是粉磨颗粒不宜过细，否则会导致材料出现团聚现象，降低试件强度。

3. 热激活

高温热活化（激活）能够破坏再生微粉中稳定形态的硅铝体结构，使其转变为亚稳态结构，从而激发再生微粉的潜在活性。C S H 凝胶经高温处理可产生较高的水化活性，进而可以提高再生微粉整体的胶凝能力，将激活后的粉体掺入混凝土中，可产生明显的强度增长效果。高温下 $Ca(OH)_2$ 的层状大晶体被破坏，接触点增多，可一定程度提高再生微粉的整体活性。AFt 可脱水形成具有一定胶凝能力的 Al_2O_3 胶体和 CaO，进而适当提高再生微粉的活性。

12.2.3.3 废弃混凝土再生混凝土骨料

将废弃混凝土经清洗、破碎、分级并按一定比例相互配合后可得到“再生骨料”。再生混凝土，是指骨料全部或部分采用“再生骨料”制备的混凝土。再生骨料性质如下：

（1）物理性能。再生骨料孔隙率较大，表观密度比天然骨料小。因此，随着再生骨料掺量的增加，再生混凝土的保温性能得到提高，密度有规律地降低，这对于降低结构自重极为有利。与天然砂石骨料相比较，再生骨料表面包裹着足量的水泥砂浆，由于水泥砂浆的孔隙率较大，棱角明显，因此再生骨料的表观密度和堆积密度都要低于天然骨料（图 12-2）。再生骨料的表观密度为 $2310 \sim 2620kg/m^3$，堆积密度一般为 $1290 \sim 1470kg/m^3$。

（2）工作性能。再生骨料孔隙率越大，其吸水率越大，用其制备的再生混凝土流动性越差。由于表面粗糙产生较大的内摩擦阻力，使再生混凝土的保水性和黏聚性提高，

图 12-2　天然骨料（左图）与再生骨料（右图）

但振捣密实难度增大。一般而言，再生骨料的取代率不宜超过 70%。由于存在表面水泥砂浆层和母体混凝土在解体、破碎的过程中的裂纹累积，再生骨料的吸水率远大于天然骨料，当骨料粒径控制在 5～20m 时，天然骨料的吸水率仅为 2.2%左右，再生骨料的吸水率高达 4%～9.5%。

（3）力学性能。由于再生骨料棱角多、表面粗糙及孔隙率大等原因，再生混凝土的力学性能与普通混凝土存在着一定的差异。采用相同配合比制备的再生混凝土，其强度较普通混凝土可降低约 10%，但其差距会随龄期的增长而缩小。再生集料性质、再生骨料取代率对混凝土的力学性能影响大。

（4）干缩和徐变。再生混凝土的干缩与徐变比普通混凝土大得多，主要由再生骨料孔隙率高、吸水率大以及再生混凝土中水泥用量过高引起。再生混凝土的干缩和徐变程度随再生骨料用量的增加而增大，其持续时间随再生骨料用量的增加而延长。

（5）耐久性。再生混凝土的耐久性较天然骨料混凝土差。由于再生骨料孔隙率大，再生混凝土的抗渗性能较相同配合比的普通混凝土差，所以其抗氯离子渗透性以及抗硫酸盐侵蚀性均有所降低。另外，再生混凝土碳化速度较快，从而限制了其在钢筋混凝土中的应用。

为提高再生骨料的应用率，提高再生骨料性能尤为重要。再生骨料性质的提高主要是对再生骨料黏附砂浆进行强化或去除处理，具体有机械研磨、微波加热、酸浸泡、碳化等方法。以物理改性法和化学改性法进行如下分类：

（1）物理改性法。利用物理方式处理再生骨料，去除骨料表面附着砂浆，降低骨料吸水率和孔隙率。从已有的物理改性处理方式来看，骨料性能的提升主要分为两个部分：一是去除再生骨料表面附着的旧水泥砂浆，使得再生骨料的密度变小、孔隙率和吸水率降低、表面粗糙度改善；二是通过冲击和摩擦减少骨料上突出的棱角，改善骨料表面形状并减少混凝土内部应力集中。国内外诸多研究人员通过试验研究发现，经过物理改性法处理过的再生骨料的压碎指标、孔隙率、吸水率和密度等方面都有了较大改善。现阶段常用的物理改性法包括机械强化处理法和微波加热处理法。

① 机械强化处理法：通过破碎小块的骨料和去除再生骨料表面附着的旧水泥砂浆来提高再生骨料的性能。如日本的竹中公务店使用的偏心轮研磨法、水泥株式会社使用的卧式强制研磨法、三菱公司使用的加热研磨法和前苏联使用的模内研磨法等。这几种方法工艺复杂、成本高、耗能多，所以仅限于局部地区使用，未大范围推广。基于国外

处理方法，国内学者提出了再生骨料颗粒整形法，主要是利用高速运动的颗粒相互冲击摩擦来去除骨料颗粒上的旧水泥砂浆，使骨料的表面状况得到改善，该方法得到的高品质再生粗骨料的性能甚至可以与天然骨料相媲美。

② 微波加热处理法：采用微波对再生骨料进行加热强化。微波的功率对再生骨料的性能影响不一。使用高功率的微波强化再生粗骨料的方法，试验证明对骨料性能的提升具有一定的效果，但是后续的研究发现，此种强化方法会造成骨料的高温损伤。采用低功率微波加热法在再生骨料强化方面具有更好的效果。低功率微波加热法循环 15 次后再生骨料的旧砂浆含量、吸水率、压碎指标分别从 22%、6.7%、14.1%下降至 13.8%、4.8%、10.5%，表观密度从 2478kg/m^3 提高到 2588kg/m^3，处理后的再生骨料浇筑的混凝土强度接近于天然骨料普通混凝土。

(2) 化学改性法。将再生骨料用特定的化学浆液浸渍，利用化学浆液与骨料中的成分发生反应所得的生成物修复骨料中的微裂缝、填补骨料表面的孔隙，以降低再生骨料的吸水率，从而提高再生混凝土的性能。常用的化学浆液有酸性液、水玻璃溶液、有机聚合物乳液、防水剂、水泥浆液等。不同的化学浆液对再生混凝土的改性效果不同。

把再生骨料浸入酸性液中，如盐酸和冰醋酸等，使得再生骨料中的氢氧化钙与酸性物质发生反应，利用所生成的其他含钙化合物来改善骨料表面特性，从而提升骨料性能。但酸液处理之后的骨料含有大量的盐类物质，会降低再生混凝土的耐久性和抗渗性能。

把再生骨料浸泡在水玻璃溶液中，水玻璃与骨料表面的氢氧化钙反应生成水硬性硅酸胶体，此外水玻璃硬化时析出了硅酸凝胶，这些物质黏合了再生骨料表面的微裂纹，从而使得再生骨料的密度和强度得到提高，并改善了再生混凝土的力学性能。研究发现，经过水玻璃溶液改性处理之后的再生混凝土在劈裂和抗拉强度方面得到了较大的提升。用 5%的水玻璃溶液浸泡混凝土再生骨料 1h，再生混凝土拌和物的流动性不受明显的影响，再生混凝土的 7d、28d、60d 抗压强度分别可提高 66%、21%、19%。但高浓度的水玻璃溶液和再生骨料的长时间浸泡均不利于提高混凝土拌和物的流动性及混凝土的抗压强度，甚至会使再生混凝土的后期强度下降。增加水玻璃溶液浓度，有利于提高再生混凝土的抗冻性及抗硫酸盐侵蚀性。

再生骨料浸入有机聚合物乳液中，由于有机聚合物乳液具有速干性和良好的黏附性，不仅可以填充骨料表面的微缝和微孔，还可以在骨料表面形成一层薄膜，以降低骨料的吸水性。常用的有机聚合物乳液有 PEA（聚芳醚）、SBR（丁苯橡胶）、EVA（醋酸乙烯）及 PVA（聚乙烯醇）等。

水泥浆液处理法主要分为两种：一种是使用高强度等级的纯水泥浆液浸泡再生骨料，利用素水泥浆填补骨料中的空隙并黏合微小的裂缝，从而达到强化骨料的目的。另一种是在水泥浆液中添加一些化学物质或者矿物质，如膨胀剂、防水剂、粉煤灰和硅粉等，这种方法主要原理是利用水泥浆液和其中的化学物质来填补空隙和裂缝，从而改善骨料的结构，提升骨料的性能。

除了化学浆液对再生骨料进行强化处理外，CO_2 强化再生骨料也是近年来得到研究证明的一种改性方式。经过碳化处理的再生骨料吸水率降低的同时表观密度增大。此外，CO_2 可以与水泥浆体中的氢氧化钙及水化硅酸钙发生碳化反应，生成碳酸钙及硅胶等反应物，这增强了再生骨料表面水泥浆体，即增强了再生混凝土界面过渡区的密实度，降低了骨料吸水率，提高了整体强度。

12.2.4 其他资源化技术

1. 制备多功能型材

随着“海绵城市”理念的提出，透水砖铺装系统得到了学者们的广泛关注。如通过原材料的配合比设计，以废旧混凝土为主要骨料、水泥为黏结剂制备出一种生态透水砖，主要用于人行道、广场等轻载荷的地方，可以有效缓解周围空气温度、湿度情况。

另外，利用废弃混凝土骨料、普通硅酸盐水泥、废泡沫塑料（EPS）和发泡剂进行混合得到了一种泡沫混凝土。其不但具有一定的保温功能，还满足《轻骨料混凝土技术规程》（JGJ 51—2002）中规定的要求，能够在屋面保温承重结构中使用。

黏土砖作为砌体结构的主要材料，由于其制作需要消耗大量的土壤，不利于环境保护和可持续发展，现已禁止使用。但是传统的砌体结构和现有的框架结构，对砖的需求量依然很大，利用再生骨料，掺入水泥、外加剂等，加水搅拌，振压成型后得到的再生混凝土多孔砖在外形、性能、施工工艺等方面与黏土砖相近，具有密度小、自重轻的优点，可以有效地代替黏土砖。有学者以再生骨料和2%的膨胀玻化微珠为原料研制出了一种具有自保温功能的混凝土多孔砖，与传统的烧结多孔砖和普通的混凝土多孔砖相比，其保温功能最优，并且可以节约生产成本。再生混凝土多孔砖作为一种可持续发展的绿色建材，其开发和应用不仅可以减少建筑垃圾的填埋量，而且还可以缓解由于黏土砖禁用而导致的材料紧缺问题，起到了节约土地、保护环境的双重作用。

再生混凝土多孔砖试验制备流程如图12-3所示。

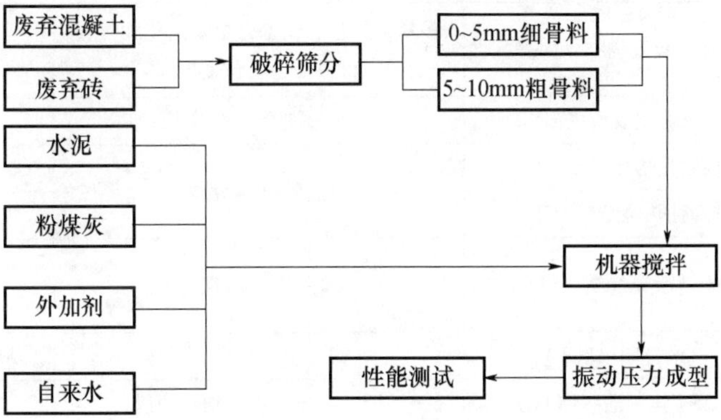

图12-3 再生混凝土砖制备成型工艺流程

全部采用再生骨料时，空心砌块墙体的热绝缘系数较普通混凝土墙体增加17%左右，混凝土再生骨料空心砌块墙体保温性能显著提高。结合纤维使用时，掺入1kg/m^{3}聚丙烯纤维后，墙体的热绝缘系数较普通混凝土墙体增加22%，保温性能进一步提高。

2. 回填

对废弃混凝土进行回填处置是目前常用的做法。其由于占用土地、浪费土地资源饱受诟病，但对于围海造田海底造礁来说不失为一种好的处理方式。2013年宁波市最大一座建筑废弃物吸纳码头建成，将收集的城市废弃物装船后，运往围垦区进行围海造田。2018年呼和浩特市建成富康公园，即利用建筑工程废弃物堆山造景，使废弃物变成了美丽的休闲公园。

12.3 3D打印与智能化混凝土

3D打印技术属于“增材制造”，又称“快速成型技术”，起源于20世纪80年代，是指通过连续的物理层叠加，逐层增加材料来生成三维实体的技术（增材制造），与传统的去除材料加工技术（减材制造）不同，因此又称为添加制造（additive manufacturing，AM）。其综合了数字建模技术、机电控制技术、信息技术、材料科学与化学等诸多方面的前沿技术知识，具有很高的科技含量。美国材料与试验协会（ASTM）于2009年成立的添加制造技术子委员会F42将之定义为“一种与传统的材料去除加工方法相反的，基于三维数字模型的，通常采用逐层制造方式将材料结合起来的工艺。其同义词包括添加成型、添加工艺、添加技术、添加分层制造、分层制造，以及无模成型”。

历经30多年的发展，3D打印的工艺方法逐渐被发掘出来，主要有立体平板印刷（SLA）、选择性激光烧结（SLS）、分层实体制造（LOM）、熔融沉积（FDM）和三维打印（3DP）等。见表12-1。

表12-1 3D打印技术和材料类型

类型	工艺	材料	代表公司
挤压	熔融沉积（FDM）	蜡、ABS塑料、聚碳酸酯、尼龙、食材	Stratasys（美国）
线	电子束自由成型（EBF）	钛合金、不锈钢	Arcam（瑞士）
粉末	直接金属激光烧结（DMLS）	镍基、钴基、铁基合金及碳化物复合材料，金属合金粉末	EOS（德国）
	电子束熔化成型（EBM）	金属合金粉末	Arcam（瑞士）
	选择性激光熔化成型（SLM）	热塑性树脂粉末	Concept Lasers（德国）
	选择性热烧结（SHS）		—
	选择性激光烧结（SLS）	金属粉末、陶瓷粉末	隆源自动成型有限公司（中国）
喷射黏结剂	三维打印（3DP）	石膏、水泥基复合材料	3D Systems（美国）
层压	分层实体制造（LOM）	纸、金属薄膜、塑料薄膜	Helisys（美国）
光聚合	立体平板印刷（SLA）	光硬化树脂	3D Systems（美国）
	数字光处理（DLP）	光硬化树脂	Envision Tec（德国）

近年来，3D打印技术获得了飞速的发展，其应用已涉及诸多领域。如生物、医学领域已成功地使用3D打印技术进行人造血管等人体组织器官的制造；航空航天领域可以利用3D打印技术制造各种不同的零部件，对生产品质进行精确控制等。尤其近几年来在建筑领域，3D打印技术不但可以提高施工效率、节约资源，并且可应用于建筑模型风洞实验和效果展示。

12.3.1 3D打印制造技术建筑领域的应用

Joseph Pegna是第一个尝试使用水泥基材料进行建筑构件3D打印的科学家。其方法类似于选择性沉积法：先在底层铺一层薄薄的砂子，然后在上面铺一层水泥，采用蒸汽养护使其快速固化成型。而当前应用于建筑领域的3D打印技术主要有3种：D型工艺（D-shape）、轮廓工艺（contour crafting）和混凝土打印工艺（concrete printing）。图12-4～图12-6分别给出了三种3D打印方式打印的建筑图片。

图12-4 D型工艺制作的墙体和建筑效果图

图12-5 轮廓工艺制作的墙体和建筑效果图

图12-6 混凝土打印工艺制作的构件效果图

1. D型工艺

D型工艺由意大利发明家恩里克·迪尼发明。D型工艺打印机的底部有数百个喷嘴，可喷射出镁质黏合物，在黏合物上喷撒砂子可逐渐铸成石质固体，通过一层层黏合物和砂子的结合，最终形成石质建筑物。工作状态下，三维打印机沿着水平轴梁和4个垂直柱往返移动，打印机喷头每打印一层时仅形成5～10mm的厚度。打印机操作可由计算机CAD制图软件操控，建造完毕后建筑体的质地类似于大理石，比混凝土的强度更高，并且不需要内置铁管进行加固。事实上，这种方法类似于选择性粉末沉积，打印所使用的材料为氯氧镁水泥。目前，这种打印机已成功地建造出内曲线、分割体、导管和中空柱等建筑结构。2013 年 1 月，一位荷兰建筑师与恩里克·迪尼合作，尝试运用 D 型工艺技术建造一栋建筑，命名为 Landscape House。该工艺甚至可以用于建筑人类在月球上的居所。

2. 轮廓工艺

轮廓工艺是由美国南加州大学工业与系统工程教授比洛克·霍什内维斯提出的。与 D 型工艺不同的是，轮廓工艺的材料都是从喷嘴中挤出的。喷嘴会根据设计图的指示，在指定地点喷出混凝土材料，就像在桌子上挤出一圈牙膏一样。然后，喷嘴两侧附带的刮铲会自动伸出，规整混凝土的形状。这样一层层的建筑材料砌上去就形成了外墙，再扣上屋顶，一座房子就建好了。轮廓工艺的特点在于它不需要使用模具，打印机打印出来的建筑物轮廓将成为建筑物的一部分，研发者认为这样将会大大提升建筑效率。目前，运用该技术已经可以打印墙体，研究者们还试图将轮廓技术运用到美国未来“火星之家”项目中，建造人类在火星上的居所。

3. 混凝土打印工艺

混凝土打印工艺由英国拉夫堡大学建筑工程学院提出。该技术与轮廓工艺相似，使用喷嘴挤压出混凝土通过层叠法建造构件。该团队研发出一种适合 3D 打印的聚丙烯纤维混凝土，并测试了这种混凝土的密度、抗压与抗折强度及层间的黏结强度等物理性质，证实该混凝土可以用于混凝土打印技术。目前该团队用混凝土打印工艺制造出了混凝土构件。表 12-2 给出了三种打印建筑工艺之间的对比。

表 12-2 三种 3D 打印建筑工艺之间的对比

	轮廓工艺	混凝土打印工艺	D 型工艺
工艺	挤压成型	挤压成型	3D 打印
是否使用模板	否	否	否
使用材料	使用砂浆制作轮廓 胶凝材料作为填充	高性能打印混凝土	含有氧化镁的粉末
黏合剂	不需要	不需要	氯化镁水溶液
喷嘴直径	15mm	9～20mm	0.15mm
喷嘴数量	1	1	6300
单层厚度	13mm	6～25mm	4～6mm
抗压强度	未知	100～110MPa	235～242MPa
抗折强度	未知	12～13MPa	14～19MPa

国内各企业及高校不断开展 3D 打印的研发与应用。苏州的建筑材料公司建造了 10 栋 200m^2 的 3D 打印毛坯房。北京市某公司成功地在 45d 内打印出了一座高度 6m、长宽均为 15m、墙体厚度 25cm、面积 400m^2 的双层别墅。河北工业大学采用 3D 打印建造了赵州桥模型。

12.3.2 3D 打印水泥基材料性能

12.3.2.1 3D 打印水泥基材料性能指标

建筑 3D 打印材料与传统水泥混凝土材料的性能大不相同，打印过程中材料要具有良好的可挤出性和具有保持施工性的时间，由喷头挤出后能够保持自身的尺寸稳定，不被上层打印压垮，并且层间的黏结强度要高。

根据3D打印技术成型工艺，结合水泥基材料的性能特点，总结归纳出以下关于3D打印水泥基材料的性能指标：

（1）工作性：水泥基材料在一定压力下顺利通过管道并且在喷头处挤出的性能。

（2）建造性：材料挤出后能堆积成型，具有一定强度，能够支撑上层打印材料并维持自身形状稳定。

（3）可打印时间：水泥基材料在拥有良好的可打印性的前提下，能够打印构件且层间具有一定黏结力的最长时间。

12.3.2.2 3D打印水泥基材料性能测试方法

依据性能指标，对水泥基3D打印材料成型性测试方法如下：

1. 工作性

国内外有关工作性的测试多以坍落度或流动度进行测试，以其结果表明材料的工作性。另外还有视打印机的实际工作情况而定的，如测试同一种材料的连续打印的最大长度等。

2. 建造性

建造性是基于水泥基3D打印材料本身的性能属性，与水泥基材料的流变性能有直接关系。很多国内外学者研究得出结论，新拌水泥材料的流变性可以近似用Bingham模型来描述。在Bingham模型中，有两个材料常数即材料所受的剪切屈服应力和材料的塑性黏度，决定混凝土拌和物的流变特性。其流变学方程为：

$$\tau = \tau_0 + \eta\gamma \tag{12-1}$$

式中 τ——材料所受的剪切应力（Pa）；

τ_0——材料的剪切屈服应力（Pa）；

η——材料的塑性黏度（Pa·s）；

γ——材料受到的剪切速率（1/s）。

由砂浆浆体内各颗粒之间的附着力和摩擦力产生的剪切屈服应力τ_0，是阻止浆体发生塑性变形的最大应力，拌和物的变形性能也由此决定；塑性黏度η是一种水泥砂浆浆体结构阻碍流动的性能，体现了水泥砂浆变形的速率，进而体现拌和物的流动性。屈服应力和塑性黏度的大小与水泥砂浆内颗粒的形状、粗细粒径分布等因素相关。剪切屈服应力越小的流体流动性能越好。但3D打印材料在喷头挤出后，由于内部材料的作用，其抗剪能力会迅速增加，因此还应考虑材料的静屈服应力τ_s。Perrot A以不同载荷和加载速率来判断材料的可建造性，得到失效时间与建造速率的关系，如方程式（12-2）所示：

$$t_f = \frac{\tau_{0,0}}{\frac{\rho g R}{\alpha_{geom}} - A_{thix}} \tag{12-2}$$

式中 t_f——失效时间（h）；

$\tau_{0,0}$——初始静止时的屈服应力（Pa）；

g——重力加速度（m/s^2）；

R——垂直建造速率（m/h）；

α_{geom}——取决于建筑几何结构的参数；

A_{thix}——结构化速率；

ρ——材料密度（kg/m³）。

计算过程中的 A_{thix} 称为结构化速率，其本质是水泥基材料内部网络化结构的重建速率。因此，打印材料由喷嘴挤出后自身静屈服应力的增长尤为关键。

基于掺有硫铝酸盐水泥基材料工作性和凝结时间特性，3D 打印需要考虑在保持工作性不变的情况下单位时间内的最大叠加高度。当多层建造的高度为 H 时，底层材料承受的剪切应力即为建造高度为 H 时的静屈服应力 τ_s，此时应为：

$$\tau_s = \rho g H / \sqrt{3} \tag{12-3}$$

在工作性保持不变即屈服应力保持不变的情况下，得到的 H 即为最大建造高度 H_{max}。

以上是基于屈服强度建造高度理论，但有其他学者通过弹塑性模型进行研究。当打印累加时，材料所受的力低于材料的屈服应力，但下层材料仍会发生形变，最终导致整体变形增大。为了稳定材料在允许的形变内，打印材料的初始弹性剪切模量 G_0 必须高于 $\rho g h_0/\gamma_{tol}$。此外，每次一层沉积，在底层增加的压力相当于 $\rho g h_0$。这些额外的压力是在原点的一个额外应变 $\rho g h_0/G(t)$。然而，$G(t)$ 随时间的增加，这一附加应变应逐渐减小，如图 12-7 所示。需要注意的是，临界剪切应变缓慢，但随着时间的推移，材料刚度的增大，临界剪切应变逐渐减小。即使没有达到以强度为基础的失效，层的整体变形也会影响对打印构件几何形状的完全控制。此时，刚性材料［高 $G(t)$ 值］优于柔性材料，如图 12-7 所示。

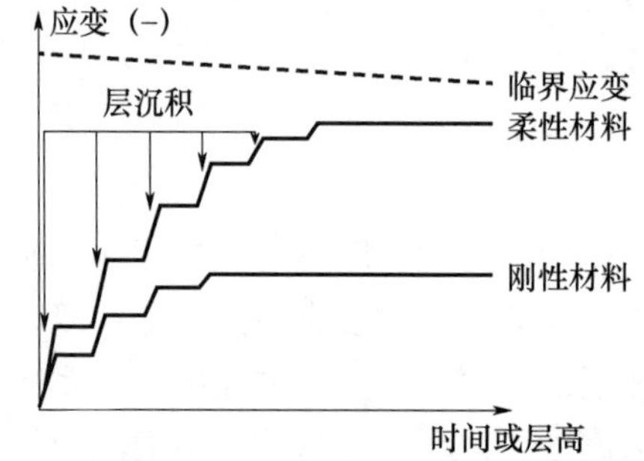

图 12-7　柔性材料和刚性材料随时间或层高变化的应变变化曲线

Wolfs 等根据材料的杨氏模量和应力应变关系，得到最终的失效高度与材料的弹性模量的关系：

$$H_c \simeq \left(\frac{2E\delta^2}{3\rho g}\right)^{\frac{1}{3}} \tag{12-4}$$

式中　H_c——材料的临界建造高度（m）；

E——材料的弹性模量（Pa）；

δ——建造宽度（m）；

ρ——材料密度（kg/m²）。

同时，也可以从此式得到最小的弹性模量 E_c。之后进行打印来验证此公式。如图 12-8 所示，根据材料的弹性模量可得材料最高层的破坏应在 20 层左右，但实际的最高层破坏在 40 层及屈服强度计算所得的打印层数区间。然而从公式来看，屈服应力和弹性模量与最高打印层数的关系分别为线性和 3 次方。因此，Roussel 认为在某一高度下，建造层数与屈服应力有关，在这高度以上则与材料的弹性模量有关。

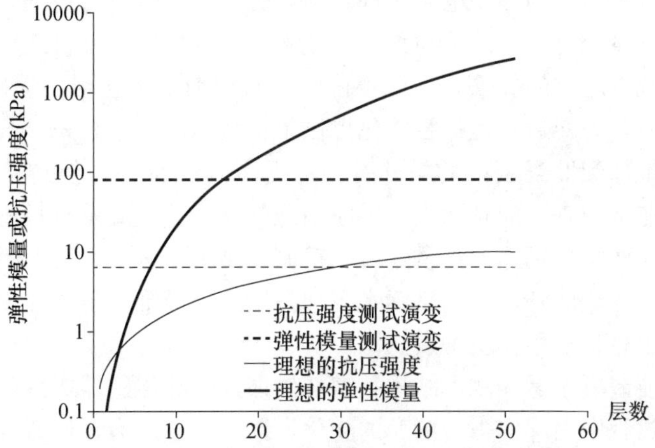

图 12-8　随建造层数增加材料所需的弹性模量或抗压强度

因此，对 3D 打印材料的建造性测试，不仅针对于材料的塑性黏度和动屈服应力，也应测试材料从打印喷口挤出后迅速重构的静剪切应力和弹性模量。

3. 可打印时间

材料的可打印时间是指保持水泥基材料适用于 3D 打印工艺操作的时间范围。水泥基材料中水泥水化反应使其逐渐失去可塑性是一个不可逆的过程，因此，水泥基材料存在一个可打印时间问题。可打印时间一定短于水泥的初凝时间，介于拌和结束至初凝发生的时间范围内。

12.3.3　智能化混凝土的发展

目前，现代电子信息技术和材料科学的迅猛发展，促使社会及其各个组成部分，如交通系统、办公场所、居住社区等向智能化方向发展。混凝土材料作为各项建筑的基础，其智能化的研究和开发自然成为人们关注的热点。损伤自诊断混凝土、温度自调节混凝土、仿生自愈合混凝土等一系列混凝土的相继出现为智能混凝土的研究和发展打下了坚实的基础。

12.3.3.1　自感知和记忆混凝土

混凝土材料本身并不具备自感应功能，但在混凝土基材中复合部分导电相可使混凝土具备本征自感应功能。目前常用的导电组分可分 3 类：聚合物类、碳类和金属类，其中最常用的是碳类和金属类。碳类导电组分包括：石墨、碳纤维及炭黑，金属类材料则有金属微粉末、金属纤维、金属片、金属网等。如美国的 D. D. L. Chung 等在 1989 年首先发现，将一定形状、尺寸和掺量的短切碳纤维掺入混凝土材料中，可以使材料具有自感知内部应力、应变和损伤程度的功能。通过对材料的宏观行为和微观结构变化进行观测，发现水泥基复合材料的电阻变化与其内部结构变化是相对应的，如电阻率的可逆变化对应于可逆的弹性变形，而电阻率的不可逆变化对应于非弹性变形和断裂。而且这种复合材料可以敏感有效地监测拉、弯、压等工况及静态和动态荷载作用下材料的内部情况。当在水泥净浆中掺加0.5%（体积）的碳纤维时，它作为应变传感器的灵敏度可达700，远远高于一般的电阻应变片。在疲劳试验中还发现，无论是在拉伸还是压缩状态下，碳纤维混凝土材料的体积电导率都会随疲劳次数发生不可逆的降低。因此，可以应用这一现象对混凝土材料的疲劳损伤进行监测。通过标定这种自感应混凝土，研究人员能决定阻抗和载重之间的关系，由此可确定以自感应混凝土做的公路上车辆的方位、重量和速度等参数，为交通管理的智能化提供了材料基础。

将短切碳纤维加到混凝土中的额外费用将提高大约30%，但与粘贴或埋入传感器的做法相比仍然非常便宜。而且除了自感应功能外，这种混凝土材料还可应用于工业防静电结构、公路路面与机场跑道化雪除冰、钢筋混凝土结构中钢筋的阴极保护、住宅及养殖场的电热结构等。此外，采用高铝水泥和石墨、碳纤维等耐高温导电组分可以制备出耐高温的混凝土材料，用作新型发热源。

光纤传感智能混凝土是在水泥结构关键部位埋入光纤传感器或其阵列，探测混凝土在碳化以及受载过程中内部应力、应变的变化，并对由于外力、疲劳等产生的变形、裂纹及扩展等损伤进行实时监测。到目前为止，光纤传感器已用于许多工程，典型的工程有加拿大Caleary建设的一座名为Beddingtontail的双跨公路桥内部应变状态监测，美国Winooski的一座水电大坝的振动监测，我国重庆渝长高速公路上的红槽房大桥监测和芜湖长江大桥长期监测与安全评估系统等。

12.3.3.2 自适应、自调节混凝土

混凝土结构除了正常负荷外，人们还希望它在受台风、地震等自然灾害期间，能够调整承载能力和减缓结构振动。混凝土本身是惰性材料，要达到自调节的目的，必须复合具有驱动功能的组件材料。20世纪90年代初，日本建设省建筑研究所曾与美国国家科学基金会合作研制了具有调整建筑结构承载能力的自调节混凝土材料。其基本方法是在混凝土中埋入形状记忆合金。利用形状记忆合金对温度的敏感性和不同温度下恢复相应形状的功能，在混凝土结构受到异常荷载干扰下，通过记忆合金形状的变化，使混凝土内部应力重分布并产生一定的预应力，从而提高混凝土结构的承载能力。近年来，同济大学也曾尝试在混凝土中复合电黏性流体（一种在外界电场作用下可产生黏性、塑性和弹性等流变性能双向变化的悬胶液）来研制自调节混凝土材料。利用电黏性流体的电-流变效应，在混凝土结构受地震或台风袭击时调整其内部的流变特性，改变结构的自振频率和阻尼特性以达到减振的目的。

有些建筑物对其室内的湿度有严格的要求，如各类展览馆、博物馆及美术馆等。为实现稳定的湿度控制，往往需要许多湿度传感器、控制系统及复杂的布线等，其成本和使用维持的费用都较高。日本学者研制的自动调节环境湿度的混凝土材料自身即可完成对室内环境湿度的探测，并根据需求对其进行调控。这种为混凝土材料带来自动调节环境湿度功能的关键组分是沸石粉。其机理为：沸石中的硅钙酸盐含有$3\times10^{-10}\sim9\times10^{-10}$m的孔隙，这些孔隙可以对水分、$NO_x$和$SO_x$气体进行选择性吸附。通过对沸石种类进行选择（天然的沸石有40多种），可以制备符合实际应用需要的自动调节环境湿度的混凝土复合材料。它具有如下特点：优先吸附水分；水蒸气压低的地方，其吸湿容量大；吸放湿与温度相关，即温度上升时放湿，温度下降时吸湿。这种材料已成功用于多家美术馆的室内墙壁，取得非常好的应用效果。

12.3.3.3 自修复混凝土

自修复混凝土是模仿动物的骨组织结构和受创伤后的再生-恢复机理，采用黏结材料和基材相复合的方法，对材料损伤破坏具有自行愈合和再生功能，恢复甚至提高材料性能的新型复合材料。日本学者将内含黏结剂的空心胶囊掺入混凝土材料中，一旦混凝土材料在外力作用下发生开裂，空心胶囊就会破裂而释放黏结剂，黏结剂流向开裂处，使之重新黏结起来，起到自发愈伤的效果。美国伊利诺伊大学的 Carolyn Dry 在 1994 年采用类似的方法，所不同的是以玻璃空心纤维替代空心胶囊，其内注入缩醛高分子溶液作为黏结剂。在此基础上，Carolyn Dry 还根据动物骨骼的结构和形成机理，尝试制备仿生混凝土材料。其基本原理是采用磷酸钙水泥（含有单聚物）为基体材料，其中加入多孔的编织纤维网，在水泥水化和硬化过程中，多孔纤维释放出聚合反应引发剂，聚合成高聚物，聚合反应留下的水分参与水泥水化。因此，在纤维网的表面形成大量有机及无机物质，它们互相穿插黏结，最终形成的复合材料是与动物骨骼结构相似的无机有机相结合的复合材料，具有优异的强度及延性等性能。而且，在材料使用过程中，如果发生损伤，多孔有机纤维会释放高聚物，愈合损伤，实现混凝土的自修复。

参考文献

[1] 冷发光，等. 绿色高性能混凝土技术 [M]. 北京：中国建材工业出版社，2011.
[2] 苏德利. 混凝土配合比设计手册 [M]. 北京：中国建筑工业出版社，2012.
[3] 耿加会，余春荣，刘志杰. 商品混凝土生产与应用技术 [M]. 北京：中国建材工业出版社，2015.
[4] 徐世烺. 混凝土断裂力学 [M]. 北京：科学出版社，2011.
[5] 水中和，魏小胜，王栋民. 现代混凝土科学技术 [M]. 北京：科学出版社，2014.
[6] 冷发光. 混凝土耐久性及其检验评价方法 [M]. 北京：中国建材工业出版社，2012.
[7] 孟海，李慧民. 混凝土结构裂缝安全性分析与修复加固 [M]. 北京：冶金工业出版社，2018.
[8] 李玉寿. 混凝土原理与技术 [M]. 上海：华东理工大学出版社，2011.
[9] 王冲，金成. 混凝土质量控制原理与技术 [M]. 北京：科学出版社，2017.
[10] 韩素芳，王安岭. 混凝土质量控制手册 [M]. 北京：化学工业出版社，2012.